有色金属行业教材建设项目

高职高专“十四五”规划教材

冶金工业出版社

重金属冶金技术

主　编　苏瑞娟　李克恩
副主编　马忠旭
主　审　李自玺

扫码输入刮刮卡密码
查看数字资源

北　京
冶 金 工 业 出 版 社
2025

内 容 提 要

本书以模块形式介绍了常见的重金属（铜、镍、钴、铅、锌、锡）提取方法，以工艺流程为基础，从原理、设备使用等方面进行详细阐述，突出综合性、特色性和实用性，以提高学生动手操作能力、工程实践能力和创新能力。

本书可作为高等职业院校冶金专业教材和冶金企业职工培训教材，也可供有关工程技术人员学习和参考。

图书在版编目（CIP）数据

重金属冶金技术 / 苏瑞娟，李克恩主编 . -- 北京 ：冶金工业出版社，2025. 2. --（高职高专“十四五”规划教材）. -- ISBN 978-7-5240-0262-8

Ⅰ. TF81

中国国家版本馆 CIP 数据核字第 2025LW1082 号

重金属冶金技术

出版发行 冶金工业出版社　　**电　　话**（010）64027926
地　　址 北京市东城区嵩祝院北巷 39 号　　**邮　　编** 100009
网　　址 www. mip1953. com　　**电子信箱** service@ mip1953. com

责任编辑　王　颖　美术编辑　吕欣童　版式设计　郑小利
责任校对　葛新霞　责任印制　范天娇
北京富资园科技发展有限公司印刷
2025 年 2 月第 1 版，2025 年 2 月第 1 次印刷
787mm×1092mm　1/16；18. 75 印张；450 千字；285 页
定价 49. 00 元

投稿电话　（010）64027932　投稿信箱　tougao@cnmip. com. cn
营销中心电话　（010）64044283
冶金工业出版社天猫旗舰店　yjgycbs. tmall. com
（本书如有印装质量问题，本社营销中心负责退换）

编　委　会

主　编　苏瑞娟　甘肃有色冶金职业技术学院

　　　　李克恩　甘肃有色冶金职业技术学院

副主编　马忠旭　甘肃有色冶金职业技术学院

主　审　李自玺　金川集团股份有限公司

参　编　祝丽华　有色金属工业人才中心

　　　　张宏伟　中铝洛阳铜加工有限公司

　　　　杨柳青　金川集团股份有限公司

　　　　薛世威　白银有色集团股份有限公司

　　　　王晓丽　包头职业技术学院

　　　　江名喜　湖南有色金属职业技术学院

前言

党的二十大报告提出人才强国战略，非常明确地把大国工匠和高技能人才作为人才强国战略的重要组成部分。我们编写本书，旨在将职业教育的类型特色融入职业教育全过程、全方位，为培养德技并修技能型人才提供职业特色教材。

本书根据有色金属智能冶金技术专业教学计划的要求以及有色金属智能冶金技术专业（高职）“重金属冶金技术”课程教学大纲的要求编写。本书淡化了复杂理论计算部分内容，结合企业人才需求及高职院校学生实际情况，着重突出实际生产应用的操作性和实用性，紧扣金属提取方法，冶金设备智能化发展思路，以金属提取工艺环节为基础，提高学生的理论水平、动手操作能力、工程实践能力和创新能力，为企业及高职院校冶金专业类人才学习提供支撑。

本书编写工作由甘肃有色冶金职业技术学院冶金教研室承担，苏瑞娟、李克恩担任主编，马忠旭担任副主编，李自玺给予技术支持及内容审核。模块1、2、3、6由苏瑞娟编写，模块4、5由李克恩编写，模块7由马忠旭编写，全书由苏瑞娟统稿并校对，金川集团股份有限公司李自玺审定。

本书的编写依托全国有色金属新材料行业产教融合共同体和金昌国家级经开区有色金属新材料产教联合体，充分汇聚了行业与教育领域的多方资源与智慧。本书在编写过程中得到了有色金属工业人才中心、中铝洛阳铜加工有限公司、金川集团股份有限公司、江西铜业有限公司等单位的大力支持，为本书的编写提供了宝贵的实践经验和案例。湖南有色金属职业技术学院江名喜在本书内容的选取组织和案例应用等方面提供了宝贵建议，在此表示衷心的感谢！本书参考了有关文献资料，在此向其作者表示感谢。

由于编者水平所限，书中不妥之处，敬请广大读者批评指正。

编　者
2024 年 12 月

目　录

模块1　绪　　论

任务1.1　金属及其分类

任务目标

（1）了解什么是金属；

（2）掌握金属的分类；

（3）了解重金属应用情况。

理论与实践

1.1.1　金属

通常把元素周期表中具有光亮的金属光泽，很高的导热、导电性及良好的延展加工性的化学元素称为金属。

1.1.2　金属分类

根据是否含铁分为铁金属和非铁金属。

（1）铁金属：是指铁和铁基合金，包括生铁、铁合金和钢。

（2）非铁金属：是指铁和铁合金以外的金属元素。

根据颜色分为黑色金属和有色金属。

（1）黑色金属：是指铁、铬、锰。

（2）有色金属：是指铁、铬、锰以外的金属，有色金属又分为轻金属、重金属、贵金属和稀有金属四大类。

1）轻金属：密度小于5 g/cm^3，具有很大活性的有色金属，如铝、镁、钠、钾、钙、锶、钡，不能用一般的火法冶金方法提取，而是用熔盐电解或真空冶金方法来提取。

2）重金属：密度大于5 g/cm^3，且化学性质不如轻金属活泼的有色金属，如铜、镍、钴、铅、锌、锡、锑、汞、铋等，一般用火法冶金或湿法冶金方法来提取。

3）贵金属：Au、Ag、Pt族金属，其化学性质最稳定，在空气中保持美丽的光泽，可做装饰品，因价值高，故称为贵金属。

4）稀有金属：在93种金属元素中占60种，有的在地壳中丰度小，天然资源少；有的虽然丰度大，但是赋存状态分散，不能经济提取；有的物理化学性质接近，但是不容易分离成单一金属；有的开发较晚，过去使用的较少。稀有金属又可以分为以下几种。

① 稀有轻金属：Li、Be、Rb、Cs；

② 稀有难熔金属：W、Mo、Nb、Ta、Zr、Hf、V；
③ 稀散金属：In、Ge、Ga、Tl、Se、Te、Re；
④ 稀土金属：Sc、Y 及 La 系元素；
⑤ 稀有放射金属：Th、Pa、U、Ra、Ac 及锕系元素；
⑥ 半金属：硼、硅、砷等。

1.1.3 重金属的应用

日常生活中常见的重金属有铜、镍、钴、铅、锌、锡，这些金属在国民经济、国防军工、科学技术和日常生活中起着非常重要的作用。

（1）铜的应用。铜以良好的导电性、导热性、延展性、常温下难以氧化等优良特性，被广泛地应用于电气、国防、航天、机械、造船、交通器材等工业上。

（2）镍的应用。镍以良好的抗腐蚀能力、耐热性、可塑性与韧性，用于镀镍，其防腐蚀性能比镀锌层高 20%~25%。在化学电源领域主要用于制作密封电池，镍是耐热、浓碱液的最好材料，故可用于化工行业，特别是氯碱行业中。

（3）钴的应用。钴的物理、化学性质决定了它是生产耐热合金、硬质合金、防腐合金、磁性合金和各种钴盐的重要原料，故可用于航空航天、现代化电子、机电工业和化工行业。

（4）铅的应用。铅具有高度的化学稳定性，抗酸和抗碱腐蚀的能力都很高，常用于化工和冶金设备的防腐衬里和防护材料，以及作为电缆的保护包皮，可用于建筑、电池、航空航天、焊接、体育运动器材等行业。

（5）锌的应用。锌以适宜的强度、硬度可用于机械加工行业，优良的抗大气腐蚀性能用于镀锌工业，良好的抗电磁场性能用于屏蔽材料。锌作为负极活性物质，兼作电池的容器和负极引电体，是决定电池贮存性能的主要材料。

（6）锡的应用。锡熔点较低，可塑性强，可用于表面处理；锡及其化合物都无毒，金属锡又具有良好的抗蚀性，故大部分的锡用于镀锡和压展成锡箔，用于食品和电气工业上，也用作某些机械零件的镀层。

安全注意事项及预防措施

（1）毒性：铅及其化合物都具有一定的毒性。铅及其化合物一旦进入人体，会对神经、造血、消化、肾脏、心血管和内分泌等多个系统产生危害。

预防措施：改善生产条件，降低空气中的铅浓度，加强操作人员的防护。

（2）爆炸：锡在高温下（高于 610 ℃）能分解水蒸气，易产生氢气，引发爆炸。

预防措施：在冶炼过程中，防止水直接接触高温锡。

任务小结

（1）金属；

（2）金属分类。

知识拓展

元素丰度：研究体系中被研究元素的相对含量，用质量分数表示。地壳元素的丰度又称为克拉克值。重金属在地壳中的丰度相当低，均在 10^{-6}数量级。

铜的丰度：50×10^{-6}　镍的丰度：75×10^{-6}　钴的丰度：25×10^{-6}

铅的丰度：10×10^{-6}　锌的丰度：80×10^{-6}　锡的丰度：2×10^{-6}

任务 1.2　冶金及其方法

任务目标

（1）知道什么是冶金；

（2）掌握冶金方法。

理论与实践

1.2.1　冶金

从矿石或二次原料中提取金属或金属化合物，并加工成一定性能的金属材料的工艺和过程。

1.2.2　冶金方法

目前冶金方法主要有火法冶金、湿法冶金和电化学冶金。

1.2.2.1　火法冶金

在高温下从矿石或精矿中经熔炼与精炼反应及熔化作业，使其中的金属与脉石和杂质分开获得较纯金属的过程称为火法冶金。

整个过程一般包括原料准备，冶炼与精炼 3 个工序，过程所需的能源主要靠燃料燃烧供给，也有依靠过程中的化学反应热来提供。

优点：（1）高温下反应速度快，单位设备生产率和劳动率高；（2）能充分利用硫化精矿本身的能源，容易实现自热熔炼，产品单位能耗低；（3）硫及金属产物能很好地富集金银等贵金属。

缺点：（1）存在高温含尘烟气污染问题，治理费用高；（2）难以处理低品位原料；（3）工作场地劳动卫生条件差。

1.2.2.2　湿法冶金

在常温常压或高温高压下用溶剂处理矿石或精矿，使所提取的金属溶解在溶液中而其他杂质不溶解，然后从溶液中将金属提取和分离出来的过程称为湿法冶金。

湿法冶金主要包括浸出、分离、富集和提取等工序。

优点：（1）适于处理高、低品位原料，比如可处理铜低品位原料；（2）能处理复杂矿物原料；(3) 多金属综合回收利用效果好；(4) 较少烟尘污染问题。

缺点：(1) 生产能力低，设备庞大，设备费用高，单位车间面积的生产能力远低于火法冶金；(2) 能耗大；(3) 存在废水、废渣的污染和治理问题。

1.2.2.3 电化学冶金

用电化学反应使金属从含金属盐类的水溶液或熔体中析出，前者为水溶液电解，后者为熔盐电解。

优点：(1) 反应条件温和可控；(2) 可制备高纯度金属；(3) 可处理低品位矿石及复杂矿；(4) 环境友好性。

缺点：(1) 高能耗；(2) 对设备要求高。

采用哪种方法提取金属，按怎样的顺序进行，在很大程度上取决于金属及其化合物的性质、所用的原料以及产品的要求。

安全注意事项及预防措施

(1) 高温：火法冶金在高温下进行，在冶炼过程中可能会发生熔体喷溅、放炮等异常状况，发生烫伤事故。

预防措施：穿戴好劳动保护用品，加强操作人员安全防护意识，非操作时间不要在炉门口正面站立观察炉内反应情况。

(2) 腐蚀：湿法冶金过程中会用到酸碱溶液，具有腐蚀性，可能会发生酸碱灼伤情况。

预防措施：穿戴好劳动保护用品，加强操作人员安全防护意识，严格按照操作要求进行作业。

任务小结

(1) 冶金；

(2) 冶金方法。

知识拓展

新兴冶金方法如下。

(1) 生物冶金。利用微生物（如细菌、真菌等）的代谢作用，将矿石中的金属溶解出来，然后再通过后续的分离和提纯工艺，得到高纯度的金属。

(2) 物理冶金。运用物理方法对金属材料进行加工和处理，以改变其组织结构和性能，常见的物理冶金方法包括粉末冶金、快速凝固技术、物理气相沉积等。

(3) 等离子体冶金。利用等离子体的高温、高活性等特性，对金属矿石进行熔炼、精炼等加工过程。

课程思政

德米特里·伊万诺维奇·门捷列夫是俄罗斯科学家，发现了化学元素的周期性，依照相对原子质量，制作出世界上第一个元素周期表，并据此预见了一些尚未发现的元素。

攀登科学高峰的路是一条艰苦而又曲折的路。门捷列夫在这条路上也是吃尽了苦头。他不分昼夜地研究着，探求元素的化学特性和它们的一般原子特性，但他的研究，一次又一次地失败了。为了彻底解决这个问题，他走出实验室，开始外出考察和整理收集资料。这些实践活动不仅增长了他认识自然的才干，而且为他发现元素周期律奠定了基础。后来门捷列夫又返回实验室，重新测定元素的相对原子质量，按照相对原子质量的大小依次排列。他发现性质相似的元素，它们的相对原子质量并不相近；相反，有些性质不同的元素，它们的相对原子质量反而相近。他紧紧抓住元素的相对原子质量与性质之间的相互关系，不停地研究，总结出规律：元素（以及由它所形成的单质和化合物）的性质随着相对原子质量的递增而呈周期性的变化，既元素周期律。他根据元素周期律编制了第一个元素周期表，把当时已经发现的63种元素全部列入表里，从而初步完成了使元素系统化的任务。他还在表中留下空位，预言了类似硼、铝、硅的未知元素（门捷列夫称为类硼、类铝和类硅，即以后发现的钪、镓、锗）的性质，若干年后他的预言得到了证实。

复习思考题

1-1 金属是怎样分类的？

1-2 目前提取重金属的主要冶金方法有哪些，哪一种冶金方法最好？

1-3 简述火法冶金的优缺点。

1-4 简述湿法冶金的优缺点。

1-5 简述电化学冶金的优缺点。

参 考 文 献

[1] 赵天从. 有色金属冶金提取手册　有色冶金总论部分［M]. 北京：冶金工业出版社，1992.

[2] 陈国发. 重金属冶金学［M]. 北京：冶金工业出版社，1992.

[3] 彭容秋. 重金属冶金学［M]. 2版. 长沙：中南大学出版社，2004.

[4] 邱竹贤. 有色金属冶金学［M]. 北京：冶金工业出版社，1998.

[5] 何蔼平，冯桂林. 有色金属矿产资源的开发及加工技术［M]. 昆明：云南科技出版社，2000.

[6] 董英. 常用有色金属资源开发与加工［M]. 北京：冶金工业出版社，2005.

[7] 钮因健. 有色金属工业科技创新［M]. 北京：冶金工业出版社，2008.

[8] 徐绍龄，等. 无机化学丛书，第6卷，铜分族［M]. 北京：科学出版社，1998.

[9] 孙丽达，范兴祥. 冶金概论［M]. 北京：冶金工业出版社，1989.

[10] 徐迎春. 重金属冶金技术［M]. 长沙：中南大学出版社，2022.

[11] 刘纯鹏. 铜冶金物理化学［M]. 上海：上海科学技术出版社，1990.

[12] 翟秀静. 重金属冶金学［M]. 北京：冶金工业出版社，2022.

模块2　铜　冶　金

任务2.1　铜冶金的一般知识

任务目标

（1）了解铜资源及用途；
（2）掌握铜的性质；
（3）熟悉铜的生产方法。

理论与实践

铜是人类最早发现和使用的金属之一。中国是世界上最早发现和使用铜的国家之一，是世界上最早使用湿法（胆铜法）炼铜的国家。我国在新石器时代晚期开始使用铜，夏代即进入青铜器时代，在商周时期青铜的冶炼和铸造技术已经很发达。

2.1.1　铜资源

2.1.1.1　世界铜资源

世界铜矿资源丰富，截至2025年，全球已探明铜储量约7.9亿吨，主要分布在智利、澳大利亚、秘鲁、俄罗斯、墨西哥、刚果（金）、美国、中国、赞比亚、哈萨克斯坦等国家。

世界铜矿资源主要分布区域：（1）南、北美洲的西部山地，即美国、智利、秘鲁、墨西哥和加拿大等国；（2）非洲的赞比亚和刚果（金）；（3）哈萨克斯坦、乌兹别克斯坦和俄罗斯的乌拉尔；（4）菲律宾、巴布亚新几内亚和澳大利亚。

2.1.1.2　中国铜资源

我国铜矿资源储量居世界第四位，主要分布在江西、湖北、安徽、云南、内蒙古、四川、山西和甘肃省及西藏东部。其中，云南和内蒙古是铜矿主要产地，铜生产主要集中在华东地区。由于近年来铜矿资源的持续开发，高品位、易选冶铜矿资源剧减，造成中国铜矿资源不足。随着中国经济的增长，中国成为全球铜消费大国，促使中国2/3以上铜矿资源依赖进口。

2.1.1.3　铜矿物

炼铜原料主要是铜矿石，地球上很多地方有铜矿。目前自然界中含铜矿物有250多种，其中常见的有 30~40 种，而有工业开采价值的铜矿仅 10 余种。

铜矿物可分为自然铜、硫化矿和氧化矿 3 种类型。自然铜在自然界中很少，主要是硫化矿和氧化矿。特别是硫化矿分布最广，是当今炼铜的主要原料。

硫化矿有辉铜矿（Cu_2S）、铜蓝（CuS）、黄铜矿（$CuFeS_2$）、斑铜矿（Cu_5FeS_4）、硫砷铜矿（Cu_3AsS_4）、黝铜矿（$Cu_{12}Sb_4Si_{13}$）。

氧化矿有赤铜矿（Cu_2O）、黑铜矿（CuO）、孔雀石［$CuCO_3 \cdot Cu(OH)_2$］、蓝铜矿［$2CuCO_3 \cdot Cu(OH)_2$］、硅孔雀石（$CuSiO_3 \cdot 2H_2O$）、胆矾（$CuSO_4 \cdot 5H_2O$）。

2.1.2　铜的用途

在国民经济中，铜是一种重要的有色金属，它以良好的导电性、导热性、延展性，常温下难以氧化等优良特性，被广泛地应用于国民经济的各部门，主要用于电气、国防、航天、机械、造船、交通器材等工业上。

电气工业是使用铜的主要部门，其用量占铜产量的一半以上。

铜以各种合金的形式广泛地应用于各种工业部门，其中最主要的是铜-锌合金（黄铜）、铜-锡合金（青铜）、铜-铝合金（铝青铜）、铜-镍合金（白铜）、铜-铍合金（铍青铜）等，它们被广泛用来制造各种开关、轴承、油管、换热器、高强度和高韧性铸件，抗蚀性和高导电性零件，以及无线电设备等方面。

2.1.3　铜及其主要化合物的性质

2.1.3.1　铜的性质

A　铜的物理性质

铜的元素符号是 Cu，原子序数是 29，是一种过渡金属。铜呈玫瑰红色、柔软，具有良好的延展性、导电性和导热性。铜易锻造和压延，能拉成很细的铜丝，能压成 0.0026 mm 厚的铜箔。在金属中铜的导电性仅次于银。液态的铜能溶解某些气体，如氢气、氧气和水蒸气等，温度越高，溶解度越大。液态的铜与溶解于铜中的某些气体杂质发生作用，会导致铜的机械性能和导电性、导热性发生显著恶化。

铜的密度：20 ℃是 8.89 g/cm^3，熔融时为 8.22 g/cm^3，熔点 1083 ℃，沸点 2567 ℃。铜在熔点时的蒸气压非常低，所以在铜的冶炼过程中不会挥发。

B　铜的化学性质

铜是第四周期、第一副族，相对原子质量为 63.54，原子半径为 127.5 pm，铜原子的电子排布为：Cu $1s^2 2s^2 2p^6 3s^2 3p^6 3d^{10} 4s^1$。金属铜的活性小，在干燥空气中，常温时比较稳定，加热时（185 ℃以上）开始氧化，赤热时，在铜的表面会生成一层由 CuO 和 Cu_2O 组成的黑色覆盖物；氧充足时表面生成的是 CuO，里层是 Cu_2O。在含有 CO_2 的潮湿空气中，铜的表面会慢慢生成有毒的铜绿，即铜锈［$Cu_2(OH)_2CO_3$］。铜在常温下能与卤素作用。铜与含有硫化氢的空气接触时，表面能生成铜硫化物的黑色薄膜。盐酸和稀硫酸与铜不起作用，但有氧存在时，铜可以缓慢溶解，并生成相应的盐。铜可充分迅速地溶于硝酸中，也能很好地溶于热硫酸中。

2.1.3.2 铜主要化合物的性质

A 硫化铜（CuS）

CuS 呈绿黑色或棕黑色，在自然界中以铜蓝矿形式存在。硫化铜为不稳定化合物，在中性还原气氛中加热时分解 $4CuS = 2Cu_2S + S_2$，变成 Cu_2S。CuS 不溶于水，不与稀硫酸和苛性钠发生作用，但可溶于热硝酸和氰化钾溶液中。

B 硫化亚铜（Cu_2S）

自然界中 Cu_2S 以辉铜矿的形式存在，它是一种蓝黑色物质，常温下稳定，不易被空气氧化。在赤热条件下 CO_2 可使 Cu_2S 逐渐氧化，但 CO 对它无影响。氢气可使 Cu_2S 缓慢还原，在氧化钙存在下可加速还原。Cu_2S 不溶于水及弱酸中，能溶于热硝酸中并形成元素硫，与浓盐酸作用时可析出硫化氢气体。

C 氧化铜（CuO）

自然界中 CuO 以黑铜矿的形式存在，它是一种黑色无光泽的物质。CuO 不溶于水但能溶于硫酸、盐酸等酸中，还能溶于硫酸铁、氯化铁、氨水碳酸铵等溶液中。氧化铜在高温下分解产生氧气：$4CuO = 2Cu_2O + O_2 \uparrow$。在高温下易被氢气、一氧化碳及碳氢化合物还原成氧化亚铜或铜。

D 氧化亚铜（Cu_2O）

Cu_2O 在自然界中以赤铜矿的形式存在。致密的 Cu_2O 呈樱红色，并有金属光泽。粉状 Cu_2O 呈浅红色，它在低于 1060 ℃时部分氧化成 CuO。在高温下 Cu_2O 与 FeS 及 Cu_2S 可发生反应：$Cu_2O + FeS = Cu_2S + FeO$，$2Cu_2O + Cu_2S = 6Cu + SO_2$。$Cu_2O$ 不溶于水，但能溶于 HCl、$FeCl_3$、H_2SO_4、$Fe_2(SO_4)_3$、NH_4OH 等溶液中。Cu_2O 易被 H_2、CO、C 等还原成金属铜，也可被对氧亲和力强的金属还原。

E 硫酸铜（$CuSO_4 \cdot 5H_2O$）

硫酸铜（$CuSO_4 \cdot 5H_2O$）俗称胆矾。它是天蓝色的三斜晶系结晶，长久暴露在空气中，即能逐渐风化分解失去结晶水变成白色粉末。在干燥空气中将硫酸铜加热，在 27～30 ℃时变成蔚蓝色的三水硫酸铜（$CuSO_4 \cdot 3H_2O$），在 93～99 ℃时变成藏蓝色的一水硫酸铜（$CuSO_4 \cdot H_2O$），在 150 ℃变成白色的无水硫酸铜。表 2-1 为硫酸铜在水中的溶解度。

表 2-1 硫酸铜在水中的溶解度

温度/℃	0	15	25	35	40	50	60	70	80	90	100
$CuSO_4/(g \cdot 100\ g^{-1}H_2O)$	14.9	19.3	22.3	25.5	29.5	33.6	39.0	45.7	53.5	62.7	73.5
$CuSO_4 \cdot 5H_2O/(g \cdot 100\ g^{-1}H_2O)$	23.2	30.2	34.9	39.9	46.2	52.6	61.1	71.6	83.8	98.2	115.0

2.1.4 铜的冶金方法

从铜矿石或精矿中提取铜，目前主要有火法炼铜和湿法炼铜两种方法。采用哪一种方法决定于矿石的化学成分和矿物组成、矿石中的铜含量、当地的条件等因素，但是目前全世界 80%以上的铜采用火法炼铜工艺生产提取。

2.1.4.1　火法炼铜

火法冶金是在高温条件从冶金原料中提取或精炼有色金属的工艺过程。火法炼铜一般包括原料准备、焙烧、熔炼、吹炼和精炼等过程如图 2-1 所示，主要优点是硫化矿适应性强，生产率和金属回收率较高。

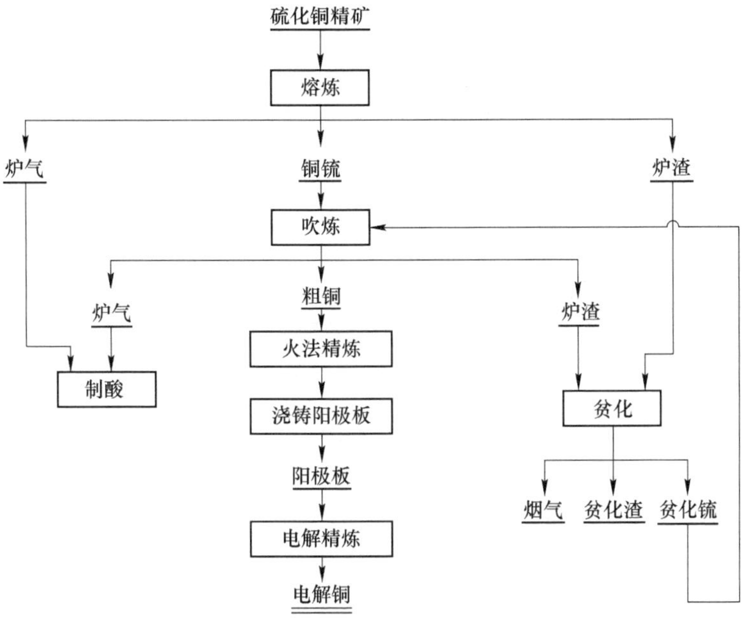

图 2-1　火法炼铜工艺流程图

火法炼铜的基本要求：(1) 使铜与铁、硫、脉石及其他杂质分开；(2) 使硫进入烟气并能以化工产品形式回收，硫的利用率高，对环境污染少甚至无污染；(3) 应充分利用硫化精矿的化学物理性能，做到熔炼过程反应速度快、生产效率高、燃料消耗少；(4) 尽量使贵金属富集于铜的熔炼产物之中，并综合回收。

2.1.4.2　湿法炼铜

湿法炼铜是指常温、常压或高压下用溶剂使铜从矿石中浸出，经除杂后将铜从浸出液中沉淀出来。对氧化铜矿和自然铜矿可用溶剂直接浸出，硫化铜矿通常先经焙烧变成氧化铜后再溶浸，也可采用直接浸出等其他工艺处理。

湿法炼铜一般包括浸出、液固分离、溶液净化、金属提取等操作过程，如图 2-2 所示。

安全注意事项及预防措施

氧化性：在含有 CO_2 的潮湿空气中，铜制品的表面会慢慢生成有毒的铜绿，即铜锈。

预防措施：使用铜制品后务必保证表面干燥，防止生成铜锈。

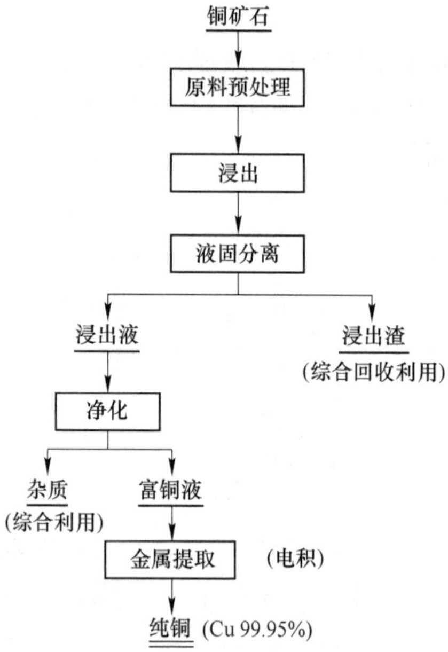

图 2-2　湿法炼铜工艺流程图

任务小结

（1）提铜原料；

（2）铜的用途；

（3）提铜方法。

知识拓展

目前工业开采的铜矿石最低品位为 0.4%~0.5%。开采出来的低品位矿石，经过选矿富集，使铜的品位提高到 10%~30%。开采出来的矿石品位较低，不能直接入炉，需进行选矿处理。

选矿是一个连续生产过程，由一系列作业工序组成，一般分为选别前准备、选别和选别后脱水 3 个阶段。

选别前准备，包括破碎、筛分、磨矿和分级。

选别作业，根据各种矿物的不同性质采用不同的选矿方法，如浮选、重选、磁选和电选法等。

选别后的脱水，精矿脱水通常由浓缩、过滤和干燥 3 个工序组成。

矿石选别后所得产品分为精矿、尾矿和中矿。

铜精矿的化学组成主要是铜、铁、硫。矿物形态以黄铜矿（$CuFeS_2$）为主，常含有黄铁矿（FeS_2）、磁黄铁矿（Fe_7S_8）；除了主要矿物以外，铜矿中还含有少量其他金属，如铅、锌、镍、铁等，并含有金、银等贵金属和稀有金属。它们在冶炼过程中分别进入不同的产品中，所以炼铜工厂通常设有综合回收这些金属的车间。

任务 2.2　铜 锍 熔 炼

任务目标

（1）了解什么是造锍熔炼；
（2）掌握造锍熔炼原理；
（3）掌握造锍熔炼方法。

理论与实践

2.2.1　造锍熔炼

铜锍熔炼又称造锍熔炼，是目前世界上广泛采用的生产工艺。

现代造锍熔炼是在1150~1250 ℃高温下，使硫化铜精矿和熔剂在熔炼炉内发生一系列物理化学变化进行熔炼。炉料中的铜、硫与未氧化的铁形成以 Cu_2S-FeS 为主，并溶有 Au、Ag 等贵金属和少量其他金属硫化物和微量铁氧化物的液态铜锍，炉料中的 SiO_2、Al_2O_3、CaO 等成分与 FeO 一起形成液态炉渣，炉渣是以铁橄榄石 $2FeO \cdot SiO_2$ 为主的氧化物熔体。铜锍与炉渣互不相溶，且铜锍的密度大于炉渣的密度，从而使其分离。熔锍是多种金属硫化物的共熔体，同时熔有少量金属氧化物及金属，工业生产中习惯称为冰铜。

2.2.1.1　造锍熔炼原理

铜锍熔炼所用炉料主要是硫化铜精矿和含铜的返料，除含有 Cu、Fe、S 等元素外，还含有一定量的脉石，所用熔剂主要是石英、石灰石等。

铜锍熔炼实质是在高温和氧化气氛条件下发生一系列物理化学变化，将硫化铜精矿和熔剂熔化，生成 MeS 相和 MeO 相，即铜锍和炉渣，因两者密度不同而分层分离。

A　造锍熔炼过程中的主要物理化学变化

造锍熔炼过程中主要物理化学变化为水分蒸发、高价硫化物分解、硫化物直接氧化、造锍反应、造渣反应、燃料燃烧反应。

（1）水分蒸发。目前除闪速熔炼、三菱法等处理干精矿外，其他方法入炉的精矿中水分含量都较高（6%~14%）。这些精矿进入高温区后，矿中的水分将迅速挥发进入烟气。

（2）高价硫化物的分解。熔炼未经焙烧或烧结处理的精矿时，炉料中含有较多的高价硫化物，在熔炼炉内被加热后，离解成低价化合物，主要反应有：

$$2FeS_2 = 2FeS + S_2 \tag{2-1}$$

$$4CuFeS_2 = 2Cu_2S + 4FeS + S_2 \tag{2-2}$$

$$4Cu_5FeS_4 = 10Cu_2S + 4FeS + S_2 \tag{2-3}$$

$$4CuS = 2Cu_2S + S_2 \tag{2-4}$$

分解得到的 Cu_2S 和 FeS 在高温下稳定，不再进行分解。

另一类热分解反应是碳酸盐的分解：

$$CaCO_3 = CaO + CO_2 \tag{2-5}$$

$$MgCO_3 = MgO + CO_2 \quad (2\text{-}6)$$

所有分解反应均为吸热反应，离解生成的 S_2 被炉中的氧化气氛氧化为 SO_2。

$$S_2 + 2O_2 = 2SO_2 \quad (2\text{-}7)$$

(3) 硫化物直接氧化。铜精矿或铜焙砂的熔炼在氧化气氛中进行，虽然采用不同的熔炼方法，氧化气氛有强弱之别，但是硫化物除发生离解反应外，还会被直接氧化。

高价硫化物的氧化反应：

$$2CuFeS_2 + \frac{5}{2}O_2 = Cu_2S \cdot FeS + FeO + 2SO_2 \quad (2\text{-}8)$$

$$2FeS_2 + \frac{11}{2}O_2 = Fe_2O_3 + 4SO_2 \quad (2\text{-}9)$$

$$3FeS_2 + 8O_2 = Fe_3O_4 + 6SO_2 \quad (2\text{-}10)$$

$$2CuS + O_2 = Cu_2S + SO_2 \quad (2\text{-}11)$$

低价硫化物的氧化反应：

$$2FeS(l) + 3O_2(g) = 2FeO(l) + 2SO_2(g) \quad (2\text{-}12)$$

$$10Fe_2O_3(s) + FeS(l) = 7Fe_3O_4(S) + SO_2(g) \quad (2\text{-}13)$$

$$2Cu_2S(l) + 3O_2(g) = 2Cu_2O(l) + 2SO_2(g) \quad (2\text{-}14)$$

在强氧化气氛下，FeO 可继续氧化成 Fe_3O_4：

$$3FeO(l) + O_2 = 2Fe_3O_4(s) \quad (2\text{-}15)$$

同时，Fe_3O_4 还可进一步与 FeS 反应：

$$FeS(l) + 3Fe_3O_4(s) = 10FeO(l) + SO_2(g) \quad (2\text{-}16)$$

铁硫化物生成 Fe_3O_4 的趋势是不可避免的，只是随炉型，程度不同。其他有色金属硫化物（NiS、PbS、ZnS 等）也会被氧化成相应的氧化物。

(4) 造锍反应。已经生成的 FeS 和 Cu_2O 在高温下将发生下列反应：

$$FeS(l) + Cu_2O(l) = FeO(l) + Cu_2S(l) \quad (2\text{-}17)$$

该反应是铜锍熔炼的基础，在 1300 ℃时该反应进行得非常彻底。

一般在熔炼炉中只要有 FeS 存在，Cu_2O 就会变成 Cu_2S，进而与 FeS 形成铜锍。

在熔炼温度下，铜的氧化物和硫化物可发生交互反应：

$$2Cu_2O + Cu_2S = 6Cu + SO_2 \quad (2\text{-}18)$$

该反应容易进行，这就是铜锍中含有金属铜的原因。但是，当冶金熔体中 FeS 含量高时，FeS 首先将 Cu_2O 硫化为 Cu_2S，因此当铜锍品位不高时单质 Cu 不可能存在。

(5) 造渣反应。炉料中产生的 FeO 在有 SiO_2 存在时，将生成铁橄榄石炉渣。

$$2FeO + SiO_2 = 2FeO \cdot SiO_2 \quad (2\text{-}19)$$

此外，炉内的 Fe_3O_4 在高温下也能与 FeS 和 SiO_2 作用生成炉渣。

$$3Fe_3O_4 + FeS + 5SiO_2 = 5(2FeO \cdot SiO_2) + SO_2 \quad (2\text{-}20)$$

(6) 燃料燃烧反应：

$$C + O_2(g) = CO_2(g) \quad (2\text{-}21)$$

$$2H_2(g) + O_2(g) = 2H_2O(g) \quad (2\text{-}22)$$

$$CH_4(g) + 2O_2(g) = 2H_2O(g) + CO_2(g) \quad (2\text{-}23)$$

硫化物的氧化和造渣反应是放热反应，利用这些热量可以降低熔炼过程燃料消耗，甚至可实现自热熔炼。

B 锍的形成

（1）FeS能与许多MeS形成低熔点的共熔体，在熔炼高温下这些共熔体完全互溶形成均质溶液，并且是稳定的，不会进一步分解产生金属与铁并析出硫蒸气。

（2）不同金属对S和O的亲和力的差别：Cu、Ni对硫的亲和力大而Fe对O的亲和力大，即造锍反应在熔炼温度下能自发正向进行，使Cu优先进入锍相，Fe优先进入渣相。

C Fe_3O_4在熔炼过程中的行为

在造锍熔炼过程中生成的Fe_3O_4会存在于炉渣和铜锍中。Fe_3O_4的熔点高，当含量较多时会恶化渣与锍的分离。当熔体温度下降时，Fe_3O_4会析出沉于炉底及炉内某些部位形成炉结，还会在铜锍与炉渣界面上形成一层黏渣隔膜层，危害正常操作。

加入SiO_2后Fe_3O_4的破坏变得容易了，在1100 ℃下就能进行造渣反应：

$$3Fe_3O_4 + FeS + 5SiO_2 = 5(2FeO \cdot SiO_2) + SO_2 \quad (2\text{-}24)$$

在1300 ℃时，上式反应的平衡常数K_p值比1100 ℃时提高了107倍，可见SiO_2的存在是Fe_3O_4破坏的必要条件。

影响Fe_3O_4破坏的主要原因是炉渣成分和温度，其次为锍品位与炉气成分。为减少熔炼过程的Fe_3O_4含量，应采取以下措施：

（1）尽量提高熔炼温度；

（2）适当增加炉渣中SiO_2含量（质量分数），一般为35%以上；

（3）控制适当的冰铜品位［Cu含量（质量分数）为40%～50%］，以保持足够的FeS量；

（4）创造Fe_3O_4与FeS和SiO_2的良好接触条件。

2.2.1.2 铜锍的形成与性质

A 铜锍的形成

高温下，炉料受热后形成低价稳定的硫化物和氧化物。一般情况下，硫化物的熔点低于氧化物，且接近共晶组分的硫化物熔点较低，将优先熔化，形成低熔点共晶组分熔化析出，即形成初铜锍和初渣，其最终成分的形成是在熔池中完成的。

B 铜锍的性质

铜锍的电导率大[(3～10)×10^4 S/m]、密度大（4.1～4.6 g/cm^3）、黏度小、约为1 Pa·S，是Au、Ag等贵金属的良好捕集剂。液态铜锍遇水爆炸，其原因如下：

$$Cu_2S + 2H_2O = 2Cu + 2H_2 + SO_2 \quad (2\text{-}25)$$

$$FeS + H_2O = FeO + H_2S \quad (2\text{-}26)$$

$$3FeS + 4H_2O = Fe_3O_4 + 3H_2S + H_2 \quad (2\text{-}27)$$

反应产生的H_2和H_2S与空气中氧反应而引起爆炸。

$$2H_2S + 3O_2 = 2H_2O(g) + 2SO_2 \quad (2\text{-}28)$$

$$2H_2 + O_2 = 2H_2O(g) \quad (2\text{-}29)$$

C 铜锍的组成

除主要成分Cu、Fe和S以外，铜锍中还含有少量其他伴生金属和微量脉石成分，以及2%～4%的氧。一般认为，熔融铜锍中的Cu 、Pb、Zn等重金属是以硫化物形态存在，

Fe 主要以 FeS 形态存在外，还以氧化物（FeO 或 Fe_3O_4）形态存在。

铜锍中，一般 Cu+Fe+S 的质量占铜锍总质量的 90%～95%。

D　铜锍品位的选择

生精矿熔炼时，铜锍品位不能在大范围内变动，但可用预先焙烧来调整，焙烧程度越大，熔炼时铜锍品位越高；反之亦然。铜锍含铜越贫，吹炼所需时间越长，吹炼时消耗越大，但铜锍品位也不能太高，否则铜在炉渣中的损失增多，吹炼就会比较困难。因吹炼过程的热绝大部分来自 FeS 的氧化，高品位铜锍中 FeS 含量少，其氧化产生的热量较少，故热量不足，使吹炼作业难以进行。

2.2.1.3　炉渣的形成与性质

A　炉渣的形成

初期炉渣与铜锍是同时生成的，形成 MeO-MeS 的混合熔体。由于入炉炉料混合均匀、炉温高、炉料易熔，因此混合熔体形成速度快。混合熔体中 MeO-MeS 由于结构和密度不同，不相混熔而分离成氧化物与硫化物两层，上层为炉渣、下层为铜锍。

炉料中的脉石主要是石英、石灰石等，在铜锍熔炼过程中与铁的硫化物氧化产出的 FeO 反应，形成复杂的硅酸盐炉渣。这种炉渣一般属于 $FeO\text{-}SiO_2$ 系和 $FeO\text{-}SiO_2\text{-}CaO$ 或 $FeO\text{-}SiO_2\text{-}MgO$ 系，有时可得到 $FeO\text{-}SiO_2\text{-}Al_2O_3$ 系炉渣。$FeO\text{-}SiO_2\text{-}Al_2O_3$ 三元系状态相图如图 2-3 所示。

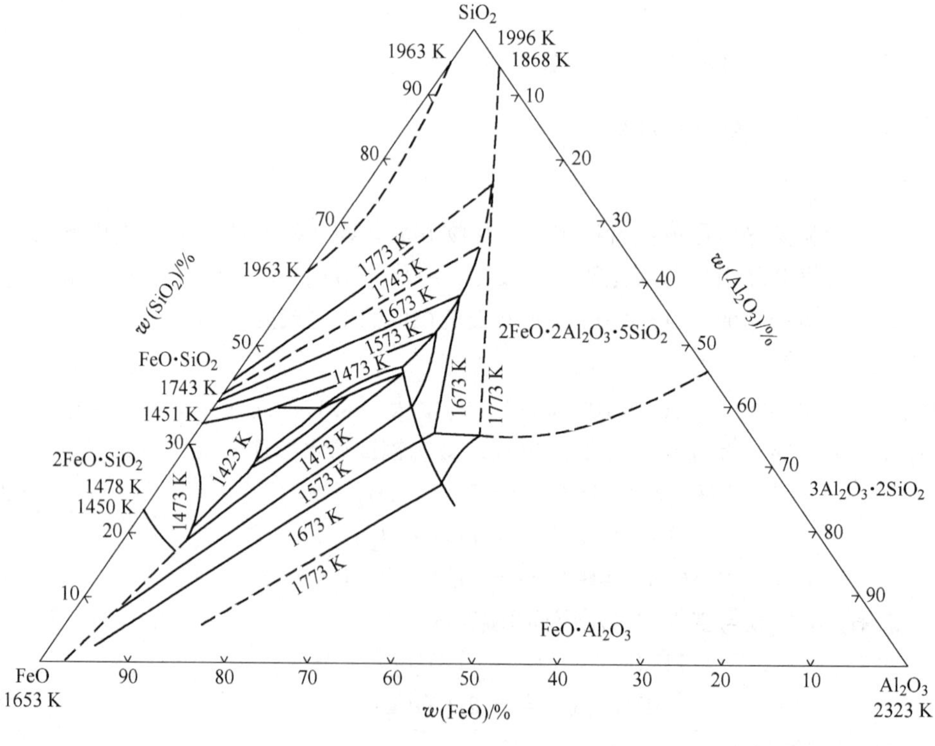

图 2-3　$FeO\text{-}SiO_2\text{-}Al_2O_3$ 三元系状态图

由图 2-3 可确定某一组成炉渣的熔化温度，也可确定具有某一熔点的炉渣组成。

炉料铜含量不同，一般铜锍熔炼炉所产炉渣量为炉料的 50%～100%。铜锍熔炼炉渣的主要氧化物是 SiO_2 和 FeO，其次是 CaO、Al_2O_3、MgO 等。固态炉渣可看成是由 $2FeO \cdot SiO_2$ 及 $2CaO \cdot SiO_2$ 等复杂分子化合物组成的冶金共熔体，液态炉渣是离子熔体。

B 炉渣的性质

熔炼过程是富集过程，其目的在于使所有的脉石成分富集在渣中，有用金属富集到铜锍中，矿石或精矿只含少量金属，单位质量炉料熔炼后产出的铜锍量不大，渣率却相当大，一般为 50%～100%，有时达 120%。因此，炉渣性质的好坏对熔炼过程起着极重要的作用。

对炉渣的基本要求为：炉渣与铜锍互不相溶，所形成炉渣对 Cu_2S 的溶解度最低，炉渣具有良好的流动性和小的密度。

熔炼过程实际是炼渣过程，炉渣成分和性质直接影响熔炼过程的技术经济指标。炉渣性质一般为：

(1) 铜锍熔炼炉渣以氧化物 SiO_2 和 FeO 为主。

(2) 铜锍熔炼炉渣熔点为 1050 ℃。

(3) 铜锍熔炼炉渣黏度受炉渣结构和过热程度两种因素影响，一般炉渣黏度小约为 0.5 Pa·s，因此流动性良好；黏度大于 1 Pa·s，流动性较差。

(4) 炉渣密度影响铜锍与炉渣的分离，其密度大小与成分有关。一般情况下，炉渣密度随渣中 FeO 含量的增加而增大。

C 渣型的选择

熔炼过程中对炉渣基本要求：

(1) 要与冰铜互不相溶；

(2) 对 Cu_2S 的溶解度要低；

(3) 要有良好的流动性和低的密度。

2.2.2 造锍熔炼方法

铜熔炼方法大类上分为传统熔炼法和现代炼铜法。传统熔炼法包括鼓风炉熔炼法、反射炉熔炼法和电炉熔炼法。现代炼铜法分为熔池熔炼法和漂浮熔炼法，其中漂浮熔炼法典型方法是闪速熔炼法。熔池熔炼法典型方法有诺兰达炉法、瓦纽科夫法、白银法、澳斯麦特法、三菱法。

2.2.2.1 传统熔炼法

A 密闭鼓风炉熔炼

鼓风炉熔炼铜锍是一种古老的冶炼方法，这种方法的床能率大、热效率高。传统的鼓风炉炉顶是敞开的，只能处理块矿或烧结块，烟气中 SO_2 浓度低（0.5%），不易有效回收，造成烟害。为了克服这些缺点，在 20 世纪 50 年代中期，出现了密闭鼓风炉熔炼铜精矿法，精矿只要加水混捏后即可直接加入炉内进行熔炼。

铜精矿密闭鼓风炉熔炼是半自热熔炼的一种类型。炉气中含有较多的游离氧，熔炼过程所需的热量由焦炭燃烧和过程本身的放热反应供给。图 2-4 所示为密闭鼓风炉熔炼的示意图。

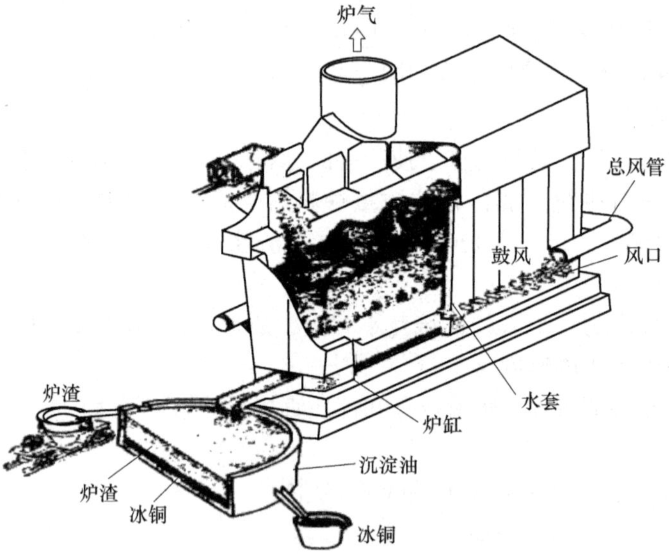

图 2-4　密闭鼓风炉熔炼的示意图

炉料和燃料从炉子上部的加料斗分批加入，空气或富氧空气从炉子下部两侧风口鼓入。产出的熔体进入本床，通过咽喉口流入设于炉外的前床内进行冰铜与炉渣的澄清分离。炉气和炉料呈逆流运动，所以热交换好，热利用率高达 70%以上。

密闭鼓风炉的炉料组成包括混捏铜精矿、熔剂和转炉渣。根据熔炼时焦炭和炉料在炉内发生各种反应过程的特点，密闭鼓风炉可按高度分成预热区、焦点区和本床区。密闭鼓风炉内炉料和炉气的分布状态如图 2-5 所示。

a　预热区

预热区位于炉子上部，温度为 250～600 ℃到 1000～1100 ℃，在这一区域中进行炉料的干燥和预热，发生高价硫化物离解。由于预热区属于氧化性气氛，故部分硫化物被氧化。在预热区下部，在温度较高的中间精矿柱的交界面上，发生烧结作用。在料柱里面则受到两侧上升炉气的间接加热和较重的料柱压力，而发生固结作用，形成具有一定强度的精矿块。

b　焦点区

焦点区的温度为 1250～1300 ℃，这一区域的气氛是强氧化性的，进行半自热熔炼的主要反应。在焦点区内，主要被氧化的硫化物是 FeS，其氧化产物随即与炉料中的 SiO_2 造渣，熔炼总反应如下：

$$2FeS + 3O_2 + SiO_2 = 2FeO \cdot SiO_2 + 2SO_2 \qquad (2\text{-}30)$$

此外，在有 SiO_2 存在的条件下，转炉渣中的 Fe_3O_4，及在预热区形成的 Fe_3O_4 对 FeS 起固体氧化剂的作用，也发生造渣反应：

$$3Fe_3O_4 + FeS + 5SiO_2 = 5(2FeO \cdot SiO_2) + SO_2 \qquad (2\text{-}31)$$

由于炉料各组分之间的接触不良，Fe_3O_4 不能被完全还原而溶解于炉渣和铜锍中。密闭鼓风炉熔炼时，几乎所有的焦炭都是在焦点区依靠鼓风中的氧燃烧：

$$C + O_2(g) = CO_2(g) \qquad (2\text{-}32)$$

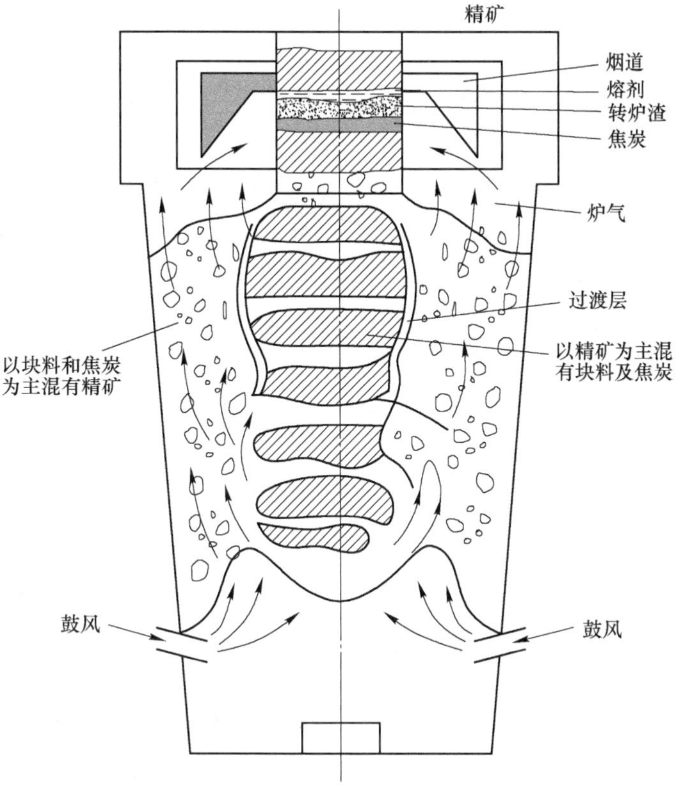

图 2-5　密闭鼓风炉内炉料和炉气分布示意图

由于液体硫化物在焦点区内停留的时间很短，当有焦炭存在时，液体 FeS 几乎不被氧化，FeS 主要在固相时氧化。因此，熔融硫化物在焦点区被氧化的程度，在较大范围内取决于该处的焦炭量。

c　本床区

本床区位于焦点区下面，温度为 1200～1250 ℃，在该区域液体熔炼产物汇集并连续地流入前床，进行澄清分离。在调整熔体成分过程中，最主要的反应是溶解在炉渣中的少量 Cu_2O，被铜锍中的 FeS 再硫化，其反应如下：

$$(Cu_2O) + [FeS] \longrightarrow (FeO) + [Cu_2S] \tag{2-33}$$

保证了铜以硫化物的形态富集于铜锍中，铁则以氧化物的形态集中于炉渣中。

B　反射炉熔炼

1899 年第一台反射炉建成投产以后，成功地逐步取代了鼓风炉熔炼。目前，世界上仍有多台反射炉在进行造锍熔炼。反射炉造锍熔炼示意图如图 2-6 所示。

反射炉熔炼的主要原料为浮选精矿（生精矿或者焙砂），采用重油、天然气或粉煤作燃料。由精矿或焙砂、返料、熔剂等组成的混合炉料通过炉顶两侧的加料口加入，在炉中形成料坡，料坡浸入熔池中，并紧靠在炉墙和炉底的内表面上，燃料在炉内燃烧。燃料燃烧和热辐射传热，从而使炉料加热、熔化、造渣形成铜锍。产出铜锍和炉渣两种熔体，经沉清分层后分别从炉内间断放出。在正常情况下，维持炉内有 0.6～0.8 m 深的铜锍层和

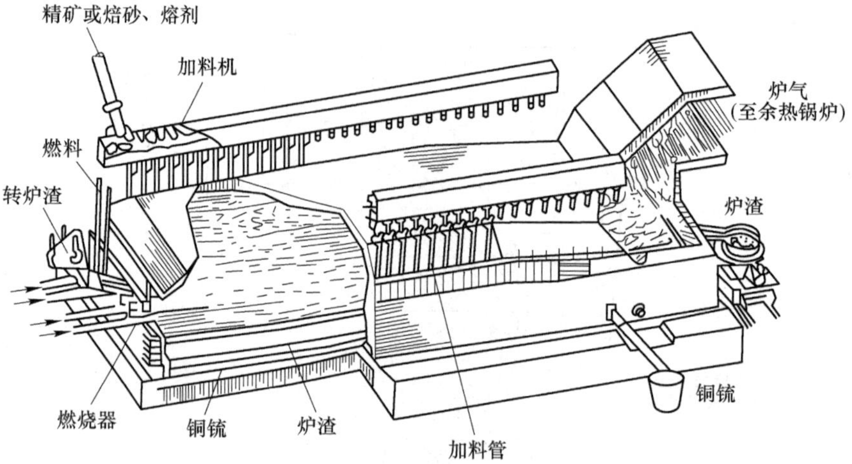

图 2-6　反射炉熔炼示意图

0.5 m 深的炉渣层，铜锍送下一工序吹炼，炉渣经过水淬后可作建筑材料。

C　电炉熔炼

电炉熔炼与反射炉熔炼相似，同样完成造锍熔炼的生产过程，其区别在于电炉熔炼不使用外加燃料，是用电加热。

电炉熔炼的主要原料为含难熔脉石较多的精矿，用电加热，自焙碳质极端部淹埋于炉中，当巨大的电流通过电极之间的炉渣时，由炉渣的电阻产生热量而熔化炉料。电炉熔炼克服了反射炉熔炼烟气量大，致使 SO_2 浓度低难以利用，离炉烟气的温度高导致燃料的热效率低的这些缺点。造锍熔炼电炉结构如图 2-7 所示。

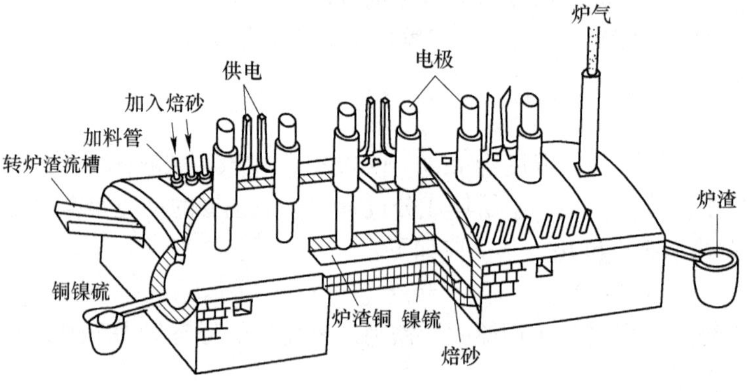

图 2-7　造锍熔炼电炉结构示意图

2.2.2.2　熔池熔炼

熔炼反应主要发生在熔池内的熔炼方式称为熔池熔炼。

熔池熔炼是把未经干燥的炉料直接加入熔池，受到熔池内吹入氧气或富氧空气的强烈搅动，使硫化物在熔池内进行氧化和熔化，形成锍层或炉渣层，实现了气液固三相反应。

A 诺兰达法

诺兰达法是加拿大诺兰达矿业公司发明的一种熔池熔炼法，是世界上首次将铜精矿在同一台炉中实现连续熔炼和吹炼。1973 年在加拿大 Noranda Horne 炼铜厂投入工业生产，将精矿直接熔炼成粗铜。由于直接产出粗铜导致诺兰达炉的炉龄较短，粗铜杂质含量较高，1975 年将熔炼和吹炼一体改为只进行生产高品位铜锍。诺兰达炉熔炼如图 2-8 所示，它是水平式圆筒反应器，类似转炉，可以转动 48°；其沿炉身长度可分为熔炼区（风口区）和沉淀区，熔炼区的一侧装有浸没风口。

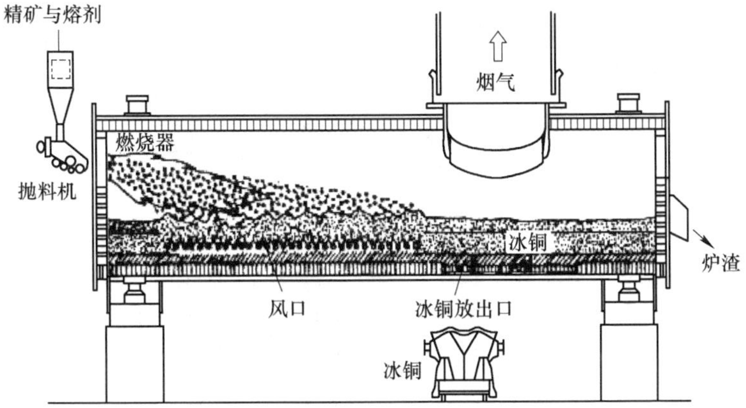

图 2-8 诺兰达炉熔炼的示意图

将混合炉料、熔剂和固体燃料混合均匀，经带式输送机送往抛料机，由抛料机从炉头加料口抛往炉内，炉料在熔炼区湍动的熔池表面迅速被熔体浸没而溶于熔池中，并被浸没在加料端液面下的风口鼓入的富氧空气中氧化，放出热量，维持熔体正常温度。熔体从加料端向炉渣放出端移动，在此过程中，熔体中的 FeS 继续被氧化并与 SiO_2 造渣。依据 FeS 被氧化程度，便可产出任何高品位的铜锍甚至粗铜。当熔体继续向前运动而离开风口区时，便进入沉淀区开始澄清分离，分别放出铜锍与炉渣。

熔炼过程中熔池温度维持 1200 ℃左右，除氧化反应放出热以外，不足的热由加料端的烧嘴燃烧粉煤来补充。燃烧烟气与反应产生的 SO_2 烟气混合，从设在靠近放渣一端的排烟口排出进入余热锅炉及收尘系统，产出的烟气中含 SO_2 为 8%~15%。

由于诺兰达炉法炼铜的缺点明显，诺兰达炉熔炼生产高品位铜锍的生产系统被更为完善的闪速熔炼——闪速吹炼工艺取代。

B 瓦纽科夫法

瓦纽科夫法是苏联冶金学家 A. B. 瓦纽科夫发明的一种熔炼方法。瓦纽科夫法与其他熔炼方法的最大差别是将富氧空气吹入渣层，从而保证炉料在渣层中迅速熔化，而且为炉渣与冰铜的分离创造了良好的条件。瓦纽科夫炉结构如图 2-9 所示。

瓦纽科夫炉是一个具有固定炉床、横断面为矩形的竖炉。小型炉子的炉膛中不设隔墙，大型炉的炉膛中设有水套隔墙，将炉膛分隔为熔炼区和贫化区的双区室，如图 2-10 所示。隔墙与炉顶之间留有烟气通道，与炉底之间留有熔体通道；炉子烟道口有的设在炉

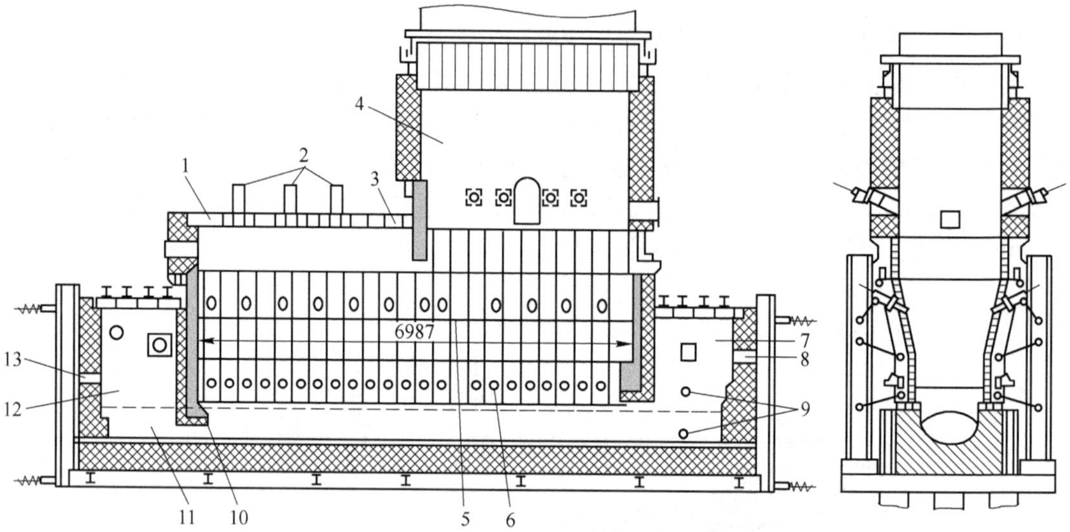

图 2-9　瓦纽科夫炉结构

1—炉顶；2—加料装置；3—隔墙；4—上升烟道；5—水套；6—风口；7—带溢流口的渣虹吸；8—渣虹吸临界放出口；9—熔体快速放出口；10—水冷区底部端墙；11—炉缸；12—带溢流口的铜锍虹吸；13—铜锍虹吸临界放出口

顶中部，有的设在靠渣池一端的炉顶上；在熔炼区炉顶上设有两个加料口，贫化区炉顶上设有一个加料口。

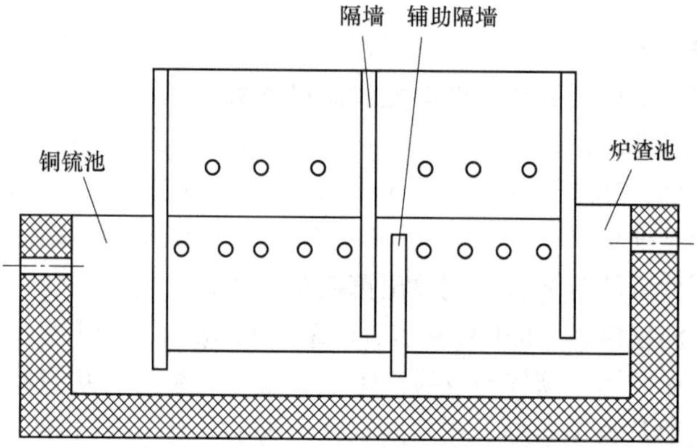

图 2-10　瓦纽科夫炉的双室隔墙

炉料从炉顶的加料口连续加入熔炼区，被鼓入的气流搅拌后迅速溶入以炉渣为主的熔体中。硫化物的氧化反应和脉石的造渣反应放出的热直接传给熔池，由于熔池的搅拌能可达到 60～120 kW/m^3，其传热系数约可达到 15 $kW/(m^2 \cdot K)$，因此加入的炉料只需 3～5 s 便完全熔化，随后即被氧化，熔炼区的温度维持在 1300 ℃。

由于风口位置设在熔池的上部，只有上部的熔渣层被强烈搅拌，下部熔池却相对处于静止状态，所以熔池反应产生的铜锍与炉渣混合体便会发生铜锍汇集沉降的分层现象。未完全分离好的炉渣通过炉中的隔墙流入渣贫化区，被风口鼓入的还原剂（煤、天然气）还原，有时还加入块状贫铜高硫的矿石，使炉渣贫化后从渣池连续放出。渣贫化后产生的贫铜锍逆流返回熔炼区，与熔炼区产生的较富铜锍汇合至铜锍池连续放出，烟气从炉顶中央或一端排烟口排放。

C　白银法

白银法是 1972 年由白银有色金属公司选冶厂研究开发的强化熔炼方法，1980 年正式投入工业生产。

白银炉熔炼如图 2-11 所示，在炉中部设有隔墙，将熔池分为熔炼区和澄清区两大部分。在熔炼区域形成的冰铜和炉渣，通过隔墙下面的孔道流入炉子的澄清区进行分离，冰铜和炉渣间断地从虹吸井和渣孔放出。

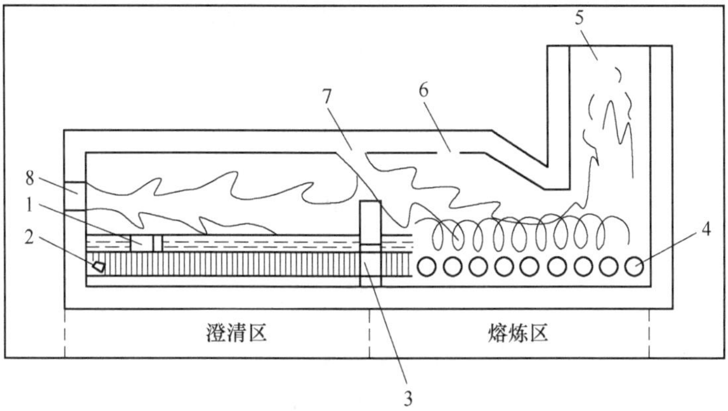

图 2-11　白银炉熔炼示意图

1—放渣孔；2—放铜锍孔；3—隔墙；4—风口；5—垂直烟道；
6—加料口；7—炉顶粉煤烧嘴；8—端墙粉煤烧嘴

炉料从炉顶的加料孔连续加入熔炼区，从浸没在熔炼区熔体深处的风口鼓入空气，强烈地搅动熔体，落入熔池的炉料迅速被熔体熔化，并与气泡中的氧发生气-液两相的氧化反应，放出大量的热，维持熔炼区的炉膛温度为 1150～1200 ℃，熔体温度为 1100 ℃。如果热量不足，便由此区顶上安装的辅助燃烧器喷入粉煤或重油供热。在熔炼区形成的铜锍和炉渣，通过隔墙下面的孔道流入炉子的澄清区。在澄清区的端墙上装有重油或粉煤燃烧器，燃料燃烧放出的热使此区的温度维持为 1300～1350 ℃，使渣温升为 1200～1250 ℃、铜锍温度升为 1100～1150 ℃。经升温澄清后，间断地分别从渣孔和虹吸井放出炉渣与铜锍。

熔炼区与澄清区的空间是相通的，澄清区的大量燃烧气体会冲击熔炼区的气流，使熔炼区气流发生紊乱，影响熔炼区的燃料充分燃烧，使熔炼区的温度偏低，达不到加热熔体所需的温度。熔炼区产生的高 SO_2 浓度烟气，被澄清区的 SO_2 浓度很低燃烧废气冲淡。

白银炼铜法是侧吹熔池熔炼，是我国具有自主知识产权的炼铜技术。

D　澳斯麦特法

澳斯麦特法是澳大利亚芒特-艾萨矿业公司和联邦科学与工程研究组织共同开发的一项冶金技术，也称浸没喷吹熔炼技术，其冶炼设备称为艾萨炉。20 世纪 80 年代初，澳大利亚澳斯麦特公司将其应用于硫化矿熔炼，提取铜、铅、镍、锡等金属以及用于处理含砷、锑、铋的铜精矿处理上。

澳斯麦特法采用的熔炼炉多为圆筒形，炉子的整体结构如图 2-12 所示。

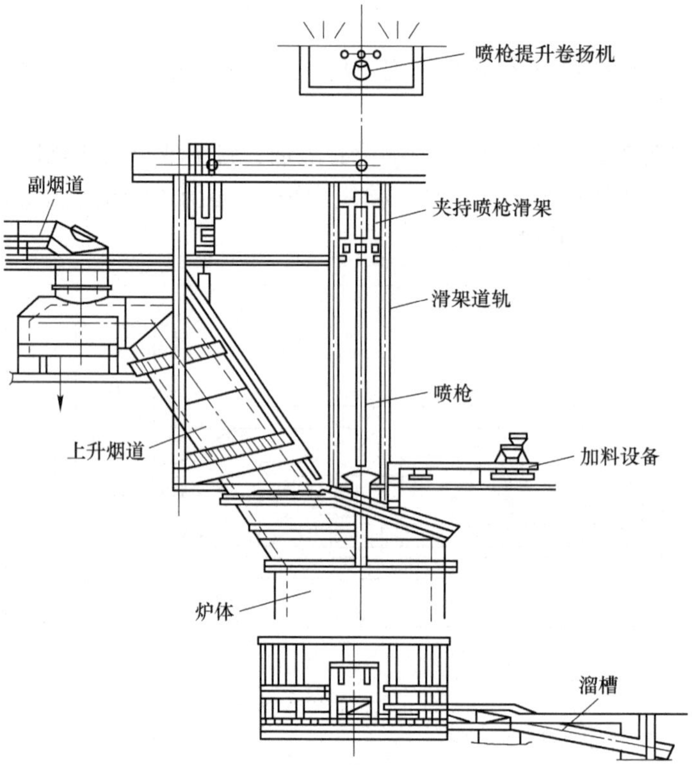

图 2-12　澳斯麦特整体结构示意图

含水率小于 7%的精矿经制粒或混捏后，通过炉顶呈自由落体状态加入熔池面上。富氧空气通入熔渣面以下 200～300 mm 的浸没喷枪，以出口压力为 50～250 kPa 喷入熔体中。熔体受到喷吹气流的剧烈搅动与旋转，落在熔池上面的炉料便被这种卷起的熔体吞没而熔融，生成炉渣和铜锍。需要补充的燃料，用块煤可以配入炉料，与炉料同时加入炉内，若用粉煤、燃油或者气体燃料可通过喷枪直接喷入熔池。生成的炉渣和铜锍由放出口放到沉降炉，在沉降炉内实现渣锍分离。铜锍送转炉吹炼，炉渣一般经水淬后弃去；也可以将熔炼的产品直接放入贫化炉，熔渣和铜锍在贫化炉内进行澄清分离，再向贫化炉内加入适当的还原剂对炉渣进行贫化，降低渣含铜。

澳斯麦特法的核心技术是喷枪（内径 ϕ100～150 mm），如图 2-13 所示。喷枪是浸没于熔渣池中的一个垂直喷管，直立于顶部吹炉的上方，在吹炼过程中用升降、固定装置对其进行升降和更换等作业。它是喷送物料和空气或富氧空气的装置，其内部装有螺旋片，将混合的燃料和空气或富氧空气喷射进熔池，使熔体涡动。喷枪气流与熔体的交互作用为高传热传质速率、高反应速度提供了强有力的条件。喷枪火焰和熔池气氛可调节成还原性，用于渣中的金属还原；也可调成氧化性，用于产出氧化物熔体和废渣，例如，高品位冰铜熔炼。

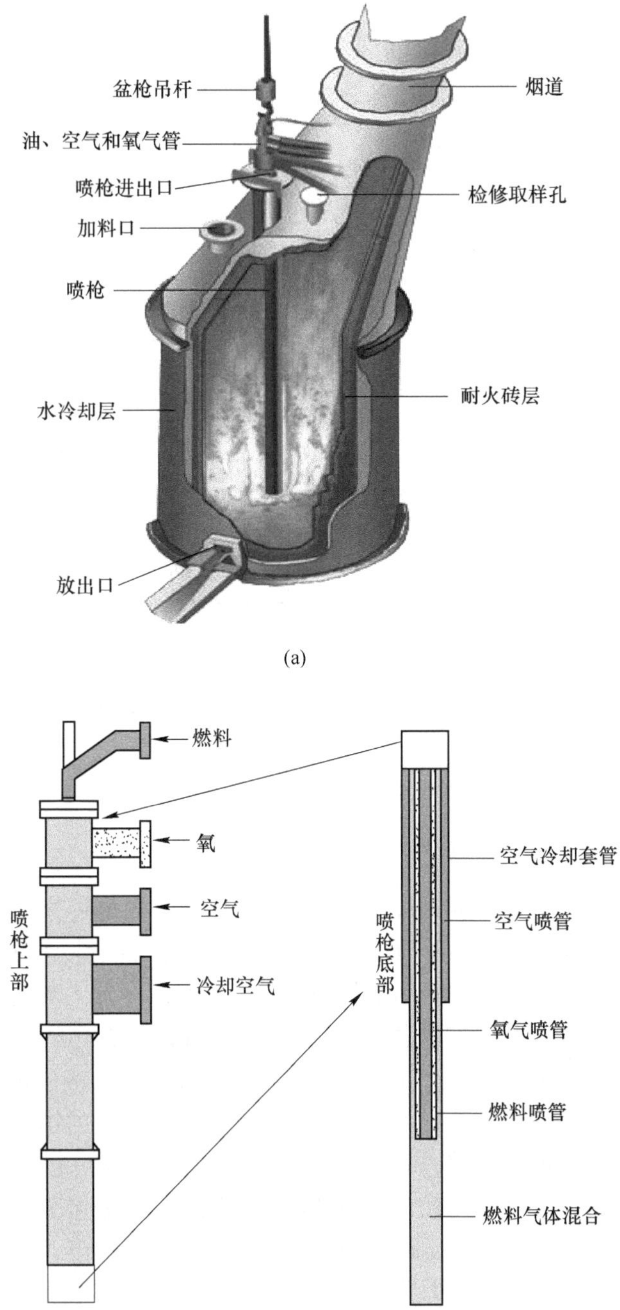

图 2-13　澳斯麦特熔炼炉（a）及其喷枪（b）结构示意图

E　三菱法

三菱法（Mitsubishi Process）即“MI”法，是日本三菱金属公司发明的多炉连续炼铜法。该法属于熔池熔炼，但它采用的是顶吹，吹炼渣采用铁酸钙渣系。

三菱法连续炼铜包括一台熔炼炉（S 炉）、一台炉渣贫化电炉（CL 炉）和一台吹炼炉（C 炉），这三台炉子用溜槽连接在一起连续生产，铜精矿要连续经过这三台炉子才能炼出粗铜，其设备连接示意图如图 2-14 所示。

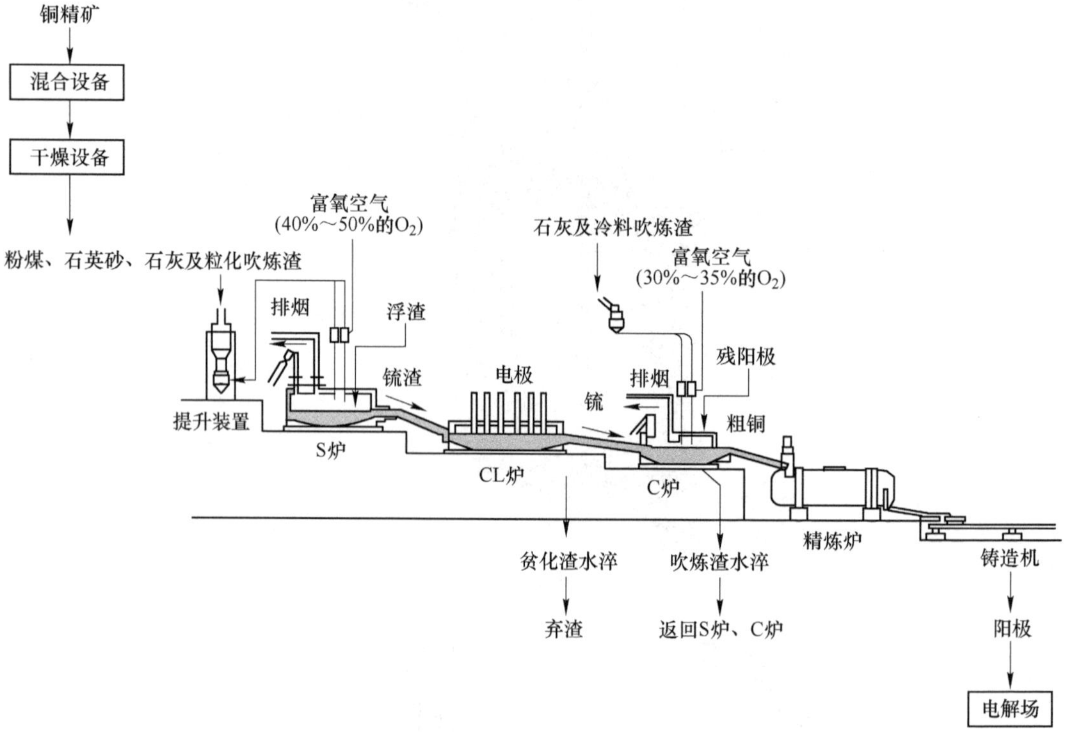

图 2-14　三菱法设备连接示意图

（1）熔炼炉（S 炉）过程。熔炼炉为圆形，用铬-镁砖和熔铸镁砖砌筑，通过炉顶垂直安装 6~7 根喷枪。干精矿以 25~27 t/h 的速度供给喷枪，同时按配比加入石英和石灰石熔剂、粒化吹炼渣和烟尘。混合炉料用空气输送，通过加料斗加入喷枪的内管，富氧空气通入喷枪的外管。两者在喷枪的下部混合，然后高速（140~150 m/s）喷入熔池。供氧量按产出品位 65%的铜锍控制。反应产出的铜锍和炉渣溢流出炉，渣层很薄。熔池内主要是铜锍，存有大量未氧化的铁与硫，以便 O_2 参与反应。这样操作的结果，虽然未将喷枪浸没熔池，但熔炼反应是迅速进行的，氧利用率也很高。近来已将一些粉煤混入料中喷入熔池燃烧，可减少烧嘴喷入的重油消耗，炉温则可通过烧喷油量来调节。

（2）炉渣贫化电炉（CL 炉）过程。熔炼炉产出的铜锍与炉渣，通过一般的溢流孔流入贫化电炉。贫化电炉为椭圆形，配置 3 根石墨电极，变压器容量 1200 kV · A。约经 1 h 沉清分层后，流出的废渣含铜（质量分数）为 0. 5% ~ 0. 6%，废渣水淬后堆存。铜锍虹吸流出，经加热的溜槽流入吹炼炉。

（3）吹炼炉（C 炉）过程。通过顶插喷枪喷入空气，使铜锍连续吹炼得粗铜。鼓入的氧气除了使铜锍中的铁与硫全部氧化外，也使一部分铜被氧化。通过喷枪加入少量石灰石，以形成 Cu_2O-CaO-Fe_3O_4 三元系吹炼渣。吹炼渣中的 CaO 含量（质量分数）为 15%、铜的含量（质量分数）为 15% ~ 20%，在这种条件下，粗铜中的硫含量（质量分数）为 0. 1% ~ 0. 5%，远低于饱和含量。虹吸放出的粗铜送阳极炉，吹炼渣放出后，经水淬和干燥后返回熔炼炉。

熔炼炉与吹炼炉排出的烟气通过锅炉冷却到 350 ℃，然后经电收尘送硫酸厂。

F　侧吹熔炼

巴彦淖尔市飞尚铜业有限公司是全球采用富氧侧吹熔池熔炼技术成功规模化炼铜的第一家，广西南国铜业有限责任公司在国内首创采用“富氧侧吹熔炼+多枪顶吹连续吹炼+火法阳极精炼”热态三连炉连续炼铜技术，金川集团 2024 年采用以侧吹熔炼为核心的三联炉炼铜工艺。

侧吹熔炼炉是熔池造锍熔炼，在 1250~1350 ℃的高温下，使硫化铜精矿和熔剂在熔炼炉内进行熔炼。炉料中的铜、硫与未氧化的铁形成液态铜锍，这种铜锍是以 $FeS\text{-}Cu_2S$ 为主，并溶有 Au、Ag 等贵金属及少量其他金属硫化物的共熔体。炉料中的 SiO_2、Al_2O_3、CaO 等成分与 FeO 一起形成液态炉渣，炉渣是以 $2FeO \cdot SiO_2$ 为主的氧化物熔体。铜锍与炉渣互不相溶，且密度各异，从而分离。

金川公司侧吹熔炼炉是一种固定式长方形炉型，由铜水套和耐火材料组合而成，如图 2-15所示。

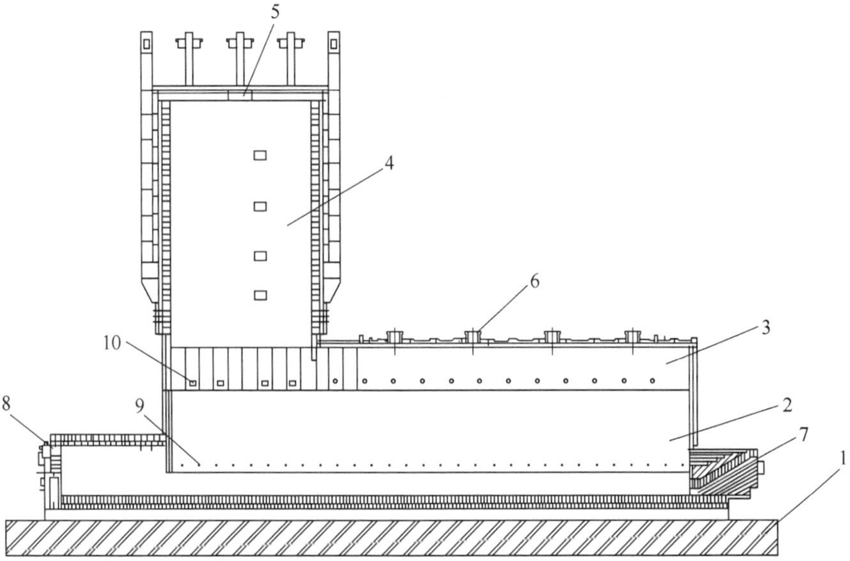

图 2-15　侧吹炉结构示意

1—炉基；2—炉缸；3—炉身；4—烟道；5—事故烟道；6—加料口；
7—虹吸口；8—渣口；9—一次风口；10—二次风口

炉体自下而上分为炉缸、炉身和炉顶。炉身又分为熔池区和再燃烧区，熔池区采用铜水套，再燃烧区采用铜水套与钢水套分区布置，其两侧装有一次风口（下风口）和二次风口（上风口）。混合物料经加料皮带由顶部加料口加入侧吹炉，进入炉中的混合物料汇集于渣层中，在一次风（富氧空气）的搅拌和高温作用下完成造锍造渣反应，并在炉缸下部完成渣和锍的分离。二次风口送入低压空气或部分熔炼环集烟气，使单体硫及一氧化碳充分燃烧。

2.2.2.3　闪速熔炼法

闪速熔炼是一种迅速发展起来的强化熔炼方法，它将焙烧、熔炼和部分吹炼过程在一个设备内完成。目前，该法生产的铜量占世界铜产量的 1/3 以上。

闪速熔炼的特点：(1) 焙烧与熔炼结合成一个过程；(2) 炉料与气体密切接触，在悬浮状态下与气相进行传热和传质；(3) FeS 与 Fe_3O_4、FeS 与 Cu_2O 以及其他硫化物与氧化物的交互反应，主要在沉淀池中以液-液接触的方式进行。

A　闪速熔炼的基本原理

a　闪速熔炼

闪速熔炼是将经过深度脱水（含水率小于 0.3%）的粉状精矿，在喷嘴中与空气或氧气混合后，以高速度（60~70 m/s）从反应塔顶部喷入高温（1450~1550 ℃）的反应塔内。此时精矿颗粒被气体包围处于悬浮状态，在 2~3 s 就基本上完成了硫化物的分解、氧化和熔化等过程。熔融硫化物和氧化物的混合熔体降入反应塔底部的沉淀池中汇集起来，进而完成铜锍与炉渣最终形成过程，并进行澄清分离。炉渣在单独贫化炉或闪速炉贫化区内经处理后再弃去。

投入反应塔的炉料在 500~850 ℃高温作用下主要发生下列化学反应：

$$FeS_2 = FeS + \frac{3}{2}S_2 \tag{2-34}$$

$$2FeS + 3O_2 = 2FeO + 2SO_2 \tag{2-35}$$

$$4CuFeS_2 + 5O_2 = 2(Cu_2S \cdot FeS) + 2FeO + 4SO_2 \tag{2-36}$$

$$2FeO + SiO_2 = 2FeO \cdot SiO_2 \tag{2-37}$$

反应生成的铜锍和炉渣熔体落到沉淀池内，在沉淀池中进行的反应主要有：

$$2FeO + SiO_2 = 2FeO \cdot SiO_2 \tag{2-38}$$

$$3FeO + \frac{1}{2}O_2 = Fe_3O_4 \tag{2-39}$$

$$Cu_2O + FeS = Cu_2S + FeO \tag{2-40}$$

从而完成了造铜锍与造渣的过程，并按密度不同澄清分离。

b　伴生杂质元素的行为

闪速熔炼时，精矿中的 Pb、Zn、As、Sb 和 Bi 等杂质元素在熔炼过程中的行为是相当复杂的。它们的分布与元素本身的性质以及元素之间的相互作用、氧势、温度和锍成分等熔炼条件有关，也与精矿中元素含量有关。

(1) 镍和钴。镍和钴均易于被氧化，随着铜锍品位的提高，其渣量也会增加。钴在渣中的活度较小，熔炼时造渣较多；当接近白铜锍时，几乎全部进入渣中，而进入渣中的镍比钴少。镍和钴及其化合物不挥发，烟尘中含有少量镍和钴由机械带入。

(2) 锌。锌在硫化铜精矿中以 ZnS 形态存在，闪速熔炼时锌可能集中在炉渣和挥发物中，主要是由于 ZnS 在反应塔条件下，发生氧化反应：

$$ZnS + \frac{3}{2}O_2 = ZnO + SO_2 \tag{2-41}$$

反应所得 ZnO 易与 SiO_2 形成硅酸盐。当铜锍品位稍高时，ZnO 的氧化增加，使炉料中的锌大部分进入渣中。渣中的 ZnO 与进入铜锍中的 ZnS 相互反应生成锌蒸气而挥发，其反应式为：

$$ZnS + 2ZnO = 3Zn + SO_2 \quad (2\text{-}42)$$

由于铜锍中溶解的 ZnS 很少，上述反应进行是有限的。当温度为 1150 ℃时 ZnS 开始显著地挥发，在反应塔条件下挥发很强烈，反应式如下：

$$ZnS(s) = ZnS(g) \quad (2\text{-}43)$$

被挥发的 ZnS 在气流中氧化变成 ZnO 粉，在收尘装置内收集。

（3）铅。铅在精矿中以方铅矿 PbS 的矿物形态存在，中性气氛熔炼时，PbS 几乎完全从固体转入气相中。在 1300 ℃时，游离 PbS 的蒸气压 $P_{PbS}>101.3$ kPa。氧化气氛中，除 PbS 氧化成 PbO 外，还进行 PbS 与 PbO 之间的相互反应，同时析出金属铅，反应式为：

$$PbS + 2PbO = 3Pb + SO_2 \quad (2\text{-}44)$$

在 1300 ℃时，PbO 的蒸气压是 PbS 的 1/10。因此，一部分铅可能转入炉渣中，但渣中的铅易被铜锍中的 FeS 硫化，只有在熔炼高品位铜锍时，铅才会大量造渣。铅及其化合物的蒸气压很大，均易挥发。

（4）硒和碲。硒和碲在精矿中以硒化物和碲化物形态存在，它们不易挥发并难以离解，在中性或还原性气氛中熔炼低硫原料时，硒和碲主要进入铜锍。硒和碲的氧化物具有很大的蒸气压，在氧化气氛中能从炉渣表面蒸发。

c　闪速熔炼中的 Fe_3O_4 问题

闪速熔炼中生成的 Fe_3O_4 影响造渣反应、熔池有效容积和渣中铜含量等许多方面，但是它可以在炉壁耐火材料表面形成挂渣，从而保护耐火材料免受侵蚀。

B　闪速炉的熔炼工艺实践

闪速熔炼按不同的工作原理可分为奥托昆普闪速熔炼和印柯闪速熔炼两种。奥托昆普闪速炉的精矿是由反应塔顶垂直喷入炉内，印柯闪速炉的精矿是从炉子端墙上的喷嘴水平喷入炉内。

a　奥托昆普闪速炉的熔炼工艺实践

奥托昆普闪速炉如图 2-16 所示。

奥托昆普闪速炉由反应塔、沉淀池和上升烟道三部分组成。反应塔呈圆筒形，是矿物颗粒分解、氧化和熔化反应区；沉淀池是由铬镁砖砌成的矩形池子，用于暂存铜锍及熔炼渣，以使铜锍与炉渣澄清分离；上升烟道是烟气导入余热锅炉的通道。闪速炉本体主要由钢结构元件、耐火材料和水冷元件组成。

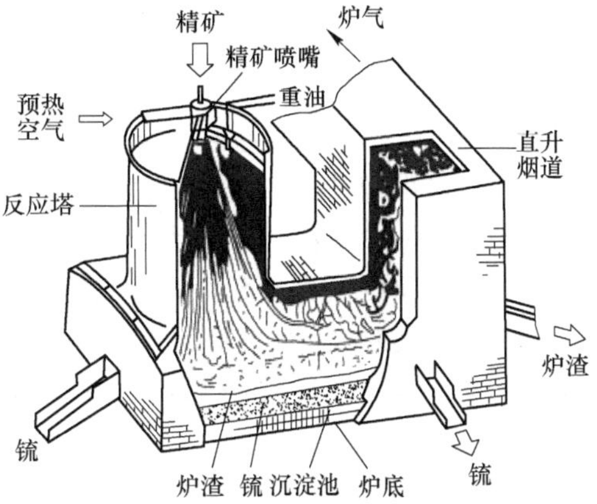

图 2-16　奥托昆普闪速炉

（1）奥托昆普闪速炉熔炼工艺。闪速熔炼对炉料要求很严格，不仅要求炉料的物理化学组成均匀稳定，而且含水率必须小于 0.3%。因此，入炉物料必须进行严格配料和干燥脱水。

炉料干燥常用回转窑干燥、气流干燥和闪速干燥 3 种方法。

干燥后的物料通过上料系统进入矿仓中，由刮板运输机分别连续稳定地将干料加入精矿喷嘴中，喷嘴喷出的炉料在反应塔与预热空气接触，迅速进行分解、氧化、造渣等反应生成铜锍与炉渣落入沉淀池底部，没有来得及反应的物料在沉淀池内接着完成造锍与造渣反应，并按密度不同澄清分离。熔炼过程中产生的炉气通过上升烟道先进余热锅炉，使40%左右的烟尘沉降，并回收余热，然后进电收尘器，剩余烟气作为制酸原料进行制酸。

（2）奥托昆普闪速熔炼的主要产物是铜锍、炉渣、烟尘和炉气。

1）铜锍：闪速炉可产出高品位铜锍，一般为 60%~65%，甚至白铜锍为 78%。

2）炉渣：闪速熔炼属氧化熔炼，脱硫率高，导致冰铜品位高，炉渣中 Fe_3O_4 含量多，因此渣含铜高，一般为 1%~3%，比鼓风炉、发射炉渣含铜高得多。

3）烟尘：闪速熔炼的烟尘率较高，一般为 6%~9%，甚至更高，回收的烟尘与干燥后的炉料重返闪速炉处理。

4）炉气：奥托昆普闪速炉熔炼炉气含 SO_2 为 12%~14%，收尘净化后为 6%~7%，符合制酸要求，故送去制酸。

b　印柯闪速炉的熔炼工艺

印柯闪速炉如图 2-17 所示，由熔炼带、炉渣贫化带和中央烟道 3 部分组成。印柯闪速炉完全包在焊接的铜板内，钢板厚 1 cm。炉子用铬镁砖与镁砖砌筑，易侵蚀的强烈燃烧高温区的侧墙装设铜水套。

（1）印柯闪速炉熔炼工艺。印柯闪速炉熔炼利用工业氧体积分数（95%~97%），将铜精矿、熔剂从炉子两端精矿喷嘴水平地喷入炉内熔池上方，炉料在炉子空间内处于悬浮状态发生氧化反应，放出大量的热，使反应过程自热进行。烟气从沿炉子长边中央烟道排出，这样把熔池空间分为精矿熔炼带与炉渣贫化带。

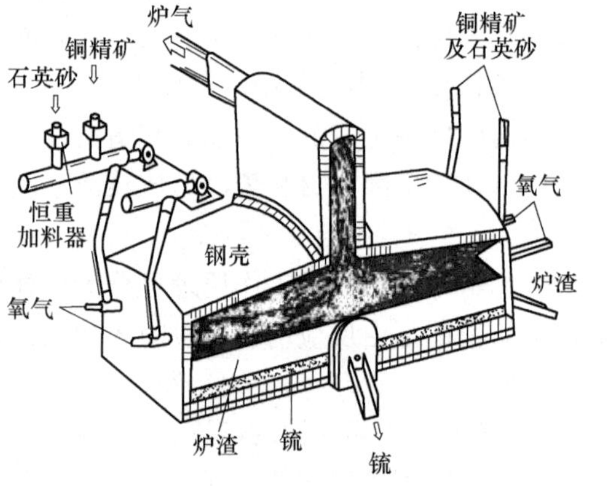

图 2-17　印柯闪速炉

（2）印柯闪速熔炼的主要产物是铜锍、炉渣和 SO_2 浓度很高的烟气。

1）铜锍：闪速炉可产出高品位铜锍，一般为 55%~60%。

2）炉渣：渣含铜高，一般为 1%~2%，渣中 SiO_2 含量为 30%~34%。

3）烟气：富含烟尘和 SO_2 浓度很高（60%~80%）的烟气。

c　闪速炉渣的处理

闪速炉所产炉渣铜含量一般高达 0.8%~1.5%，不能废弃，必须进行贫化处理，回收其中的铜。

贫化方法有两类：熔炼和缓冷选矿。理论上，熔炼方法能够将渣含铜降低到渣-锍平衡水平，选矿法只能回收绝大部分的夹杂锍。目前，贫化炉渣的工业方法有电炉贫化法和浮选法。

（1）电炉贫化法。影响渣含铜的最根本因素是炉渣中的 Fe_3O_4 含量。降低炉渣中的 Fe_3O_4 含量，就能够改善锍滴在渣中沉降的条件，降低渣中的 Fe_3O_4 含量，将减少铜的氧化损失，从而降低渣含铜。炉渣的熔炼贫化就是降低氧势、提高硫势，还原 Fe_3O_4 的过程。

贫化电炉的作业方式有两种：间断作业和连续作业。前者在一个周期完成后，放出弃渣，留下很薄的渣层，再进熔炼渣开始下一个周期，铜锍定时放出。这种方式多用于单独处理转炉渣，或渣量不大，或要求深度贫化，弃渣含金属很低的情况，如含 Ni 和 Co 的炉渣。连续作业是连续进熔炼渣，连续放出弃渣。有的贫化炉还与熔炼炉结合成一体。

(2) 贫化炉渣的浮选法。浮选法包括缓冷与磨矿工序，炉渣中的铜之所以能够通过浮选富集到精矿中，是因为在熔渣冷却过程中，形成了能够机械分离的硫化亚铜结晶以及金属铜的颗粒，借助于它们在表面物理化学性质上与其他造渣物的差异，从而实现分离。

(3) 影响贫化效果的因素。贫化效果是以弃渣含铜来衡量的，在电炉内，影响弃渣含铜的因素有渣成分、还原剂种类、电气参数、温度、熔池与电极操作制度等。

安全注意事项及预防措施

(1) 爆炸：在高温下水进入熔体，会引发爆炸。

预防措施：在冶炼过程中，防止水滴入高温熔体。

(2) 烫伤：在高温熔体在排放过程中，容易溅出，小心烫伤。

预防措施：在冶炼过程中，穿戴好劳保用品。

任务小结

(1) 造锍熔炼；

(2) 熔炼方法；

(3) 熔池熔炼；

(4) 闪速熔炼。

知识拓展

印柯闪速熔炼产出的铜锍品位较低，也不能像奥托昆普闪速炉熔炼那样，通过调节送风中的氧浓度可以生产任意品位的铜锍；而且精矿硫含量变化大时也不适宜在印柯闪速炉中处理，否则当处理硫铜比过高的精矿时，只能产出更低品位的铜锍。当精矿含硫低于20%时，由于受热平衡的影响而需补加燃料。此外，印柯闪速炉还具有耗能大和投资费用高的缺点，导致印柯闪速熔炼没有得到很大的发展。

任务 2.3　铜锍的吹炼

任务目标

(1) 了解铜锍吹炼的目的；

(2) 掌握铜锍吹炼的原理；

(3) 知道铜锍吹炼的作业过程。

理论与实践

铜锍吹炼的主要原料是熔炼产出的铜锍。吹炼目的是除去铜锍中的铁和硫以及其他杂质，获得粗铜。同时铜锍也是贵金属的良好捕集剂，在吹炼过程中，可将金、银及铂族元素等贵金属富集于粗铜中，为有效回收这些金属创造了良好的条件。

2.3.1　转炉吹炼

2.3.1.1　转炉吹炼的基本原理

转炉吹炼是通过风口向炉内鼓入空气或富氧空气与加入的铜锍和熔剂发生物理化学变化得到炉渣、粗铜和烟气，渣相与锍相由于密度不同而分层，从而分别放出，烟气经收尘处理后送去制酸。

A　铜锍吹炼过程

铜锍的吹炼在转炉内进行，吹炼过程是间歇式的周期性作业，整个过程分为造渣期和造铜期。

a　造渣期

铜锍中的 FeS 与鼓入空气中的氧发生强烈的氧化反应，生成 FeO 和 SO_2 气体。FeO 与加入的石英熔剂反应造渣，使锍中铜含量逐渐升高。

吹炼停风时分成两层，上层炉渣被定期排出，持续得到锍中含铜 75%以上、含铁小于 1%时结束，此时锍称为白锍（Cu_2S）。

造渣期发生的主要反应是：

$$2FeS + 3O_2 = 2FeO + 2SO_2 \tag{2-45}$$

$$2FeO + SiO_2 = 2FeO \cdot SiO_2 \tag{2-46}$$

b　造铜期

继续吹炼，鼓入空气中的氧与 Cu_2S 发生强烈的氧化反应，生成 Cu_2O 和 SO_2。Cu_2O 又与未氧化的 Cu_2S 反应生成金属 Cu 和 SO_2，直到生成的粗铜含 Cu 98.5%以上时造铜期结束。铜锍吹炼的第二周期不加入熔剂、不造渣，以产出粗铜为特征。

造铜期发生的主要反应是：

$$Cu_2S + \frac{3}{2}O_2 = Cu_2O + SO_2 \tag{2-47}$$

$$2Cu_2O + Cu_2S = 6Cu + SO_2 \tag{2-48}$$

B　吹炼热力学分析

FeS、Cu_2S 都是硫化物，为什么 FeS 先氧化、Cu_2S 后氧化呢？由图 2-18 硫化物氧化反应的吉布斯自由能图可知，在高温下，Fe、Cu 和 Ni 的硫化物氧化反应的吉布斯自由能值均小于零，故氧化反应是自发过程，所以在吹炼温度下，它们都可能被氧化成氧化物的形态。

但是，FeS 的吉布斯自由能值最负，所以在铜锍吹炼初期，FeS 先于 Cu_2S 氧化。随着 FeS 的氧化造渣，FeS 在铜锍中的浓度逐渐降低，而 Cu_2S 的浓度升高，二者同时氧化趋势增长。

在 FeS 的浓度未降低到某一值时，即使 Cu_2S 能氧化成 Cu_2O，它也只能是氧的传递者，循环发生氧化反应如下：

$$2[Cu_2S] + 3O_2 = 2(Cu_2O) + 2SO_2 \tag{2-49}$$

$$(Cu_2O) + [FeS] = [Cu_2S] + (FeO) \tag{2-50}$$

由图 2-19 可知，在吹炼温度下，$FeS+2FeO = 3Fe+SO_2$ 的吉布斯自由能值是正值，故不会生成 Fe。随着吹炼的进行，锍中的 Fe 含量降到 1%以下，也就是要等锍中的 FeS 几乎全部氧化之后，Cu_2S 开始氧化进入造铜期。

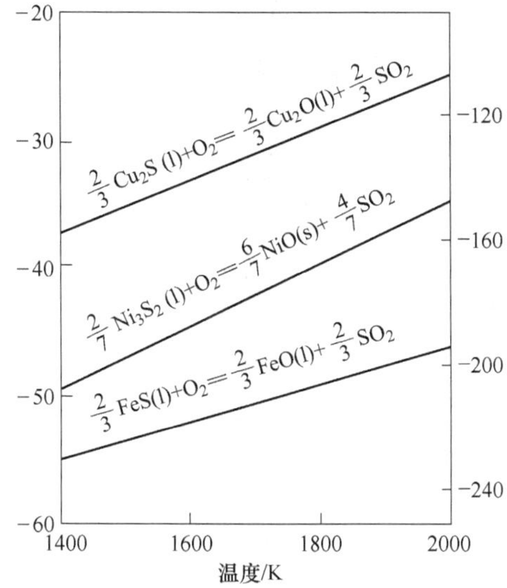

图 2-18 硫化物氧化反应的吉布斯自由能图

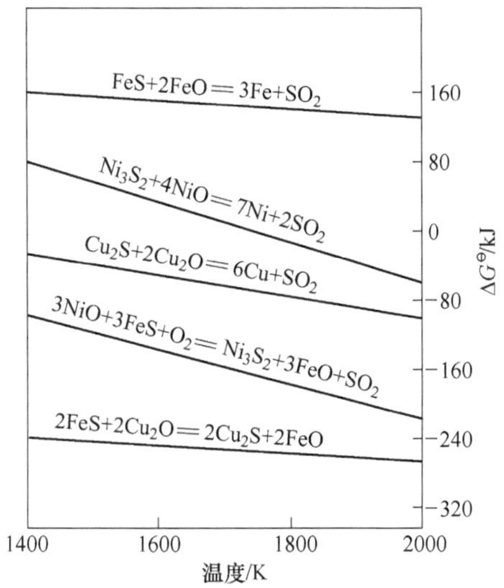

图 2-19 硫化物与氧化物交互反应的吉布斯自由能图

吹炼进入造铜期后，发生 Cu_2S 与 Cu_2O 的反应为：

$$2Cu_2O + Cu_2S = 6Cu + SO_2 \tag{2-51}$$

生成金属铜，但并不是立即出现金属铜相。

总结以上分析：得出在吹炼温度下，Cu 和 Fe 硫化物的氧化反应是：

造渣期

$$FeS + \frac{3}{2}O_2 = FeO + SO_2 \tag{2-52}$$

$$2FeO + SiO_2 = 2FeO \cdot SiO_2 \tag{2-53}$$

造铜期

$$Cu_2S + \frac{3}{2}O_2 = Cu_2O + SO_2 \tag{2-54}$$

$$2Cu_2O + Cu_2S = 6Cu + SO_2 \tag{2-55}$$

因为以上反应的存在，得以实现用吹炼的方法将锍中的 Fe 与 Cu 分离，完成粗铜制取的过程。

C 吹炼过程中杂质元素的行为

（1）以硫化物形态溶解在铜锍中，如 Ni_3S_2；

（2）以氧化物形态造渣，如 CoS、ZnS、PbS 均可以相应氧化物形式与 SiO_2 造渣；

（3）挥发进入烟气，如铋，砷，锑。

因此，吹炼过程中杂质元素的行为取决于其本身特性和吹炼条件。

2.3.1.2 转炉吹炼工艺

A 侧吹卧式转炉结构

侧吹卧式（P-S）转炉的结构如图 2-20 和图 2-21 所示。

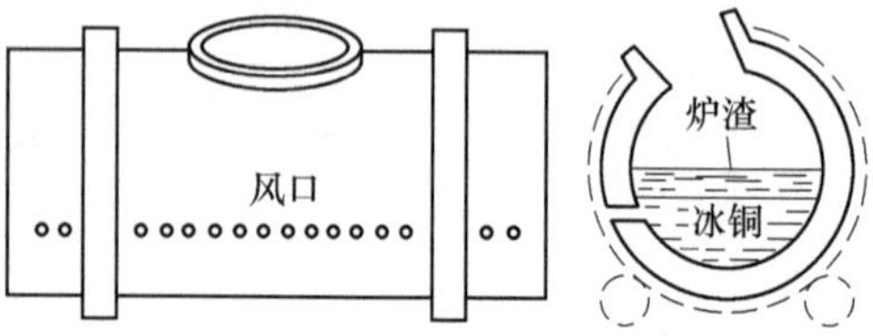

图 2-20 卧式转炉结构简图

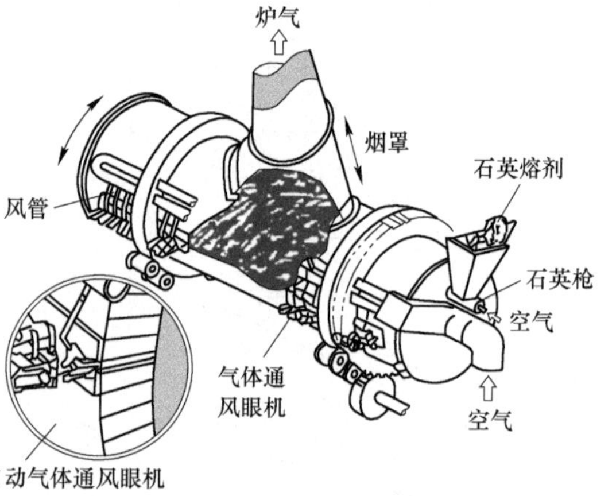

图 2-21 卧式转炉结构示意图

转炉炉壳是由 20~25 mm 锅炉钢板焊接成的圆筒，在炉壳内部衬有耐火材料。炉体上方设置炉口，炉口有圆形和长方形两种。圆形炉口要扩大尺寸有困难，现代转炉大都采用长方形炉口。我国采用的丁水套炉口由 8 mm 厚的锅炉钢板焊成，并与保护板焊在一起。水套炉口进水温度一般为 25 ℃左右，出水温度一般为 50~70 ℃。

转炉多设有密封烟罩，以减少漏风，提高烟气中 SO_2 浓度，改善劳动条件。转炉前部的活动烟罩在加铜锍、倒渣和放铜时启动频繁，且受辐射热强烈烘烤，是整个烟罩中工作条件最差的部分。活动烟罩有水套式和铸钢式两种结构。水套式结构复杂、安全性差，一旦出现漏水将引起铜锍爆炸。铸钢式烟罩是整体耐热铸钢件，要求材料性能好、变形小，比水套式安全、简便、密封性能好。

当转炉在加铜锍、倒渣和出铜操作时，炉口离开内层烟罩，冒出的烟气由环保烟罩收集排走，以免烟气泄漏到车间内。环保烟罩由位于上部的固定罩和前部的回转罩两部分构成。

B 转炉吹炼实践

a 作业过程

铜锍吹炼造渣期的目的在于获得足够数量的白铜锍（Cu_2S），但并不是注入第一批铜锍后就能立即获得白铜锍，而是分批加入、逐渐富集。

在吹炼操作时，把炉子转到停风位置，装入第一批铜锍，一般使风口浸入液面下 200 mm左右为宜。然后，旋转炉体至吹风位置，边旋转边吹风，吹炼数分钟后加石英熔剂造渣；当炉渣造好后，旋转炉子，风口离开液面后停风倒出炉渣。之后再加入铜锍，重复上面步骤进行 2~3 次造渣、倒渣，直到炉内熔体所含铜量满足造铜期要求时为止，造渣期结束。

最后一次倒渣后，加入冷料继续鼓风吹炼进入造铜期，随着 Cu_2S 的氧化，炉内熔体的体积逐渐减小，炉体应逐渐往后转，以维持风口在熔体面以下一定距离。

造铜期最主要的是准确判断出铜时机。出铜时，转动炉子加入一些石英，将炉子稍向后转，然后再出铜，以便挡住氧化渣。倒铜时，应当缓慢均匀。出铜后，迅速捅风眼，清除结块。然后装入铜锍，开始下一炉次的吹炼。

b　吹炼作业制度

转炉的吹炼制度有单炉吹炼、炉交换吹炼和期交换吹炼 3 种。目前国内多采用炉交换吹炼，只有贵溪冶炼厂采用期交换吹炼。采用期交换吹炼的目的在于提高转炉送风时率，改善向制酸车间供给烟气的连续性，保证闪速熔炼炉比较均匀地排放铜锍。

c　吹炼终点的控制

铜锍转炉吹炼的终点通常是采用观察火焰的颜色；将铁钎通过风口插入熔池，观察铁钎上凝聚物的颜色；用勺取金属样，观察其凝固状态并进行化学分析等方法判断的。

d　转炉吹炼产物

铜锍转炉吹炼的产物有粗铜、转炉渣、烟尘和烟气。

粗铜的具体组成和杂质含量的多少与原料、冷料和熔剂的成分有关。

转炉渣铜含量较高，通常为 2%~4.5%。转炉渣中的铜大都以硫化物形态存在，少量以氧化物和金属铜形态存在。转炉渣中的铜必须加以回收，目前有两种回收方式：一种是将转炉渣缓慢冷却、破碎、磨细、浮选，产出渣精矿，然后将其返回到熔炼的配料系统；另一种是根据熔炼方法的不同，将转炉渣以液体或固体状态直接加入熔炼炉内。

由于转炉的操作制度和转炉的密封条件不同，各个工厂转炉烟气中的 SO_2 浓度也不一样。

转炉烟尘的主要成分是细颗粒的石英、转炉渣、铜锍、金属铜及某些高温下挥发的化合物，烟尘率一般为铜锍量的 1%~2.5%。有些工厂烟尘率较高，主要是使用细粉过多的石英熔剂或铜锍中易挥发物质含量较高、风量过大的缘故。

2.3.2　顶吹吹炼

2.3.2.1　顶吹吹炼的基本原理

顶吹吹炼炉在吹炼过程中造渣反应、造铜反应化学方程式如下：

造渣反应

$$2FeS + 3O_2 = 2FeO + 2SO_2 \tag{2-56}$$

$$CaCO_3 = CaO + CO_2 \tag{2-57}$$

$$4FeO + 2CaO + O_2 = 2CaFeO_4 \tag{2-58}$$

$$2Fe_3O_4 + 5O_2 + 6CaO = 6CaFeO_4 \tag{2-59}$$

$$6FeO + O_2 = 2Fe_3O_4 \tag{2-60}$$

造铜反应

$$2Cu_2S + 3O_2 = 2Cu_2O + 2SO_2 \tag{2-61}$$

$$Cu_2S + 2Cu_2O = 6Cu + SO_2 \tag{2-62}$$

顶吹炉吹熔炼铜锍过程中，造渣期的化学反应为式（2-56）和式（2-58），同时也存在式（2-57）、式（2-59）~式（2-62），由式（2-56）、式（2-60）和式（2-61）可知，吹炼铜锍需要较强的氧化气氛，部分 FeO 不可避免被强氧化为 Fe_3O_4，需调整熔炼过剩系数控制好炉内氧化气氛，适当降低铜锍转化率，避免更多 FeO 被过氧化为 Fe_3O_4，降低炉渣磁性，将炉渣中的 Fe_3O_4 含量控制为 10%～32%。造铜期的化学反应为式（2-61）和式（2-62），同时存在式（2-60），FeS 在造渣期几乎被氧化成 FeO 除去，吹炼白冰铜造粗铜时应尽量减少炉渣中的 FeO 被过氧化，严格控制炉渣中 Fe_3O_4 含量，通常将造铜期的炉渣磁性 Fe_3O_4 含量控制为 10%～35%；由式（2-61）可知，当吹炼白冰铜时，应控制好吹炼时间，判断好吹炼终点，防止白冰铜过吹成 Cu_2O 或金属粗铜再次被氧化成 Cu_2O，使炉渣含铜升高，造成铜的损失。

2.3.2.2 顶吹吹炼工艺

侧吹熔炼炉内铜锍品位达到 75%后进入吹炼炉，送入 27%左右的富氧空气，富氧风压力 0.35MPa，吹炼产出含铜 98.89%的粗铜。

吹炼炉通过顶吹喷枪吹炼脱杂，采用连续作业模式。吹炼渣、粗铜通过人工测量，确定炉内液面高度。通过吹炼炉内的液面高度控制及测量来推算计量排出的粗铜量。粗铜排放口为虹吸口，渣为溢流排放，均为间断排放。

吹炼产出的粗铜经溜槽间断流至下游阳极炉。吹炼产出的渣经链式铸渣机冷却、铸成小块后再由铲运机加入破碎机中进行破碎，最后由汽车运输至精矿库堆存，进入配料流程返回侧吹熔炼炉。

由顶吹连续吹炼炉产出 1250 ℃左右的含尘烟气，经余热锅炉回收余热并生产蒸汽，使烟气降温至 360 ℃左右；与此同时烟气中夹带的烟尘也部分沉降下来，余热锅炉排出含尘（标态）8.53 g/m^3 的烟气进入电收尘器进行净化，使其含尘浓度降至 0.2 g/m^3 以下，净化后的烟气由高温排风机送到制酸系统。

安全注意事项及预防措施

（1）转炉炉子过冷：在第一阶段加入冷料或石英熔剂过多，或停风时间较长，鼓风量不足。当转炉炉口火焰暗红时，炉内熔体黏稠，炉渣不易分离，严重时石英熔剂被渣夹杂，局部有凝结现象，表明炉内过冷。

预防措施：可加入热冰铜，加强鼓风提温，一般很快好转；若情况严重，迅速把炉内熔体全部倒出，重新加入冰铜吹炼。

（2）转炉炉子过热：单位时间鼓风量太大或熔剂、冷料加入不及时和量不足，转炉炉口冒出火焰白亮，炉壁砌砖明显暴露，砖缝呈明显的沟状，表明炉内过热。

预防措施：迅速向炉内加入一批冷料和适量的冰铜及熔剂。

（3）铜过吹：造铜期终点判断不准确，没有及时出铜会造成过吹，此时会产生大量不易分离的稀渣。

预防措施：缓慢倒入一定数量热冰铜还原。

任务小结

（1）铜锍吹炼的目的；

（2）铜锍吹炼的原理。

知识拓展

转炉开炉前，检查各项设备后开始烘炉。烘炉的炉温应逐渐升高，避免耐火砌体炸裂，影响炉衬寿命。当炉温升至 1623 K 时，保温 3～10 h，然后即可装料，整个烘炉时间为 4~6 d。正确配料是吹炼过程能否顺利进行的首要条件。吹炼过程铜料的熔化和铜熔体温度的提高主要靠金属杂质氧化放出的热量来维持，而高铅、锡铜料的含铜波动较大，因此配料应搭配适当，使铜料的杂质含量固定一定范围内，以保证吹炼过程热制度的稳定。此外，配料时铜料的锡含量不能太高，过多的 SnO_2 使炉渣黏结。装料时应使炉料在炉内均匀分布，风口处不得堆放炉料，以防风口堵塞而损坏炉子，炉料加完后即加热熔化。

任务 2.4　粗铜的火法精炼

任务目标

（1）了解粗铜火法精炼的目的；
（2）掌握火法精炼的基本原理；
（3）知道火法精炼的产物。

理论与实践

铜锍吹炼产出的粗铜中，含铜 98.5%～99.5%、其余为杂质和一定数量的具有回收价值的稀贵金属。杂质镍、铅、砷、锑、铋、铁、硫和氧影响铜的物理化学性质和用途需要除去，而稀贵金属需要回收，所以必须对粗铜进行精炼。

目前使用的精炼方法主要有两种。

（1）粗铜火法精炼，直接生产含铜 99.5%以上的精铜。该法仅适用于金、银和杂质含量较低的粗铜，所产精铜仅用于对纯度要求不高的场合。

（2）粗铜先经过火法精炼除去部分杂质，浇铸成阳极，再进行电解精炼；产出含铜 99.95%以上，杂质含量达到标准的精铜，这是铜生产的主要流程。

2.4.1　粗铜火法精炼过程

火法精炼的目的是将粗铜中的杂质尽量除去，为电解精炼提供合格的铜阳极板。

粗铜的火法精炼包括加料、熔化、氧化、还原和浇铸 5 个工序，如图 2-22 所示。

先将炉料加入精炼炉，使炉温保持在 1300 ℃以上炉料熔化，然后将空气压入熔融铜中，使熔体中对氧亲和力较大的杂质（如锌、铁、铅、锡、砷、梯、镍等）发生氧化，以氧化物的形态浮于铜熔体表面形成炉渣，或挥发进入炉气而除去，残留在铜熔体中的氧经碳氢物质还原脱去后，铜液即可浇铸成电解精炼用的阳极板。

2.4.2　粗铜火法精炼的原理

粗铜的火法精炼包括氧化与还原两个主要过程。氧化过程主要是除去铜中有害杂质，还原过程则主要是排除铜中的氧。

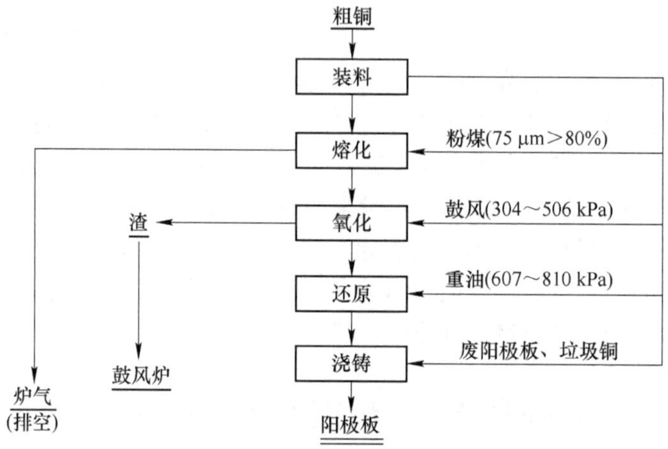

图 2-22　粗铜火法精炼工艺流程图

2.4.2.1　氧化过程

氧化精炼的基本原理：粗铜中主要是铜，杂质浓度低，当空气通入铜熔体时，铜优先氧化生成［Cu_2O］，并立即溶于铜液中与杂质接触，从而将杂质氧化成杂质氧化物，造渣除去。

$$4[Cu] + \{O_2\} = 2[Cu_2O] \tag{2-63}$$

$$[Cu_2O] + [A] = 2[Cu] + (AO) \tag{2-64}$$

在实际生产中，当温度为 1150～1180 ℃时，杂质已经充分氧化，可选择适当的熔剂使 AO 造渣并及时除渣，以降低氧化物的活度。粗铜中主要杂质的氧化趋势由小到大排列为：As→Sb→Bi→Pb→Cd→Sn→Ni→In→Co→Zn→Fe。

按氧化除去难易可将杂质分为三类。

第一类：易氧化除去的铁、锌、钴、锡、铅和硫等杂质。

第二类：难以除去的 Ni、As 和 Sb 等杂质。

第三类：不能除去或极少除去的 Au、Ag、Se、Te 和 Bi 等杂质。

除 S 是在氧化后期进行，因为在有其他对氧亲和力大的金属时，铜的硫化物不易被氧化。但只要氧化除杂质金属结束，立即会发生剧烈的相互反应放出 SO_2 气体，其反应如下：

$$[Cu_2S] + 2[Cu_2O] = 6[Cu] + SO_2 \tag{2-65}$$

这时铜液产生沸腾现象，称为“铜雨”。铜雨的出现意味着氧化除渣阶段结束，可进行还原过程。

2.4.2.2　还原过程

还原过程是将铜液中含有的 Cu_2O 用还原剂脱除的过程，常用的还原剂有重油、天然气和液化石油气等。

重油的主要成分为各种碳氢化合物，高温下分解为氢和碳，而碳燃烧生成 CO。所以重油还原实际上是氢和 CO 对 Cu_2O 的还原。

其反应为：

$$Cu_2O + H_2 = 2Cu + H_2O \quad (2\text{-}66)$$

$$Cu_2O + CO = 2Cu + CO_2 \quad (2\text{-}67)$$

$$4Cu_2O + CH_4 = 8Cu + CO_2 + 2H_2O \quad (2\text{-}68)$$

混合气体中只要有极少的 H_2，就可以去还原 Cu_2O，铜液对氢的溶解能力较强。铜溶液中含氢过多，铸成的阳极板产生气孔，对电解不利。

2.4.3 粗铜火法精炼设备

目前用于粗铜火法精炼的炉型有固定式反射炉、回转式阳极炉、倾动式阳极炉三种，回转式阳极炉是粗铜火法精炼的首选炉型。

回转式阳极炉由炉体、驱动装置、支撑装置组成。回转式阳极炉与 PS 转炉相似，圆柱形炉体横卧托辊上，可以实现一定范围角度的灵活转动。炉口为钢制水套炉口，炉口盖板采用气缸进行控制；炉体靠近精炼炉侧配置进料口（出烟口）。

熔炼炉产出的粗铜经过粗铜溜槽进入阳极炉内，并通入空气和还原剂，使之产生氧化、还原反应。通过氧化将熔体内的硫、镍、砷、锑、铋等杂质氧化，并生成对应的氧化物进入烟气或熔渣中。氧化结束后倾转炉体将熔渣通过炉口倒入渣盘中，开始还原作业，用天然气作为还原剂将氧化亚铜、氧化铜还原为铜单质。还原结束后，阳极铜从出铜口排出，进行圆盘浇铸，浇铸完成后取板机将成型阳极板取出并放入冷却水槽中，冷却后通过阳极板智能转运线将阳极板运输至电解工序。

2.4.4 粗铜火法精炼产物

粗铜火法精炼产物主要有阳极板、炉渣、烟气和烟尘。

2.4.4.1 阳极板

铜阳极是由火法精炼直接铸成的长方形或正方形铜块，其几何尺寸与阴极尺寸相互配合，阳极面积应较阴极面积略小，宽度、高度均为阴极宽与高的95%。

铜阳极板的化学成分要求见表 2-2。

表 2-2 铜阳极板的化学成分 （质量分数，%）

元素	Cu	Pb	Sn	Ni	As	Sb	Bi	O
含量	99.2~99.5	<0.2	<0.075	<0.5	<0.04	<0.03	0.04	0.1~0.05

阳极板的尺寸规格要求：(1) 每块阳极板厚薄均匀，质量误差有一定范围；(2) 板面突出物高度及面积、气孔大小及面积、飞边毛刺高度等受到限制；(3) 板面有一定的平直度；(4) 板面无夹渣，极板耳部无夹层。

2.4.4.2 炉渣

火法精炼炉渣的成分与所处理的粗铜成分、炉衬性质及方法有关。精炼炉渣含铜较高，一般为 15%~30%，甚至更高，有时还中含有其他有用成分。渣中含铜高的主要原因是扒渣时金属夹带把金属铜扒出；其次是一些铜盐进入渣中，故须进行再处理。

精炼炉渣的处理有两种方法：一种是作为冷料加入转炉处理；另一种是在小型鼓风炉中进行还原熔炼产出黑铜。

2.4.4.3　炉气

炉气含 SO_2 较低不能制酸，当炉气温度为 300~400 ℃后可排入大气中。

2.4.4.4　烟尘

精炼炉气中烟尘量不大，一般在烟道中自行沉降收集，其中含有铜及稀贵金属，铜随气体的损失约占粗铜的 0.1%。当处理杂铜或黑铜时，烟尘量大大增加，须回收其中的有价成分。

安全注意事项及预防措施

铜水温度过低：精炼渣覆盖在铜水表面传热性能差，热量不易传到铜水中，导致铜水温度过低。

预防措施：(1) 减少粗铜带渣，要求转炉粗铜终点判断准确，压好渣；(2) 阳极炉及时排渣，严禁带渣还原作业。

任务小结

(1) 火法精炼的目的；

(2) 火法精炼的基本原理；

(3) 火法精炼的产物及主要技术经济指标。

知识拓展

(1) 氧化、还原终点判断标准如下。

1) 氧化终点，氧化样品表面平整，且略向下凹，呈砖红色；

2) 还原终点，还原样品表面平整，皱纹细而均匀中心有油光色。

(2) 阳极泡洗：铜电解精炼时使用的阳极是由粗铜火法精炼产出的阳极铜作为阳极板，铜阳极板在运输储存过程中其表面会带有一些杂质，为防止杂质对电解液的污染和极间短路现象的发生，需在阳极板下槽前进行泡洗。

泡洗的目的：

1) 除去阳极表面的 Cu_2O 及污染物，烫洗后阳极再在冲洗槽中将铜粉冲洗干净，反应式为：

$$Cu_2O + H_2SO_4 = CuSO_4 + H_2O + Cu\downarrow \tag{2-69}$$

2) 提高装槽铜阳极的温度，减少阳极板下槽后引起电解液温度的下降，保证电解槽内电解液温度在技术条件范围内。

阳极泡洗时先用电解液泡洗，主要原因是减少清水和蒸汽的用量，泡洗技术条件容易控制。泡洗后，用加温的清水冲洗。

任务 2.5　铜的电解精炼

任务目标

（1）知道铜电解精炼的目的；
（2）掌握电解精炼的基本原理；
（3）了解电解液净化过程。

理论与实践

火法精炼浇铸得到的铜阳极板中的铜含量一般为 99.2%～99.5%，其中还有 0.5%～0.8%的杂质。有些杂质含量虽不多，但能使铜的使用性能或加工性能变坏，火法精炼难以把这些杂质去除到能满足各种应用的要求。有些杂质，其本身具有回收价值，如金、银、硒、碲等，而火法精炼时难以回收。为了提高铜的性能，使其达到各种应用的要求，同时回收其中的有价金属，必须进行电解精炼。

电解精炼的目的：（1）降低铜中的杂质含量，从而提高铜的性能，使其达到各种应用的要求；（2）回收其中的有价金属，尤其是贵金属和稀散金属。

2.5.1　铜电解精炼的基本原理

2.5.1.1　电极反应

铜的电解精炼是用火法精炼浇铸成的铜阳极板作阳极，纯铜薄片或不锈钢始极片作为阴极片，相间地装入电解槽中，用硫酸铜和硫酸的水溶液作电解液。在直流电的作用下，阳极上的铜和电位较负的金属溶解进入溶液，而贵金属和某些金属（硒、碲）不溶解，成为阳极泥沉淀于电解槽底，溶液中的铜在阴极上优先析出，而其他电位较负的金属不能在阴极上析出，这样阴极上析出的金属铜纯度很高，称为阴极铜或电解铜。铜电解精炼过程如图 2-23 所示。

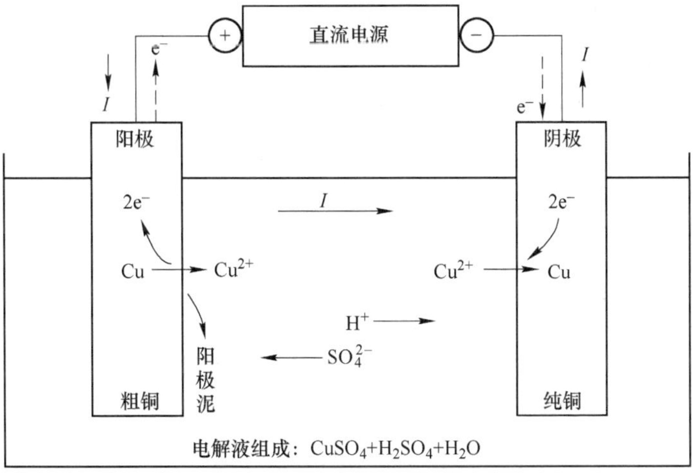

图 2-23　铜电解精炼过程示意图

A　阳极反应

阳极与电源正极相连，发生氧化反应如下：

$$Cu - 2e = Cu^{2+} \tag{2-70}$$

$$Me - 2e = Me^{2+} \tag{2-71}$$

$$H_2O - 2e = 2H^+ + \frac{1}{2}O_2 \tag{2-72}$$

$$SO_4^{2-} - 2e = SO_3 + \frac{1}{2}O_2 \tag{2-73}$$

Me 代表 Fe、Ni、Pb、As、Sb 等比 Cu 更负电性的金属，它们从阳极上溶解进入溶液。H_2O 和 SO_4^{2-} 失去电子的反应由于其电位比铜正，故在正常情况下不会发生。贵金属的电位更正，不溶解，而进入阳极泥。

B　阴极反应

阴极与电源负极相连，发生还原反应如下：

$$Cu^{2+} + 2e = Cu \tag{2-74}$$

$$2H^+ + 2e = H_2 \tag{2-75}$$

$$Me^{2+} + 2e = Me \tag{2-76}$$

氢的标准电极电位比铜负，且在铜阴极上的超电位，使氢的电极电位更负，所以在正常电解条件下不会析出氢。电极电位比铜负的元素，也不能在阴极上析出。

C　Cu^+的形成及其影响

铜在电解过程中能氧化成 Cu^+和 Cu^{2+}两种离子：

$$Cu - e = Cu^+ \tag{2-77}$$

$$2Cu^+ = Cu^{2+} + Cu \tag{2-78}$$

平衡时 Cu^+浓度很小，其值随温度升高而增大。Cu^+在电解过程中引起以下两个反应。

（1）Cu^+很不稳定，易氧化。

$$Cu_2SO_4 + \frac{1}{2}O_2 + H_2SO_4 = 2CuSO_4 + H_2O \tag{2-79}$$

此反应的进行，不断地消耗 H_2SO_4，而且使反应式（2-78）向左边进行，不断生成 Cu^+，以便恢复其平衡。

（2）当 Cu^{2+}浓度和温度降低时，Cu^+达到饱和而进行分解反应。

$$Cu_2SO_4 = CuSO_4 + Cu \tag{2-80}$$

结果产生了铜进入阳极泥，降低阳极泥中贵金属元素的含量，并增加电解液中 Cu^{2+}的浓度。

2.5.1.2　铜的化学溶解

在电解过程中电极和电解液界面上，发生铜的化学溶解，导致电解液表面接触处的阳极易断裂，并增加电解液中 Cu^{2+}的浓度。

$$Cu + \frac{1}{2}O_2 + H_2SO_4 = CuSO_4 + H_2O \tag{2-81}$$

2.5.1.3　电位过程中的杂质行为

按电解时的行为，阳极上的杂质可分为 4 类。

A　电位比铜正的金、银、铂族及其化合物

这类杂质标准电位比铜更正，在阳极不进行化学溶解。随着铜元素的溶解它们几乎全部形成颗粒状态沉降到槽底成为阳极泥，少量银能生产 Ag_2SO_4 进入电解液。

阴极铜上沉积的这类金属主要原因是阳极泥内含有该类金属机械黏附到阴极上造成的，并非放电析出。对于 Ag 含量较高的阳极板，为了回收有价金属 Ag，通常往电解液中加入适量盐酸，使之发生沉淀反应，从而进入阳极泥。

$$Ag^+ + Cl^- \longrightarrow AgCl\downarrow \qquad (2\text{-}82)$$

从阳极泥中可以综合回收 Au、Ag、Se、Te 等有价物质。

B　形成不溶化合物的铅、锡

铅、锡在电解时都形成不溶性化合物。

铜阳极中的铅在电解过程中与硫酸作用生成硫酸铅沉淀进入阳极泥，当阳极板中含铅高于 0.3%时，会使阳极溶解不均匀造成钝化。

少量的锡在电解过程中形成不溶性的锡酸盐，有类似动物胶的作用，能吸附砷锑化合物并一起沉降于槽底，有利于减少电解液中砷锑含量，从而改善阴极铜的质量。当锡含量较多时，则会机械地黏于阴极表面，影响阴极铜质量。

C　电位比铜负的镍、铁、锌等

这类杂质的电位都比铜负，在电解时优先于铜从阳极上溶解进入电解液。

绝大部分的铁和锌在火法精炼中已被除去，只有少量铁和锌仍留在阳极板中，但它们对电解精炼的影响不可忽视。当溶液中有 Fe^{2+}时，在阳极上将会发生氧化反应：$Fe^{2+}-e\rightarrow Fe^{3+}$。在阴极上的 Fe^{3+}又被还原 $Fe^{3+}+e\rightarrow Fe^{2+}$。这样 Fe^{2+}在阴、阳极之间来回“拉锯”，降低了电流效率，消耗电能，因此对电解液中铁含量应予控制。随着电解生产的持续进行，电解液中的锌会逐渐积累。

镍在火法精炼时难以除去，阳极板中镍含量波动很大，为 0.09%～2.0%或更多。阳极板中的镍进入电解液中的比例与阳极中氧含量密切相关。由于阳极板中部分镍形成氧化亚镍或镍云母，氧化亚镍和镍云母都是难溶物，黏附在阳极表面形成薄膜，引起阳极钝化和槽电压升高。阳极的镍含量越高，进入溶液的镍含量越少，进入阳极泥的镍量越多。阳极泥镍含量可高达 50%或更多。

D　电位与铜相近的砷、锑、铋

这类元素对阴极铜质量是最有害的元素。研究表明，阴极铜内含 0.0013%的砷则导电率降低 1%，它们的析出电位接近于铜：

$$BiO^+ + 2H^+ + 3e \longrightarrow Bi + H_2O \qquad (E^\ominus = 0.28\ V) \qquad (2\text{-}83)$$

$$SbO^+ + 2H^+ + 3e \longrightarrow Sb + H_2O \qquad (E^\ominus = 0.21\ V) \qquad (2\text{-}84)$$

$$HAsO_2 + 3H^+ + 3e \longrightarrow As + H_2O \qquad (E^\ominus = 0.25\ V) \qquad (2\text{-}85)$$

当阴极附近 Cu^{2+}供应不足时，砷、锑、铋就可能在阴极上放电析出。此外，它们还容易产生“漂浮阳极泥”，机械黏附在阴极上。

砷、锑、铋主要靠火法生产时除去，进入铜电解生产系统后，一般很难除去。

2.5.1.4　铜电解精炼电解液

电解液是硫酸铜和硫酸的水溶液，是铜电解过程中铜离子迁移的载体，其成分与阴极铜的质量密切相关，电解液组成的选择与阳极成分、电流密度和电解技术条件有关。电解液的组成主要是指铜、硫酸及添加剂（盐酸、有机化合物）、杂质含量。

（1）铜。电解液的铜含量与电流密度关系很大。电流密度低时，电解液铜含量可低些；反之，电解液铜含量应适当升高。适当提高电解液中铜离子的含量，可降低砷、锑、铋等杂质析出的可能，使阴极的沉积物致密，提高阴极铜质量。但铜离子浓度过高，会使阴极的结晶变得粗糙，增大电解液的电阻密度和黏度，增大槽电压；从而增加电耗，不利于阳极泥的沉降，使阴极长粒子的机会增加。

（2）硫酸。在一定范围内电解液含酸越高导电性越好，还可以降低槽电压；若浓度过高由于电离度降低，反而导电率降低，而且含酸较高的溶液送净化系统处理时使净化各工序含酸升高，加剧设备的腐蚀，增加了生产率。

（3）添加剂。适量的添加剂可使阴极铜结构致密，表面光滑，杂质含量减少。铜电解精炼中常用的添加剂有明胶、硫脲、阿维铜-A、干酪素、盐酸等。

（4）杂质。杂质主要是来自铜阳极板中的 Ni、Fe、Zn、Pb、As、Sb、Bi、Au、Ag 等，电解液中杂质含量低，可提高阴极铜质量，并降低电解液的电阻，从而降低电耗。

2.5.1.5　电解液循环

电解液温度和循环量要适当。温度一般控制为 60～65 ℃，温度过低，会影响铜的析出质量；反之，影响种板的使用。

随着电解的进行，电解槽中电解液成分、添加剂、温度等将会发生变化。为稳定电解条件，保持电解槽内电解液温度均匀、浓度均匀，必须将一部分电解液从电解槽放出，同时补充等量的新电解液，实现电解液的循环。电解液循环速度主要取决于循环方式、电流密度、电解槽容积、阳极成分等；循环量过小，浓差极化加剧，不利于铜在种板上的析出；循环量过大，影响阳极泥沉降，铜皮易长粒子。

电解槽内电解液的流动方式，根据电解工艺制度（主要是电流密度）而异，电解液的流向通常可分为“上进下出”式（见图 2-24）和“下进上出”式（见图 2-25）两种（一般电流密度下）。

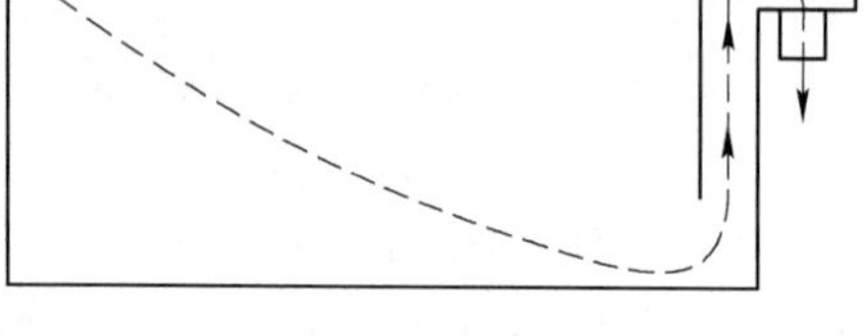

图 2-24　电解槽内电解液“上进下出”式流动

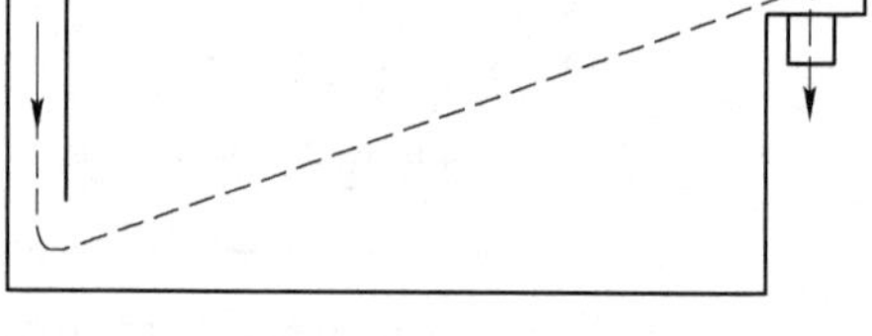

图 2-25　电解槽内电解液“下进上出”式流动

A　上进下出式

在一般电流密度下电解时，多采用从电解槽一端液面流入，从对端液下引出的“上进下出”式。

B　下进上出式

与“上进下出”式流动方向相反的为“下进上出”式，流动方式有助于溶液成分的匀化，但不利于阳极泥悬浮颗粒的沉降。

在高电流密度电解场合，由于存在严重浓差极化倾向，必须更强烈而均匀地搅拌电解液。图 2-26 所示为高电流密度电解液的 3 种流动方式，能较好达到此目的。

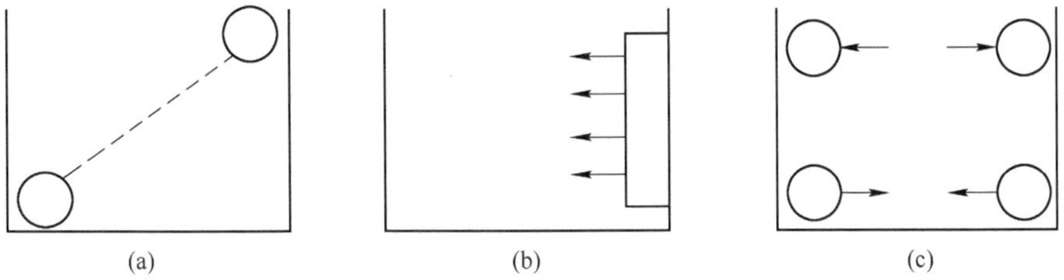

图 2-26　高电流密度电解槽内电解液流动方式

（a）对角线方向通过电极表面；（b）平行方向通过电极表面；（c）平行环流式方向通过电极表面

2.5.2　铜电解精炼工艺

铜的电解精炼是以火法精炼铜为阳极，纯铜片或不锈钢始极片为阴极，硫酸和硫酸铜的水溶液为电解液，在直流电的作用下，阳极上的铜和比铜更负电性的金属电化溶解，以离子状态进入电解液；比铜更正电性的金属和某些难溶化合物不溶于电解液，而以阳极泥形态沉淀；电解液中的铜离子在阴极上电化析出，成为阴极铜，从而实现了铜与杂质的分离；电解液中比铜更负电性的离子积聚在电解液中，在净液时除去；阳极泥进一步处理，回收其中的有价金属，残极送火法精炼重熔。其电解工艺流程图如图 2-27 所示。

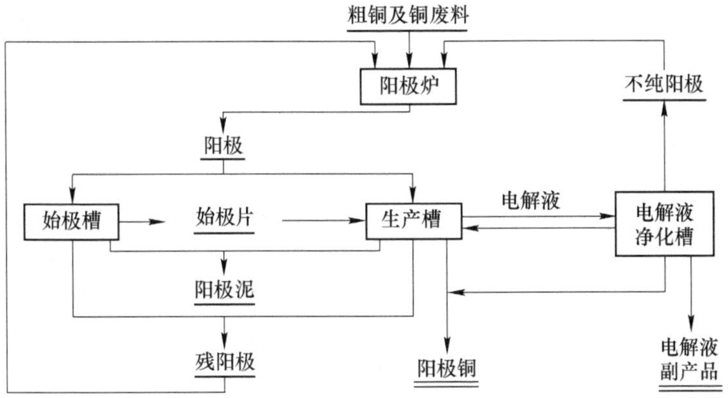

图 2-27　铜电解精炼工艺流程图

（1）阴极铜。生产得到的阴极铜根据 GB/T 467—2010《阴极铜》的规定，化学成分分为 A 极铜（Cu-CATH-1）、1 号标准铜（Cu-CATH-2）和 2 号标准铜（Cu-CATH-3）三个牌号。阴极铜化学成分按 GB/T 5120、YS/T 464 的规定进行，阴极铜的质量电阻率分析方法按 GB/T 351 的规定进行。表面质量用目视检测。

（2）电解后电解液。电解后电解液中含有铜镍钴等金属离子，电解液成分发生了变化，因此必须定期抽出一定量的电解液进行净化，同时补充等量的新液。

（3）残极。残极是阳极经电解后残余的部分，出槽残极不能用的挑出来返回用火法重熔。对还能坚持一天以上的残极挑出作为再用残极，用大锤平直后，按薄厚分别堆放整齐以备更换使用，以降低残极率。

（4）阳极泥。在电解精炼过程中，可溶阳极中不进入溶液而是以固态颗粒脱落的物质称为阳极泥。铜电解阳极泥含金、银、铜、铅、硒、碲，一般含银 3%～20%，多数含金 0.5%～1%，是提取金银的重要资源。

2.5.3　铜电解精炼设备

铜电解精炼的主要设备是电解槽。通常电解槽由长方形槽体和附设的工业管、排液斗、出液斗的液面调节堰板等组成。槽体底部常做成由一端向另一端或两端向中央倾斜，倾斜度 3%，最低处开设排泥孔，较高处有清槽用放液孔，放液排泥孔配有耐酸陶瓷或嵌有橡皮圈的硬铅制作的塞子，防止漏液。

电解槽为钢筋混凝土结构，外贴玻璃防腐绝缘层，内有小堵口，高于槽底，为上清液出口；大堵口与槽底部相平，为阳极泥液出口，有进液底管和胶皮栋支架；槽底为斜坡形，外有进液管，进液阀门，槽头回液盒，调液液位器。槽上有定位装置（定位板和定位针），槽间垫板、双轨导电板、锯齿绝缘板，此外，在钢筋混凝土槽体底部还开设检漏孔，以观察内衬是否破坏，钢筋混凝土电解槽壁厚一般为 80～120 mm。图 2-28 为钢筋混凝土构筑的典型电解槽结构。

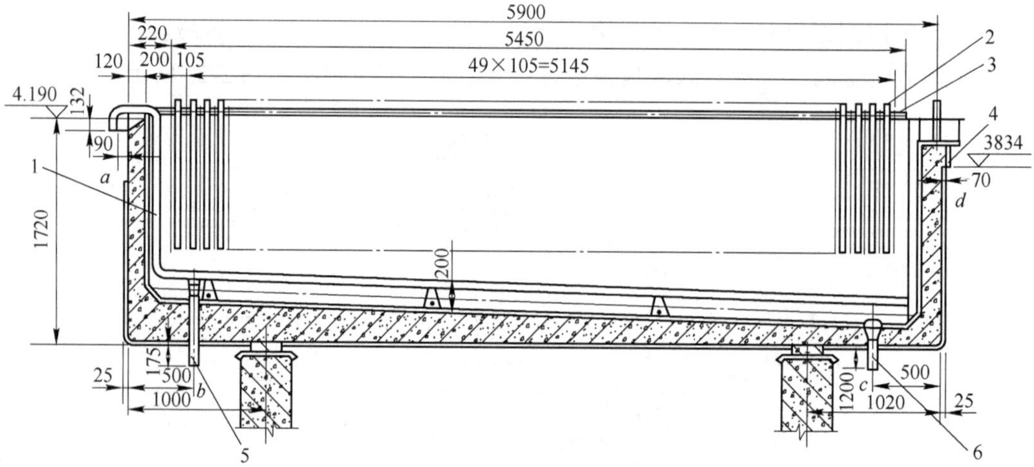

图 2-28　铜电解槽结构

1—进液管；2—阳极；3—阴极；4—出液管；5—放液管；6—放阳极泥管

2.5.4　电解液净化

在铜电解精炼过程中，电解液成分不断发生变化，铜离子浓度不断上升，杂质也在不断积累，硫酸浓度却逐渐降低。为了维持电解液中铜、酸以及杂质的浓度都在规定范围内，必须对电解液进行净化和调整，脱除多余的铜及杂质以保证电解过程的正常进行。

电解液净化目的是回收铜、钴、镍，除去有害杂质砷、锑，使硫酸返回使用。

电解液净化工艺流程如图 2-29 所示。实质上电解液净化主要包括 3 个主要过程：脱铜生产硫酸铜、不溶阳极电解析出铜、同时电积析出砷、锑、铋，从电积脱铜后液中蒸发浓缩或冷却结晶出硫酸镍。

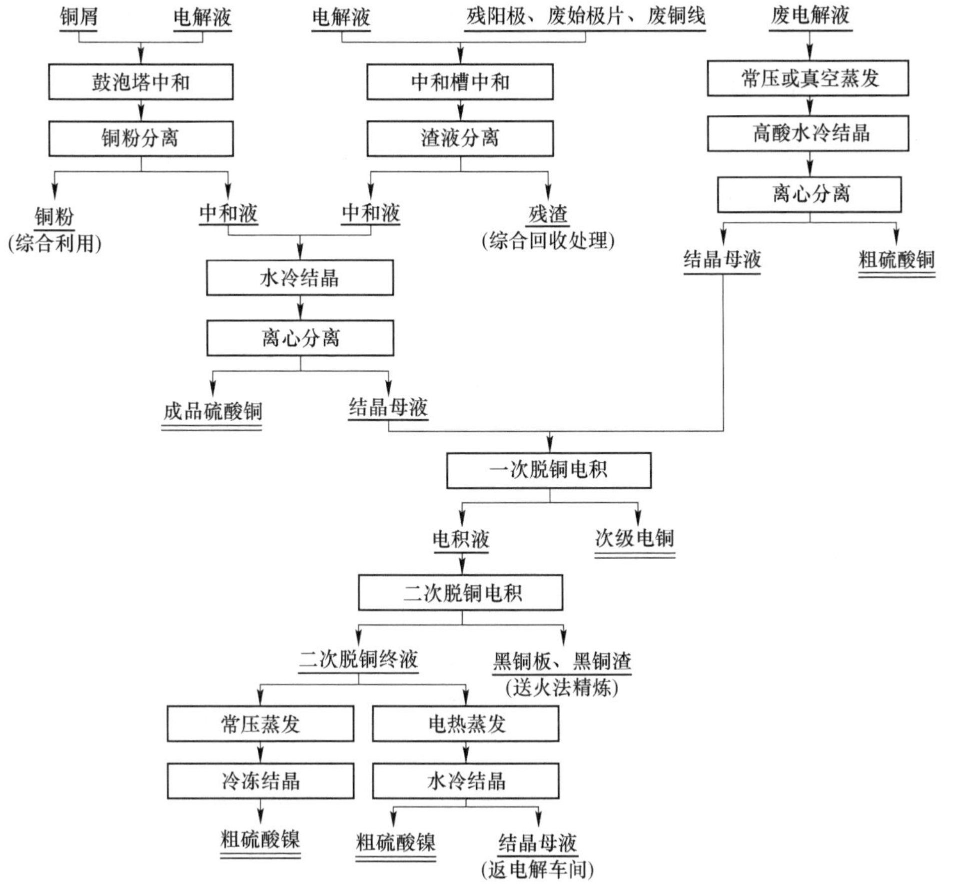

图 2-29　电解液净化工艺流程

2.5.4.1　中和结晶产出硫酸铜

中和或浓缩电解液，使硫酸铜饱和析出。用铜粉中和电解液中的硫酸，生产硫酸铜晶体。

$$Cu_{(粉)} + H_2SO_4 + \frac{1}{2}O_2 = CuSO_4 + H_2O \tag{2-86}$$

中和液经蒸发浓缩获得饱和的 $CuSO_4$ 高温溶液（80~90 ℃），冷却即可析出硫酸铜晶体（胆矾）。

2.5.4.2　脱铜、砷、锑、铋

电积第一阶段，母液含铜较高（25 g/L），电积产生的铜为合格产品。

电积第二阶段，铜浓度不断降低（8 g/L），砷、锑、铋析出，产出砷黑铜，送火法精炼处理。

2.5.4.3　生产硫酸镍、铁、钴

经过以上两个阶段处理后的母液中含有 40~50 g/L 的 Ni 和 300 g/L 左右的硫酸。

利用蒸发浓缩的方法，先蒸发浓缩使硫酸镍达到饱和，然后降温进行结晶，可得到粗硫酸镍，结晶后液返回电解车间使用。

2.5.5　电解液净化实践

金川公司目前铜冶炼电解液净化主要采用真空蒸发结晶、诱导脱铜、电热蒸发进行处理。其工艺流程如图 2-30 所示。

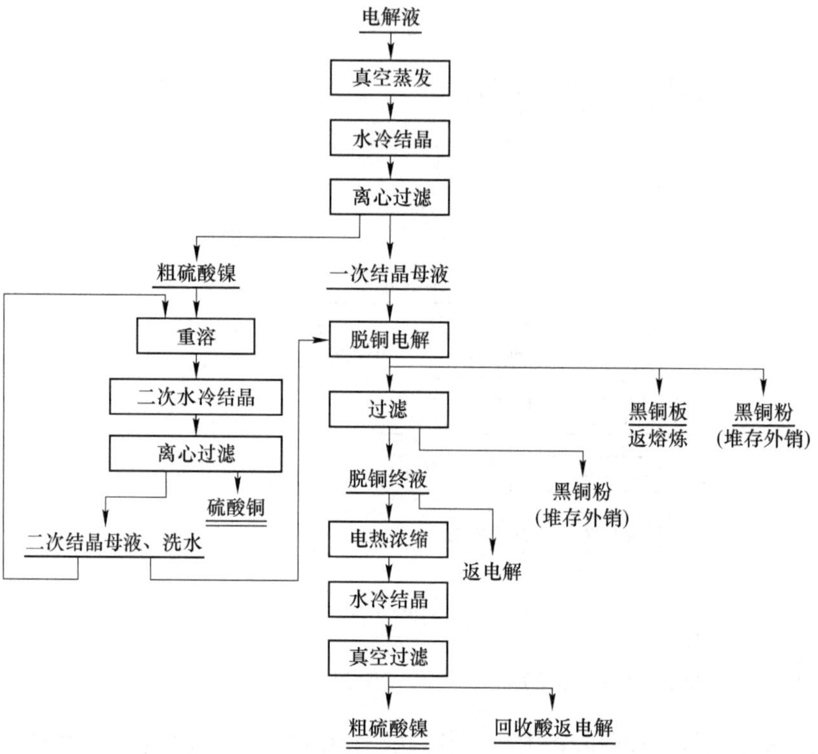

图 2-30　电解液净化工艺流程

2.5.5.1　真空蒸发结晶

电解后液进行浓缩，提高铜离子浓度，为生产结晶硫酸铜做准备。

真空蒸发生产是物理过程。因溶液中溶剂的挥发速度与外界的阻力有关，在水喷泵的作用下，分离器内空间产生负压，从而使溶液的沸点降低，溶剂分子逸出液面的阻力随之降低。同时，利用循环泵和板式加热器循环，保持给溶液加温，使温度保持在技术条件范围内，提高蒸发速度，用较少的蒸汽蒸发大量的水分。

2.5.5.2　诱导脱铜

电积脱铜的原理及方法：电积脱铜采用不溶阳极电积法，阴极使用铜始极片（阴极片），阳极采用含锑 3%~4%、含银 1%的铅极，电解液为真空蒸发生产粗硫酸铜后液或电解精炼后液，通过直流电后发生反应。其电极反应式为：

阳极反应：
$$2OH^- - 2e = H_2O + \frac{1}{2}O_2 \quad (2\text{-}87)$$

阴极反应：
$$Cu^{2+} + 2e = Cu \quad (2\text{-}88)$$

砷、锑、铋在含酸 160~180 g/L 的硫酸铜液体中，大部分水解成为固态化合物，一部分则在液体中积累，其分布见表 2-3。

表 2-3　砷、锑、铋在溶液和阳极泥中的分布　(%)

元素（质量分数）	进入溶液	进入阳极泥
As	60~ 80	20~40
Sb	10~60	40~90
Bi	20~40	60~80

一般研究认为，酸性溶液中的砷、锑是以三价 AsO_3^{3+}、SbO_3^{3-} 和五价的 AsO_4^{3-}、SbO_{4-}^{3} 的形态共存，同时酸液中的三价砷也会与 Cu^+反应，使砷生成 Cu_3As 沉淀。各种铋的氧化物、盐类都具有很小的溶解度，且随液体的酸度越高，过饱和的倾向越大。当溶液中有足够的砷存在时，三价铋则与砷形成砷酸盐 $BiSbO_4$ 形成沉淀，而且当酸性液体其他条件如温度、其他成分等发生微小的变化时铋盐就从溶液中析出。电积脱除铜、砷、锑、铋的过程，只有铜、砷和极少量的锑、铋在阴极会发生电化学反应，而大量的锑、铋会形成盐类沉淀或有少部分以悬浮物的形式机械夹杂进入阴极沉积。

基于以上的理论分析，通常铜离子浓度高时，阴极上主要发生铜的放电析出；当铜离子浓度降低到一定程度，则杂质砷、锑、铋和铜共同放电析出。

2.5.5.3　电热蒸发

电热蒸发主要是用于脱铜终液的浓缩，提高镍离子浓度，为生产结晶硫酸镍做准备。

电热蒸发法是将 3 根石墨电极插入装有溶液的浓缩槽，电源装置输出较高的电流到电极，通过溶液自身的电阻产生热使溶液沸腾。在常压状态下，蒸发水分从而浓缩溶液，蒸发出现的气体用排气系统送酸雾净化吸收塔净化后排放，浓缩液经水冷结晶机冷却，真空吸滤后得到粗硫酸镍产品。

电热蒸发主要设备为电热浓缩槽和水冷结晶机。

电热浓缩槽为钢制内衬铅和耐酸瓷砖，上部是内层为搪瓷铅的密封盖，盖上设有 3 个电极孔以及进液、测温、气体排出口和检修人孔，石墨电极与槽盖上的电极孔之间有绝缘套。浓缩后溶液从槽侧面溢流口溢出，在溢流口上部装有视镜用以观察出液情况。电极上部有挂钩连接起吊设备用于升降电极，其结构如图 2-31 所示。

浓缩槽电极由两根长 1.6 m 的短电极用螺纹连接而成，在使用一段时间后，电极顶端会有损耗，损耗达到一定的长度后，可更换下面的电极节段。

水冷结晶机主要用于冷却结晶硫酸镍，其结构如图 2-32 所示。

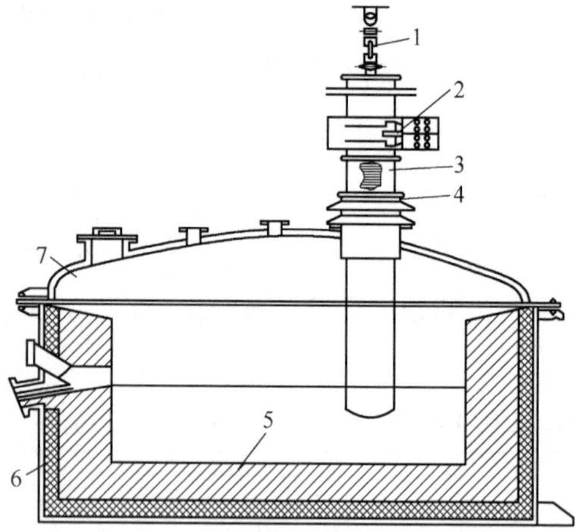

图 2-31　电热浓缩槽结构示意图

1—吊挂装置；2—接线板；3—电极；
4—绝缘瓷瓶；5—砌体；6—钢壳体；7—槽盖

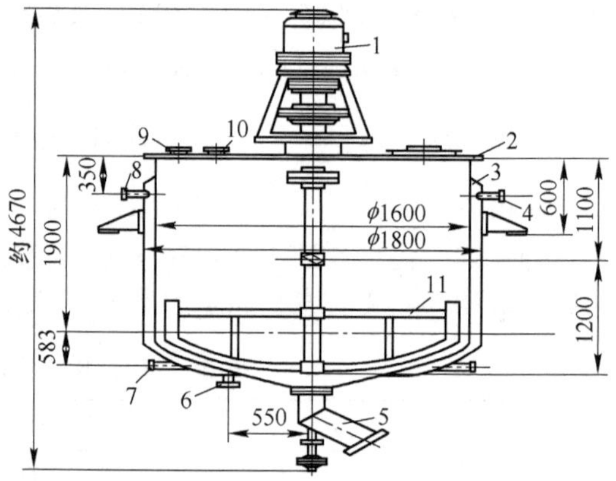

图 2-32　立式机械搅拌水冷结晶机结构

1—减速机；2—盖板；3—筒体；4—出水口；
5—放料阀；6—排污口；7—进水口；8—备用口；
9—加料口；10—测温口；11—搅拌桨

安全注意事项及预防措施

（1）直流电：铜电解需要用直流电，串联进行。

预防措施：在电解过程中，防止用交流电。

（2）添加剂：添加剂是一种控制与改善阴极铜质量的重要因素之一，所谓没有添加剂就没有现代铜电解工业，可见添加剂在铜电解生产中有着重要的地位。适量的添加剂可使阴极铜结构致密，表面光滑，杂质含量减少。

预防措施：在电解过程中，添加剂制成水溶液后，分班、按时、按量、均匀地加入高位槽电解液中，严禁一次性加入。

任务小结

（1）电解的目的；

（2）电解的原理；

（3）溶液净化方法。

知识拓展与课后实践

（1）阴极制作的基本原理和工艺过程。铜电解生产有两类电解槽，一类是生产成品阴极铜的电解槽，称为生产电解槽；另一类是生产始极片的电解槽，称为种板槽。钛种板下槽之前要进行加工处理，加工后的种板装入种板槽，经过 12~24 h 电解可产出始极片。从种板上剥离下来的始极片，需要经过剪切、压纹、钉耳、穿铜棒等阴极制作工序。

（2）残极的利用。出槽残极不能用的，挑出来返回用火法重熔，对还能坚持一天以上的残极挑出作为再用残极，用大锤平直后，按薄厚分别堆放整齐以备更换使用，以降低残极率。

任务 2.6　铜阳极泥中有价金属回收

任务目标

（1）知道铜阳极泥回收的目的；
（2）掌握铜阳极泥的组成及性质；
（3）了解铜阳极泥的处理工艺。

理论与实践

铜电解精炼过程中产出的阳极泥含有大量的贵金属和稀有元素，回收阳极泥主要是提取阳极泥中的贵金属和稀有金属。

2.6.1　铜阳极泥的组成

2.6.1.1　铜阳极泥的化学组成

铜阳极泥是在铜电解精炼过程中产出的一种副产品。它是由铜阳极在电解精炼过程中不溶于电解液的各种物质组成，其成分主要取决于铜阳极的成分、铸造质量和电解的技术条件，其产率一般为 0.2%~0.8%。

阳极泥通常含有 Au、Ag、Cu、Pb、Se、Te、As、Sb、Bi、Ni、Fe、S、Sn、SiO_2、Al_2O_3、铂族金属及水分。来源于硫化铜精矿的阳极泥，含有较多的 Cu、Pb、Se、Te、Ag 及少量的 Au、As、Sb、Bi 和脉石矿物，铂族金属很少；来源于铜-镍硫化矿的阳极泥含有较多的 Cu、Ni、S、Se，贵金属主要为铂族金属，Au、Ag、Pb 的含量较少；杂铜电解产生的阳极泥则含有较高的 Pb、Sn。

2.6.1.2　铜阳极泥的物相组成

铜阳极泥的颜色呈灰黑色，杂铜阳极泥呈浅灰色，粒径通常为 0.074~0.147 mm。铜阳极泥的物相组成较复杂，各种金属存在形式多种多样。

铜以 Cu、Cu_2S、Cu_2Se、Cu_2Te 形式存在；银以 Ag、Ag_2Se、Ag_2Te 及 AgCl 形式存在；金以游离状态存在，也有与碲结合形成如 Au_2Te 等化合物的形式。

2.6.2　铜阳极泥的性质

铜阳极泥稳定性较强，在室温下氧化现象不明显，在没有空气情况下不与稀硫酸和盐酸作用，但能与硝酸发生强烈反应，在有空气作氧化剂时，可缓慢溶解于稀硫酸和盐酸，此外，阳极泥与浓硫酸共热时发生氧化及硫酸化反应。在空气中加热阳极泥时，其中一些成分被氧化形成氧化物、一些形成气体而挥发。

2.6.3 铜阳极泥的处理工艺

目前，国内外主要冶炼厂处理铜阳极泥的现行生产流程基本相似，一般由下列工序组成：(1) 预处理除铜和硒；(2) 还原熔炼产出贵铅合金；(3) 贵铅经氧化精炼得到金银合金，即银阳极板；(4) 银电解；(5) 银阳极泥经特定处理后进行金电解精炼。铂族金属大都是从金电解母液中进行富集回收。

铜阳极泥传统单独处理主要步骤：(1) 硫酸化焙烧、蒸硒；(2) 酸浸脱铜；(3) 贵铅炉还原熔炼；(4) 分银炉氧化精炼；(5) 银电解精炼；(6) 金电解精炼；(7) 铂钯的提取；(8) 粗硒精炼；(9) 碲提取。

安全注意事项及预防措施

(1) 易滑倒：地面酸泥多，容易滑倒。

预防措施：非必要时，请勿在操作室内走动，以防滑倒或掉入阳极泥池。

(2) 烧伤皮肤：出阳极泥时，酸泥溅到身上会烧伤皮肤。

预防措施：操作前穿戴好劳动保护用品，操作时工作人员之间要注意配合。

任务小结

(1) 阳极泥的组成；

(2) 阳极泥的性质；

(3) 阳极泥的处理工艺。

知识拓展

常用的阳极泥固液分离设备有明流式厢式过滤机、暗流式厢式过滤机和三足离心机。厢式过滤机由滤板排列组成滤室（滤板两侧凹进，每两块滤板组合成一厢形滤室），滤板的表面有麻点和凸台，用以支撑滤布。滤板中心和边角上有通孔，组装后构成完整的通道，可通入悬浮液、洗涤水和引出滤液。滤板两侧各有把手支托在横梁上，由压紧装置压紧滤板，滤板之间的滤布起密封垫片的作用。

任务 2.7 铜的湿法冶金

任务目标

(1) 了解湿法冶金过程；

(2) 知道铜湿法冶金工艺流程；

(3) 掌握铜电积精炼原理。

理论与实践

湿法炼铜是利用溶剂将铜矿、精矿或焙砂中的铜溶解出来，再进一步分离、富集提取的方法。

2.7.1　湿法冶金过程

湿法冶金提取金属一般包括：浸出、液固分离、溶液净化、金属提取等操作过程，具体为：（1）借助溶剂作用，使铜矿、精矿或焙砂中的铜溶解出来并转入溶液（称为浸出）；（2）选用合适的方法对含铜溶液进行净化，获得铜浓度较高的溶液（净化除杂）；（3）采用萃取电积、置换电积、氢还原或热分解等方法，将溶液中的铜提取出来（金属提取）。

根据含铜物料的矿物类型、铜品位、脉石成分的不同，湿法炼铜的工艺和方法主要有三种：

（1）焙烧-浸出-电积法，适用于处理低品位硫化铜精矿；

（2）浸出-萃取-电积法，适用于处理氧化矿、尾矿、含铜废石、复合矿；

（3）氨浸-萃取-电积法，适用于处理高钙、镁氧化铜矿或硫化矿的氧化砂。

2.7.2　焙烧-浸出-电积法

2.7.2.1　工艺流程

湿法炼铜中，对于低品位硫化铜精矿，一般采用硫酸化焙烧。焙烧-浸出-电积法简称RLE法，是目前应用最广的一种湿法炼铜方法。其工艺流程如图2-33所示。

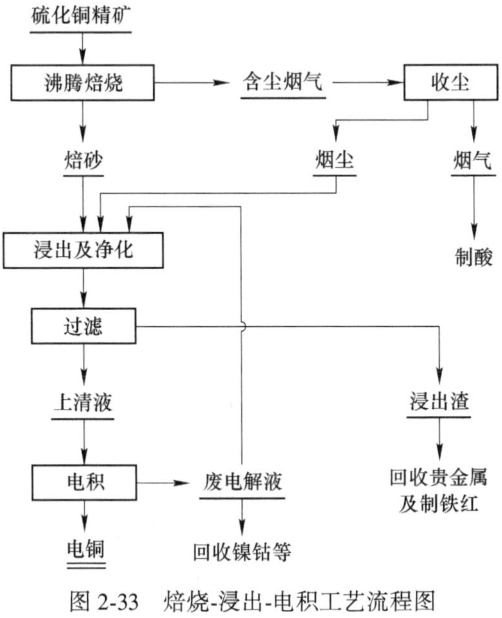

图 2-33　焙烧-浸出-电积工艺流程图

2.7.2.2　硫化铜精矿的焙烧

A　硫化矿焙烧反应类型

（1）氧化还原焙烧（硫化矿的直接熔炼）。在一定氧势下直接得到金属，反应通式为：

$$MeS + O_2 = Me + SO_2 \quad (2\text{-}89)$$

（2）氧化焙烧（死焙烧）。使硫化物转化为氧化物，反应通式为：

$$MeS + \frac{3}{2}O_2 = MeO + SO_2 \quad (2\text{-}90)$$

（3）硫酸化焙烧。使主金属转化成硫酸盐，反应通式为：

$$MeS + 2O_2 = MeSO_4 \quad (2\text{-}91)$$

B　硫化铜精矿硫酸化焙烧

硫化铜精矿进行硫酸化焙烧，其目的是使绝大部分的铜变为可溶于稀硫酸的 $CuSO_4$ 和 $CuO \cdot CuSO_4$，而铁主要变为不溶于稀酸的氧化物（Fe_2O_3），产出的 SO_2 供制酸。其发生的反应主要有：

$$4CuFeS_2 + 15O_2 = 4CuSO_4 + 2Fe_2O_3 + 4SO_2 \quad (2\text{-}92)$$

$$4FeS_2 + 11O_2 = 2Fe_2O_3 + 8SO_2 \quad (2\text{-}93)$$

$$FeS_2 = FeS + \frac{1}{2}S_2 \quad (2\text{-}94)$$

$$4FeS + 7O_2 = 2Fe_2O_3 + 4SO_2 \quad (2\text{-}95)$$

当温度不超过 926 K 时，生成的 $CuSO_4$ 是稳定的，在此条件下进行焙烧称为全硫酸化焙烧。当温度在 926~993 K 时，有如下反应：

$$2CuSO_4 = CuO \cdot CuSO_4 + SO_3 \quad (2\text{-}96)$$

此时称为半硫酸化焙烧。

当温度高于 993 K 时，有如下反应：

$$CuO \cdot CuSO_4 = 2CuO + SO_3 \quad (2\text{-}97)$$

$$CuO + Fe_2O_3 = CuO \cdot Fe_2O_3 \quad (2\text{-}98)$$

反应形成的 $CuO \cdot Fe_2O_3$ 不溶于稀硫酸，导致铜铁分离困难，这对浸出是有害的。因此焙烧时应尽量控制技术条件，不让 $CuO \cdot Fe_2O_3$ 形成。

2.7.2.3　浸出-过程

浸出的实质在于利用适当的溶剂使原料中的一种或几种有价成分优先溶出，达到有价成分与脉石和杂质分离的目的。

在 pH 值很小的条件下，金属氧化物可以阳离子形态溶入溶液，称为酸浸出。在 pH 值很大的条件下，金属氧化物可以含氧阴离子形态溶入溶液，称为碱浸出。

金属氧化物的酸浸出反应通式为：

$$MeO + 2H^+ = Me^{2+} + H_2O \quad (2\text{-}99)$$

焙砂中 Cu 主要以 $CuSO_4$、$CuO \cdot CuSO_4$、Cu_2O、CuO 存在，而 Fe 以 Fe_2O_3 存在。可选用稀硫酸作溶剂进行酸浸出，浸出时除 $CuO \cdot Fe_2O_3$ 不溶外，其余都溶于硫酸生成 $CuSO_4$；Fe_2O_3 不溶于硫酸，但少量的 $FeSO_4$ 可溶于其中。反应方程式为：

$$CuO \cdot CuSO_4 + H_2SO_4 = 2CuSO_4 + H_2O \quad (2\text{-}100)$$

$$CuO + H_2SO_4 = CuSO_4 + H_2O \quad (2\text{-}101)$$

要使 $CuO \cdot CuSO_4$ 溶解，需有足够的硫酸，但不能过量，否则会引起铁氧化物的溶解。

影响浸出反应速度的因素有温度、溶剂浓度和焙砂粒度，通常控制温度在 80~90 ℃，H_2SO_4 浓度大于 15 g/L，焙砂粒度小于 0.074 mm，采取搅拌浸出。

2.7.2.4　净化过程

浸出液的组成（g/L）：50~110 Cu、2~18 H_2SO_4、2~4 Fe^{2+}、1~4 Fe^{3+}，铁在电积时将反复氧化还原而消耗电能，故必须净化除去。

常用的除铁法是氧化水解法，即在 pH 为 1~1.5，$T=60$ ℃时，用 MnO_2 将 Fe^{2+}氧化成 Fe^{3+}，然后使 Fe^{3+}水解成 $Fe(OH)_3$ 沉淀除去。

$$2FeSO_4 + MnO_2 + 2H_2SO_4 = Fe_2(SO_4)_3 + MnSO_4 + 2H_2O \quad (2\text{-}102)$$

$$Fe_2(SO_4)_3 + 6H_2O = 2Fe(OH)_3\downarrow + 3H_2SO_4 \quad (2\text{-}103)$$

在 $Fe(OH)_3$ 形成胶状沉淀时，溶液中少量砷、锑、铋等杂质和硅酸也被吸附而除去。

2.7.2.5　电积过程

铜的电积也称不溶阳极电解，以纯铜作阴极，以 Pb-Ag（含 Ag 1%）或 Pb-Sb 合金板作阳极，经净化除铁后的净化液作电解液。电积时，阴极过程与铜电解精炼一样，在始极片上析出铜，在阳极的反应则不是金属溶解，而是水的分解放出氧气。其电积反应为：

阴极　$$Cu^{2+} + 2e = Cu \quad (2\text{-}104)$$

阳极　$$2H_2O - 4e = O_2 + 4H^+ \quad (2\text{-}105)$$

总反应　$$2Cu^{2+} + 2H_2O = 2Cu + O_2 + 4H^+ \quad (2\text{-}106)$$

电解液中的杂质，如钴、镍、锌、锰等，标准电极电位比铜更负，当浓度不高时，不能在阴极上析出。砷、锑、铋等，其标准电位虽与铜相近，由于浓度很低，也不易在阴极上析出。SiO_2 的浓度一般不大于 0.5 g/L，否则会影响阴极的沉积。电解液中的铁是最有害的杂质，铁离子在电积时的反应为：

阳极　$$Fe^{2+} = Fe^{3+} + e \quad (2\text{-}107)$$

阴极　$$Fe^{3+} + e = Fe^{2+} \quad (2\text{-}108)$$

Fe^{3+}在阴极附近又可被铜还原成 Fe^{2+}而使铜溶解，反应为：

$$2Fe^{3+} + Cu = 2Fe^{2+} + Cu^{2+} \quad (2\text{-}109)$$

由于铁有这两方面的影响，因此使电流效率降低。

铜的电位较正，故阴极上不易有氢析出，但阳极上有氧析出，故铜电积车间要有防止酸雾的设施。

2.7.3　浸出-萃取-电积法

用溶剂从含铜物料中浸出铜，浸出液经萃取得到含铜富液，然后通过电解沉积产出金属铜的炼铜技术，称为浸出-萃取-电积法。浸出-萃取-电积法工艺流程如图 2-34 所示。

2.7.3.1　氧化铜矿堆浸

用硫酸溶液堆浸的铜矿石要求铜的氧化率较高，铜主要以孔雀石、硅孔雀石、赤铜矿等形态存在。脉石成分以石英为主，一般 SiO_2 含量均大于 80%。碱性脉石 CaO、MgO 含

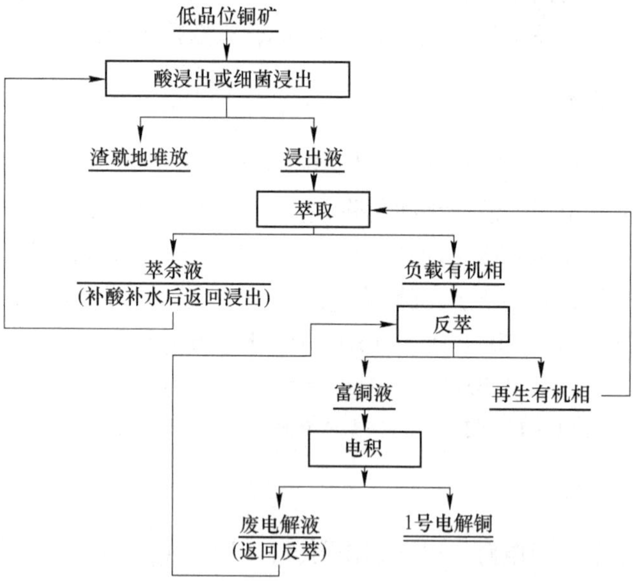

图 2-34　浸出-萃取-电积工艺流程图

量低，两者之和不大于 3%。矿石的铜品位为 0.1%~0.2%。浸出过程的主要化学反应如下：

$$Cu_2(OH)_2CO_3 + 2H_2SO_4 = 2CuSO_4 + 3H_2O + CO_2 \quad (2\text{-}110)$$

$$CuSiO_3 \cdot 2H_2O + H_2SO_4 = CuSO_4 + SiO_2 + 3H_2O \quad (2\text{-}111)$$

$$CuO + H_2SO_4 = CuSO_4 + H_2O \quad (2\text{-}112)$$

矿石堆浸前先经过破碎，控制粒度不大于 20 mm，在底部不渗漏、有一定自然坡度的堆矿场上分区分层堆上矿石，每层堆到预定高度层 1~3 m，然后喷洒稀硫酸溶液进行浸出。浸出液自上而下在渗滤时将矿石中的铜浸出，经过一定时间的浸出，可得到含铜 1~4 g/L、pH 值为 1.5~2.5 的浸出液，汇集于集液池，用泵送到萃取工序处理。氧化铜矿堆浸浸出率一般在 85%左右。

2.7.3.2　细菌浸出法

细菌浸出又称微生物浸出，它是近 30 年发展起来的新技术，是利用细菌的生物催化作用，加速矿石中有价组分的浸出过程，现已成为处理低品位矿的一种重要方法，每年从数量巨大的低品位尾矿及废矿石中生产的铜超过 50 万吨。

浸铜菌种：氧化亚铁硫杆菌，能在 pH 值为 1.5~3.5 的酸性环境中生存和繁殖。

A　细菌浸出的机理

a　细菌的直接作用

氧化亚铁硫杆菌为取得维持生命的能源而将矿石中的低价铁和硫氧化成高价，氧化过程中破坏了矿石的晶格，使矿石中的硫化物变为硫酸盐而转入溶液中。

$$CuFeS_2 + 4O_2 = CuSO_4 + FeSO_4 \quad (2\text{-}113)$$

$$2FeS_2 + 2H_2O + 7O_2 = 2FeSO_4 + 2H_2SO_4 \quad (2\text{-}114)$$

b　细菌的间接作用

细菌在有氧和硫酸存在的条件下起催化作用，将 Fe^{2+} 氧化成 Fe^{3+}。

$$4FeSO_4 + O_2 + 2H_2SO_4 = 2Fe_2(SO_4)_3 + 2H_2O \quad (2\text{-}115)$$

生成的 Fe^{3+} 是硫化物和氧化物的氧化剂，反应为：

$$2Fe_2(SO_4)_3 + CuFeS_2 + 3O_2 + 2H_2O = 5FeSO_4 + CuSO_4 + 2H_2SO_4 \quad (2\text{-}116)$$

$$Cu_2S + Fe_2(SO_4)_3 + 2O_2 = 2CuSO_4 + 2FeSO_4 \quad (2\text{-}117)$$

$$Cu_2O + H_2SO_4 + Fe_2(SO_4)_3 = 2CuSO_4 + 2FeSO_4 + H_2O \quad (2\text{-}118)$$

B　菌液的获得与再生

细菌是自养性的，即生活在无机物中。当环境是 pH 为 1.5~3.5、T=25~40 ℃（最佳为 35 ℃）有充足氧气且避光时可产生细菌，菌液大量存在于硫化矿的酸性水中，可进行专门培育以补充不足。

维持细菌生活和繁殖的良好条件：(1) pH 值为 1.3~3.0；(2) 温度为 25~40 ℃，在 35 ℃时细菌有最大活力；(3) 氧气充足；(4) 避光，溶液不要暴露在日光下。

因细菌浸出主要是处理低品位难选复合矿或废矿，故用于就地浸出或堆浸，堆量可达几万吨到几十万吨，浸出周期为数日至数年，浸出液含铜 1~7 g/L。

2.7.3.3　萃取

一般萃取工艺流程如图 2-35 所示。

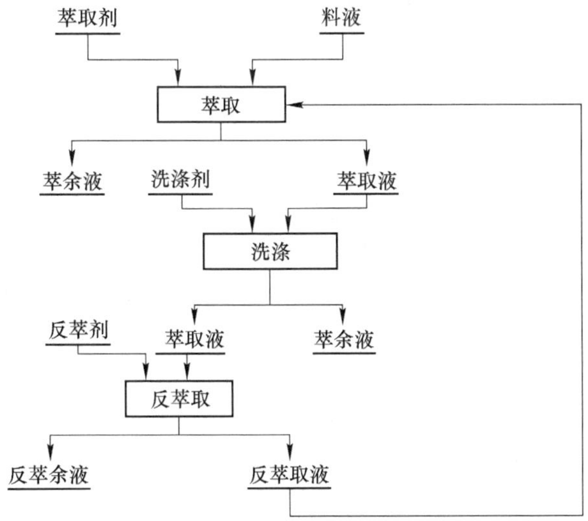

图 2-35　萃取工艺流程图

常用的铜萃取剂有 ACORGA P5100、ACORGA M5640、LIX973N、LIX984 等。萃取前首先用稀释剂，常用 260 号煤油将萃取剂溶解，按体积配制成 5%的有机相，然后将有机相与水相（即浸出液）混合，使铜转入有机相，萃取剂释放出 H^+，萃取反应为：

$$2RH_{(有机)} + Cu^{2+}_{(水)} = R_2Cu_{(有机)} + 2H^+ \quad (2\text{-}119)$$

式中，RH 为萃取剂；R_2Cu 为萃铜络合物。

萃铜后的有机相（即负载有机相），用电积后返回硫酸 180~200 g/L 的废电解液进行反萃，铜进入反萃液成为富铜液即电解原液，萃取剂再生循环使用。

2.7.4　氨浸-萃取-电积法

氨浸法又称阿比特法，是由美国阿纳康达公司开发的一项浸出工艺。硫化铜矿氨浸需要空气中的氧或纯氧作为氧化剂，以氨与铵盐的水溶液体系为浸出体系浸出和氧化硫化铜矿。在碱性溶液中，硫进一步氧化为高氧化态的电位比酸性介质中低得多，因此在硫化铜矿氨浸过程中，硫容易氧化为硫酸根离子。

铜矿氨浸-萃取-电积就是氧化铜矿或硫化铜精矿氧化焙烧后的焙砂用氨浸出铜，经萃取后电积铜。

2.7.4.1　常压氨浸

由于既能直接处理硫化矿，又对设备及材料的要求不高，因而成为最先实现工业化的方法之一。此法的特点是采用氨浸-萃取-电积–浮选联合流程，硫化铜精矿的浸出是在接近常压和 65~80 ℃的条件下，在机械搅拌的密闭设备中用氧、氨和硫酸铵进行的，浸出时间为 3~6 h，精矿中的 80%~86%（质量分数）Cu 以 $Cu(NH_3)_4SO_4$ 形式进入溶液，浸出液含铜 40~50 g/L，铜回收率达 96%~97%。其反应为：

$$CuO + 2NH_4OH + (NH_4)_2CO_3 = Cu(NH_3)_4CO_3 + 3H_2O \tag{2-120}$$

$$2Cu + O_2 + 4NH_4OH + 2(NH_4)_2CO_3 = 2Cu(NH_3)_4CO_3 + 6H_2O \tag{2-121}$$

浸出液蒸氨使 $Cu(NH_3)_4CO_3$ 分解为 NH_3、CO_2 和氧化铜的黑色沉淀。

2.7.4.2　高压氨浸

在高温、高氧压和高氨压下浸出硫化精矿，铜、镍、钴等有价金属形成络合物进入溶液，铁形成氢氧化物进入残渣。由于浸出过程所需压力较高以及溶液对设备的腐蚀较大，目前主要用于处理 Cu-Ni–Co 复合矿。其反应为：

$$4CuFeS_2 + 17O_2 + 24NH_3 + (4 + 2n)H_2O = 4Cu(NH_3)_4SO_4 + 4(NH_4)_2SO_4 + 2Fe_2O_3 \cdot nH_2O \tag{2-122}$$

$$2Cu_2S + 2(NH_4)_2SO_4 + 5O_2 + 12NH_3 = 4Cu(NH_3)_4SO_4 + 2H_2O \tag{2-123}$$

$$CuS + 2O_2 + 4NH_3 = Cu(NH_3)_4SO_4 \tag{2-124}$$

$$4FeS_2 + 15O_2 + 16NH_3 + (8 + 2m)H_2O = 8(NH_4)_2SO_4 + 2Fe_2O_3 \cdot mH_2O \tag{2-125}$$

浸出的技术条件：原料粒度小于 0.074 mm 的占 80%以上；矿浆浓度 20%固体；氨浸在加盖浸出槽中进行，焙砂用加压釜，浸出矿浆经浓密机液固分离后，浸出液送去萃取，底流过滤后的浸出渣堆存，滤液返回洗涤滤渣。浸出液可用 LIX54、LIX54-100 等萃取剂萃取，此类萃取剂负载能力高、黏度小、反萃取容易，电解沉积铜在硫酸溶液中进行，电解废液用于反萃。

安全注意事项及预防措施

（1）萃取剂：有机萃取剂具有较强的挥发性和毒性。

预防措施：需在通风良好的环境下使用，必须通过反萃取进行回收。

（2）浸出剂：酸浸出和碱浸出一般用强酸、强碱，具有腐蚀性。

预防措施：操作前穿戴好劳动保护用品。

任务小结

（1）湿法冶金过程；

（2）湿法冶金工艺；

（3）电积精炼。

知识拓展

电积精炼与电解精炼均发生氧化还原反应，电解精炼阳极可溶解，电积精炼阳极不可溶解。

课程思政

陈家镛是中国著名的湿法冶金学家、化学工程学家，中国科学院院士。1950—1960年，他主要从事云南东川难选氧化铜矿的湿法冶金研究，云南墨江氧化镍矿及进口的高砷钴矿的湿法冶金研究，他开发出了一批技术先进的湿法冶金新工艺及新流程；成立了国内第一个以化学工程学观点从事冶金研究的湿法冶金实验室，在矿石加压浸取、加压氢还原、自水溶液中制取金属粉末等方面，在国内均处于领先地位，为以后冶金新过程开发、新型材料研制、多相反应器研究以及加温加压湿法冶金反应动力学等的研究，奠定了部分基础。

复习思考题

2-1 简述造锍熔炼的目的及其基本原则。

2-2 铜的造锍熔炼原理是什么？为什么造锍熔炼时会发生铜锍与炉渣的分离，其理论基础是什么？

2-3 简述铜熔炼的方法。

2-4 什么是闪速熔炼？

2-5 简述转炉吹炼的过程，并写出各个阶段的主要反应。

2-6 粗铜火法精炼的基本原理是什么？

2-7 简述铜电解精炼的基本原理。

2-8 简述粗铜的精炼方法

2-9 简述铜电解精炼的目的。

2-10 简述电解过程中的杂质行为。

2-11 简述铜电解精炼工艺影响因素。

2-12 简述铜冶金湿法冶金过程。

2-13 简述湿法炼铜的工艺和方法。

2-14 简述硫化铜精矿焙烧目的。

2-15 简述铜阳极泥的化学组成。

2-16 简述铜阳极泥的物相组成。

2-17 简述铜阳极泥的性质。

2-18　试从资源综合利用和生产过程对环境的友好两方面，分析火法炼铜和湿法炼铜的主要优缺点。

2-19　造锍熔炼过程中 Fe_3O_4 有何危害，生产实践中采用哪些有效措施抑制 Fe_3O_4 的形成？

2-20　硫化铜精矿造锍熔炼的基本原理及两个过程的主要反应？

2-21　闪速炉造锍熔炼对入炉铜精矿为何要预先进行干燥？

2-22　闪速熔炼过程要达到自热，生产上采用哪些措施来保证？

参 考 文 献

[1] 华觉明．世界冶金发展史 [M]．北京：科学文献出版社，1985.

[2] 北京钢铁学院，中国冶金简史编写组．中国冶金简史 [M]．北京：科学出版社，1978.

[3] 有色金属科学技术编委会．中国有色金属科学技术 [M]．北京：冶金工业出版社，1999.

[4] 田长许．中国金属技术史 [M]．成都：四川科学技术出版社，1987.

[5] 任鸿九，王立川．有色金属提取手册（铜镍）[M]．北京：冶金工业出版社，2000.

[6] 翟秀静．重金属冶金学 [M]．北京：冶金工业出版社，2022.

[7] 选矿手册编委会．选矿手册，第 8 卷　第 1 分册 [M]．北京：冶金工业出版社，1989.

[8] 徐绍龄．无机化学丛书，第 6 卷，铜分族 [M]．北京：科学出版社，1998.

[9] 孙丽达，范兴祥．冶金概论 [M]．北京：冶金工业出版社，1989.

[10] 徐迎春．重金属冶金技术 [M]．长沙：中南大学出版社，2022.

[11] 刘纯鹏．铜冶金物理化学 [M]．上海：上海科学技术出版社，1990.

[12] 重有色金属冶炼设计手册编委会．重有色金属冶炼设计手册（铜镍卷）[M]．北京：冶金工业出版社，1996.

[13] 赵天丛．重金属冶金学（上册）[M]．北京：冶金工业出版社，1981.

[14] W. J. 陈，等，铜的火法冶金（1995 年铜国际会议论文集）[M]．邓文基，等译．北京：冶金工业出版社，1998.

[15] 日本金属学会．有色金属冶金 [M]．徐秀芝，等译．北京：冶金工业出版社，1988.

[16] 毛月波，等．富氧在有色冶金中的应用 [M]．北京：冶金工业出版社，1988.

[17] 陈国发，等．重金属冶金学 [M]．北京：冶金工业出版社，1992.

[18] 陈新民．火法冶金过程物理化学 [M]．北京：冶金工业出版社，1984.

[19] 东北工学院重冶教研室．密闭鼓风炉炼铜 [M]．北京：冶金工业出版社，1974.

[20] 彭容秋，重金属冶金学 [M]．长沙：中南工业大学出版社，1991.

[21] 杨慧振，吴扣根，等．铜转炉富氧吹炼节能模型研究 [J]．昆明理工大学学报，1998，23（3）：134-137.

[22] 彭容秋．铜冶金 [M]．长沙：中南大学出版社，2004.

[23] 有色冶金炉设计手册编委会．有色冶金炉设计手册 [M]．北京：冶金工业出版社，2000.

[24] 朱祖泽，等．现代铜冶金学 [M]．北京：科学出版社，2003.

[25] 邱竹贤．冶金学 [M]．沈阳：东北大学出版社，2001.

[26] 傅崇说．有色冶金原理 [M]．北京：冶金工业出版社，1993.

[27] 罗庆文．有色冶金概论 [M]．北京：冶金工业出版社，2004.

[28] 丽莹．矿物分析化学 [M]．北京：科学出版社，1994.

[29] 王瑞祥，曾斌，等．含多金属复杂金精矿焙烧预处理-提取金、银、铜研究 [J]．稀有金属，2014，38（1）：86-92.

[30] 王岩，邢树文，等．我国低品位、难选冶矿产资源勘查和综合利用现状述评 [J]．矿产综合利用，2012，（5）：7-10.

模块3　镍　冶　金

任务3.1　镍冶金的一般知识

任务目标

（1）了解镍资源及用途；
（2）掌握镍及其化合物的性质；
（3）熟悉镍的生产方法。

理论与实践

1751年，瑞典科学家克朗斯塔特研究矿物时发现了金属镍，直到1804年金属镍才被提炼出来。我国镍工业起步于1953年，随着金川镍矿的发现和建成后，使我国的镍资源储量跃居世界前列。

3.1.1　镍资源

3.1.1.1　世界镍资源

根据2017年美国地质调查局发布的数据显示：全球探明镍基础储量约7383万吨，资源总量1.30亿吨。

世界镍矿资源主要分布区域为：（1）红土镍矿储量丰富的国家有古巴、新喀里多尼亚、菲律宾、缅甸、越南、印度尼西亚和巴西等国；（2）硫化镍矿储量丰富的国家包括俄罗斯、加拿大、澳大利亚、南非和中国等国；（3）澳大利亚是全球镍储量最多的国家，主要以硫化镍矿为主。

3.1.1.2　中国镍资源

我国镍矿储量约为300万吨，主要分布在甘肃、四川、云南、青海、新疆和陕西等地。我国金川矿床位于中国西北甘肃省金昌市，是目前全球第三大铜镍硫化物矿床，除富含镍、铜外，还伴生钴、金、银等17种金属元素。氧化镍矿主要分布在云南等地。

3.1.1.3　镍矿物

世界镍资源可分为两类，即氧化镍矿和硫化镍矿。砷化镍矿因资源规模较小，经济意义有限，未构成独立大类，通常归入硫化镍矿的相关范畴。

（1）氧化镍矿主要有镍红土矿和硅酸镍矿及海底含镍锰结核矿。

（2）硫化镍矿主要有镍硫化矿［(Ni,Fe)S］、针硫镍矿（NiS）、硫化铜镍矿［(Ni,Cu)S］、辉铁镍矿（$3NiS \cdot FeS$)、钴镍黄铁矿［$(NiCO)_3S_4$］或闪锑镍矿（Ni,SbS）等。硫化镍矿通常含有以黄铜矿形态存在的铜，所以镍硫化矿又常称为铜镍硫化矿。

（3）砷化镍矿主要有红砷镍矿（NiAs)、砷镍矿（$NiAs_3$）和辉砷镍矿（NiAsS)。

在现代镍生产流程中，仅有1%的镍产量来自砷化镍矿。目前世界镍工业生产的镍，主要来自硫化镍矿资源，占总产量的60%~65%。尽管红土型镍矿储量较多，占世界镍储量的75%以上，但因选冶和综合利用技术不如硫化镍矿容易，而且生产成本较高，因此在世界镍产量中居次要地位。

3.1.2 镍的用途

镍是一种性能优良的银白色金属，已成为航空、国防和人类高水平物质文化生活不可缺少的金属，被称为“工业维生素”。

镍具有一定的机械强度和良好的塑性，因此镍能与许多金属组成合金，如镍基合金、不锈钢等，是制造火箭、高速喷气式飞机、军舰、涡轮发动机等重要部件的材料。镍是耐热、浓碱液的最好材料，故可用于化工行业，特别是氯碱行业中。镍具有高的电真空特性和良好的耐蚀性，在机械电子行业获得较广泛的应用。此外，镍还用于镀镍，其防腐蚀性能比镀锌层高20%~25%。在化学电源领域主要用于制作密封电池，这类电池沉淀性能好，理论比能量高，价格便宜。在颜料和染料领域，其颜料覆盖能力强，不易被其他燃料污染。作为催化剂，镍主要用于石油化工。镍还能制成镍铁素体和镍锌铁素体等新型陶瓷，做变压器的铁心和无线电的天线等。

3.1.3 镍及其主要化合物的性质

3.1.3.1 镍的性质

A 镍的物理性质

镍是元素周期表中第四周期第Ⅷ族的银白色铁磁金属，原子序数为28，相对原子质量为58.69，价电结构为$3d^84s^2$。天然生成的金属镍有五种同位素：Ni^{58}、Ni^{60}、Ni^{61}、Ni^{62}和Ni^{64}，其丰度分别为67.7%、26.2%、1.25%、3.66%、1.16%。镍的晶体结构为立方面心结构，熔点为（1453±1）℃，沸点为2732 ℃。

镍是一种具有磁性的过渡金属，在空气中发乌，质硬，熔点高，抗腐蚀能力强、耐热性、可塑性与韧性好，在冷、热状态下有好的压力加工性能。在温度低于340 ℃时有磁性是镍最有价值的特点，它是许多磁性物料的主要组成部分，其含量为10%~20%。在0~1000 ℃温度范围内镍的比热在420~620 J/(kg · K）内变动，在居里点或其附近有一显著的高峰，此温度下失去铁磁性。

B 镍的化学性质

镍具有高的化学稳定性，是一种良好的耐蚀材料，在大气中不易生锈以及能抵抗苛性碱的腐蚀。在空气或氧气中，镍表面上形成一层NiO薄膜，可防止进一步氧化，含硫的气体对镍有严重的腐蚀作用，尤其是镍与Ni_3S_2在共晶温度643 ℃以上时更是如此。在500 ℃以下时氯气对于镍无显著作用。20 ℃时镍的电极电位为-0.248 V，25 ℃时镍的电极电位为-0.257 V，因此能从溶液中置换出氢。有机酸、硫酸、盐酸对镍作用甚微，但硝酸易溶解镍。

3.1.3.2 镍主要化合物的性质

A 镍的氧化物

镍有三种氧化物：氧化亚镍（NiO）、四氧化三镍（Ni_3O_4）和三氧化二镍（Ni_2O_3）。Ni_2O_3 仅在低温时稳定，加热至 400～450 ℃ 即离解为 Ni_3O_4，进一步提高温度最终变成 NiO。

NiO 的熔点为 1650～1660 ℃，很容易被 C 或 CO 还原。氧化亚镍与 CoO、FeO 一样，可形成硅酸盐化合物，但 $NiO \cdot SiO_2$ 不稳定。NiO 具有触媒作用，可使 SO_2 转变为 SO_3，而 SO_3 与 NiO 又可以形成稳定的硫酸盐，并且比铜、铁的硫酸盐稳定，加热到 750～800 ℃才显著离解。NiO 能溶于硫酸、亚硫酸、盐酸和硝酸等溶液中形成绿色的两价镍盐。当镍盐与石灰乳发生反应时形成绿色的氢氧化镍［$Ni(OH)_2$］沉淀。

B 镍的硫化物

镍的硫化物有 NiS_2、Ni_6S_5、Ni_3S_2、NiS。硫化亚镍在高温下不稳定，在中性和还原气氛下受热时 $3NiS = Ni_3S_2 + 0.5S_2$ 发生离解。在冶炼温度下低价硫化镍 Ni_3S_2 是稳定的，其离解压比 FeS 小，但比 Cu_2S 大。

C 镍的砷化物

镍的砷化物有砷化镍（NiAs）和二砷化三镍（Ni_3As_2）。前者在自然界中为红砷镍矿，在中性气氛中可发生 $3NiAs = Ni_3As_2 + As$ 离解。在氧化气氛中红砷镍矿的砷一部分形成挥发性的 As_2O_3，一部分则形成无挥发性的砷酸盐（$NiO \cdot As_2O_3$）。

为了更完全地脱砷，在氧化焙烧后还必须再进行还原焙烧，使砷酸盐转变为砷化物，进一步氧化焙烧再使砷呈 As_2O_3 形态挥发。

D 羰基镍

镍在 50～100 ℃ 下可与 CO 反应生成 $Ni(CO)_4$ 挥发性物质，沸点 43 ℃，在 180～200 ℃时逆方向分解为金属镍和 CO，这是羰基法生产镍粉的理论基础。

E 镍盐

镍的盐类多为二价，如 $NiSO_4$、$NiCl_2$。镍可形成多种盐类，但只生成二价镍盐。

3.1.4 镍冶金方法

从含镍矿石或精矿提取镍，目前主要有火法和湿法两种方法。采用哪一种方法提取镍，决定于含镍矿石的化学成分和矿物组成、矿石中的镍含量、当地的条件等因素。目前国内外提取镍的方法如图 3-1 所示。

镍的冶炼方法主要有硫化镍矿的火法冶炼、硫化镍矿的湿法冶炼、氧化镍矿的火法冶炼、氧化镍矿的湿法冶炼 4 种。

3.1.4.1 硫化镍矿的提取方法

由图 3-1 可知，从硫化镍矿中提取镍，既可以采用火法冶金，也可以采用湿法冶金。火法冶金主要有熔炼、吹炼等工序，湿法冶金主要有浸出、净化电解等工序。

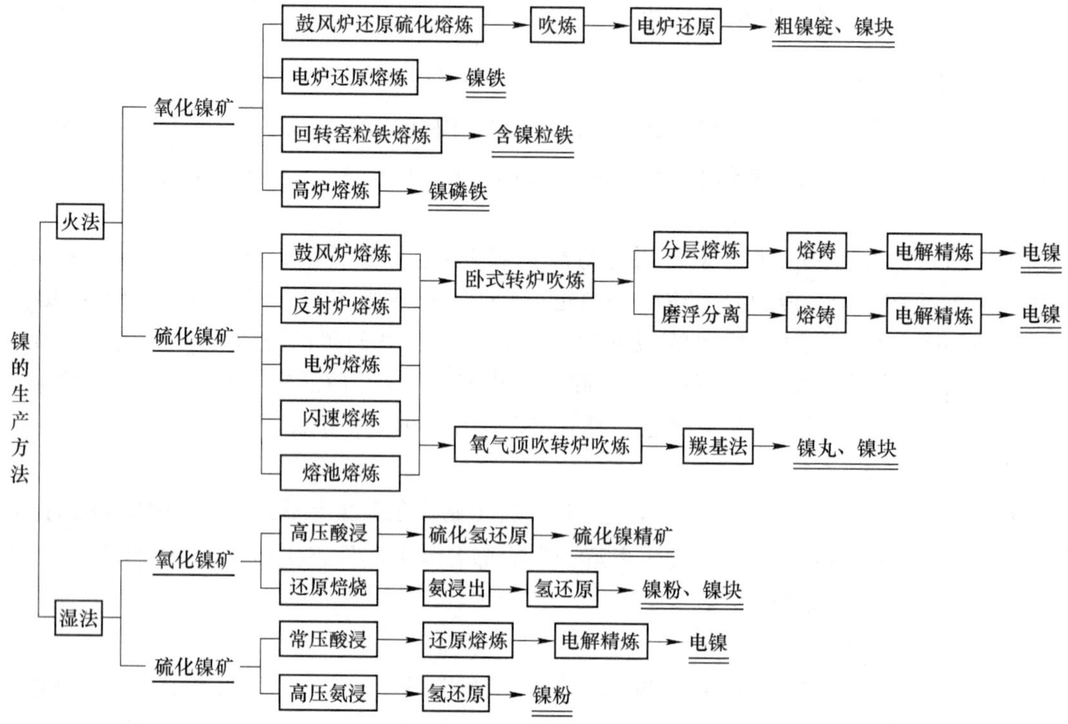

图 3-1　镍的提取方法

我国硫化矿（在陆地）的储量占总储量的 86%，可见几乎是用硫化镍来生产镍。在硫化矿中，铜镍是伴生的，因此以 Cu-Ni 硫化矿为原料生产镍的工艺成为我国镍生产的主要工艺。

我国甘肃金川集团股份公司硫化镍火法生产工艺流程图如图 3-2 所示，湿法生产工艺流程图如图 3-3 所示。

由图 3-2 表明，火法处理铜镍硫化矿可分为以下五个阶段。

第一阶段：将铜镍硫化精矿经过熔炼之后形成低镍锍，与精矿中残留的脉石分离。

第二阶段：将低镍锍在转炉中吹炼，除去以 FeS 为主的杂质，得到高镍锍。

第三阶段：将高镍锍经过磨浮分离，形成一次合金、铜精矿、镍精矿，实现 Cu、Ni 的初步分离。

第四阶段：镍精矿经过反射炉熔炼之后，浇铸成硫化镍阳极板。

第五阶段：对硫化镍阳极板进行镍电解精炼，得到金属镍。

由图 3-3 表明，湿法处理铜镍硫化矿可分为以下四个阶段。

第一阶段：常压浸出及液固分离。

第二阶段：加压浸出、减压降温、液固分离。

第三阶段：硫酸镍溶液净化。

第四阶段：电积提镍。

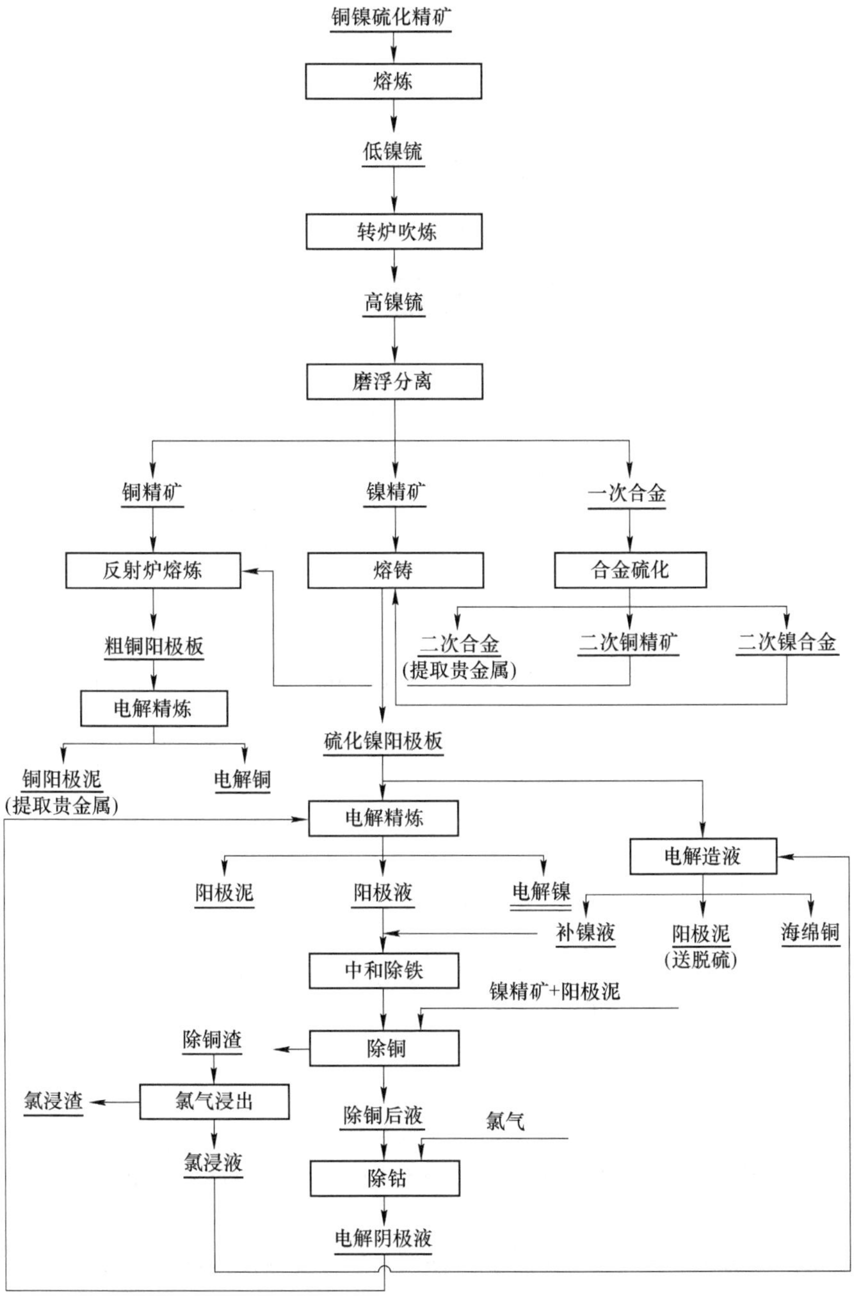

图 3-2　硫化镍火法生产工艺流程

3.1.4.2　氧化镍矿的提取方法

(1) 火法冶金。氧化镍的火法冶金主要是生产镍铁，氧化镍矿经脱水、干燥后，加热至 1000 ℃左右，装入电炉进行还原熔炼得到镍铁。高品位的氧化镍矿适合火法冶金处理。

(2) 湿法冶金。氧化镍矿的湿法冶金包括高压酸浸（HPAL）法、常压酸浸法和

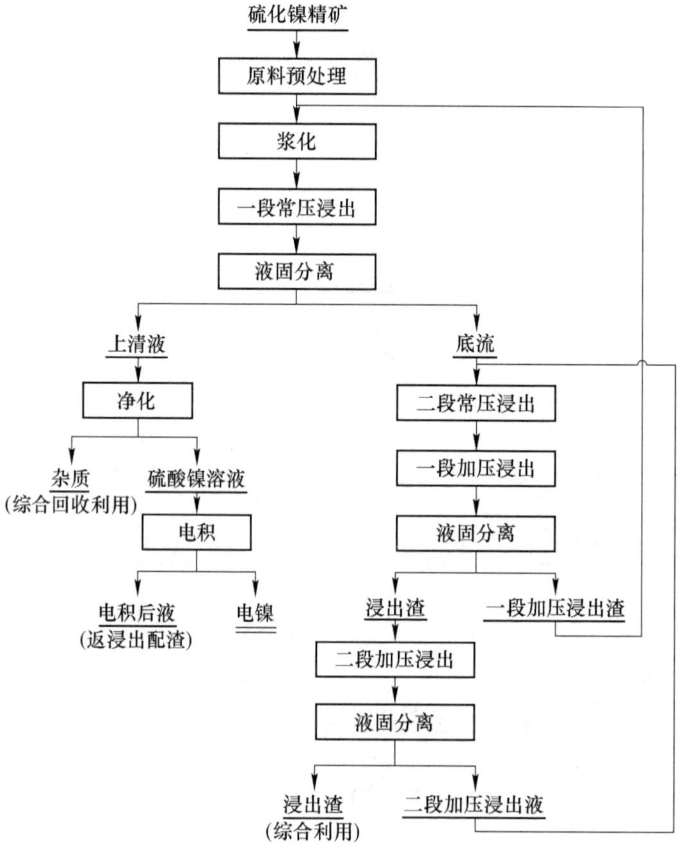

图 3-3　硫化镍矿湿法生产工艺流程

Caron 法等。高压酸浸法在温度 250～270 ℃和压力 4～5 MPa 条件下，用 30%的硫酸溶液做浸出试剂，适用于处理低镁含量的红土矿。

安全注意事项及预防措施

毒性：羰基镍能产生很强的毒性。羰基镍以蒸气形式迅速由呼吸道吸收，也能由皮肤少量吸收，由呼吸道吸收是作业环境中毒物侵入人体的主要途径，少量吸入就可中毒，严重会致死。

预防措施：合成羰基镍时务必穿戴好劳保用品，作业环境需保持良好通风。

任务小结

（1）提镍原料；

（2）镍的用途；

（3）提镍方法。

知识拓展

（1）硫化镍矿组成特点。硫化镍矿的主要矿物组成为镍黄铁矿［$(Fe,Ni)_9S_8$］和镍

磁黄铁矿 [$(FeNi)_7S_8$]，在硫化矿中常常含有铜、钴和铂族元素，品位一般为 0.3%～1.5%。冶炼前必须选矿，得到 4%～8%的硫化精矿，含镍 3%以上的富矿可直接冶炼。

由于元素亲氧性与亲硫性的差异，在熔融的岩浆中，当有硫元素存在时，铜、镍、铁、钴等能优先与硫结合形成硫化矿物，并富集形成硫化物矿床。当硫化物熔体自高温冷却时，镍、钴、铜及贵金属等富集在首先析出的磁黄铁矿中，在继续冷却中，在固体黄磁铁矿的基体中，又可析出镍黄铁矿 [$(Fe,Ni)_9S_8$] 或镍磁黄铁矿[$(Fe,Ni)_7S_8$]、黄铜矿 ($CuFeS_2$)、硫镍钴矿 [$(Ni,Co)_3S_4$] 和硫钴铁矿 [$(Fe,Co,Ni)_3S_4$] 等。其中，镍黄铁矿含镍可达 34.23%，并富集了几乎铂族金属及大部分钴。相反，金及银却富集于黄铜矿相中，且基本上不含有镍、钴及铂族元素。

(2) 氧化镍矿组成特点。氧化镍矿主要有硅镁镍矿、红土镍矿和海底含镍锰结核矿，其中硅镁镍矿含镍 0.5%～1.5%。

红土镍矿是镍的氧化物和铁的氧化物组成的共生矿，含镍 1%左右、含铁 40%～50%。

氧化镍矿是由含镍的岩石风化浸淋蚀变富集而成。如以含镍橄榄石为主的橄榄岩，在含二氧化碳的酸性地面水的长期作用下，橄榄石被分解，镁、铁及镍进入溶液；硅则趋向于形成微粒的胶状硅酸；铁逐渐氧化，并很快呈氢氧化铁沉淀，最终失去水而形成针铁矿和赤铁矿，少量镍钴也一起沉淀。铁的氧化物沉淀在地表，而镁、镍及硅则留在溶液中进入地表层下。由于镍比镁优先沉淀，故在沉淀的矿石中，镍镁比高于溶液中的镍镁比，因此镍得以富集。

海底含镍锰结核矿是沉淀在大洋底的一种矿石，锰结核中各种金属成分的含量是：锰 (27%～30%)、镍 (1.25%～1.5%)、铜 (1%～1.4%)、钴 (0.2%～0.25%)、铁 (6%)、硅 (5%) 及铝 (3%) 等，锰结核广泛地分布于海洋 2000～6000 m 水深海底。

(3) 砷化镍矿组成特点。砷化镍矿主要包括红砷镍矿 (NiAs)、砷镍矿 ($NiAs_3$)、辉砷镍矿 (NiAsS)，北非摩洛哥有少量。

砷镍矿 ($NiAs_3$)，质量分数为含镍 20.71%、砷 79.29%，常含少量铁和钴；等轴晶系，晶体呈立方体、八面体或两者的聚形，通常为粒状或致密块状集合体；钢灰色，条痕灰黑色，金属光泽，不透明，硬度 5.5～6。

任务 3.2　硫化镍矿造锍熔炼

任务目标

(1) 了解什么是造锍熔炼；
(2) 掌握造锍熔炼的基本原理；
(3) 掌握造锍熔炼方法；
(4) 知道造锍熔炼的产物。

理论与实践

3.2.1　造锍熔炼

造锍熔炼是有色金属冶炼中一个重要的冶金过程，尤其是铜、镍、钴等金属的火法冶金。一般来说，不能直接从精矿或者焙砂中提取出金属，而是需要一个中间造锍过程，在一定温度下（1200~1300 ℃）进行熔炼，产出两种互不相溶的液相，熔锍和熔渣，这种熔炼过程称为造锍熔炼，然后将熔锍经下一步处理后得到粗金属。

3.2.1.1　造锍熔炼的基本原理

造锍熔炼的原理是基于主体金属对硫的化学亲和力大于其对氧的化学亲和力，从而使金属与硫或几种金属硫化物之间相互溶合形成锍相。造锍反应的目的是将炉料中待提取的有色金属和贵金属聚集于锍中。

造锍熔炼主要包括两个过程，造锍过程和造渣过程，下面介绍其主要反应。

A　高价硫化物的分解

$$2Fe_7S_8 = 14FeS + S_2 \tag{3-1}$$

$$4CuFeS_2 = 2Cu_2S + 4FeS + S_2 \tag{3-2}$$

$$3(FeNi)S_2 = 3FeS + Ni_3S_2 + S_2 \tag{3-3}$$

$$(NiFe)_9S_8 = 2Ni_3S_2 + 3FeS + S_2 \tag{3-4}$$

$$3NiS \cdot FeS_2 = FeS + Ni_3S_2 + S_2 \tag{3-5}$$

$$3NiS = Ni_3S_2 + \frac{1}{2}S_2 \tag{3-6}$$

$$FeS_2 = FeS + \frac{1}{2}S_2 \tag{3-7}$$

高价硫化物的分解，生成了在熔炼高温下最稳定的低价硫化物。在中性或还原性气氛下，上述分解反应释放出的元素硫为气态分子（硫的熔点 112.8 ℃，沸点 444.6 ℃），硫蒸气遇到炉气中的氧，易发生燃烧反应生成 SO_2 气体。

B　低价硫化物氧化

在现代强化熔炼炉中，炉料往往很快地进入高温强氧化气氛中，所以高价硫化物除发生分解反应外，还会被直接氧化。

$$2Ni_3S_2 + 7O_2 = 6NiO + 4SO_2 \tag{3-8}$$

$$2FeS + 3O_2 = 2FeO + 2SO_2 \tag{3-9}$$

$$4CuFeS_2 + 5O_2 = 2Cu_2S \cdot FeS + FeO + 4SO_2 \tag{3-10}$$

$$4FeS_2 + 11O_2 = 2Fe_2O_3 + 8SO_2 \tag{3-11}$$

$$3FeS_2 + 8O_2 = Fe_3O_4 + 6SO_2 \tag{3-12}$$

FeS 氧化反应的进行，可达到部分脱硫的目的。

C　造锍反应

$$3FeS + 3NiO = Ni_3S_2 + 3FeO + \frac{1}{2}S_2 \tag{3-13}$$

造锍反应主要是将炉料中待提取的金属和贵金属聚集于锍中，锍是金银很好的溶剂。实践证明，经造锍熔炼后有 99%的金、银等贵金属进入锍中，50%以上的砷、锑、锌等杂质进入渣中，60%以上的铅、铋、硒等金属以氧化物形式挥发除去。

D　造渣反应

$$10Fe_2O_3 + FeS = 7Fe_3O_4 + SO_2 \tag{3-14}$$

$$3Fe_3O_4 + FeS + 5SiO_2 = 5(2FeO \cdot SiO_2) + SO_2 \tag{3-15}$$

$$2FeO + SiO_2 = 2FeO \cdot SiO_2 \tag{3-16}$$

$$CaO + SiO_2 = CaO \cdot SiO_2 \tag{3-17}$$

$$MgO + SiO_2 = MgO \cdot SiO_2 \tag{3-18}$$

造渣反应主要是脱除炉料中的铁和降低渣中 FeO 的浓度。

炉料中其他脉石和某些杂质也将通过造渣和挥发除去。因为在造锍温度下，As、Ge、Hg、Sn、Pb、Sb 等金属硫化物的饱和蒸汽压都大于或接近于 1 个大气压（1 atm = 101325 Pa），易从熔体中挥发进入气相，从而除去。

高价硫化物分解生成的低价硫化物的熔点较低。例如，硫化亚镍（Ni_3S_2，熔点 790 ℃）、硫化亚铜（Cu_2S，熔点 1135 ℃）和硫化亚铁（FeS，熔点 1190 ℃），这些低价硫化物在熔融状态下互溶便形成了相应的镍锍（Ni_3S_2-FeS）、铜锍（Cu_2S-FeS）和铜镍锍（Cu_2S- Ni_3S_2-FeS），从而与已经氧化生成的 FeO、SiO_2、CaO、MgO、Al_2O_3等脉石氧化物形成的炉渣分离开来，这便是铜、镍火法冶金中进行造锍熔炼的基础。

3.2.1.2　镍造锍熔炼产物

镍造锍熔炼产物主要有铜镍锍、炉渣、烟尘和炉气。

A　铜镍锍

铜镍锍主要组成是 Ni_3S_2、Cu_2S、FeS，属 Ni-Cu-Fe-S 四元系。另外，还含有一些钴的硫化物、少量游离金属和微量铂族元素等，当然也溶解有 Fe_3O_4 和极少量其他造渣组分，如 AgS、ZnS 和 SnS 等。

镍锍中镍的金属化程度（游离金属含量与总金属含量之比）高，其熔点也高；反之，镍锍中 Ni_3S_2 含量越高，其熔点也越低。因为镍锍的熔点高，故熔炼时炉温也要求较高；否则，当沉淀池或炉床温度稍有下降时，便可能引起 Ni-Fe 析出在炉内形成炉结。

在还原条件下（如电炉）产出的镍锍（称为缺硫镍锍）硫含量比在氧化条件下得到的镍锍（称为普通镍锍）的硫含量低。镍锍品位，即（Ni%+Cu%）的含量随 Fe 含量的增加呈线性递减，这对两种形式的镍锍都是一样的。电炉熔炼产出的缺硫镍锍硫含量为 22%~27%，此硫含量不足以使全部金属形成硫化物。硫含量不足的原因，是由于部分金属（主要为铁）以元素状态或氧化物（Fe_3O_4）状态溶解于铜镍锍的缘故。

B　炉渣

硫化镍精矿造锍熔炼产出的炉渣与造锍熔炼硫化铜精矿时产出的炉渣相似，主要为铁橄榄石型炉渣（$2FeO \cdot SiO_2$），一般含 Fe 35%~40%，SiO_2 30%~40%。渣中 Fe^{2+}/Fe^{3+} 含量比，随氧势升高而降低，反射炉和闪速炉炉渣含 Fe_3O_4 通常高于 10%，并随镍锍品位上升而增高，而电炉炉渣含 Fe_3O_4 较低［小于 5%］。

炼镍炉渣一般属于 $FeO-SiO_2$ 系和 $FeO-SiO_2-CaO(MgO)$ 系。

由于镍矿原料往往含有较多的 MgO，所产炉渣含 MgO 也较多。当 MgO 含量超过 14%时，炉渣的熔点迅速上升，黏度增大，单位电耗增大。当炉渣中 MgO 含量高于 22%时，炉渣电导增大，随着渣中 MgO 含量的升高和 FeO 含量的下降，炉渣含有价金属含量降低。炉渣含 CaO 在 3%～8%，对炉渣性质没有重大影响。当 CaO 含量增大到 18%左右时，炉渣的电导增大 1～2 倍，渣的密度和黏度降低，熔点升高，但硫化物在渣中溶解度减小。

熔渣黏度受硅酸离子形状、大小的影响。在一般情况下，碱性氧化物能破坏硅酸离子网状结构，有降低黏度的作用。添加氟化物降低黏度非常有效，据说在酸性熔渣中氟化物的效果约为氧化物的 2 倍。对有色冶金炉渣来说，其黏度一般在 0.5 Pa · s 以下，炉渣流动性好，若在 1 Pa · s 以上则明显地影响炉渣与锍的分离和炉渣的排放操作。

炉渣的电导率对电炉熔炼和闪速炉熔炼炉渣的电炉贫化有很大意义。炉渣的电导率与黏度有关，一般来说，黏度小的炉渣具有良好的导电性。含 FeO 高的炉渣除了离子传导以外，还有电子传导，并且具有很好的导电性。

C　烟尘和炉气

在熔炼过程不仅有未熔化的颗粒被炉气带走，还有一些已熔化的炉料也被炉气带走，并且在离炉后，因温度降低凝固成烟尘。

收尘净化后，熔炼出的炉气主要含 SO_2，当气体中 SO_2 含量符合制酸要求时，送去制酸。

3.2.2　硫化镍矿造锍熔炼方法

硫化镍矿的火法冶金包括闪速熔炼和熔池熔炼，其发展过程包括鼓风炉、反射炉、电炉、富氧顶吹和闪速炉等几种熔炼技术。鼓风炉熔炼需要经过烧结或制团预处理工序，反射炉适用于处理含 MgO 低于 10%且脉石不难熔的硫化镍精矿。

3.2.2.1　鼓风炉熔炼

鼓风炉熔炼是最早的炼镍方法，我国在 20 世纪 60～70 年代主要采用此方法，随着生产规模扩大、冶炼技术进步以及环境保护要求提高，该方法已逐步被淘汰。由于鼓风炉熔炼具有投资少、建设周期短、操作简单等特点，再加上炉顶密封、富氧鼓风等先进技术的应用，使得这一传统的冶炼工艺在改善环境、降低能耗等方面得到不断完善和提高，因而至今仍是一些中、小型企业的首选工艺。

A　鼓风炉熔炼炉料

鼓风炉入炉的炉料主要有含镍物料、熔剂、硫化剂和燃料。

（1）含镍物料。国内鼓风炉大多处理较高品位的硫化铜镍矿块矿或烧结块矿，也处理杂料和废料。还包括一些回炉料，如块状转炉渣、包子壳等。

（2）熔剂。由于矿物所含脉石成分各异，需要的熔剂也不同，常用的熔剂有石英和石灰两种，要求石英石含 SiO_2 大于 85%，石灰石含 CaO 大于 45%。

（3）硫化剂。在处理氧化矿或造锍过程中炉料硫含量不足时，往往需要加入硫化剂。鼓风炉常用的硫化剂主要为石膏（$CaSO_4 \cdot 2H_2O$），其次为黄铁矿（FeS_2）。

（4）燃料。鼓风炉熔炼的热量主要来自燃料燃烧、硫化铁的氧化及氧化亚铁造渣的反应热，炉料中的硫含量越高，燃料消耗越少。在鼓风炉熔炼过程中，一般要求燃料孔隙度适当，强度高，着火点和发热值高，灰分及水分低。由于焦炭比较容易满足上述要求，因而成为鼓风炉通用的燃料。

B　鼓风炉造锍熔炼原理

鼓风炉是一种竖式炉，炉料从炉子上部分批分层加入炉内，空气由风口不间断地鼓入炉内使固体燃料燃烧，热气流自下而上通过料柱，进行炉料与炉气逆向运动的热交换，从而实现炉料的预热、焙烧熔化、造锍等一系列物理化学变化，最终完成提取并分离的过程。鼓风炉熔炼过程与图 2-4 一样，唯一不同在于铜熔炼产出铜锍，而镍熔炼产出铜镍锍。

C　镍鼓风炉造锍熔炼工艺的特点

（1）在鼓风炉内，只有大块的物料适用。炉气是通过炉内块料之间的空隙向上运动，细碎粉状物料容易把孔隙堵塞或被气流带走，使炉料透气性不佳，炉气流分布不均等。在气流分布不均的情况下，易产生炉结等故障，使熔炼无法进行。

（2）在鼓风炉内，炉料与炉气之间的逆向运动，形成良好的热交换条件，因而保证了炉内有较高的热利用率。

（3）鼓风炉中最高的温度是在炉内的焦点区，焦点区通常在风口稍上的区域内，是由焦炭强烈燃烧或硫化物强烈氧化形成的。

根据矿石组成熔炼的热源与熔炼目的不同，硫化矿的鼓风炉氧化熔炼可分为自热熔炼和半自热熔炼，半自热熔炼在实际应用中较为典型。

大多数铜和镍的矿床是浸染有石英和包含脉石的硫化矿，这种矿石的热值不能满足纯自热熔炼条件。熔炼这种矿石需配入焦炭，进行半自热氧化熔炼。在熔炼过程中，依靠焦炭的燃烧和黄铁矿的氧化以及进一步造渣反应热提供所需的热量。

D　炉料在炉内发生的反应

烧结块或块矿入炉后，随着料柱的下降，料温逐渐升高，便会发生干燥、脱水、分解、氧化、硫化、熔化后形成镍锍、炉渣等一系列的物理化学变化。根据炉料在炉内向下运动过程中发生变化，鼓风炉可按高度分成预热区、焦点区和本床区。密闭鼓风炉内炉料和炉气的分布状态图与图 2-5 一致。

a　预热区（400~1000 ℃）

炉料入炉后首先被加热到 300~500 ℃进行干燥脱水。温度达到 400~500 ℃时，一部分高价硫化物开始进行分解反应析出硫；温度升到 500~700 ℃时，首先发生固体硫化物的氧化反应。在预热区，FeS 氧化的主要产物是 Fe_3O_4，当在下部与焦炭和 FeS 接触时又还原为 FeO。

在预备区下部温度为 1100~1200 ℃区域内，烧结块中易熔硅酸盐和硫化物共晶开始熔化，形成初期炉渣和镍锍；在往下流动过程中，受到过热，并逐渐溶解其他难熔成分，成为炉渣和镍锍进入本床。形成铜镍锍的反应如下：

$$Cu_2O + FeS \xlongequal{} Cu_2S + FeO \tag{3-19}$$

$$6NiO + 6FeS \xlongequal{} 2Ni_3S_2 + 6FeO + S_2 \tag{3-20}$$

上述反应产生的 Ni_3S_2、Cu_2S 和 FeS 共熔形成产品镍锍，并溶有少量的 Fe_3O_4 和贵金属。

硫化铁氧化反应和钙、镁碳酸盐分解反应产生的 FeO、CaO、MgO 等碱性氧化物，将与物料中的酸性氧化物 SiO_2 反应形成各种硅酸盐。在高温下这些硅酸盐便共熔形成炉渣熔体。

$$2FeO + SiO_2 = 2FeO \cdot SiO_2 \qquad (3\text{-}21)$$

$$CaO + SiO_2 = CaO \cdot SiO_2 \qquad (3\text{-}22)$$

$$MgO + SiO_2 = MgO \cdot SiO_2 \qquad (3\text{-}23)$$

b 焦点区（1300~1400 ℃）

焦点区主要发生 Fe_3O_4 的还原、FeS 的氧化和造渣及焦炭的燃烧反应。在焦点区，赤热的焦炭在完全燃烧前始终呈固体状态，FeS 则呈液体状态迅速通过而进入本床，停留时间很短。因此，在半自热熔炼中的焦点区主要发生焦炭燃烧反应，熔融 FeS 只有少部分被氧化。

$$C + O_2(g) = CO_2(g) \qquad (3\text{-}24)$$

$$2FeS + 3O_2 = 2FeO + 2SO_2 \qquad (3\text{-}25)$$

c 本床区（1250~1300 ℃）

本床区位于焦点区下方，温度为 1250~1300 ℃，是镍锍和炉渣的汇集处并初步分层。如果熔体是连续放出在前床分离炉渣与镍锍，那么本床区只是它们进入前床的过道。

3.2.2.2 反射炉熔炼

反射炉熔炼是传统的火法冶炼镍的方法之一，适于处理含 MgO 含量低于 5%~10%且脉石不难熔的细粒浮选硫化镍精矿，对原料适应性强，对燃料种类无严格要求，操作简单，作业率高，生产稳定，炉体寿命长，炉床面积大，适合大规模生产。但是，反射炉熔炼具有不能充分利用原料反应热、燃料消耗大、热效率低（只有 15%~30%）、炉气 SO_2 浓度低、不好利用、造成污染等缺点。因此，采用反射炉熔炼的工厂已逐渐减少了，其反射炉提镍过程如图 2-6 所示。

3.2.2.3 电炉熔炼

按电能转换为热能的方式不同，电炉分为电阻炉、电弧炉、感应炉、复合式电炉（既有电阻炉的性能，又有电弧炉的特点）。

铜镍冶金中所用电炉属于复合式电炉，这种电炉多用于熔炼矿石和精矿，故又称矿热电炉。矿热电炉具有较高炉温，因此被普遍用来处理含难熔脉石较多的矿石。

当精矿品位高、硫含量较低时也可不经焙烧直接入炉熔炼，因为电炉熔炼脱硫率低。当处理低品位精矿时，需在熔炼前采取焙烧预先脱去部分硫，再将焙砂投入电炉熔炼才能产出（Ni+Cu）含量为 24%左右的低镍锍。图 3-4 为电炉熔炼的示意图。

A 电炉熔炼的基本原理

电炉熔炼原理实质上可分为两个过程：一是热工过程（如电能转换、热能分布等）；二是冶炼过程（如炉料熔化、化学反应、锍渣分离等）。

熔炼硫化矿和精矿的电炉（见图 2-7），可以概略地看作是高温熔池，里面有两层熔体（见图 3-5），上面的炉渣层厚 1700~1900 mm，下层的熔锍厚 600~800 mm。

装到熔池中的固体物料以料堆的形式沉入渣层，这就是料坡。

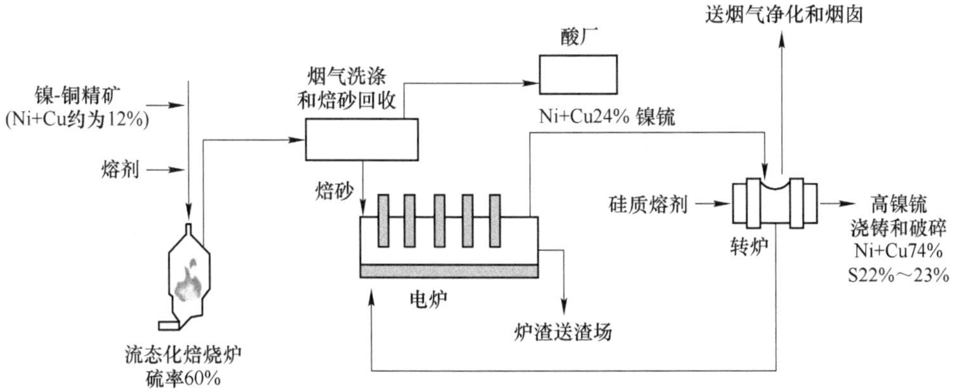

图 3-4　电炉熔炼示意图 1

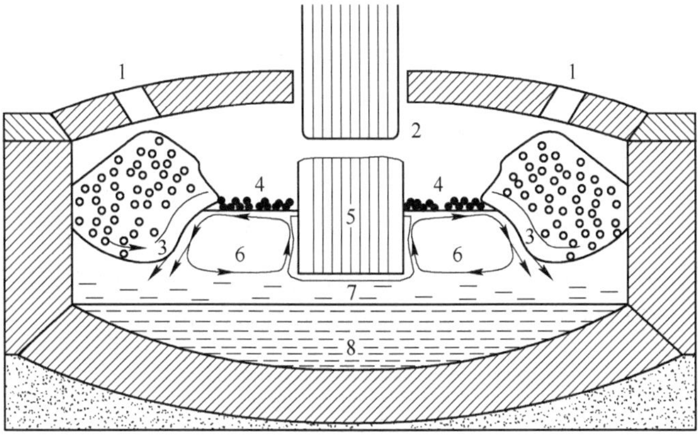

图 3-5　电炉熔炼示意图 2

1—炉料入口；2—炉气的运动；3—炉料熔化；4—炉渣被焦炭还原；5—能量输入、分配和转变；6—炉渣运动和热交换；7—炉渣；8—镍锍

物料以电能为主要来源的热量进行熔化，电能转变为热能是在渣层中发生的。有 40%～80%的热量产生于电极-炉渣的接触面上，其余部分热量则产生于处在电回路中的渣层里。大部分热量之所以产生于电极-炉渣的接触面上，是由于在电极工作端的周围存在着一个气体层，这就是所谓的气袋，电流以大量的质点放电形式（以微弧的形式）通过这个气袋。

气袋是这样形成的：由于电子流的机械压力，熔渣脱离电极，所形成的空隙便被由于电极燃烧产生的气体和由炉渣中逸出的气体充满，这个气体层具有很高的电阻。因此电流通过气体层时产生很大的电压降，放出相应的热量。

B　电炉熔炼反应

过热炉渣在对流运动中与物料表面相遇时，将自己多余的热量传给物料。当物料加热至 1000 ℃时，复杂硫化物、某些硫酸盐、碳酸盐和氢氧化物发生热分解。

$$Fe_7S_8 = 7FeS + \frac{1}{2}S_2 \qquad (3\text{-}26)$$

$$2CuFeS_2 = Cu_2S + 2FeS + S_2 \qquad (3\text{-}27)$$

$$3(FeNi)S_2 = 3FeS + Ni_3S_2 + \frac{1}{2}S_2 \qquad (3\text{-}28)$$

$$2(NiFe)_9S_8 = 4Ni_3S_2 + 6FeS + S_2 \tag{3-29}$$

$$Me(SO_4) = MeO + SO_3 \tag{3-30}$$

$$MeCO_3 = MeO + CO_2 \tag{3-31}$$

$$Me(OH)_2 = MeO + H_2O \tag{3-32}$$

这些反应的结果，使物料的组成简单化，生成比较简单而稳定的化合物。如果入炉物料是焙砂而不是精矿，以上部分反应已在焙烧时完成。当物料加热到1100~1300 ℃时，除复杂化合物的热分解反应外，物料中各种化合物之间还有交互反应发生，其中最重要的是硫化物和氧化物之间的反应。

$$Cu_2O + FeS = Cu_2S + FeO \tag{3-33}$$

$$3NiO + 3FeS = Ni_3S_2 + 3FeO + \frac{1}{2}S_2 \tag{3-34}$$

$$CoO + FeS = CoS + FeO \tag{3-35}$$

$$2Cu_2O + Cu_2S = 6Cu + SO_2 \tag{3-36}$$

$$2Cu + FeS = Cu_2S + Fe \tag{3-37}$$

$$Cu_2O + Fe_2O_3 + CuS + FeS = 3Cu + Fe_3O_4 + S_2 \tag{3-38}$$

C　熔炼产物

电炉熔炼硫化铜镍精矿时，其产品有低镍锍、炉渣、烟气和烟尘。

低镍锍是冶炼的中间产品，要送至转炉工序进一步富集。炉渣因含有价金属很低而废弃。烟气经收尘、制酸后排入大气，收得的烟尘则返回电炉熔炼。

a　低镍锍

低镍锍主要由 Ni_3S_2、Cu_2S、FeS 组成，此外低镍锍中还有一部分 CoS 和一些游离金属及合金，在低镍锍中还溶解有少量 FeO 颗粒。

在电炉熔炼过程中，低镍锍与炉渣分离的完全程度，取决于它们的密度差，密度差越大，分离得越彻底，低镍锍的密度取决于组成低镍锍的各种硫化物的含量。

b　炉渣

电炉熔炼产出的炉渣主要由五种氧化物构成：SiO_2、FeO、MgO、Al_2O_3 和 CaO，它们的总和占总量的 97%~98%。此外，还含有少量 Fe_3O_4、铁酸盐以及金属的氧化物和硫化物。

渣中金属含量取决于渣和低镍锍的性质、渣温和操作技术水平，根据各厂实际情况，通常质量分数为：Ni 0.07%~0.25%、Cu 0.05%~0.10%、Co 0.025%~0.10%。

c　烟气及烟尘

在生产过程中，电炉大量吸进冷气，使电炉烟气的 SO_2 浓度降低很多，只有0.01%~0.3%。当熔炼块状炉料时，烟气含尘为0.3~0.5 g/m³；熔炼细料时，则可达 3 g/m³。烟气经收尘后制酸或者排空。

d　电炉熔炼的优缺点

优点：(1) 熔池温度易于调节，并能获得较高的温度，可处理含难熔物较多的物料，渣含有价金属较低。(2) 炉气量较小，含尘较低。完善的电炉密封，可提高烟气 SO_2 浓度，并可加以利用。(3) 对物料的质量适应范围大，可以处理一些杂料、返料。(4) 容易控制，便于操作，易于实现机械化和自动化。(5) 炉气温度低，热利用率达 45%~

60%，炉顶及部分炉墙可以用廉价的耐火黏土砖砌筑。

缺点：（1）电能消耗大，电费较高时，加工费高；（2）对炉料含水分要求严格；（3）脱硫率低（16%~20%），处理含硫高的物料时应在熔炼前采取必要的脱硫措施。

3.2.2.4 顶吹炉熔炼

顶吹炉工艺属富氧顶吹浸没式喷枪技术，富氧顶吹浸没式喷枪技术是澳大利亚弗洛伊德博士于 1981 年发明的，该技术已经成功地应用于铜、铅、锌等金属的熔炼。但是，尚无将其应用于镍熔炼的工业化生产实践，因此将该技术运用于镍熔炼领域属于重大技术突破。

富氧顶吹浸没式喷枪技术是典型的熔池熔炼技术，其技术实质是使用了浸没于熔池的垂直喷枪，喷枪喷入熔池的高速气流的搅拌掺混作用可以使物料和熔渣更好地混合，使炉内的反应高效、剧烈进行，喷枪在内部空气的冷却作用下使其外表挂渣，以保护喷枪免受高温烟气和熔渣的烧损和侵蚀。在喷枪喷入富氧空气的同时，也可通过喷枪喷入粉煤、煤气或油等各种燃料来补充热量，通过调节喷枪中的氧气和燃料比率，并结合给料中还原剂煤的加入量来控制熔炼的氧化和还原的程度，使整个熔炼过程始终可控。

A 顶吹炉熔炼原理

顶吹炉的喷枪插入熔池之后，在喷枪空气的搅拌作用下，熔池处于强烈的搅动状态，加入炉内的物料进入熔体后，被高温熔体迅速加热至反应温度，完成传热过程。通过喷枪鼓入的风和氧气在熔炼高温下迅速将熔渣中的 FeO 氧化为 Fe_2O_3，生成的 Fe_2O_3 再与被加热到熔炼温度的精矿中的硫化物发生交互反应，通过套筒鼓入的风使熔炼和燃烧过程中产出的单体硫和燃煤挥发分等反应完成熔炼传质过程。

以上的传质传热过程在富氧顶吹熔炼炉的反应区内完成，炉内的反应区域分布位置如图 3-6 所示。

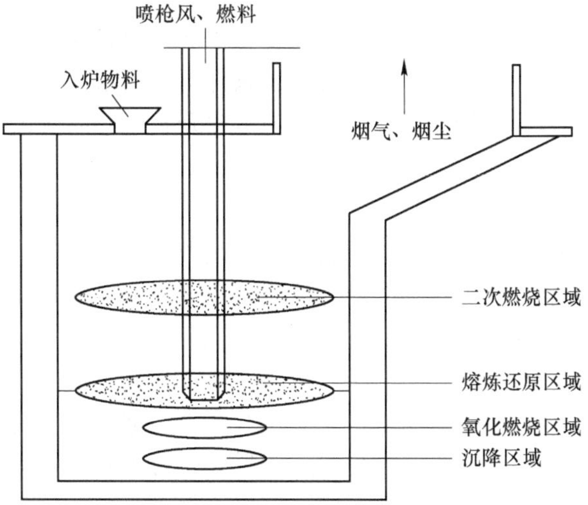

图 3-6 富氧顶吹炉熔炼反应区示意图

a 氧化燃烧区

氧化燃烧区位于浸没熔池中的喷枪头部区域，在该区域内，按照化学定量关系控制燃料燃烧，为熔炼补充必要的热量并保持合理的熔炼氧势，燃烧产出的烟气夹带部分熔渣迅速上升到熔池表面，在表面形成翻滚的渣层，翻滚的最高点能达到二次燃烧区域。同时，在燃烧烟气从熔池中上升的过程中，发生氧化反应。

$$2FeO + CO_2 = Fe_2O_3 + CO \tag{3-39}$$

$$4FeO + O_2 = 2Fe_2O_3 \tag{3-40}$$

b　熔炼还原区

熔炼还原区是物料和熔渣充分接触的界面层，在此区域内，喷枪头部被氧化和燃烧后的产物又和加入的物料发生熔炼和还原反应。

$$FeS + 3Fe_2O_3 = 7FeO + SO_2 \tag{3-41}$$

$$MeS + 2MeO = 3Me + SO_2 \tag{3-42}$$

$$MeS + 3Fe_2O_3 = 6FeO + MeO + SO_2 \tag{3-43}$$

$$C + Fe_2O_3 = 2FeO + CO \tag{3-44}$$

$$C + MeO = Me + CO \tag{3-45}$$

$$CO + Fe_2O_3 = 2FeO + CO_2 \tag{3-46}$$

$$CO + MeO = Me + CO_2 \tag{3-47}$$

$$CO_2 + C = 2CO \tag{3-48}$$

c　二次燃烧区

二次燃烧区是熔池之上的区域，由喷枪套筒为反应提供氧气，在该区域内既有从熔池中溢出的烟气和喷溅的炉渣反应，同时还有烟气中的 CO 和燃煤/还原煤的挥发分燃烧的反应。

d　沉降分离区

熔炼形成的金属或锍的液滴，在渣层下降过程中不断和熔池中的氧化物和硫化物发生反应，甚至在锍相和渣相的界面层仍有反应发生，因此可以通过适当降低喷枪、加强搅拌，使金属或锍的液滴进入底层的锍相中。

通过喷枪喷入熔池中的燃料、空气或富氧空气剧烈搅动熔池，对熔池的搅动程度和范围将影响熔炼过程传质和传热过程，在其他工艺条件不变的条件下，喷枪的插入深度将影响对熔池的搅动作用，为此需配套可靠合理的喷枪提升系统，以自由升降喷枪，控制合理的喷枪插入深度。

B　化学反应原理

氧顶吹浸没式喷枪熔炼全部在熔炼炉内的反应区内完成，其反应可概括为高价硫化物和不稳定化合物的分解反应、硫化物的氧化反应和造锍造渣反应和其他强化炼工艺的反应基本相同，下面介绍主要反应。

a　离解反应

经制粒和配料后的镍精矿进入熔池后，在喷枪的强烈搅拌作用下迅速扩散到熔池中，经高温熔体加热后温度快速升高，此时附着于物料表面的水分和物料的结晶水开始挥发或离解，不稳定的高价硫化物也发生离解反应，反应方程式如下：

$$2Fe_7S_8 = 14FeS + S_2 \tag{3-49}$$

$$4CuFeS_2 = 2Cu_2S + 4FeS + S_2 \tag{3-50}$$

$$6(FeNi)S_2 = 6FeS + 2Ni_3S_2 + S_2 \tag{3-51}$$

$$2(NiFe)_9S_8 = 4Ni_3S_2 + 6FeS + S_2 \tag{3-52}$$

$$2FeS_2 = 2FeS + S_2 \tag{3-53}$$

$$MeSO_4 = MeO + SO_3 \tag{3-54}$$

$$MeCO_3 = MeO + CO_2 \tag{3-55}$$

$$Me(OH)_2 = MeO + H_2O \tag{3-56}$$

离解生成的 FeS、Ni_3S_2、NiO、Cu_2S 和 Cu_2O 在高温下都是稳定产物，其中大部分硫化物被进一步氧化后进入锍相，氧化物和没有进入锍相的硫化物进入渣相，离解生成的单体硫被氧化为 SO_2 进入烟气，离解生成的 CO_2 和 SO_2 也进入烟气。

b　氧化反应

由于喷枪燃料补热和反应放热，使整个熔池温度始终维持在熔炼温度之下，因此离解生成的部分低价硫化物又迅速氧化而释放热量。主要的氧化反应在氧化燃烧区域内完成，部分由喷枪喷入但没有参与反应的氧气还要和燃烧烟气一起上升，上升过程中又直接和离解反应产生的单体硫、金属硫化物反应，还和铁的硫化物发生氧化造渣反应，其反应方程式为：

$$S + O_2 = SO_2 \tag{3-57}$$

$$2FeS + 3O_2 + 2SiO_2 = 2FeO \cdot SiO_2 + 2SO_2 \tag{3-58}$$

$$4FeS + 7O_2 = 2Fe_2O_3 + 4SO_2 \tag{3-59}$$

$$4FeS_2 + 11O_2 = 2Fe_2O_3 + 8SO_2 \tag{3-60}$$

$$3FeS + 5O_2 = Fe_3O_4 + 3SO_2 \tag{3-61}$$

$$4CuFeS_2 + 5O_2 = 2(Cu_2S \cdot FeS) + 4SO_2 + 2FeO \tag{3-62}$$

$$2Ni_3S_2 + 7O_2 = 6NiO + 4SO_2 \tag{3-63}$$

$$2CoS + 3O_2 = 2CoO + 2SO_2 \tag{3-64}$$

$$2Cu_2S + 3O_2 = 2Cu_2O + 2SO_2 \tag{3-65}$$

热力学理论计算及熔炼实践都表明，相对于铜和镍的硫化物来说，FeS 更容易被氧化，其氧化反应都按以上的化学反应方程式完成。在强氧化状态的熔池熔炼中，炉渣氧势很高，反应生成的高价铁氧化物也多，尤其是 Fe_3O_4 含量高，因此还存在大量硫化物与 Fe_3O_4 的交互反应，而使镍、铜等有价金属被氧化进入渣中，这种交互反应也是富氧顶吹浸没式喷枪熔炼最主要的传质方式，其反应方程式为：

$$Ni_3S_2 + Fe_3O_4 = 3(Fe \cdot Ni)O + 2SO_2 \tag{3-66}$$

$$Cu_2S + 3Fe_3O_4 = Cu_2O + 9FeO + SO_2 \tag{3-67}$$

$$FeS + 3Fe_3O_4 = 10FeO + SO_2 \tag{3-68}$$

c　造渣反应

高价硫化物离解产出的低价金属硫化物的混合物和少量密度大的金属一起形成低镍锍，由于低镍锍组分密度大于炉渣而沉降于炉渣下部，形成的锍相主要由 FeS、Cu_2S、Ni_3S_2、Fe_3O_4组成。反应生成的氧化物和熔剂反应后造渣，并夹带部分金属硫化物处于渣相之中，典型的造渣反应方程式为：

$$Fe_2O_3 + FeS = 7Fe_3O + SO_2 \tag{3-69}$$

$$3Fe_3O_4 + FeS + 5SiO_2 = 5(2FeO \cdot SiO_2) + SO_2 \tag{3-70}$$

$$2FeO + SiO_2 = 2FeO \cdot SiO_2 \tag{3-71}$$

$$CaO + SiO_2 = CaO \cdot SiO_2 \tag{3-72}$$

$$MgO + SiO_2 === MgO \cdot SiO_2 \tag{3-73}$$

C　熔炼产物的形成

熔炼产物包括熔炼烟气、烟尘、低镍锍和炉渣等。

烟气由进入炉内没有参与反应的气体、燃料燃烧和物料反应生成的气体组成，主要由 N_2、O_2、CO_2、H_2O 和 SO_2 等组成。烟尘由没有参与反应的物料，熔池已经参与反应但是又在喷枪的搅拌作用下飞溅起来的小颗粒组成，随烟气一起进入烟气处理系统被处理收集后返回系统。

3.2.2.5　闪速熔炼

矿石的初始品位低，人们发明了选矿方法提高矿石品位，但是选矿时需把矿石粉碎到 −75 μm，使熔炼困难。人们为了处理精矿，发明了回转窑、沸腾焙烧等使精矿变成较大的块或颗粒，以便于用鼓风炉、反射炉、电炉等方法和设备来处理精矿。但人们认为还不理想，不能将精矿的巨大表面积和硫的燃烧综合利用等。

1947 年芬兰人研制了奥托昆普闪速炉，1953 年加拿大人又研制了印柯闪速炉。这两项闪速熔炼技术利用了精矿表面积大、硫化物燃烧的特点，达到了产量大、能耗低、硫的回收利用率高、环境污染少的目的。

自从 1949 年第一座奥托昆普闪速炉诞生和 1953 年加拿大国际镍公司印柯闪速炉投产至今，闪速熔炼经历了 70 余年的历程，得到了很大的发展。据不完全统计，全世界 27 个国家已建成闪速炉共 56 座，其中奥托昆普炼铜闪速炉 41 座、奥托昆普炼镍闪速炉 7 座，处理黄铁矿的奥托昆普闪速炉一座、印柯炼铜闪速炉 7 座。我国有 3 座奥托昆普闪速炉，其中江西铜业公司贵溪冶炼厂有一座炼铜闪速炉、铜陵金隆公司有一座炼铜闪速炉、甘肃金昌金川集团公司有一座炼镍闪速炉。

A　闪速炉熔炼的基本原理

铜镍硫化精矿的矿物组成主要有：$(NiFe)_9S_8$、$CuFeS_2$、Fe_7S_8、Fe_3O_4、FeS_2、MgO、SiO_2、CaO 等。闪速熔炼是将经过深度脱水（粒度小于 75 μm，含水小于 0.3%）的粉状精矿，在喷嘴中与空气或 O_2 混合后，以高速（60～70 m/s）从反应塔顶部喷入高温（1450～1550 ℃）的反应塔内，此时精矿颗粒被气体包围，处于悬浮状态，在 2～3 s 内基本上完成了硫化物的分解、氧化和熔化过程。熔融硫化物和氧化物的混合熔体落到反应塔底部的沉淀池中汇集起来继续完成锍与炉渣的形成过程，并进行澄清分离，炉渣在贫化炉处理后再弃去。镍闪速熔炼炉结构如图 3-7 所示。

（1）高价硫化物在反应塔分解：

$$4(NiFe)_9S_8 === 8Ni_3S_2 + 12FeS + S_2 \tag{3-74}$$

$$4CuFeS_2 === 2Cu_2S + 4FeS + S_2 \tag{3-75}$$

$$2Fe_7S_8 === 14FeS + S_2 \tag{3-76}$$

$$2FeS_2 === 2FeS + S_2 \tag{3-77}$$

造渣：

$$2FeS + 3O_2 + SiO_2 === 2FeO \cdot SiO_2 + 2SO_2 \tag{3-78}$$

（2）铁的硫化物在反应塔内直接氧化：

$$4FeS_2 + 11O_2 === 2Fe_2O_3 + 8SO_2 \tag{3-79}$$

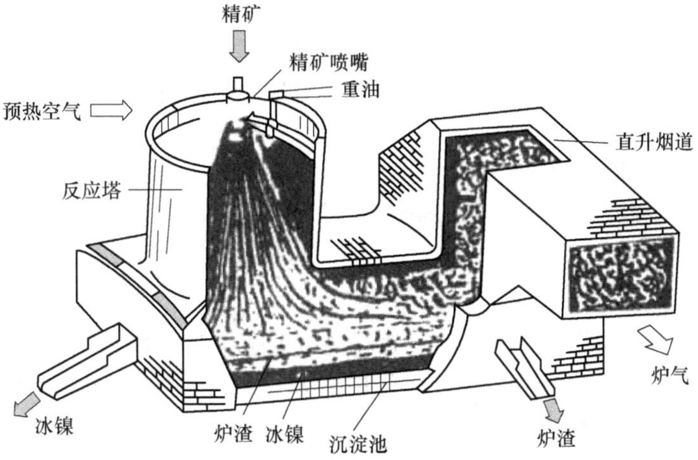

图 3-7　镍闪速熔炼炉结构示意图

$$3FeS + 5O_2 = Fe_3O_4 + 3SO_2 \quad (3\text{-}80)$$

$$10Fe_2O_3 + FeS = 7Fe_3O_4 + SO_2 \quad (3\text{-}81)$$

$$16Fe_2O_3 + FeS_2 = 11FeO + 2SO_2 \quad (3\text{-}82)$$

FeO 熔点高、密度大，使炉渣与镍锍分离不好，造成金属损失增加，析出物易长在炉底使生产空间减少，使炉子处理能力降低。

Fe_3O_4 就是 $FeO+Fe_2O_3$，它是 Fe_2O_3 到 FeO 的中间型，Fe_2O_3 的铁与氧原子比 2/3≈0.66，Fe_3O_4 的铁与氧原子比 3/4=0.75，FeO 的铁与氧原子比 1/1=1。含铁越来越多，也就是越来越趋于还原一点，增加还原气氛。例如：

$$3Fe_3O_4 + FeS = 10FeO + SO_2 \quad (3\text{-}83)$$

生成的 FeO 及时造渣：

$$3Fe_3O_4 + FeS + 5SiO_2 = 5(2FeO \cdot SiO_2) + SO_2 \quad (3\text{-}84)$$

在炉子中有适量的石英石是防止生成 Fe_3O_4 的主要手段。当 Fe_3O_4 含量过高时可加生铁还原：

$$Fe_3O_4 + Fe = 4FeO \quad (3\text{-}85)$$

（3）黄铁矿（$CuFeS_2$）在熔炼过程中发生离解反应外，部分生成 SO_2、FeO：

$$4CuFeS_2 + 5O_2 = 2Cu_2S \cdot FeS + 4SO_2 + 2FeO \quad (3\text{-}86)$$

少量 CuO 溶于渣中。

（4）镍的硫化物（NiFe）$_9S_8$，除离解反应外有少量的 Ni_3S_2 被氧化进入渣中。

$$2Ni_3S_2 + 7O_2 = 6NiO + 4SO_2 \quad (3\text{-}87)$$

$$NiO + SiO_2 = NiO \cdot SiO_2 \quad (3\text{-}88)$$

反应塔中镍有 5%~7%以 NiO 形式进入沉淀池中，故沉淀池中渣含镍 0.8%~1.2%。

（5）钴的硫化物 CoS，在反应塔高温和氧化气氛中有 30%~40%的钴以 CoO 进入渣中。

$$CoS + \frac{3}{2}O_2 = CoO + SO_2 \quad (3\text{-}89)$$

$$CoO + SiO_2 = CoO \cdot SiO_2 \quad (3\text{-}90)$$

（6）铜镍精矿中的脉石主要是 $MgCa(CO_3)_2$，反应塔分解为 MgO 和 CaO，在沉淀池造渣。

$$CaO + SiO_2 = CaO \cdot SiO_2 \quad (3\text{-}91)$$

$$MgO + SiO_2 = MgO \cdot SiO_2 \quad (3\text{-}92)$$

渣含 MgO，要求不超过 7%的 MgO，每增长 1%渣温度提高 9~10 ℃，超过 8%每增长 1%，渣温就要提高 35~40 ℃。

(7) 温度和化学成分。FeS_2 含量越少，温度越低，因此必须提高风温和氧气温度，才能达到熔炼过程所需要的温度。由于铜镍精矿比铜精矿的硫含量高，所以镍闪速脱硫率高，补充的燃料也少。

B　闪速熔炼设备

闪速熔炼有两种基本形式，(芬兰) 奥托昆普闪速炉和 (加拿大) 印柯闪速炉。奥托昆普闪速炉采用精矿从反应塔顶垂直喷入炉内的方式，(加拿大) 印柯闪速炉采用精矿从炉端墙上的喷嘴水平喷入炉内的方式。本文主要介绍金川公司闪速炉。

奥托昆普闪速炉由反应塔、沉淀池和上升烟道三部分组成。金川公司闪速炉外形结构如图 3-8 所示。

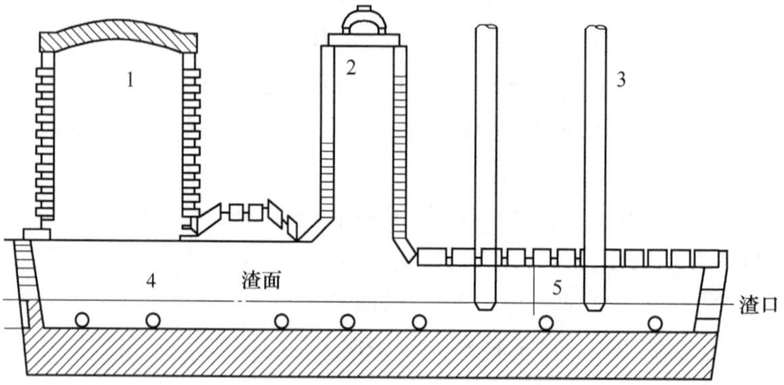

图 3-8　金川公司闪速炉外形结构

1—反应塔；2—上升烟道；3—电极；4—沉淀池；5—贫化区

a　反应塔

反应塔呈竖式圆筒形，由钢外壳、砖砌体等构成。塔顶为球面弓形拱顶。塔身采用上部吊挂的形式，由专设的钢梁支撑。内衬选用预反应铬镁砖砌筑。塔身下部与沉淀池脱开，可以自由上下伸缩。塔身下部是反应塔高温区，反应在此强烈进行，熔体和高温烟气对塔壁冲刷侵蚀极为严重，内衬选用理化性能好的电铸铬镁砖砌筑，并设铜水套进行冷却，使塔壁挂渣以保护砌体，延长其使用寿命。

反应塔是炉子完成熔炼过程的关键部分。镍闪速炉反应塔塔内温度达 1650 ℃左右，硫化物的分解、氧化、熔化等过程在塔内完成，它要承受由于高速气流夹带的粉状物料及其在高温下氧化熔炼反应生成熔体的冲刷和化学侵蚀。

b　沉淀池

在沉淀池内主要完成镍锍与渣的沉降分离，以反应塔下能延伸到上升烟道的下垂线为界。

沉淀池炉墙由砌砖、铜水套和钢板外壳等构成。位于反应塔下部的沉淀池侧墙和端墙是最易损坏的部位，因此在渣线以上炉墙设有水平铜水套。熔池采用电铸铬镁砖砌筑，并在整个炉前的砖体与炉壳之间设置了铜制立水套。

c　贫化区

贫化区的作用是使渣中的有价金属更多地还原、沉积在镍锍中，同时处理一部分含有价金属的冷料。

从上升烟道下垂线起到渣口端墙为贫化区，贫化区的炉底、炉墙与沉淀池砌为一体，结构完全相同。不同的是贫化区渣线以上部位侧墙只设有一层水平水套。贫化区炉顶烟气量少，且温度较低，温度变化平稳，炉顶采用 H 型水冷钢梁和高铝质耐火材料浇筑。这种结构密封性好，有利于电极孔密封装置的安装。

d　上升烟道

上升烟道由钢骨架、砖砌体、铜水套和钢板壳构成悬吊结构，断面呈矩形，是闪速炉内高温烟气的通道。

烟道两侧用预反应铬镁砖砌在钢骨架炉壳上，端面和顶部砖吊挂在钢结构上。烟道顶部设有 ϕ1500 mm 的临时（事故）烟道孔，正常生产时用盖密封。两侧墙各有 5 个工作门用来清理烟道结瘤，开有两个烧嘴孔用来清理烧结烟道内结瘤。烟道靠近反应塔侧墙设有水平铜水套，靠近贫化区侧墙设有水平铜水套。烟道出口下部有水平铜水套，用来增强冷却强度，延长耐火材料寿命。烟道与沉淀池和贫化区各用 10 块特殊斜铜水套连接起来，烟道喉口部的矩形出口四周都设有水套。

C　闪速熔炼过程

闪速熔炼的工艺流程极为复杂，图 3-9 反映了该工艺流程的大概情况。

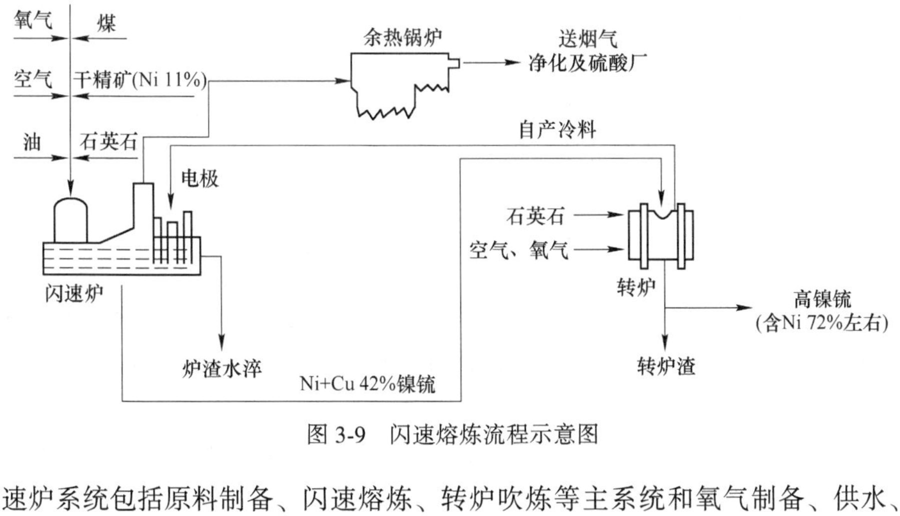

图 3-9　闪速熔炼流程示意图

闪速炉系统包括原料制备、闪速熔炼、转炉吹炼等主系统和氧气制备、供水、供风、供电、供油、配料系统等。

（1）铜镍精矿。闪速熔炼处理的主要原料是选矿产出低镁高硫铜镍精矿，其品位主要为 Ni 7 %、Cu 4 %、Co 0. 18%、Fe 41%、S 27 %、CaO 1 %、MgO 6. 5%、$SiO_2$6. 5%。

闪速熔炼对炉料的要求很严格，不仅要求物料的物理化学组成均匀稳定，而且要求含水量必须小于 0. 3%，因此必须进行严格配料和干燥脱水。炉料干燥常用三种方法：回转窑干燥，气流干燥和闪速干燥，多数工厂采用前两种方法。

（2）煤粉。煤经粗碎后进入球磨机并通入热风，磨细的煤由热风吹出分级后使用，不合格粗粒返回再磨，一般要求含水量低于 1%、磨细至粒度-0.074 mm 的大于 90%的粉煤。

（3）熔剂。熔剂主要为石英石（SiO_2），在石英熔剂中，钙、镁以碳酸盐形态存在，它们在高温下发生离解反应，生成 CaO、MgO 与 SiO_2 造渣，形成 MgO · SiO_2 和 CaO · SiO_2。根据测定，炉渣含 MgO 每增加 1%熔渣温度要升高 9%～10%；MgO 含量超过 8%时，每增加 1%熔渣温度要升高 35～40℃。铁以 Fe_2O_3 形态存在。石英加入球磨机后再不通热风而直接用机械转换的热能把水分烘干破碎即可。

（4）返料。闪速炉系统自产冷料块经颚式破碎、圆锥破碎后分别送闪速炉贫化区和转炉进行处理，以回收其中的有价金属及控制转炉温度。

（5）氧气制备。采用富氧鼓风可减少燃料的消耗，甚至自热熔炼，使用制氧机生产 90%～99.8%的工业制氧。

（6）供水。闪速炉采用水冷技术延长炉子寿命，因金川公司水硬采用了软化水制备输送系统。

（7）供风。供风分一次风和二次风，一次风为雾化重油和吹散精矿用的风，二次风是为保证燃料完全燃烧的。闪速炉用风由氧气 42%加热 200 ℃以上的富氧空气组成，还有用来仪表动作的仪表风和转炉吹炼的高压风、空压风等。

（8）供电。供电系统分通用电、高压电、专用电、直流电等。

（9）烟气处理。闪速炉的烟气温度高（1300 ℃以上）、SO_2 含量高（8%～15%）、含尘量高［50～150 g/m^3（标态）］，并且部分烟尘呈半熔融状态。采用特制的余热锅炉，可将 40%左右的烟尘沉降下来，经收尘后用于制酸。

D　闪速熔炼产物

闪速熔炼硫化铜镍精矿时，其产品有低镍锍、炉渣、烟气和烟尘。

（1）铜镍锍（低冰镍）。铜镍锍主要由 Ni_3S_2、Cu_2S 和 FeS 组成，含少量钴的硫化物、游离金属和铂族元素。铜镍锍的性质与铜锍大致相同，（Ni+Cu）的总含量为 45%～50%，由于品位较低，因此一般把闪速熔炼得到的铜锍镍称为低冰镍。

（2）炉渣。熔炼镍炉渣中含 FeO、CaO、SiO_2 和大量 MgO。

（3）烟气及烟尘。闪速熔炼属氧化熔炼，脱硫率高，但渣含镍高，一般为 1%～3%。闪速熔炼的烟尘率较高，一般为 6%～9%，收回的烟尘与干燥后的炉料重返闪速炉处理。闪速炉熔炼出的炉气含 $SO_2$12%～14%，收尘净化后含 SO_2 为 6%～7%，进行制酸处理。

E　闪速炉熔炼的特点

闪速熔炼技术在铜熔炼和镍冶炼中有相同的地方，也有不同的地方。镍闪速熔炼有它自身的特点，只有掌握住这些特点才能应用好闪速炉。

（1）铜镍硫精矿中镍铜品位都较低，其中 FeS_2 的含量都较高。因而在闪速熔炼过程中脱硫率也比较大，精矿氧耗也较大，精矿中的氧化镁含量较高，为 4%～8%，冶炼温度比炼铜的高。

（2）铁硫化物在闪速炉熔炼过程中的特点。铁硫化物在铜、镍闪速炉熔炼过程是一样的，产物是 FeO、Fe_3O_4 和 FeS。FeO 完全进入炉渣，Fe_3O_4 部分进入炉渣，部分进入镍锍（铜），FeS 基本上进入（铜）镍锍。

（3）铜硫化物在闪速炉熔炼过程中的特点。铜的硫化物在闪速炉熔炼过程中，绝大多数以 CuS 进入铜锍，只有少量的 CuO、Cu_2S 进入炉渣。

（4）镍硫化物在闪速炉熔炼过程中的特点。镍硫化物在闪速熔炼过程中，质量分数有 6%～8%的镍以 NiO 形式进入炉渣，92%～94%的镍以 Ni_3S_2 的形式进入镍锍。因而闪速炉沉淀池渣中，镍的含量为 0.8%～1.3%，渣含镍都很高，需进行贫化处理。

（5）镍闪速炉贫化后镍锍的特点。镍在渣中的形态主要是 NiO，同时渣中含有部分 Fe_3O_4。在渣的贫化过程中，Cu_2O 被还原后，由于 FeS 的作用在镍锍中主要还是以 CuS 形态存在，而 NiO 和 FeO 被还原后以金属镍和金属铁的形态溶解在镍锍中。由于镍的熔点为 1453 ℃、铁的熔点为 1550 ℃，因此它们均高于镍锍温度。在高温下均能互熔，一旦浓度过大或在放出过程降低均产生偏析，凝结在溜槽和镍锍包子上，这就是闪速炉镍锍为什么黏溜槽、冷料量大的原因。因此，在镍闪速炉熔炼过程中镍锍的铁含量最低不能低于 20%。

安全注意事项及预防措施

（1）皮带伤害：物料通过皮带输送进入炉内时，皮带可能打滑或跑偏，甩出物料，造成伤害。

预防措施：严禁拆除安全防护设施，工作人员在检查运转设备时，应站在设备防护网外侧用目视法进行检查，停机进行托辊组安装、胶带接头、滚筒的安装位置、清除滚筒表面黏结物、皮带张力大小及传动滚筒污渍等处理。

（2）机械伤害：设备在运行过程中可能发生机械伤害。

预防措施：禁止触摸带电设备，严禁用湿手或戴湿手套触摸电器开关；严禁私自处理电气故障。

任务小结

（1）造锍熔炼原理；

（2）造锍熔炼方法；

（3）造锍熔炼产物。

知识拓展

（1）烘炉。新砌或大修后的炉子都必须把炉衬烘干，并使炉衬加温为 800～900 ℃以上，除去耐火材料中的水分。耐火材料中的水分有 3 种方式：一是游离水，二是结晶水，三是残余结合水。温度在 100 ℃时可除去游离水，结晶水在 350 ℃时才能排除，残余结合水到 650 ℃才能除去。基于以上原因，开炉前必须按制定的升温曲线烘烤，否则在快速升温时，由于水分突然大量蒸发，会出现墙体裂缝、松散、基体倒塌。

（2）烟囱冒黑烟。生产控制过程中风煤配比不当，造成粉煤燃烧雾化效果差或者粉煤本身存在质量问题均会产生黑烟；应调整燃烧室给煤量和配入二次风量，以调整好风煤配比，确保粉煤的完全燃烧；采集粉煤样品进行成分化验分析，检验粉煤煤质是否有问题。

任务 3.3　镍 锍 吹 炼

任务目标

（1）了解镍锍吹炼的任务；
（2）掌握镍锍吹炼的基本原理；
（3）知道镍锍吹炼的产物。

理论与实践

3.3.1　镍锍吹炼的目的和任务

电炉、闪速炉等冶炼设备生产的低镍锍，由于其成分组成不能满足精炼工序的处理要求，必须进行低镍锍的进一步处理，把它称为吹炼。

吹炼的任务是向炉内熔体低镍锍（Ni+Cu 含量总和为 45%～50%）中鼓入空气和加入适量的石英熔剂，将低镍锍中的铁以及与之化合的硫和其他杂质被氧化后与石英造渣，部分硫和其他挥发性杂质氧化后随烟气排出，从而得到含有价金属（Ni、Cu、Co 等）较高的高镍锍（Ni+Cu 含量的总和为 70%～75%）和含有价金属较低的转炉渣。

由于高镍锍和炉渣各自的密度不同而进行分层，密度小的炉渣浮于上层被排除。高镍锍中的 Ni、Cu 大部分仍然以金属硫化物状态存在，少部分金属以合金状态存在，低镍锍中的贵金属和部分钴也进入高镍锍中。

3.3.2　转炉吹炼

转炉吹炼是一个强烈的自热过程，所需的热量全靠吹炼低镍锍过程中铁、硫及其他杂质的氧化放热和造渣反应放热来供给。

低镍锍吹炼只有造渣期而没有造金属期，造渣期反应不重复，当低镍锍吹炼到含铁 2%～4%时吹炼结束。

3.3.2.1　转炉吹炼原理

低镍锍的主要成分是 FeS、Ni_3S_2、Cu_2S，除此之外还含有 PbS、Fe_3O_4、ZnS 等，而硫化物被氧化，一般发生的反应有：

$$MeS + 2O_2 = MeSO_4 \tag{3-93}$$

$$MeS + \frac{3}{2}O_2 = MeO + SO_2 \tag{3-94}$$

$$MeS + O_2 = Me + SO_2 \tag{3-95}$$

在吹炼温度 1230～1280 ℃时，金属硫化物皆为熔融状态，此时金属硫酸盐的分解压都很大，而且还远远超过 1 个大气压（1 atm = 101325 Pa），因此硫酸盐在这样的条件下不能稳定存在，即熔融金属硫化物根本不可能氧化生成金属硫酸盐，这样熔融硫化物只能氧化生成金属氧化物和单质金属。因为吹炼金属镍要达到 1650 ℃的温度，转炉不能吹炼出金属镍，所以低镍锍吹炼的主要反应是金属硫化物氧化生成金属氧化物。

根据图 2-17 可知，吹炼过程硫化物中的铁最易与氧结合，其次为钴，再其次为镍，铜最难与氧结合。

金属的硫化次序与氧化次序正好相反，首先被硫化的是铜，其次是镍，再其次是钴，最后是铁。由于铁与氧的亲和力最大，与硫的亲和力最小，所以铁最先被氧化造渣除去。

铁氧化造渣除去后，按氧化和硫化顺序就应该是钴，因为钴的含量少，在钴氧化除去时，镍也开始氧化造渣除去。正因为这样，吹炼过程就必须在铁还没有完全氧化造渣除去之前就结束造渣吹炼，目的是不让钴、镍造渣除去。但也有少部分钴、镍进入渣中，从而导致吹炼过程中有价金属的损失。

在转炉中鼓入空气时，首先满足铁的氧化需要，低镍锍中的铁以 FeS 形态存在，与氧发生反应生成 FeO。

$$FeS + \frac{3}{2}O_2 \xlongequal{\quad} FeO + SO_2 \qquad (3\text{-}96)$$

同时，在转炉吹炼过程中，石英石是作为熔剂加入炉内，由于石英石密度较小而浮于熔体表面，主要与被氧化的铁造渣后而被排出。

$$2FeO + SiO_2 \xlongequal{\quad} 2FeO \cdot SiO_2 \qquad (3\text{-}97)$$

此外，有少量被氧化的镍、钴也发生反应。

$$2NiO + SiO_2 \xlongequal{\quad} 2NiO \cdot SiO_2 \qquad (3\text{-}98)$$

$$2CoO + SiO_2 \xlongequal{\quad} 2CoO \cdot SiO_2 \qquad (3\text{-}99)$$

由于上述反应均为放热反应，使得吹炼过程可以在不消耗外来燃料下进行。在吹炼后期，有部分铜、镍化合物发生下列反应：

$$Cu_2S + 2Cu_2O \xlongequal{\quad} 6Cu + SO_2 \qquad (3\text{-}100)$$

$$4Cu + Ni_3S_2 \xlongequal{\quad} 3Ni + 2Cu_2S \qquad (3\text{-}101)$$

$$Ni_3S_2 + 4NiO \xlongequal{\quad} 7Ni + 2SO_2 \qquad (3\text{-}102)$$

Ni_3S_2 和 4NiO 发生交互反应的原因是金属铜的生成将金属镍溶解。

上述反应说明，在吹炼后期有少量铜镍合金生成并进入高镍锍。反应之所以能够进行，是因为铜被氧化的性能较差，在吹炼后期部分生成金属铜，将金属镍部分溶解，从而生成铜镍合金。

3.3.2.2　镍锍吹炼主要元素的行为

A　镍的行为

由金属的氧化顺序和硫化顺序可知，在低镍锍中，镍的氧化在铁、钴之后，硫化在铁、钴之前，在吹炼前、中期大部分镍以硫化物状态存在，少部分被氧化以氧化物状态存在并损失于渣中。在吹炼后期当镍锍含铁降到 8%时，镍锍中的 Ni_3S_2 开始剧烈氧化和造渣。因此在生产上为了使渣含镍降低，镍锍含铁吹炼到不低于 20%便放出并接收新的一批镍锍，如此反复进行，直到炉内具有足够数量的富镍锍时，进行筛炉操作，将高镍锍中的铁吹炼到 2%~4%后放渣出炉，产生含镍 45%~50%的高镍锍。

吹炼过程中，在风口附近的镍被氧化成氧化镍。由于炉内熔体的循环运动，因此大部分氧化镍被硫化，其反应如下：

$$2Ni_3S_2 + 15O_2 = 6NiO + 4SO_2 \tag{3-103}$$

$$6NiO + 6FeS = 2Ni_3S_2 + 6FeO + S_2 \tag{3-104}$$

B　铜的行为

由于金属铜的硫化物较稳定而不易被氧化，并且在低镍锍中含量较低，在吹炼过程中大部分以金属硫化物状态存在，只有少部分氧化后又被硫化或还原，同时生成少量金属铜。其反应如下：

$$Cu_2S + \frac{3}{2}O_2 = Cu_2O + SO_2 \tag{3-105}$$

$$Cu_2O + FeS = Cu_2S + FeO \tag{3-106}$$

$$Cu_2S + 2Cu_2O = 6Cu + SO_2 \tag{3-107}$$

C　铁的行为

在低镍锍中铁含量较高，又易和氧结合，故在吹炼过程中最易氧化。在转炉中鼓入空气时，首先发生下列氧化反应：

$$FeS + \frac{3}{2}O_2 = FeO + SO_2 \tag{3-108}$$

$$2Fe + O_2 = 2FeO \tag{3-109}$$

由于低镍锍中单质铁含量较少，氧化反应则主要是 FeS 的氧化，但必须是金属铁的氧化反应进行到一定程度后，FeS 的氧化反应才开始进行。

$$2FeO + SiO_2 = 2FeO \cdot SiO_2 \tag{3-110}$$

$$3FeO + \frac{1}{2}O_2 = Fe_3O_4 \tag{3-111}$$

磁性氧化铁的生成与炉内石英石的含量和吹炼温度有直接关系，适当提高渣中的 SiO_2 含量和吹炼温度可减少 Fe_3O_4 生成。

由于吹炼过程中熔体的运动，使生成的 FeO 不断被带到熔体表面与密度较轻而浮在熔体表面的 SiO_2 化合生成炉渣，这是吹炼的主要反应。其反应式如下：

$$2FeO + SiO_2 = 2FeO \cdot SiO_2 \tag{3-112}$$

同时，由于 FeO 与 SiO_2 接触不完全和熔体的迅速循环，一部分 FeO 不能与 SiO_2 化合而被带到风口附近，继续被鼓入炉内的空气氧化生成磁性氧化铁。其反应式为：

$$6FeO + O_2 = 2Fe_3O_4 \tag{3-113}$$

由于生成的磁性氧化铁熔点较高（1850 ℃），不仅给吹炼反应带来不利影响，而且进入转炉渣中使渣型变坏。

FeO 氧化成为 Fe_2O_3 没有可能，因为在高温下，Fe_2O_3 不稳定容易分解成为 Fe_3O_4，同时 Fe_2O_3 与 FeS 的反应在吹炼温度下也进行得很完全。其反应式为：

$$6Fe_2O_3 = 4Fe_3O_4 + O_2 \tag{3-114}$$

$$10Fe_2O_3 + FeS = 7Fe_3O_4 + SO_2 \tag{3-115}$$

铁在吹炼过程中的行为对吹炼过程十分重要，特别是对镍、钴的影响尤为重要，因此控制好不同吹炼时期镍锍中的铁含量至关重要。一般用控制吹炼时间的方法控制镍锍中铁含量。

D　钴的行为

在低镍锍中 FeS 大量氧化造渣以后，CoS 开始氧化，只是在吹炼前当镍锍中含铁较高时，CoS 的氧化程度较小，当镍锍含铁在 15%左右时，在镍锍中的钴含量最高，此时钴得到最大限度的富集。当镍锍含铁降到 10%以下时，钴开始剧烈地氧化并进入渣中，因此在生产上为了防止钴过早的剧烈氧化，要求在吹炼中、前期控制镍锍含铁不低于 15%；当炉内具有足够量的富镍锍时，将铁一次吹炼到 2%~4%，这样可以减少钴在渣中的损失。所以吹炼过程中铁的氧化程度决定了钴的氧化程度，钴在镍锍和渣中的分配主要取决于镍锍中的铁含量。

钴在渣中的永久损失可采用两种方法减少：一种是采用电炉贫化转炉渣，经电炉处理产生富钴镍锍，做提钴处理；另一种是转炉贫化转炉渣的方法，把转炉渣倒入转炉，再加等量的金属化镍锍。金属化镍锍来源就是在电炉内加入一些焦粉，造成一定的还原气氛，生成含有金属镍铁的镍锍称金属化低镍锍。金属化低镍锍和转炉渣经几分钟的送风搅拌后，在转炉内静止 30 min，把渣倒出，返回电炉，把这种含钴的镍锍称为钴镍锍，送提钴工序处理。

此外，在镍锍中的钴含量还受到吹炼温度和石英量的影响。实践表明，吹炼温度越高，炉内石英越少，则钴的氧化程度就越高，钴在渣中的损失就越多，因此控制适当的吹炼温度和石英量，可有效减少钴的损失。

E　硫的行为

硫在低镍锍中与金属结合以化合物的形态存在。转炉鼓入空气时，在金属氧化的同时硫也被氧化生成二氧化硫气体随烟气排出制酸。低镍锍含硫 27%左右，吹炼后高镍锍含硫为 21%~22%，将高镍锍含硫降到 19%以下是不合适的，这给高镍锍处理工序带来麻烦，不仅延长了吹时间，增加了有价金属在渣中的损失，同时使高镍锍中合金含量增加。

F　锌的行为

锌在低镍锍中主要以硫化锌的形态存在，其反应如下：

$$ZnS + \frac{3}{2}O_2 = ZnO + SO_2 \tag{3-116}$$

$$ZnS + FeO = ZnO + FeS \tag{3-117}$$

当有 SiO_2 时存在 ZnO 可以造渣，没有时就和 ZnS 进一步反应生成金属锌。

$$ZnS + 2ZnO = 3Zn + SO_2 \tag{3-118}$$

此反应只能在上升气流与熔体的界面上发生，不能在熔体内部进行，锌形成蒸气燃烧生成氧化锌后进入烟尘。实践证明，锌的除去在不加石英熔剂空吹时容易进行。

G　铅的行为

铅在低镍锍中以硫化铅的形态存在。铅氧化先于 FeS，因铅含量少，故铅同 FeS、ZnS 同时进行。其反应如下：

$$PbS + \frac{3}{2}O_2 = PbO + SO_2 \tag{3-119}$$

$$PbS + 2PbO = 3Pb + SO_2 \tag{3-120}$$

当 SiO_2 存在时，PbO 可以造渣，也可直接生成金属铅，进入合金相中。PbS 可直接挥发。

正常生产过程中，铅、锌的含量在转炉处理后就能满足电解的要求，这是因为转炉内高温使其反应进行剧烈，很容易除去铅、锌。

H　贵金属的行为

在低镍锍中金、银以金属形态存在，一部分以 AuS 或 AuSe、AuTe 存在，铂族以 Pt_2S 形态存在。由于金、银和铂族贵金属的抗氧化性较强，在吹炼程中大部分进入高镍锍由以后的处理工序提取。

3.3.3　转炉吹炼设备

低镍锍转炉吹炼设备与铜锍吹炼设备结构一样，如图 2-19 和图 2-20 所示。但是，它们的冶炼原理不同。

3.3.4　转炉吹炼工艺制度

3.3.4.1　吹炼前的准备

先检查传动设备是否正常，控制仪表是否完好，一切检查正常或经检查排除故障后，结束烤炉操作，用黄泥糊好烤炉烧火孔，然后进行炉口的维护，具体做法是在镁砖粉加上卤水抹成糊状，糊在炉衬砖和炉口的交接处，以防止镍锍从炉口和炉衬砖的交接处漏出。接着把下炉口平平地糊上一层，以保护炉口不受镍锍和炉渣的直接侵蚀。糊下炉口的原则是应保证下炉口的宽、平、浅。维护完炉口后就可以进料。进料时把炉口转到进料位置，进料位置时上炉口与烟罩的前壁垂直。

3.3.4.2　正常操作

正常操作是保证高镍锍质量，提高金属回收率，降低材料消耗和保证安全的关键环节。正常操作包括进料、开风、加熔剂、加冷料、排渣，这样反复几次直至达到炉子容量以后吹炼成高镍锍出炉。

第一次进料加入低镍锍后，转到吹炼位置送风吹炼，转动炉子时应注意在风眼没入熔体前开风，以防止灌死风眼。送风吹炼十几分钟，目的是使镍锍中的铅、锌等杂质氧化挥发，这时炉内的反应生成热很大，能使炉温很快升高，当炉温升到 1200~1250 ℃时加入冷料和石英进行造渣。冷料和石英错开分批加入，石英、冷料的加入原则是：勤加、少加、均匀加，以保证合适的炉温和良好的渣型。

吹炼的生产实践表明，加入炉内石英的量对渣型影响很大。炉内石英量多时，渣发黏，流动性差，部分带石英颗粒的黏渣黏附在炉壁上，放入渣包内表面结壳严重，吹炼时火焰呈蓝白色。正常的石英量和好的渣型表现为：熔体表面浮有一层较薄的石英且均匀分布，炉壁上无黏结现象，渣的流动性较好。当转过炉子放渣时，熔体液面来回摆动，渣放入渣包内表面结壳较薄，喷出的渣呈中空球形颗粒状，火焰微带蓝色。

渣造好的表现为：火焰变清并微带蓝色，喷溅物发亮。当渣造好后先加入一些低镍锍，吹炼 3~5 min 后再放渣，目的是降低渣含铜、钴等有价金属。造好的渣放入用黄泥水刷过的铸钢包内，待炉内渣层厚度还有 20~30 mm 时停止放渣，以免放出镍锍。放渣时应勤用渣钩测量渣的厚度，放量一般每次一包，放渣时应观察炉内石英的多少和渣型的好坏。

渣放完后将炉子转到进料位置再加入低镍锍，转过炉子开风吹炼，并分批加入石英造渣，加入冷料控制炉温。如此反复进行直至炉内熔体占容积的 1/3~1/2 时停止进料，当炉内镍锍含铁8%~10%时就可以进行筛炉操作。

在筛炉时渣层厚度只留20 mm左右。筛炉操作所用的时间越短，金属回收率越高，产量越大。筛炉时可以适当增加石英的加入量，以加速造渣。筛炉时炉体应逐渐向后倾，通常是10~15 min转动一次，每次转动100 mm左右。当吹炼火焰由混变清时，烟气明显减少，火焰出现绿色时说明吹炼接近终点，镍锍含铁已接近2%~ 4%，此时可以考虑出炉。这时向炉内加入石英再吹炼2 min左右，转动炉子，推开渣，取样快速分析，试样含铁的高低需凭操作者对试样的直观观察来判断。

试样的铁含量需凭操作者对试样的直观观察来判断。合格与不合格试样的直观观察方法是：合格的金属性能好，导电性好，表面张力大。由于这些特点，试样在试样板上的物理形状就不同，合格的断面较窄、较厚，表面具有一定的油光泽和皱纹。趁热砸开时观察，出炉温度高时断面呈金黄色，温度低时呈暗红色，冷却后砸开，断面晶粒细腻呈现白色。不合格含铁高的试样断面较薄，表面发暗有毛刺，含铁低于2%为过吹，过吹的断面更窄、更厚，热时砸开，断面金黄色迅速变成暗红色，表面失去光泽，开始出现斑点，金属性能表现更强，但产量明显下降。

出炉是把合格的高镍锍熔体倒入挂渣的铸钢包内，再用吊车吊到高镍锍坑进行浇铸。

挂包是将转炉倒在清理干净、刷好黄泥水的铸钢包内，放置3 h后倒出渣，在钢包的内侧形成一层渣壳。由于渣的熔点比高镍锍高200 ℃左右，且导热性不好，因此能保护钢包不受镍锍的侵蚀。

3.3.5 铜锍吹炼和镍锍吹炼的区别

3.3.5.1 吹炼反应不同

无论是吹炼铜锍还是镍锍，第一周期都是除铁，故第一周期的反应都是相同的。

$$2FeS + 3O_2 = 2FeO + 2SO_2 \tag{3-121}$$

生成的FeO与加入的熔剂石英造渣。

$$2FeO + SiO_2 = 2FeO \cdot SiO_2 \tag{3-122}$$

在第二周期吹炼铜锍的反应是：

$$2Cu_2S + 3O_2 = 2Cu_2O + 2SO_2 \tag{3-123}$$

$$2Cu_2O + Cu_2S = 6Cu + SO_2 \tag{3-124}$$

吹炼镍锍的反应是：

$$2Ni_3S_2 + 7O_2 = 6NiO(s) + 4SO_2 \tag{3-125}$$

$$Ni_3S_2 + 4NiO = 7Ni + 2SO_2 \tag{3-126}$$

铜锍吹炼的两个基本反应是气液相反应，很容易进行，镍锍吹炼的基本反应是气、液、固相反应。热力学分析表明，它们在吹炼铜锍反应的条件下（1200~1300 ℃）很难进行，这是镍锍吹炼的第一个困难。也就是说，铜锍吹炼有造渣期和造金属期，而镍锍吹炼只有造渣期无造金属期。

3.3.5.2 吹炼时熔池的情况不同

吹炼铜锍过程中，由于Cu_2S液相与Cu液相的相互溶解度较小，熔池分为两层，上层

是含有少量铜的 Cu_2S 层，下层是含有少量 Cu_2S 的金属铜层。吹炼时，尽管熔池中金属铜量不断增加，Cu_2S 量不断减少，但是与氧接触的仍是硫含量基本不变的 Cu_2S 液相，只有在全部 Cu_2S 氧化后，才有少量 CuO 生成而溶解于金属铜中。

在镍锍吹炼中，由于 Ni_3S_2 与 Ni 完全互溶为液相，吹炼时金属镍不断增加，熔池中硫的浓度不断下降，从而与氧气接触的不仅是液相中的 Ni_3S_2，而且还有浓度不断增加的 Ni，故 Ni 会被氧化成为难溶于 Ni 的 NiO 固相。若在不转动的转炉中吹炼，此种现象在熔池表面尤为显著，这将使吹炼过程难于进行。

3.3.5.3 吹炼所需的温度不同

吹炼铜锍的温度为 1200~1300 ℃，反应很容易进行，而吹炼镍锍的反应必须在较高温度（1400 ℃）进行。热力学分析指出，随着熔池中的硫含量降低，温度必须提高达到 1700~1800 ℃。一般炼铜的转炉利用空气吹炼，大量废气带走很大一部分热量，使炉内温度无法达到 1700~1800 ℃的高温。

3.3.5.4 区别

以上三种区别是长期以来不能用吹炼铜的转炉直接吹炼镍锍生成金属镍的主要原因。采用氧气顶吹的回转式转炉吹炼镍锍，上述困难可得到顺利地解决。一是使用氧气，温度可达到需要的高温；二是炉子除能沿横轴倾转外，本身还可以一定的转速沿纵轴回转，这样熔池得以充分地搅拌，使得固态 NiO 和液相中的 NiS 充分接触迅速反应生成金属镍。

总之，吹炼铜锍可用空气，反应温度为 1200~1300 ℃，而吹炼镍锍开吹温度必须达到 1400 ℃。停吹温度视要求的终点硫含量与炉衬的寿命而定，终点硫含量要求低，则停吹温度要高，如果停吹时硫含量控制在 1%，则停吹温度要 1800 ℃，此时只有用纯氧才能达到这种温度。

3.3.6 转炉吹炼的产物

转炉吹炼低镍锍，其产物有高镍锍、转炉渣、烟气和烟尘。

3.3.6.1 高镍锍

高锍镍主要由 Ni_3S_2、Cu_2S 和 FeS 组成，含少量钴的硫化物、游离金属和铂族元素，Ni+Cu 总含量为 70%~75%。高镍锍中元素品位为：Ni 45%~50%，Cu 25% ~27%，Fe 2%~4%，Co 0.65%~0.75%，S 21%~23%。

3.3.6.2 转炉渣

转炉渣中的铁主要是以铁橄榄石和磁铁矿状态存在，其中磁铁矿占总渣量的 13%~30%。钴的氧化物以同晶形取代的形式分布在铁橄榄石相和磁铁矿相中，镍的 40%~50%以氧化物状态分布在铁橄榄石相和磁铁矿相中，其余以硫化物状态存在，铜基本上呈硫化物状态存在。因此，转炉渣中含 FeO、Fe_3O_4、CaO、SiO_2、CoO、NiO、Ni_3S_2 和大量 Cu_2S。

3.3.6.3 烟气及烟尘

转炉吹炼是氧化过程，硫也被氧化生成 SO_2；但是烟尘率较高，收尘净化后，SO_2 含量符合制酸要求，进行制酸处理。

3.3.7　转炉渣的贫化处理

吹炼过程中，随着熔锍中铁含量降低，铜、镍、钴等有价金属部分氧化进入渣中。加上相当数量的渣中夹杂的锍滴，存在于渣中的有价金属数量相当大，因而必须对转炉渣进行处理回收有价金属，采用的方法就是贫化处理。

贫化原理：加入少量的还原剂、硫化剂、石英熔剂，使炉渣中的 Fe_3O_4 还原为 FeO，与石英熔剂进一步造渣，而其中的 Cu、Cu_2O、NiO 等被硫化剂硫化，进入锍相，常用的还原剂和硫化剂是 C 和 FeS 等。

以硫化物形态夹杂在转炉渣中的金属，大约在 1325 ℃时即可沉淀进入熔锍中，在熔锍中以氧化物形态存在于铁橄榄石和磁铁矿相中的有价金属则需要经过还原硫化破坏磁铁矿（尤其是 Fe_3O_4），生成铁质合金。其主要化学反应如下：

$$Fe_3O_4 + C = 3FeO + CO \tag{3-127}$$

$$3Fe_3O_4 + FeS = 10FeO + SO_2 \tag{3-128}$$

$$CoO \cdot Fe_2O_3 + FeS = CoS + Fe_3O_4 \tag{3-129}$$

$$2FeO + C(CO) = 2Fe + CO(CO_2) \tag{3-130}$$

$$CoO + Fe = FeO + Co \tag{3-131}$$

$$CoO + FeS = CoS + FeO \tag{3-132}$$

生成的铁及硫化剂中的硫化亚铁与钴的硅酸盐发生反应，生成钴进入冰铜中。

$$2Fe + Co_2SiO_4 = Fe_2SiO_4 + 2Co \tag{3-133}$$

$$FeS + CoSiO_4 = FeSiO_4 + CoS \tag{3-134}$$

实践表明，Fe 比 FeS 还原反应要容易发生，它们是在熔锍与熔渣界面上发生的。

转炉渣的贫化可在几种设备中进行，但使用电炉贫化液体转炉渣是较好的方法。这是因为电炉贫化转炉渣时，不仅电炉的碳电极参与还原反应，充分地破坏了 Fe_3O_4，而且可在相当大的范围内调整镍锍金属化的程度，从而控制钴的回收。

贫化电炉有圆形和矩形，其结构和矿热电炉相似，电能转换形式及其操作方法也与矿热电炉相似。

电炉贫化是采用浮选精矿或硫化矿石作硫化剂，并加入石英进行熔炼，产出低镍锍 [$w_{Ni}=12\%\sim14\%$，$w_{Cu}=6\%\sim7\%$，$w_{Co}=1\%\sim1.6\%$] 并得到含 $w_{Ni}<0.1\%$、$w_{Cu}<0.2\%$、$w_{SiO_2}=32\%\sim34\%$、$w_{Fe}=38\%\sim40\%$的贫化渣，可作弃渣处理。

安全注意事项及预防措施

(1) 跑炉：跑炉通常是指炉前放出口及其周围跑冒堵不住，大量低镍锍冲出炉外的事故。造成跑炉的原因有：熔体过热；衬套及衬砖腐蚀严重；炉前放出口安装、维护未按要求执行；准备工作没做好；技术不熟练，放锍操作不当。

预防措施：在跑炉初期应组织人力强堵，保持溜槽畅通，及时调运低镍锍包接锍；在大跑炉时，应采取紧急措施，电极停止送电，炉后迅速排渣以降低熔体压力，靠近炉前料管多压料以降低熔体温度；无希望堵住时，应关闭炉前铜口冷却水套冷却水，工作人员撤离，让低镍锍流入安全坑。跑炉后的排放口应彻底检查，特别是衬砖、水冷件应更换的必须更换，重新安装衬套，处理完后再恢复生产。

（2）漏炉：造成漏炉的原因主要有：炉渣成分发生变化或低镍锍品位下降；高负荷而返渣及配料少，造成炉渣和镍锍过热；电极插入渣层过深，引起镍锍过热；炉子衬砖腐蚀严重；水冷件漏水，砖体粉化。

预防措施：漏出量较少时，可以降低负荷和铜液面，在事故点通风冷却或用黄泥堵塞；漏出量较多时，首先是电极停电并迅速排渣排锍，炉内加料降低温度。在处理漏锍时严禁浇水，以免放炮伤人；漏渣后期，可以浇水使之冷却。漏炉处理结束后，应对炉体检查鉴定，修复后再开炉生产。

任务小结

（1）镍锍吹炼原理；

（2）镍锍吹炼产物；

（3）转炉渣贫化处理方法。

知识拓展

转炉吹炼生产实践中常有吹炼温度过低、过高、渣过吹、石英熔剂过多、过少、漏炉等故障发生，必须采取措施，使其恢复正常操作。

（1）温度过低：是指炉温低于 1000 ℃，炉内熔体的反应速度慢。

具体表现为：风压增大，出现憋风；火焰发红并摇摆无力；捅风眼困难。

产生的原因：进料前炉膛温度过低，石英、冷料加入过多；低镍流带渣过多；因温度低，风口黏结严重，送风困难反应速度慢。

处理方法：增加送风能力，使反应速度加快；进一包刚放出的热镍锍，提高熔体温度；倒出部分冷熔体，再加一部分热镍锍。

（2）炉温过高：是指熔体温度超过 1300 ℃。

具体表现为：火焰呈白炽状态，风压小、风量大，转动炉体看炉衬明亮耀眼，砖缝明显，渣流动性好，同水一样，不需要捅风眼。

处理方法：适当地加入石英和冷料以降低炉温到正常，或直接放出过热渣；减少送风以降低其反应速度。当无法加石英、冷料时，转过炉子让它自然降温。

（3）过吹：是指没有控制好出炉终点，使镍锍含铁降到 2%以下。

具体表现为：过吹时铜、镍损失增加一部分，过吹的铜、镍氧化物与二氧化硅造渣，另一部分黏结在炉衬上，使产量显著降低。

处理方法：放渣前向炉内缓慢加入少量低镍锍进行还原，降低有价金属的损失。

（4）渣过吹：是指渣造好后没有及时放出而造成渣过吹。

具体表现为：炉流喷溅频繁，过吹严重时先喷出少量的渣继而大量喷出，甚至全部喷出。过吹渣呈片状，冷却后呈现灰白色，放渣时渣发黏，流动性差，渣壳较厚。

渣过吹的主要危害是：炉渣酸度增大，对炉衬侵蚀严重，渣含金属增加。

处理方法：先少放出一些渣，再加入低镍锍或木柴、废铁等还原性物质进行还原吹炼并适当减少石英的加入量，吹炼 15 min 左右将渣放出。

（5）石英过多或过少：主要是指炉渣中二氧化硅多少而言。

具体表现为：二氧化硅少，炉温高，易生成磁性氧化铁，造成操作困难，同时增加镍、钴在渣中的损失。此时要少加、勤加石英，逐渐还原磁性氧化铁为氧化亚铁而造渣。

过多的二氧化硅增加酸度，对炉衬侵蚀严重，渣量增加，且渣发黏，流动性差，操作困难，金属损失增加，此时应注意适当减少石英加入量。

（6）风眼区、端墙、炉腹漏：是指熔体从风眼区、端墙、炉腹内部漏出。

处理方法：轻者浇水冷却并用黄泥堵住；严重时将熔体倒出以防止烧坏炉壳，处理好后再继续吹炼。

（7）突然停风、停电、停水：当突然停风、停电时炉子的自动保护装置会自动把炉体转到进料位置停下来。但当转炉自动保护装置失灵时，就要立即启动备用电源，转动炉体到进料位置停下来，防止灌死风眼。即使自动保护装置好时也要随时监护，防止发生意外。停水时应把炉体转到等料位置，防止把水冷烟罩烧坏，来水后才能正常作业。

任务 3.4　高镍锍分离

任务目标

（1）了解高镍锍分离的方法；

（2）知道分层熔炼的基本原理；

（3）掌握磨浮分离的原理。

理论与实践

硫化镍矿一般都含有铜，由于成矿条件不同，铜含量有很大的差异，有的镍矿含铜很低，镍铜比达到（10~13）：1，有的铜含量很高，镍铜比达到 1：1，绝大多数硫化镍矿中的镍铜比为 1：（0.3~0.8）。因此硫化镍矿的冶金必须有铜、镍分离工序。

铜镍混合精矿中铜镍分离有两种方案：一种方案是直接用浮选法分离，分别得到铜精矿和镍精矿；另一种方案是将铜镍混合精矿熔炼获得铜镍锍，然后再用磨浮分离法处理铜镍锍分离铜精矿和镍精矿。

高镍锍中铜镍硫化物分离方法主要有分层熔炼法、磨浮分离法、浸出法（浸出法在硫化镍矿湿法冶金中介绍），其中磨浮分离法应用得最为普遍。

3.4.1　分层熔炼法

吹炼镍锍的反应必须在较高温度（1400 ℃）才能进行，随着熔池中的硫含量降低，温度必须提高达到 1700~1800 ℃。也就是说，转炉吹炼得到的高镍锍温度较高，一般出炉温度在 1280 ℃左右。

在高温下将高铜镍锍与 Na_2S 混合加入鼓风炉或反射炉中进行熔炼。在 1090~1100 ℃高镍锍中 Cu_2S 易溶于 Na_2S 形成密度较小（3300 kg/m^3）的熔融体浮在上层；Ni_3S_2 在 Na_2S 中的溶解度小，且随温度降低而急剧下降，形成密度较大（4500~5000 kg/m^3）的熔融体沉于底层。静止冷却熔体由于密度差而分层实现了铜、镍分离。

由于分层熔炼流程复杂，劳动强度大、金属回收率低、燃料和硫化钠熔剂消耗量大等缺点，因此现已被淘汰。

3.4.2　磨浮分离法

3.4.2.1　磨浮分离原理

磨浮分离是根据高镍锍内 Cu、Cu_2S、Ni_3S_2、Ni 彼此间凝固点温度不同，从而实现分离的。

当高镍锍从转炉倒出时，温度由 1280 ℃ 降至 927 ℃过程中，铜、镍和硫在熔体中不完全混熔，如图 3-10 所示。在温度降至 920 ℃时 Cu_2S 首先结晶析出。继续冷却至 800 ℃时，铜铁镍合金晶体开始析出。β-Ni_3S_2 的结晶温度为 725 ℃且大部分在共晶点 575 ℃时结晶出来，作为基底矿物以充填形式分布于结晶铜矿中，此时 β-Ni_3S_2 相含铜 6%～7%。固体高镍锍继续冷却达到类共晶温度 520 ℃时，Cu_2S 及合金相从固体 Ni_3S_2 中扩散出来，其中铜的溶解度下降约为 2.5%，至 390 ℃时 Ni_3S_2 中铜的溶解小于 0.5%，此温度下不再有明显的析出现象发生。此时，Cu_2S 晶体粒径已达几百微米，共晶生成的微粒晶体完全消失，只剩一种粗大的容易解离且宜采用普通方法选别的 Cu_2S 晶体。合金则聚集长大到 250 μm，一般为 50～200 μm，且自形晶体程度较好，光片中多为自形的六面体或八面体出现，呈等粒状，周边平直，容易单体解离，具有延展性和强磁性，采用磁选方法就能予以回收。

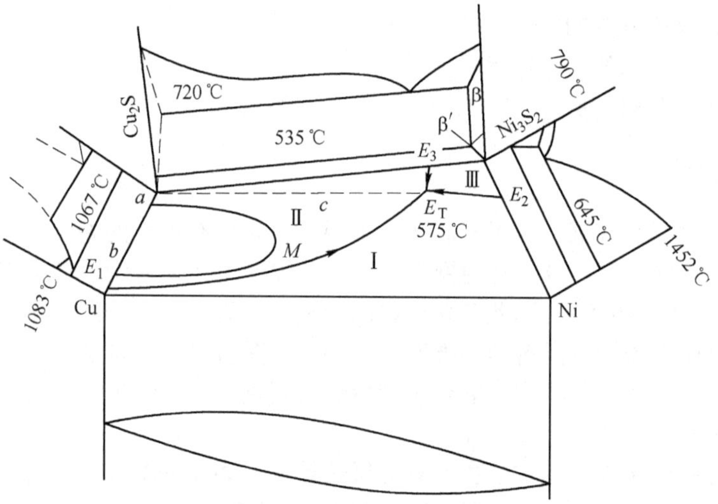

图 3-10　Cu-Cu_2S-Ni_3S_2-Ni 相图

3.4.2.2　高镍锍缓冷

高镍锍缓冷操作是使高镍锍中的硫化镍、硫化亚铜以及合金分相凝固析出。

高镍锍的缓冷过程是在铸钢模中进行的。钢铸模水平放在地平面以下，不能高出地面，四周用土夯实。新铸模要进行烘烤，等全部均匀预热后，用黄泥堵好铸模缺口，铸模用黄泥浆刷，干燥后方可浇铸高镍锍，铸模内不得有杂物，浇铸时要缓慢注入，以避免熔体对模底猛烈冲刷和减少熔体溅落损失。

转炉产出的高镍锍倒入挂了渣的高镍锍包中，用吊车吊至高镍锍坑进行浇铸。浇铸后及时盖好保温盖，保温盖必须放平盖严，铸块缓冷 72 h，温度降至 580 ℃后吊出，再自然冷却至 200 ℃，不得浇水冷却，清除表面浮渣送交磨浮工序。

磨浮分离的实质是将高镍锍由转炉倒出后，在特定的铸模中进行缓慢冷却，高镍锍的各组分在缓冷的过程中成为具有不同化学相的、可以进行分离的颗粒，然后用选矿的方法达到分离的目的。

3.4.2.3　高镍锍磨浮分离实践

金川公司磨浮生产流程主要为碎矿、磨矿、部分返砂磁选、次粗选、扫选、精选工艺。

A　高镍锍的破碎

缓冷后的高镍锍铸锭从熔炼车间运至高镍锍堆场的粗碎厂房，计量后放入砸碎场，砸碎后运送至颚式破碎机破碎，经粗碎、中碎和细碎得到高镍锍细料矿。

B　高镍锍磨矿及浮选

高镍锍块由细料仓中排出，经皮带运输机送入球磨机内，进行开路磨矿。排矿进入分级机，分级溢流进入搅拌槽，并用砂泵扬送到矿浆分配器中，自流进入浮选槽进行粗选作业，产出粗铜精矿送精选作业。每一精选作业精矿递次返到前一精选作业，直到精选后最终产品为铜精矿。精选尾矿流入搅拌槽，粗选尾矿经两次扫选作业产出镍精矿，中矿顺序返回。扫选精矿进入搅拌槽，将部分矿浆输送到分级机，分级机返砂进入二段球磨机，球磨机排矿自流进入分级机。分级机和二段球磨机组成闭路循环的磨矿分级机组。合金主要富集在分级返砂中，分级返砂中的合金含量达 60%～70%。分级返砂中合金经磁选得到细粒一次合金，产率为 8%～10%。

3.4.2.4　高镍锍磨浮分离产物

缓冷后的高镍锍铸锭经破碎、磁选和浮选得到硫化镍精矿、硫化铜精矿和铜镍一次合金三种晶体。

A　硫化镍精矿

硫化镍精矿含 $w_{Ni}=62\%\sim63\%$、$w_{Cu}=3.3\%\sim3.65\%$，几乎不含贵金属，送到镍冶炼车间处理。硫化镍精矿经焙烧、还原熔炼为金属镍阳极，也可直接浇铸成硫化镍阳极，经电解精炼得到金属镍。

B　硫化铜精矿

硫化铜精矿含 $w_{Cu}=69\%\sim71\%$、$w_{Ni}=3.4\%\sim3.7\%$，硫化铜精矿送到铜冶炼车间处理。

C　一次铜镍合金

一次铜镍合金含 $w_{Ni}=60\%$、$w_{Cu}=17\%$，其中夹有硫化物。铜镍合金富集了贵金属，需要单独处理，同时回收铜、镍。一次合金和作为硫化剂的热滤渣按比例混合经熔化吹炼形成二次高镍锍。合金经过硫化后使贵金属进一步富集在二次高镍锍中，经过磨浮磁选等手段提取二次合金，作为贵金属提取的原料，返贵金属车间处理。

安全注意事项及预防措施

有毒：有的浮选剂本身含有毒性。

预防措施：佩戴防毒口罩和橡胶手套。

任务小结

（1）分层熔炼法；

（2）磨浮分离法。

知识拓展

（1）浮选法。利用矿物表面物理化学性质不同，使矿物颗粒选择性地向气泡附着的选矿方法。

现在工业上广泛应用的浮选法实质是泡沫浮选法。它的特点是矿粒有选择性地附着于矿浆中的空气泡上，从而上浮到矿浆表面。

（2）浮选原理。浮选前将矿石应磨碎到一定粒度，加水调成矿浆；同时添加必要的药剂，往矿浆中导入空气，利用矿物的疏水性和亲水性达到选矿的目的，使有用矿物与脉石分离。

任务 3.5　镍精矿熔铸

任务目标

（1）掌握反射炉熔炼的基本原理；

（2）掌握侧吹炉熔炼的基本原理。

理论与实践

高镍锍磨浮产出的镍精矿和其他返回物料及外购原料经熔炼成金属熔体，再经浇铸机浇铸成镍阳极板，最后经电解精炼得到金属镍。

目前，较常用的镍精矿熔炼方法有反射炉熔炼和侧吹炉熔炼。

3.5.1　反射炉熔炼

3.5.1.1　反射炉熔炼的基本原理

高镍锍磨浮产出的镍精矿和其他返回物料及外购原料经皮带输送机从反射炉顶两侧加入反射炉，依靠炉底和炉墙形成料坡，在反射炉内熔化。人工扒渣或放渣除去镍精矿中机械夹杂的转炉渣。采用烧眼放硫化镍熔体，用浇铸机浇铸成高镍锍阳极板，在保温坑（箱）保温缓冷大于 48 h，然后送镍电解车间。产生的烟气经烟道进入余热锅炉和空气换热器回收烟气中的部分余热和烟尘，再进入收尘装置回收部分烟尘，最终由烟囱排空。

在反射炉高温炉气作用下，炉料受热并进行脱水、分解熔化、溶解等各种化学反应形成冰镍。

$$6NiO + 6FeS = 2Ni_3S_2 + 6FeO + S_2 \tag{3-135}$$

$$Cu_2O + FeS = Cu_2S + 6FeO \tag{3-136}$$

$$CoO + FeS \xlongequal{} CoS + FeO \quad (3\text{-}137)$$

$$10Fe_2O_3 + FeS \xlongequal{} 7Fe_3O_4 + SO_2 \quad (3\text{-}138)$$

镍熔铸反射炉不同于一般的熔炼反射炉，炉膛内分为两部分：熔化区和贮液池。炉料加在熔化区，熔化后的液体流入炉膛后部的贮液池，贮液池设高镍锍放出口，定期将高镍锍放出浇铸成阳极板，从放渣口放出炉渣。镍反射炉如图 3-11 所示。

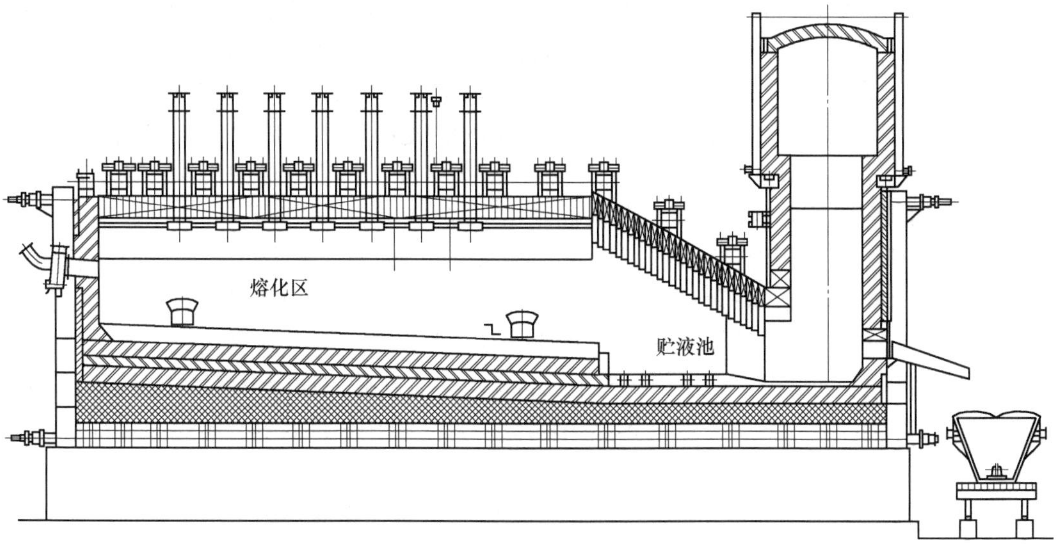

图 3-11　镍反射炉示意图

3.5.1.2　镍反射炉生产过程

镍反射炉生产过程包括进料、化料、浇铸、阳极板保温冷却和放渣几个工序。

A　进料

镍熔铸反射炉生产原料包括镍精矿、高镍锍残极、高镍锍碎板、冷料、烟尘等物料。镍精矿为高镍锍磨浮生产的过滤镍精矿，高镍锍残极为镍电解后的残阳极。冷料、高镍锍碎板以及烟尘为车间生产过程中产出的以含硫化镍为主的返回物料。

镍熔铸反射炉炉料准备包括镍精矿在精矿仓内堆放自然晾干至含水率小于 10%。残极和碎板冷料破碎至 30～40 mm，除去铜耳。烟尘和镍精矿混合后存放在镍精矿仓，残极、冷料和碎板等块状物料存放在皮带老虎口。镍精矿等粉料通过料仓和圆盘给料机进入皮带输送机加入炉内，块料则通过老虎口进入皮带输送机加入炉内。

加料的基本原则是勤进、少进、均匀进。严禁残极上盖镍精矿，以防翻料或倒料坡。粉料和块料分别加入，镍精矿含水较高时应停止进料，防止发生“放炮”事故。

B　化料

物料从炉顶两侧下料孔加入炉内，依托护墙在炉子两侧形成料坡。精矿的熔化在高温和微氧化气氛下进行，精矿中夹杂的转炉渣同时熔化并浮于熔体表面，须扒渣或放渣及时处理，渣量占炉料的 6%～10%。

C　浇铸

在硫化镍阳极浇铸时，基本上维持反射炉内为零压。镍熔铸反射炉生产采用烧眼放硫化镍熔体，经流槽流入中间浇铸包，人工控制间断倒入直线浇铸机的浇铸模中。浇铸时应控制熔体的温度和冷却速度，浇铸温度应控制为 930～980 ℃，熔体温度过高时应向浇铸包内加适量碎板冷料降温。阳极板在铸模内浇水冷却至 650 ℃左右起模。为方便起模，浇铸前事先在铸模内用高压风均匀喷洒黄土泥浆。

D 阳极板保温缓冷

浇铸后的阳极板在铸模中冷却至 650～700 ℃取出，置于保温坑内缓慢冷却，保温坑内尺寸为 1.5 m×1.0 m×1.2 m；装后加盖，进行保温缓冷大于 48 h 后，温度由 538 ℃逐渐降至 200 ℃，以完成由 β-Ni_3S_2到 β′-Ni_3S_2的相变并消除相变时的内应力。若保温控制不好，阳极板则发脆、易裂，影响电解生产。经 48 h 的缓慢冷却后，阳极板温度降至 150～200 ℃，此时已完成晶型转变，方能在空气中冷却至室温。为了保证阳极有良好的溶解性和阴极电镍的质量，阳极板的各成分都应控制在一定范围内。

阳极板的硫含量对阳极过程有很大影响，当含 $w_S<20\%$时，阳极板在凝固时会析出金属相。在阳极反应中，金属相会优先溶解，产出大量含 Ni 很高的阳极泥；当含 $w_S>25\%$时，阳极板发脆易碎，而且阳极造酸反应严重，也不利于生产。铜是硫化镍阳极的主界要有害杂质。铜以 Cu_2S 形态存在于阳极板中，含铜低时，对硫化镍阳极溶解速度影响很小；当含铜高于 10%时，因 Cu_2S 优先于 Ni_3S_2溶解，对硫化镍阳极溶解和电解镍质量都有极不利的影响。

阳极板含铁低时对电解影响很小，但含铁高时会造成阳极极化明显加剧，槽电压迅速上升，阳极造酸反应相应加强，严重时会引起阳极钝化。

阳极板还含有一定量的钴及微量的铅、锌等，它们由于含量很少，对阳极溶解影响不大，主要是对溶液净化及阴极沉积物的影响。

E 扒渣或放渣

镍反射炉生产不加任何熔剂造渣，生产过程的渣率为 6%～10%，炉渣主要来自镍精矿机械夹带的转炉渣，熔化后由于其密度小于硫化镍熔体而浮于贮液池表面，须扒渣或放渣及时处理。处理炉渣时，须先测试渣层厚度及渣黏稀情况，扒渣时渣口稍高于熔体液面，放渣时渣口稍低于液面，操作时严禁将冰镍扒出或放出。

生产过程中为降低渣含镍，炉渣必须有 20～30 min 的澄清分离时间，扒渣前保持适当的渣层厚度，扒完渣在贮液池表面保留少量的炉渣。

3.5.2 侧吹炉熔炼

3.5.2.1 侧吹炉熔炼的基本原理

镍精矿、熔剂、焦炭等按一定比例混合均匀后连续加入侧吹炉内，在熔炼区通过侧吹喷枪喷入富氧空气和燃料（天然气）完成混合物料的脱水、氧化、造渣、沉降等物理化学变化，形成初始渣和镍锍进入还原区；在还原区通过喷入还原气体，完成炉渣有价金属的还原和沉降分离，实现炉渣贫化，产出镍锍。

（1）金属硫化物的氧化反应：

$$2Ni_3S_2 + 7O_2(g) = 6NiO + 4SO_2(g) \quad (3\text{-}139)$$

$$Ni_3S_2 + 2O_2(g) = 3Ni + 2SO_2(g) \quad (3\text{-}140)$$

$$2FeS + 3O_2(g) = 2FeO + 2SO_2(g) \tag{3-141}$$

$$Cu_2S + \frac{3}{2}O_2(g) = Cu_2O + SO_2(g) \tag{3-142}$$

（2）金属硫化物与金属氧化物反应：

$$4NiO + Ni_3S_2 = 7Ni + 2SO_2(g) \tag{3-143}$$

$$2Cu_2O + Cu_2S = 6Cu + SO_2(g) \tag{3-144}$$

$$6FeS + 6NiO = 2Ni_3S_2 + 6FeO + S_2(g) \tag{3-145}$$

$$(Ni_3S_2) + 4[Cu] = 2(Cu_2S) + 3[Ni] \tag{3-146}$$

$$4(Cu_2O) + (Ni_3S_2) = 8[Cu] + 3[Ni] + 2SO_2 \tag{3-147}$$

$$(Ni_3S_2) + 4NiO(s) = 7[Ni] + 2SO_2 \tag{3-148}$$

（3）造尾料反应：

$$2FeO + SiO_2 = 2FeO \cdot SiO_2 \tag{3-149}$$

（4）还原反应：

$$3MeO + CH_4(g) = 3Me + CO(g) + 2H_2O(g) \tag{3-150}$$

$$MeO + CO(g) = Me + CO_2(g) \tag{3-151}$$

$$3Fe_3O_4 + 3C = 9FeO + 3CO \tag{3-152}$$

$$MeO + C = Me + CO \tag{3-153}$$

3.5.2.2　侧吹炉生产过程

侧吹熔炼炉生产工艺采用侧吹浸没燃烧熔池熔炼技术，主要工艺流程为镍精矿、返料、熔剂、块煤等按一定比例混合均匀后连续加入侧吹熔铸炉炉内，在炉内通过侧吹喷枪喷入富氧空气和燃料（天然气）迅速发生燃烧反应，并对炉内熔体产生强烈的搅动，炉料和富氧在强烈搅拌作用下充分混合并完成脱水、氧化、造尾料、沉降等一系列物理和化学反应过程。熔炼温度控制在 1300~1400 ℃，镍锍品位则通过氧料比的控制来稳定，形成尾料层和锍层，尾料经溜槽排放进入尾料包，返回前段镍冶炼火法系统，镍锍浇铸成镍阳极板缓冷保温后送电解车间生产电解镍；烟气经过余热锅炉和静电除尘后，送脱硫系统，达标后排放。

安全注意事项及预防措施

喷炉事故：炉内空烧时间过长，熔体存在过热和过氧化，当复产投料时，大量精矿进入炉内接触到过热、过氧化熔体，硫化物和氧化物瞬间发生剧烈交互反应发生喷溅。

预防措施：开始进料时，要小料量进料；现场岗位人员要远离进料口及渣口辐射区域；避免长时间空吹处理炉况。

任务小结

（1）反射炉熔炼的基本原理；

（2）反射炉生产过程。

知识拓展

反射炉又称为火焰炉，在炉内只有部分空间装有被加热物料，另一部分空间为火焰或燃烧产物所占据，是通过火焰直接加热金属物料的炉子。因此，反射炉内热交换过程决定了炉内的料堆不宜过大，否则会影响重油的完全燃烧和热交换过程。火焰也称火炬，是一股炽热的正在燃烧的气流，它不但温度比周围炉气高，而且呈现出明亮的轮廓；但是，和燃烧后的废气相比，火焰有它自己的特性，主要表现在火焰对炉内加热和熔化过程有较大的影响。

任务 3.6　镍电解精炼

任务目标

（1）了解镍电解精炼的目的；

（2）掌握镍电解精炼的基本原理；

（3）知道镍电解液净化过程。

理论与实践

我国镍产量 90%以上都是用火法冶炼工艺提取的，但是镍精矿经过熔炼浇铸成的硫化镍阳极板中含有杂质，在某些领域或者产品镍纯度要求较高，故不能直接应用，怎样才能提高镍的纯度呢？目前基本采用镍电解精炼的方法进行镍的提纯。

镍电解精炼的目的是使硫化镍矿火法工艺产出的硫化镍和粗镍得以进一步提纯，产出纯度较高的电解镍。

有色金属的电化学冶金工艺分为可溶阳极电解与不溶阳极电解。一般把可溶阳极电解称为电解精炼，把不溶阳极电解称为电积精炼（电积精炼在镍的湿法冶金中介绍）。

3.6.1　镍电解精炼原理

镍电解精炼用硫化镍、粗镍或镍基合金作阳极，以镍片、光滑的钛板或不锈钢作阴极，以硫酸镍和氯化镍的混合弱酸溶液，或纯氯化镍弱酸溶液作电解液，如图 3-12 所示。

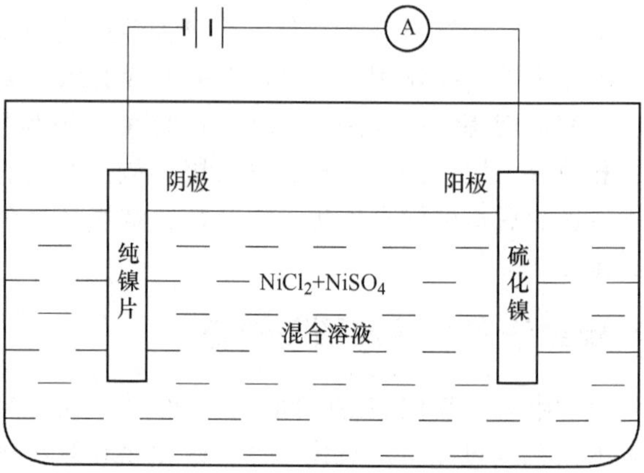

图 3-12　镍电解精炼示意图

3.6.1.1　阳极反应

$$Ni_3S_2 - 6e = 3Ni^{2+} + 2S \quad (3\text{-}154)$$

$$Ni_3S_2 - 2e = Ni^{2+} + 2NiS \quad (3\text{-}155)$$

$$NiS - 2e = Ni^{2+} + S \quad (3\text{-}156)$$

$$Cu_2S - 2e = 2Cu^{2+} + S \quad (3\text{-}157)$$

金、铂等贵金属由于标准电位高，所以不会溶解，而是进入阳极泥。

硫化镍阳极硫含量偏少会发生副反应：

$$Ni_3S_2 + 8H_2O - 18e = 3Ni^{2+} + 2SO_4^{2-} + 16H^+ \quad (3\text{-}158)$$

同时还会发生：

$$4OH^- - 4e = O_2 + 2H_2O \quad (3\text{-}159)$$

这两个反应不仅消耗阳极电流，而且会使阳极液的酸度增高。

此外，为了得到良好的溶解性，阳极板中各种元素成分都必须控制在一定范围内。因为阳极板中铜以 Cu_2S 形态存在，当铜含量高于 10%时，Cu_2S 将会优先于 Ni_3S_2溶解，对硫化镍阳极溶解和阴极镍的质量都有不利影响。阳极板含铁升高时，阳极极化明显加重，槽电压迅速上升，阳极造酸反应相应增强，严重时会引起阳极钝化。阳极中还含有一定量的钴及微量的铅、锌等，它们含量一般很少，对阳极影响不大，主要是对溶液净化及阴极沉积物的影响。

3.6.1.2　阴极反应

镍属于负电性金属，要使其在阴极上优先析出，必须创造条件，使镍的平衡电位变正、极化变小，同时使氢的平衡电位变负、极化变大。

$$Ni^{2+} + 2e \longrightarrow Ni \quad (3\text{-}160)$$

$$Me^{2+} + 2e \longrightarrow Me \quad \text{(Me 代表杂质金属离子)} \quad (3\text{-}161)$$

$$2H^+ + 2e \longrightarrow H_2 \quad (3\text{-}162)$$

实际生产中，在阴极表面析出镍的同时总有少量的氢析出，影响镍电解时的阴极电流效率。由于氢的析出，紧靠阴极表面的阴极液容易发生碱化，要防止和减少碱化的危害，应尽量控制较高的阴极液 pH 值，保持足够高的电解液循环速度，以加速离子扩散，防止局部 OH^-浓度过高。

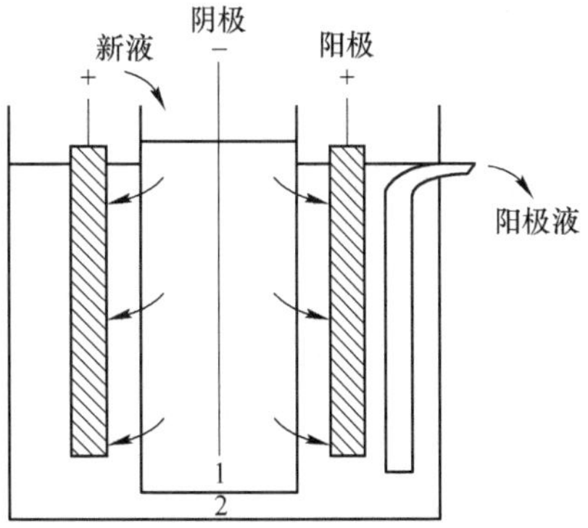

图 3-13　隔膜电解示意图
1—阴极室；2—阳极区

镍电解对阴极液的杂质含量要求特别严格，阴极液及造液必须经过深度净化，阴极液中含杂质必须控制在几个“mg/L”级。这是因为镍的标准电位较负，导致存在于阴极液中的大部分阳离子将与镍共同析出，影响电镍化学质量。因此，镍电解采用流动式隔膜电解法（见图 3-13），使阴极区和阳极区分开，并始终保持阴极室液面高于阳极室液面。

3.6.2　镍电解始极片的加工与制作

镍电解（积）的阴极为镍始极片。一般采用钛种板生产始极片，钛种板上沉积的镍层剥离下来，经过加工制作成始极片。

加工过程：首先始极片经过对辊压纹机进行平压，剪切成型再用钉耳机铆上双耳，再二次压纹。制成的镍种板如图 3-14 所示。

始极片制作与加工操作主要包括种板准备、镍皮生产、种板剥片、始极片加工 4 个单元作业。

3.6.2.1　种板准备

(1) 种板打磨。为了使新种板上镍皮可以较为轻松地剥离，需对种板进行人工打磨处理。

(2) 种板铆耳。钛种板在制作时，将铜耳部用铆钉将两只耳部铆接在钛种板母体上。

(3) 种板酸处理。钛母板下槽前要用 65～75 ℃热水烫洗处理，对于新钛种板和使用了 20～30 天的钛种（母）板必须进行专门的酸洗处理，酸洗时用 400～700 g/L 的 H_2SO_4浸泡 30～120 s，然后再用热水冲洗干净表面。

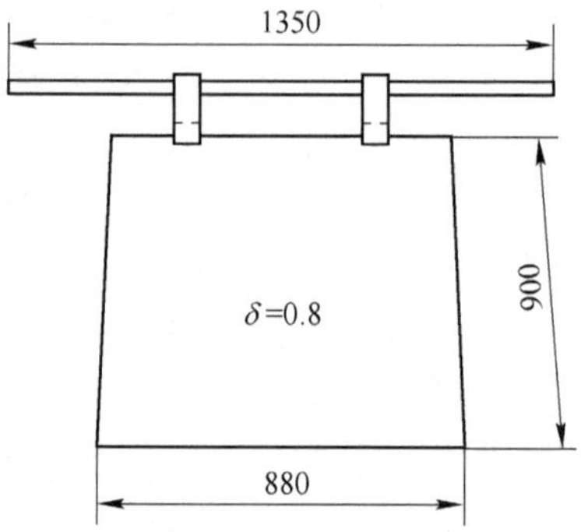

图 3-14　镍电解的阴极

3.6.2.2　镍皮生产

(1) 种板下槽。钛种板在始极片生产过程中作为阳极使用，可长期放置于电解槽中，不用进行出装操作。只有钛种板有所破损或出现其他质量问题时才将钛种板吊出进行更换。

(2) 种板槽作业控制。种板槽一般情况下同普通生产槽在一起生产，周期较短，一般在 24 h。

3.6.2.3　种板剥离

种板剥离主要分为手动作业和自动化作业。

(1) 手动作业。手工作业包括擦拭接触点、横电、烫洗、胶条包边拆除、镍皮剥离、种板处理。

(2) 自动化作业。每次从一侧滚压沉积的镍皮，轻柔地曲挠板面，使得沉积的镍皮在上方与母板间产生开口。剥片单元将镍皮从母板上分离下来，剥下的镍皮从皮带输送机上运送到提升装置，然后送去堆垛。

3.6.2.4　始极片加工

始极片加工包括：(1) 对辊压纹；(2) 始极片剪切，手动剪切采用立刀剪切，机组剪切采用滚刀剪切；(3) 始极片钉耳。

3.6.3　镍电解精炼实践

(1) 隔膜电解精炼，始极片加工向生产槽提供作为初始阴极的镍始极片通常称为种板，周期为 8～24 h，取出种板，剥下镍片，经过切边、穿耳、平板等工序，做成始极片，在 pH 值约为 2 的酸性溶液中浸泡几小时取出，用水冲净后置入电解槽中作阴极。

(2) 熔炼浇铸成的硫化镍阳极板作阳极。将阴极放在隔膜布袋中与阳极隔开，纯净电解液从高位槽经分液管流入每个隔膜袋内，并保持袋内液面高于袋外液面 50～100 mm，使阴极室的电解液向阳极区渗出，同时保持阳极液不能渗入阴极室，从而保证了阴极室内电解液的纯度。阳极液不断从电解槽流出，送去净化。隔膜电解示意图如图 3-15 所示。

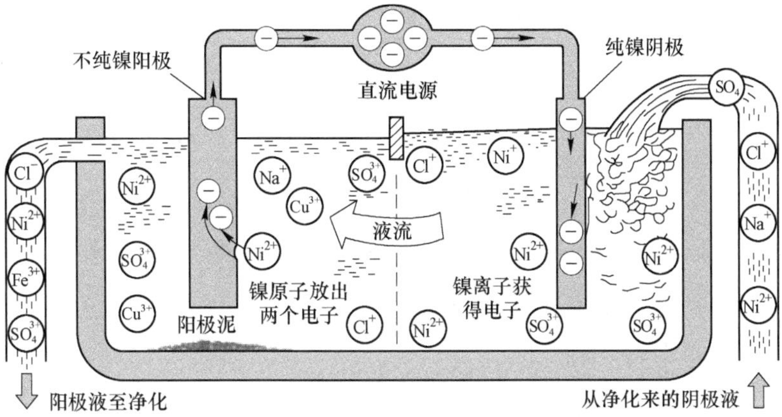

图 3-15　隔膜电解示意图

阴极的周期为 4~5 天，获得的电镍用热水洗去表面的电解液后，剪切、包装为产品。阳极周期为 10~15 天，残极返回阳极炉重熔或选出较完整的作造液用。阳极泥则另行处理。

金川公司隔膜电解隔膜袋的正常操作应满足：

（1）在电解槽的任何高度，阴极室流体静压力大于阳极室流体压力；

（2）在隔膜袋毛细孔内，流体从阴极室向阳极室的流速大于阳极液中杂质离子在电泳、扩散下向阴极室的迁移速度。因此在阴极室和阳极室之间，只有阴极液不断地渗入阳极室，从而使在电泳和扩散作用下本来会通过隔膜袋毛细孔进入阴极室的杂质被流速大的反向液流带走实际生产中选用帆布材料做隔膜袋，以保证阴阳极室有适宜的液面差。

镍电解时阳极电流效率略低于阴极电流效率，同时净液过程镍有损失，故电解液中 Ni^{2+}浓度每经一次循环都有所减少。为保持电解液 Ni^{2+}浓度基本稳定，在阳极液送往净化前要根据情况适量补充镍离子。生产中采用造液法，专门设有造液槽。

相比于铜、铅电解精炼，镍电解精炼有如下特点：（1）隔膜电解；（2）电解液必须进行深度净化；（3）电解液酸度较低；（4）设有造液槽补充电解液中镍离子；（5）定期排出多余的钠离子。

3.6.4　镍电解液净化

镍电解过程中溶液循环使用，必须严格控制镍电解过程中杂质含量和适宜的酸度，维持体积平衡和镍、钠平衡，因此溶液需要净化处理。阳极液净化的原则流程如图 3-16 所示。

3.6.4.1　除铁

除铁的方法较多，有中和水解法、黄钠（钾）铁矾法、萃取法、离子交换法等，各种方法都有自己的使用范围和条件。一般认为，当溶液含铁离子大于 1 g/L 时，采用黄钠铁矾法除铁较理想；若含铁离子小于 0.1 g/L 时，可采用离子交换法、萃取法等；对于含铁为 0.1~1 g/L 的溶液，一般都采用中和水解沉淀法除铁。

将电解液加热到 333~343 K，鼓入空气，把 Fe^{2+}氧化成 Fe^{3+}，加入 $NiCO_3$调节溶液 pH

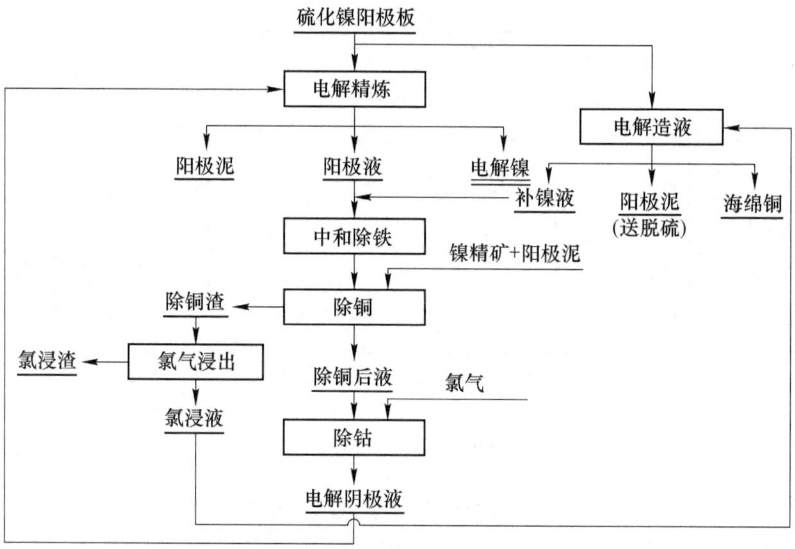

图 3-16　硫化镍阳极电解生产金属镍流程

值至 3.5~4.2，使 Fe^{3+}水解生成 $Fe(OH)_3$沉淀除去。因此除铁过程包括亚铁离子氧化和三价铁水解反应：

$$4Fe^{2+} + O_2 + 4H^+ = 4Fe^{3+} + 2H_2O \tag{3-163}$$

$$2Fe^{3+} + 6H_2O = 2Fe(OH)_3 \downarrow + 6H^+ \tag{3-164}$$

其总反应为：

$$2Fe^{2+} + O_2 + 5H_2O = 2Fe(OH)_3 \downarrow + 4H^+ \tag{3-165}$$

除铁过程有 H^+生成，须在鼓风的同时加入中和剂，以 $NiCO_3$作除铁中和剂。

$$4H^+ + 2NiCO_3 = 2Ni^{2+} + 2CO_2 \uparrow + 2H_2O \tag{3-166}$$

提高反应 pH 值可以加速除铁反应，但 pH 值过高会引起渣含镍升高。

溶液中铜离子存在，可以加速 Fe^{2+}的氧化反应，这是因为铜离子在 Fe^{2+}的氧化过程中起传递电子的作用。

$$Cu^+ - e = Cu^{2+} \tag{3-167}$$

$$Cu^{2+} + Fe^{2+} = Cu^+ + Fe^{3+} \tag{3-168}$$

这就是为什么把除铁放在第一阶段的原因。

净化水解铁渣又可带走溶液中总铜量的 1/3~2/5，减轻了除铜负担。

在除铁过程中，由于 Ni^{2+}、Co^{2+}的电位较空气中氧气的电位正，所以 Ni^{2+}、Co^{2+}不会氧化，但部分 Ni^{2+}会以复盐的形式水解沉淀。

$$NiSO_4 + NiCO_3 + H_2O = NiSO_4 \cdot Ni(OH)_2 \downarrow + CO_2 \uparrow \tag{3-169}$$

$Fe(OH)_3$具有很强的吸附性，在除铁过程中，一定量的锌能与 $Fe(OH)_3$产生共沉淀而被除去，同时部分铜也会水解沉淀。

$$2CuSO_4 + NiCO_3 + H_2O = CuSO_4 \cdot Cu(OH)_2 \downarrow + NiSO_4 + CO_2 \uparrow \tag{3-170}$$

反应温度和反应时间对除铁过程带来一定影响。提高溶液温度，适当延长搅拌时间，都可促使 $Fe(OH)_3$沉淀颗粒长大，因而有利于液固分离。

3.6.4.2　除铜

在镍电解体系中，铜是电解溶液中的主要杂质之一，其浓度一般为 0.1~1 g/L。基于在镍电解液的杂质元素中，铜的电负性最小，硫化物的溶度积为最小，传统除铜方法通常采用置换沉淀法、硫化沉淀法和镍精矿加阳极泥等方法进行除铜。

A　置换沉淀法

置换的实质是用负电位较大的金属去置换溶液中正电位较大的金属，因此，电极电势比铜负的金属能从溶液中置换除铜。

$$2Me + nCu^{2+} = nCu + 2Me^{n+} \tag{3-171}$$

由金属的标准电极电势可知，比铜电极电势负的金属有很多，如铁、锌、铬等，但是考虑到经济问题，尽量用较为便宜的金属。同时，为了避免把其他杂质离子引入该系统，影响最终产品质量，原则上是镍系统用镍、钴系统用钴。其反应为：

$$Ni + Cu^{2+} = Cu + Ni^{2+} \tag{3-172}$$

国外通常采用镍粉置换法除铜，此法的优点是既除掉了铜又补充了镍。

加拿大汤普森镍精炼厂为了降低直接用镍粉除铜的镍粉制备难度，除铜过程除了加入镍粉外，还加入粒度小于 200 目（75 μm）的硫粉，使 Cu 变为更稳定的 CuS，降低生成物活度。其反应为：

$$Cu^{2+} + S + Ni = CuS + Ni^{2+} \tag{3-173}$$

此外，为了增大镍粉的表面活性，要求镍粉要足够细。

B　硫化物沉淀法

硫化物沉淀法是基于金属元素的硫化物难溶于水，当溶液中有金属 Me^{n+} 存在时加入 S^{2-}，则将发生以下沉淀反应：

$$2Me^{n+} + nS^{2-} = Me_2S_n \tag{3-174}$$

在镍电解液的各种元素中，铜的硫化物溶度积为最小，且与镍、钴等主金属硫化物的差别较大，因此使得 Cu^{2+} 以 CuS 沉淀的形式除去。硫化沉淀法一般以 H_2S 作沉淀剂，过程的 pH 值为 1.8~2.5。其反应为：

$$Cu^{2+} + H_2S = CuS + 2H^+ \tag{3-175}$$

在反应过程中，硫化氢气体能高度均匀地分散溶解于除 Fe 后液中，这样 S^{2-} 能与 Cu^{2+} 有效、充分地均匀接触生成无数的 CuS 沉淀晶核，这些晶核在反应过程中通过自身的运动和扩散碰撞，吸附而长大，最终沉淀于底部达到渣液分离的目的。

C　镍精矿加阳极泥除铜

20 世纪 50 年代初出现了将二次镍精矿（或硫化镍残极加工磨细）加入电解液中进行除铜的方法。

镍精矿取代法是利用 CuS 与 NiS 之间巨大的溶度积差异，以二次镍精矿中的镍取代电解液中的铜，使 Cu^{2+} 生成 CuS 沉淀，该方法一直被金川公司采用。在镍电解阳极液除铁后液中，加入配比为（3.5~5.0）∶1 的镍精矿与阳极泥，在温度为 60~70 ℃、pH 值 2.5~3.5 的条件下进行除铜。其化学反应原理为：

$$Ni_3S_2 + Cu^{2+} = Cu + 2NiS + Ni^{2+} \tag{3-176}$$

$$Ni_3S_2 + 2Cu^{2+} = Cu_2S + NiS + 2Ni^{2+} \tag{3-177}$$

$$Ni_3S_2 + Cu^{2+} + S = CuS + 2NiS + Ni^{2+} \tag{3-178}$$

$$Ni_3S_2 + 2Cu^{2+} + S = 2CuS + NiS + 2Ni^{2+} \tag{3-179}$$

用该方法除铜的优点是除铜剂（镍精矿和阳极泥）不需外购，过程简单，具有补镍功能，除铜后液含铜不小于 4.72×10^{-5} mol/L，其除铜效率提高了 40%～50%。

3.6.4.3　除钴

镍电解液中的杂质元素钴，其性质与镍相近，金属镍中一定量的钴对镍的性质并无太大影响，因此，世界各国在计算金属镍的品位时，大多是将镍和钴同时计算的。但是，由于钴是一种极有价值的金属，为了提高钴的回收率，一般应尽可能地将钴富集起来为下一步提钴创造条件。镍电解体系中，除钴方法一般有：中和水解法、溶剂萃取法及“黑镍”氧化水解法等。

A　中和水解法除钴

中和水解法除 Co 原理与除 Fe 相似，但 Co^{2+} 比 Fe^{2+} 难氧化，Co^{3+} 比 Fe^{3+} 难水解沉淀，因此除 Co 比除 Fe 要困难，需要比空气更强的氧化剂，沉淀 pH 值也较高。

B　氯气氧化中和水解法除钴

当采用氯化物电解质或氯化物-硫酸盐混合电解质时，常用氯气作氧化剂。当采用纯硫酸盐体系为电解质，则常用黑镍（NiOOH）除钴。

氯气的氧化性比氧气强，利用钴和镍的氧化还原电位和水解 pH 值的差异，可使用氯气将 Co^{2+} 优先氧化成 Co^{3+}，并使 Co^{3+} 水解生成难溶的 $Co(OH)_3$ 沉淀，达到除钴目的。其反应为：

$$2CoSO_4 + Cl_2 + 6H_2O = 2Co(OH)_3\downarrow + 2H_2SO_4 + 2HCl \tag{3-180}$$

为了促进反应向右进行，在除钴氧化水解过程中，加碳酸镍（或 Na_2CO_3）中和反应产生的酸反应式为：

$$2H_2SO_4 + 2HCl + 3NiCO_3 = 2NiSO_4 + NiCl_2 + 3H_2O + 3CO_2\uparrow \tag{3-181}$$

综合上述两个反应，则除钴过程总反应为：

$$2CoSO_4 + Cl_2 + 3NiCO_3 + 3H_2O = 2Co(OH)_3\downarrow + 2NiSO_4 + NiCl_2 + 3CO_2\uparrow \tag{3-182}$$

在除钴的同时，残留在溶液中的铁也会发生类似反应：

$$2FeSO_4 + Cl_2 + 3NiCO_3 + 3H_2O = 2Fe(OH)_3\downarrow + 2NiSO_4 + NiCl_2 + 3CO_2\uparrow \tag{3-183}$$

在除钴后期，当 pH 值提高到 4.5～5.0 时，溶液中的其他杂质铜、锌、铅等也会水解沉淀：

$$ZnSO_4 + 2H_2O = Zn(OH)_2\downarrow + H_2SO_4 \tag{3-184}$$

$$CuSO_4 + 2H_2O = Cu(OH)_2\downarrow + H_2SO_4 \tag{3-185}$$

$$PbCl_2 + 2H_2O = Pb(OH)_2\downarrow + 2HCl \tag{3-186}$$

另外，部分铅还会被氧化成过氧化铅沉淀析出：

$$PbCl_2 + 2H_2O + Cl_2 = PbO_2\downarrow + 4HCl \qquad (3\text{-}187)$$

除钴过程中 Ni^{2+} 的氧化还原电位比 Co^{2+} 略高，由于溶液中 Ni^{2+} 的浓度远远大于 Co^{2+} 的浓度，所以在 Co^{2+} 水解的同时，部分 Ni^{2+} 也发出与 Co^{2+} 相类似的反应：

$$2NiSO_4 + Cl_2 + 3NiCO_3 + 3H_2O = 2Ni(OH)_3\downarrow + 2NiSO_4 + NiCl_2 + 3CO_2\uparrow \qquad (3\text{-}188)$$

此反应无疑将造成镍的损失，使钴渣和镍量升高，又由于反应：

$$Ni(OH)_3 + CoSO_4 = Co(OH)_3\downarrow + NiSO_4 \qquad (3\text{-}189)$$

因此，在一定程度上能减少部分镍的损失。

3.6.4.4　除铅锌

镍冶炼中多采用吸附共沉淀除杂质。在氯气氧化中和水解除钴过程中，钴被氧化的同时，铅和部分镍也被氧化，生产 PbO_2 和 $Ni(OH)_3$ 形成共沉淀，被 $Ni(OH)_3$ 沉淀吸附而除去。另外，在氯气除钴过程中，将除钴终点 pH 值提高到 5.5~5.8，此时 Cu^{2+}、Zn^{2+} 均水解成氢氧化物沉淀与镍的水合物以同晶形共沉淀的方式从溶液中除去。将溶液 pH 值调至 6，加入 $BaCO_3$ 使 $PbSO_4$ 与 $BaSO_4$ 共同沉淀。由于 pH 值高，因此会带来镍的损失。

用共沉淀法除铅锌工艺的优点是不增加工序，除铅锌与除钴在一个工序内完成；缺点是渣量大，渣含镍高。

3.6.4.5　排钠

电解生产过程中，电解液中含有一定量的钠（净液过程中使用钠盐调整 pH 值，会引起电解液中 Na^+ 的积累），钠有提高电解液电导的作用，降低电能消耗。如果钠离子浓度超过 80 g/L 时，会在阴极上形成 Na_2SO_4 膜，导致阳极局部电流密度过大，阳极电位急剧升高，以致出现阳极钝化的现象。

生产中排钠的方式有两种：一是抽出一部分电解液用于制造 $NiCO_3$，然后用 $NiCO_3$ 代替钠盐作中和剂；二是采用冷却结晶产生硫酸钠的办法排钠（此办法只适用于硫酸盐或混合电解系统，对氯化盐电解液无效）。

3.6.5　电解造液

在镍的可溶阳极电解过程中，由于阴阳极效率差和各种渣夹带镍而造成电解液中 Ni^{2+} 浓度不断贫化，为了维持体系中 Ni^{2+} 的平衡生产中通过电溶造液槽电解补镍。生产上造液将部分阳极液引出，用盐酸、硫酸或混合酸将其酸度调到 50~55 g/L，然后注入不带隔膜的电解槽中电解。

3.6.5.1　电解造液原理

造液槽的阳极过程与电解槽的完全相同，阳极材料包括硫化镍阳极、合金阳极或生产槽回来的较完整的残极。由于造液阴极产物为海绵铜，为了提高金属回收率，防止海绵铜和阳极泥混合，因此一般要在阳极板套上尼龙袋。

造液过程的反应为：

$$Ni_3S_2 - 6e = 3Ni^{2+} + 2S \tag{3-190}$$

阳极反应方程式：

$$MeS - 2e = Me^{2+} + S \tag{3-191}$$

阴极反应方程式：

$$2H^+ + 2e = H_2\uparrow \tag{3-192}$$

$$Cu^{2+} + 2e = Cu(\text{海绵铜}) \tag{3-193}$$

由于 H^+、Cu^{2+}在阴极上析出电位比镍正，能优先析出，因此在造液过程中电解液中的 H^+、Cu^{2+}在阴极上共同析出，氢气外溢，从而在阴极上形成海绵铜，实现降酸和脱铜。阳极过程主要是镍的正常溶解，在酸性造液槽中，由于镍的阴极电流效率远远低于阳极电流效率，从而使电解液中的镍离子得以富集，达到补镍的目的。

电解造液主要设备有造液槽、配液罐、高位槽、盐酸罐、硫酸罐、中间槽、海绵铜浆化槽、酸雾抑制剂溶解槽、吊车、泵类设备等。

3.6.5.2　电解造液生产操作

电解造液的主要操作包括调酸配液、配制并加入酸雾抑制剂、碳酸钡浆化及加入、阳极出装、阴极准备、阴极抖板和掏槽。

（1）调酸配液。调酸配液是电解造液关键的一项前期准备工作，配液质量好坏直接影响造液槽的反应效率和低酸出口的指标。由于补镍、脱铜等造液反应的需要，在两级造液工序中，造液槽在调酸配液时对 H^+浓度要求较高，一般要求控制在 0.5~1.0 g/L，Cu^{2+}和 Ni^{2+}的浓度控制范围分别为 5~15 g/L 和 50~60 g/L。在多级造液工序中，由于处理次数增加，调酸槽的 H^+浓度和 Cu^{2+}浓度可适当提高，但 Ni^{2+}浓度需进一步降低 。

（2）加入添加剂。电解造液过程中，阴极有大量氢气析出，氢气在上浮过程中搅动电解液，由于电解液含酸高，因此造成槽面酸雾较大。为了改善作业环境，减少酸雾，生产中常用煮好的皂角水来作酸雾抑制剂，用它们在电解液表面形成的泡沫来覆盖酸雾。

酸雾抑制剂的加入量根据造液槽的反应情况而定，当电解液表面泡沫快耗尽时要及时补充，但加入量不宜过多，以泡沫不与铜棒接触为宜，以免造成阴阳极导电棒连电现象。

（3）阳极出装。阳极下槽前，要将尼龙袋套在阳极板上，系好带子。阳极出槽时，吊车将阳极吊出槽面，用接液盘配合将阳板吊到作业场，取下阳极上的尼龙袋，进行刮泥子或甩残极作业。

（4）阴极制备。造液槽所用阴极为铜电解产出的废始极片，剪切成 700 mm×720 mm 规格后送到造液工序，经打眼、穿铜线加工后作为造液槽阴极。

（5）阴极抖板。抖板作业是将阴极析出的海绵铜抖落的一种作业方式，如果不进行抖板作业，随着阴极海绵铜析出量的增加，阴阳极有可能会形成短路，产生烧板。从海绵铜的析出量和造液效率考虑，每天至少抖板两次，两次时间间隔不易过短，发现烧板及时更换。阴极上海绵铜不易抖落时，要将阴极拎出槽面用刮锹处理。

抖板结束后用自来水冲洗干净阴阳极棒接触点，保证阴阳极导电良好。由于造液槽阴极上氢气析出量大，遇火会爆鸣，所以不能用电解打火的方式检查。

（6）掏槽。造液槽掏槽是将抖落到槽底的海绵铜定期排出的过程，当造液槽运行到一定时间后槽底的海绵铜增多，槽体有效容积变小，电阻增大，影响造液电解效率，必须进行掏槽作业。掏槽周期与生产电流及脱铜量有关，电流在 10000 A 左右时，掏槽周期一般为 15 ~18 天。

造液槽掏槽时将槽底堵子拔出，把槽底海绵铜放到浆化槽中，由泵输送至洗涤工序。掏完槽后，冲洗槽底和下渣溜槽，堵好槽底塞子，灌液后下阴阳极进行生产。

3.6.6　镍电解液循环

镍电解溶液循环过程就是电解和造液的混合阳极液经净化工序除杂后再返回到电解的过程。

镍电解精炼溶液循环主要是指电解槽内阴极液的循环。在直流电的作用下，随着镍离子在阴极上的不断析出，隔膜袋内的镍离子随之贫化，当浓度下降到 50 g/L 以下时，阴极板面会有碱式盐生成，电镍的纯度和质量将会发生改变。所以，镍离子在阴极板面析出的同时，要按一定比例不断补充隔膜袋内的镍离子。在实际生产中新液的补充是通过循环管分流补给每个隔膜袋的，流量为 380~400 mL/(h · 袋)，流量的大小可以根据新液镍离子浓度的高低来调整。

镍电解精炼溶液循环主要设备有电解槽、隔膜架、母线。

电解槽壳体由钢筋混凝土制成，内衬防腐材料。目前采用较多的是环氧树脂，用它作衬里强度高，整体效果好，防腐性能良好，其施工方法为手工贴衬。金川公司电解槽使用环氧树脂内衬，辅贴环氧树脂 5~7 层，使用寿命长达 10 年。

镍电解精炼使用的隔膜是由具有一定透水性能的涤棉制成的隔膜袋，套在形状为长方形、上方开口的隔膜架上，以便放入阴极和盛装净化后的电解液。隔膜固定在隔膜架上。

镍电解车间直流电路连接方式一般采用复联法，即每个电解槽内的全部阳极并列相连，全部阴极也并列相连，槽与槽之间则为串联连接，所有电解槽都是串联在直流供电线路内。

安全注意事项及预防措施

（1）电解造液 H^+：造液调酸槽 H^+浓度较高，其目的是创造条件让氢气在阴极上析出；通过造液槽的析氢反应，在低酸出口时其浓度应控制在 0. 15 g/L 以下，否则会影响净化工序的生产组织，造成净化碱耗指标上升。

预防措施：1）控制造液调酸槽 H^+浓度，防止因浓度过高而不能在造液槽被“中和”掉。2）合理控制造液槽溶液循环量，防止因流量过大而影响 H^+在阴极上的析出。3）加强造液槽面精细化操作，提高造液反应效率。

（2）电解造液 Ni^{2+}：造液低酸出口 Ni^{2+}浓度偏高，虽然有利于电解体系补镍，但在其浓度达到 95 g/L 以上时，很容易在低酸槽的阴极上析出，影响海绵铜质量，而低酸出口的 Ni^{2+}浓度偏低时又达不到补镍量需求。

预防措施：1）Ni^{2+}浓度偏高时，可降低生产电流、加大溶液循环量等。2）Ni^{2+}浓度偏低时，可提高生产电流、减少溶液循环量、加强槽面精细化操作提高造液反应效率等。

任务小结

（1）电解精炼原理；
（2）电解造液原理；
（3）电解液循环原理。

知识拓展

在沉淀过程中，某些未饱和组分也随难溶化合物的沉淀而部分沉淀，这种现象叫作“共沉淀”。共沉淀分为两种：吸附共沉淀法和共晶共沉淀。

物质在溶液中分散成胶体，利用胶体吸附特性除去溶液中其他杂质的过程叫作吸附共沉淀法。由于胶体有高度分散性，使细小的胶体粒子具有巨大的表面积，正是由于胶体粒子有这样巨大的总表面积，致使胶体粒子具有很大的吸附能力，能选择性地吸附电解质溶中的一些有害杂质。

在电解质溶液中，若有两种难溶的电解质共存，且它们的晶体结构相同时，二者可生成共晶并一起沉淀下来，这种沉淀称为共晶沉淀。

任务 3.7 硫化镍矿的湿法冶金

任务目标

（1）了解硫化镍矿湿法冶金处理工艺方法；

（2）掌握浸出原理；

（3）知道电积精炼原理。

理论与实践

硫化镍矿主要是用火法冶金处理，用湿法冶金处理的比例不大。

直到 20 世纪 40 年代，火法冶金仍是处理硫化镍矿的唯一方法，后来湿法冶金由于能处理品位较低的矿石和精矿，金属的回收率也较高，并可减轻对环境的污染，故在硫化镍矿的处理上得到应用，但在世界镍产量中所占的比例仍然较小。

与传统的硫化镍矿火法冶金工艺相比，湿法冶金工艺具有工艺流程短、除杂负荷小、材料消耗少、生产成本低、有价金属回收率高、生产过程中产生“三废”少等优点，被认为是无污染的清洁工艺。

目前国际上硫化镍矿的湿法冶金工艺大致有四种：

（1）硫酸选择性浸出-净液-电积；

（2）氯化浸出-净液-电积；

（3）加压氨浸-蒸氨-氢还原；

（4）硫酸化焙烧-浸出-铁置换。

硫化镍矿选择性浸出-净液-电积的湿法冶金工艺的介质分为氯化物及硫酸两种体系，此类工艺是 20 世纪 70 年代以后兴起的。该工艺具有镍产品质量高、成本大幅降低等特点，得到较高重视，成为硫化镍矿湿法冶金技术今后发展的主要方向。

3.7.1 硫酸选择性浸出-净液-电积

3.7.1.1 酸浸原理

使金属硫化物在常压下溶解于溶液有两种情况：一种是酸性浸出（不使用氧化剂）；

另一种是氧化酸性浸出（使用氧化剂）。简单酸浸出的反应可表示为：

$$MeS + 2H^{+} = Me^{2+} + H_2S \quad (3\text{-}194)$$

很明显，pH 值较大的 FeS、NiS、CoS 是可进行简单酸溶，而 pH 值很负的 CuS 难以进行简单酸溶，因此可利用酸浸出实现铜与镍、钴的分离。

对于不易进行简单酸浸的硫化物（如 CuS、CdS、ZnS）则要采用氧化酸浸，即需要氧化剂使硫化物中的 S 氧化成元素硫而使金属溶解。

$$MeS = Me^{2+} + S + 2e \quad (3\text{-}195)$$

工业上常压浸出使用一种比上述标准电势更正的氧化剂，就可以使硫化物顺利溶解。对于高铜镍锍的浸出一般采用硫酸浸出或盐酸浸出。

通过选择浸出剂或调节控制浸出过程的某些技术条件，使目标金属得以溶出，而杂质元素富集在浸出渣中的工艺称为选择性浸出工艺。

3.7.1.2　硫酸选择性浸出

硫酸选择性浸出的基本过程是：高镍锍经水淬、细磨后，采用常压和加压结合的方法进行分段浸出，常压浸出段，金属镍、钴被选择性浸出进入溶液，铜、铁、贵金属则抑制于浸出渣。

高镍锍主要由铜镍合金、Ni_3S_2和 Cu_2S 三相组成，镍主要存在于合金相和 Ni_3S_2相中，铜存在于 Cu_2S 和合金相中，铁和钴存在于合金相中。常压浸出反应为：

$$Me + H_2SO_4 = MeSO_4 + H_2 \quad (3\text{-}196)$$

$$Me + CuSO_4 = Cu + MeSO_4 \quad (\text{Me 代表 Ni, Co, Fe}) \quad (3\text{-}197)$$

$$Ni_3S_2 + H_2SO_4 = 2NiS + NiSO_4 + H_2 \quad (3\text{-}198)$$

鼓入空气时，金属相被氧化：

$$Ni + H_2SO_4 + \frac{1}{2}O_2 = NiSO_4 + H_2O \quad (3\text{-}199)$$

$$4Ni + 4CuSO_4 + \frac{1}{2}O_2 = 4NiSO_4 + 2Cu_2O \quad (3\text{-}200)$$

$$4Cu + \frac{1}{2}O_2 = 2Cu_2O \quad (3\text{-}201)$$

$$2Cu_2O + \frac{1}{2}O_2 + 4H_2SO_4 = 4CuSO_4 + 4H_2O \quad (3\text{-}202)$$

合金相反应接近完全时，Ni_3S_2相与溶剂发生反应：

$$2Ni_3S_2 + 2H_2SO_4 + \frac{1}{2}O_2 = 2H_2O + 4NiS + 2NiSO_4 \quad (3\text{-}203)$$

合金相已有部分溶解时，在 pH 值较高条件下溶液中的 Fe 被氧化并形成沉淀：

$$4FeSO_4 + 2H_2SO_4 + \frac{1}{2}O_2 = 2Fe_2(SO_4)_3 + 2H_2O \quad (3\text{-}204)$$

$$Fe_3(SO_4)_2 + 4H_2O = 2FeOOH + 3H_2SO_4 \quad (3\text{-}205)$$

Fe^{3+}实际上是一种强氧化剂，可使少量 Cu_2O 溶解：

$$Fe_2(SO_4)_3 + Cu_2O + H_2SO_4 = 2FeSO_4 + 2CuSO_4 + H_2O \quad (3\text{-}206)$$

当溶液的 pH 值大于 3.9 时，水溶液中的铜会按下式生成碱式硫酸铜沉淀：

$$3CuSO_4 + 4H_2O = CuSO_4 \cdot 2Cu(OH)_2 \downarrow + 2H_2SO_4 \tag{3-207}$$

第一段浸出液富含镍、钴，几乎不含铜、铁等杂质，因而浸出液的净化作业只需要除钴。由于溶液中不能引入 Cl^-，沉钴的氧化剂采用特制的黑镍（NiOOH）。第一段浸出液经镍钴分离后，硫酸镍溶液用电解沉积法或氢还原法生产金属镍，硫酸钴溶液进一步净化后，作为提钴原料。

常压浸出后的滤渣再进行加压浸出。加压浸出时，在氧化条件下，Ni_3S_2 和 NiS 几乎全部溶解，CuS 部分溶解。浸出后，高镍锍中绝大部分 Ni 和 Co 转入溶液，Cu 大部分以 CuS 和 Cu_2S 形式留在浸出渣中。

加压浸出的目的是使镍、钴尽可能达到高的浸出率，同时浸出部分铜供常压浸出工序使用，而将高镍锍中大部分铜和贵金属抑制于浸出渣中，以实现选择性浸出。

加压浸出在加压釜内进行，在氧化气氛下，金属和硫化物发生下列溶解反应：

$$2Cu_2S + 2H_2SO_4 + O_2 = 2CuS + 2CuSO_4 + 2H_2O \tag{3-208}$$

$$Cu + H_2SO_4 + \frac{1}{2}O_2 = CuSO_4 + H_2O \tag{3-209}$$

$$Ni_3S_2 + H_2SO_4 + Cu_2O = NiSO_4 + 2NiS + 2Cu + H_2O \tag{3-210}$$

$$NiS + CuSO_4 = NiSO_4 + CuS \tag{3-211}$$

$$Cu_2O + NiS + H_2SO_4 = NiSO_4 + Cu_2S + H_2O \tag{3-212}$$

$$Cu_2O + H_2SO_4 = CuSO_4 + Cu + H_2O \tag{3-213}$$

$$2FeOOH + 3H_2SO_4 = Fe_2(SO_4)_3 + 4H_2O \tag{3-214}$$

$$Ni_3S_2 + Fe_2(SO_4)_3 = 2FeSO_4 + 2NiS + NiSO_4 \tag{3-215}$$

$$Cu(OH)_2 + H_2SO_4 = CuSO_4 + 2H_2O \tag{3-216}$$

$$2Ni_3S_2 + 2H_2SO_4 + O_2 = 2NiSO_4 + 4NiS + 2H_2O \tag{3-217}$$

$$CuSO_4 + NiS = NiSO_4 + CuS \tag{3-218}$$

较大部分 CuS 被氧化溶解：

$$Cu_2S + \frac{1}{2}O_2 + H_2SO_4 = CuSO_4 + CuS + H_2O \tag{3-219}$$

加压浸出渣中残存的镍大部分呈硫化镍形式，极少量呈 NiO 及含镍的碱式硫酸盐形式，渣中的铜基本上以 Cu_2S 和 CuS 形式存在，将其送到铜冶炼车间经熔炼铸精炼成阳极板，供电解车间生产电解铜。贵金属富集于阳极泥中，阳极泥送去提取贵金属。第一段浸出渣中全部的铜及残存的镍在第二段加压浸出时全部溶出。

加压浸出液返回到常压浸出段，为常压浸出段的浸出配液。

3.7.1.3　净化

硫化镍精矿常压浸出液中除了含有主金属镍，还含有少量的钴、铅、铁等其他金属离子。为了给后续电积提镍提供纯净的硫酸镍溶液，需对溶液进行净化，脱除溶液中除镍以外的其他金属离子并加以综合回收。

工业上净化和沉积的方法很多，采用什么方法要看具体要求，往往是几种方法联合使用。常见的净化、沉积方法有：化学沉淀法（包括水解沉淀、硫化沉淀等）、置换法、电沉积、溶剂萃取法、离子交换法、吸附法、结晶法等方法。

硫化镍精矿常压浸出液净化主要是除铅和钴，除铅用共沉淀法，即加氢氧化钡使 $PbSO_4$ 和 $BaSO_4$ 一起沉淀。

哈贾瓦尔塔精炼厂采用 NiOOH 除钴。NiOOH 由于外观呈黑色，又称黑镍，是镍的高价氢氧化物。高价氢氧化镍能氧化溶液中的二价钴离子，使之呈三价的氢氧化钴沉淀出来。其反应如下：

$$Co^{2+} + NiOOH = CoOOH + Ni^{2+} \quad (3\text{-}220)$$

用 NiOOH 除钴，由于反应产物是 Ni^{2+}，与所处理溶液成分一致，不会污染该溶液，对下一步镍电积工序也不会带来不良影响。此外，NiOOH 除钴还能同时去除溶液中的微量杂质，如铜、铁、铅、锰、砷等，起到深度净化的作用。

3.7.1.4　硫酸电积

采用不溶阳极在直流电作用下，使硫酸镍或氯化镍溶液中的镍离子在电解槽阴极上呈金属镍沉积的镍电解方法称为镍电积精炼。

镍电积时阳极一般采用 Pb-Ag-Ca-Sr 四元合金板，部分企业采用钛基极板作为阳极板，阳极过程主要是析氧过程。

（1）阳极过程：

$$H_2O - 2e = \frac{1}{2}O_2\uparrow + 2H^+ \quad (3\text{-}221)$$

该反应产出大量的氧气，同时生成等当量的酸，溶液的酸度会增高。

（2）阴极过程。电积时阴极上主要进行的是还原反应：

$$Ni^{2+} + 2e = Ni \quad (3\text{-}222)$$

镍电积是在酸性溶液中进行的，溶液中标准电极电位比镍正的氢离子有可能在阴极上放电析出氢气：

$$2H^+ + 2e = H_2\uparrow \quad (3\text{-}223)$$

总反应为：

$$NiSO_4 + H_2O = Ni + \frac{1}{2}O_2 + H_2SO_4 \quad (3\text{-}224)$$

目前国内一般采用阴极袋技术进行生产，即将阴极（镍始极片）置于阴极隔膜袋中。镍阴极液通过管道分别进入每一个阴极袋，维持袋内液面高于袋外液面，使得阴极液只能从阴极区通过隔膜袋流入阳极区，阻止了阳极区产生的 H^+ 向阴极迁移。

在生产条件下，氢的析出电位一般占电流消耗的 0.5%～1.0%。镍电解的阴极液中，除含有 H^+ 外，常含有少量铜、铁、钴、锌等有害杂质的金属离子。这些杂质的含量虽然很低，但标准电极电位比 Ni^{2+} 正的 Cu^{2+}、Pb^{2+} 等优先于 Ni^{2+} 还原析出，需在电积前的工序中尽可能地除去，使它们的浓度尽可能地控制在一定范围之内。

3.7.2　氯化浸出-净液-电积

氯化浸出是在水溶液中进行的湿法氯化过程，即通过氯化使高镍锍中的镍、钴、铜等呈氯化物形态溶解的过程。由于氯和氯化物化学活性很高，生成的氯化物溶解度大，对杂质的络合能力又较强，因此在常温、常压下，氯化浸出就能达到在其他介质中必须加温、加压下才能达到的技术指标。

3.7.2.1　氯化浸出

根据浸出剂的种类不同，高镍锍氯化浸出分为盐酸浸出法和氯气浸出法两种。

A　盐酸浸出法

盐酸浸出法处理高镍锍是鹰桥镍矿业公司研制的工艺，用来处理细粒高镍锍。

用盐酸浸出高镍锍的过程可用下面反应式表示：

$$MeS + 2H^+ = Me^{2+} + H_2S \tag{3-225}$$

盐酸浸出时，不同的 MeS 要求不同的平衡 pH 值。FeS、Ni_3S_2、CoS 的平衡 pH 值较高，用盐酸就能浸出。对于平衡 pH 值较低的 MeS，如 Cu_2S、CuS 以及铂族金属则很难被盐酸浸出。因此磨细后的高镍锍用盐酸浸出时，镍、钴可选择性地溶解，而铜和铂族金属则留于浸出渣中。

在浸出液中，除镍以外，大多数 Me^{2+}都能与 Cl^-络合成络阴离子，如 $CoCl_4^{2-}$、$FeCl_4^-$、$CuCl_4^{2-}$，镍则不形成络阴离子。利用这一特性，可以用胺类溶剂萃取，分离镍与其他 Me^{2+}。浸出液中 $NiCl_2$的溶解度随盐酸浓度增高而降低，因此向浸出液中鼓入氯化氢来提高盐酸浓度，不用中和即可沉淀出 $NiCl_2$，从而使整个浸出系统始终保持高酸度，在不高于 70 ℃的条件下进行浸出操作，仍可获得高的浸出率。

B　氯气浸出法

加拿大鹰桥镍矿业公司运至挪威克里斯蒂安松精炼厂的高镍锍，全部都被破碎、磨细至-100 目（-150 μm），其中粗颗粒用氯气浸出法处理。克里斯蒂安松精炼厂的年生产能力为 43200 t 镍，其中用氯气浸出法生产的镍占总生产镍量 84.2%，为 36400 t。

在酸性水溶液中通入氯气，使物料氯化溶出的过程称为氯气浸出。氯气是一种强氧化剂，其氧化还原电位很高。氯在水溶液中还会水解生成盐酸及次氯酸，次氯酸有比氯更正的氧化还原电位。因此用氯气浸出高镍锍时，高镍锍中的镍、钴、铜等金属和金、银、铂、钯等贵金属都会氯化进入溶液。浸出槽中的主要化学反应如下：

$$Ni_3S_2 + 2Cu^{2+} = 2NiS + Ni^{2+} + 2Cu^+ \tag{3-226}$$

$$2Cu^+ + Cl_2 = 2Cu^{2+} + 2Cl^- \tag{3-227}$$

$$NiS + 2Cu^{2+} = Ni^{2+} + 2Cu^+ + S \tag{3-228}$$

$$Cu_2S + S = 2CuS \tag{3-229}$$

氯气浸出镍精矿的过程，可以认为主要是溶液中 Cu^{2+}与高镍锍中的 Ni_3S_2之间进行反应，反应结果产生的 Cu^+又被氧化成 Cu^{2+}，Cu^{2+}再与 Ni_3S_2和 NiS 进行反应。浸出槽内氧化还原电位的控制，是通过调节氯气和被浸出原料的相对加入速度来实现的。在连续浸出过程中，先固定原料的加入速度，然后通过调节氯气管路上的电动阀门，来保持浸出要求的电位值。

在工业实际应用中，并不要求将全部贵贱金属同时氯化进入溶液，如克里斯蒂安松精炼厂在处理普通高镍锍时，仅要求钴、镍氯化进入溶液，而铜及贵金属留于浸出渣中；在处理南非含贵金属高的高镍锍时，则要求镍、钴、铜等金属氯化进入溶液，而贵金属留于浸出渣中。由于镍、钴等金属的氧化还原电位较负，而铜与贵金属的氧化还原电位较正，因而利用两者电位的差异，选取适宜的电位进行浸出，可以达到上述选择性浸出的目的。

在氯气浸出过程中，溶液的氧化还原电位随着氯气的通入而上升，并且随着高镍锍的加入而下降。因此，只要控制溶液的通氯速度和高镍锍的加入速度，就可以把溶液的氧化还原电位控制在适宜的范围内。

3.7.2.2 浸出液净化

氯化浸出液的净化方法有沉淀法和萃取法。

A 沉淀法

浸出后矿浆连续不断地从浸出槽排入两个串联的沉铜槽内，浸出矿浆包含富镍溶液、元素硫和浸出渣。这种矿浆由于含有元素硫，当加入新的粉状高镍锍时，富镍溶液中所含的溶解铜，能按下式反应发生沉淀：

$$2Cu^{2+} + S + Ni_3S_2 = Cu_2S + Ni^{2+} + 2NiS \tag{3-230}$$

$$Ni + S + 2Cu^+ = Cu_2S + Ni^{2+} \tag{3-231}$$

$$Cu_2S + S = 2CuS \tag{3-232}$$

$$S + 2Cu^+ = CuS + Cu^{2+} \tag{3-233}$$

富镍溶液中的残留铜可以通过控制粉状高镍锍加入量，把溶液氧化还原电位保持在一定的电位值上，从而达到要求的脱铜深度。

从沉铜槽排出的矿浆经隔膜泵送到压滤机过滤。滤渣主要含硫化铜、元素硫和未溶解的镍，滤渣送焙烧炉处理，最后用电积法生产阴极铜。

氯气浸出高镍锍时有部分铁也同时被浸出。为除去这部分铁，向两个串联搅拌槽中的富镍浸出液鼓入空气，同时加入碳酸镍作中和剂，铁便生成氢氧化铁除去。

B 萃取法

萃取法净化工序包括萃取、洗涤共萃负载有机相、有机相反萃再生和有机物去除等过程。

（1）萃取过程。该共萃除杂选用萃取剂是 N235，除铁后的氯化镍溶液含有钴、铜、铅和残余的少量铁，除铅以外，采用 N235 共萃将钴、铜、铁一起除去，使其达到净化要求，但除铅效果不明显。

（2）共萃负载有机相。共萃负载有机相除负载有钴、铜、铁外，还含有一定夹带的镍，为保证钴产品的纯度必须洗涤。洗涤剂采用后续反萃后得到含钴大于 100 g/L 的 $CoCl_2$溶液，此洗涤段还有第二个作用，即增加有机相中的钴浓度，以便得到高钴溶液。

（3）有机相反萃再生。有机相的反萃包括两部分，第一部分是用水或钴电解阳极液反萃钴，得到高钴含量、高钴镍比的氯化钴溶液；第二部分是用水反萃铁，得到高铁含量、高铁镍比的氯化铁溶液，反萃后有机相用水进一步洗涤再复用。

（4）去除有机物。经萃取净化的氯化物溶液中夹带有少量的有机物，其危害有两条：

1）含量高时，对不溶阳极电解过程中的镍板物理规格及化学组成产生不良影响；

2）对后续工序离子交换除铅过程的树脂起到破坏作用。

首先经澄清将夹带的有机物大部分分离出来，然后经玻璃毛吸附，最后经活性炭吸附除有机物。

3.7.2.3 氯化电积

氯化镍的电解沉积也采用不溶阳极隔膜电积。以石墨或具有贵金属氧化物活性层的钛板为不溶阳极，镍始极片作为阴极。

氯化电积过程中阴极主要是金属镍的析出反应，阳极为氯气的生成反应，主要化学反应为：

阴极：
$$Ni^{2+} + 2e \longrightarrow Ni \tag{3-234}$$
$$2H^+ + 2e \longrightarrow H_2\uparrow \tag{3-235}$$

阳极：
$$2Cl^- \longrightarrow Cl_2\uparrow + 2e \tag{3-236}$$
$$H_2O \longrightarrow 2H^+ + \frac{1}{2}O_2\uparrow + 2e \tag{3-237}$$

总反应为：
$$NiCl_2 = Ni + Cl_2 \tag{3-238}$$

氯化镍的电解沉积时阴极析出镍，使电解液中 Ni^{2+} 贫化的同时在阳极析出氯气。理论上溶液的 pH 值不变，这是 $NiCl_2$ 电解液突出的优点之一，但氯气污染较为严重，须在阳极区域设专门的装置收集，并采用 NaOH 液吸收净化。电积的电流密度一般为 220～230 A/m^2，也有的可高达 600 A/m^2，电流效率可达 97%。

3.7.3 加压氨浸-蒸氨-氢还原

最早采用加压氨浸湿法冶金技术从硫化镍精矿中提取镍的工厂是加拿大舍里特·高尔顿公司的萨斯喀切温堡镍精炼厂，主要工艺过程包括两段加压氨浸、浸出液蒸氨除铜、加压液相氢还原制取镍粉和镍粉压块。

与火法冶金方法相比加压浸出法的优点是工艺比较简单，环境污染轻，镍、钴、铜回收率较高，分别可达到 90%～95%、50%～75%、88%～92%；缺点是过程反应速度慢，溶液中的金属离子浓度低，设备庞大，处理含贵金属的硫化镍精矿时，贵金属留于浸出渣中，回收比较困难。

3.7.3.1 加压氨浸

加压氨浸的目的是使高镍锍中的镍、钴、铜能最大限度地溶入氨溶液中。在一定的压力和温度条件下，当有氧存在时，高镍锍中的金属硫化物能与溶解的氧、氨和水发生反应反应，镍、钴、铜等生成可溶性的氨络合物进入溶液；铁的络合物很不稳定，转变为不溶的三氧化二铁留于浸出渣中。

金属硫化物中的硫经过一系列的反应最终氧化成硫酸盐和氨基磺酸盐，其主要反应为：

$$2(NH_4)_2S_2O_3 + 2O_2 = (NH_4)_2S_3O_6 + (NH_4)_2SO_4 \tag{3-239}$$
$$(NH_4)_2SO_4 + 2O_2 + 4NH_3 + H_2O = NH_4SO_3NH_2 + 2(NH_4)_2SO_4 \tag{3-240}$$

加压氨浸通常采用两段逆流操作。第一段称为“调节”浸出，要求产出的浸出液中含有一定数量的未饱和硫氧离子，如 $S_2O_3^{2-}$、$S_3O_6^{2-}$、$SO_3NH_2^-$，以满足下一工序脱铜的需要。

第一段浸出后的矿浆经浓密、过滤后，滤饼用新的氨溶液浆化，送入加压釜中进行第二段浸出。第二段浸出又称为“最终浸出”。

氧氨浸所用的设备为高压氧氨浸釜，其结构如图 3-17 所示。

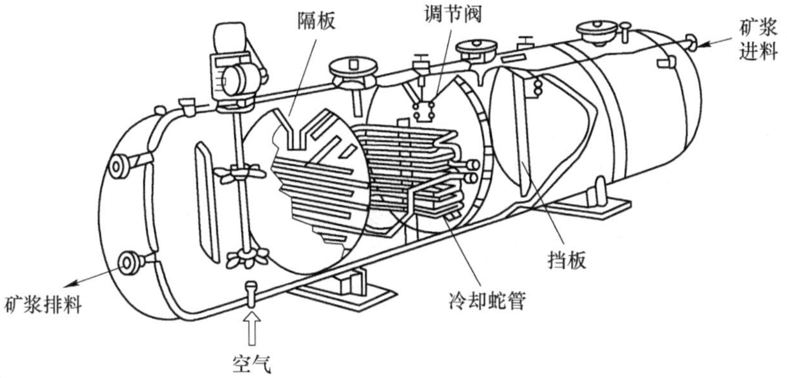

图 3-17　高压氧氨浸釜

3.7.3.2　蒸氨除铜

浸出液中含镍、铜、钴的氨络合物，游离氨以及 $S_2O_3^{2-}$、$S_3O_6^{2-}$、SO_4^{2-}、$NH_2SO_3^-$ 等离子。溶液中的游离氨含量的摩尔比约为 7，而在其后的镍氨还原工序则要求将该摩尔比降低约为 2。因此，大部分游离氨必须在除铜过程中用蒸馏法除去，这是蒸氨除铜工序的“蒸氨”过程。

蒸氨除铜的目的是除去部分氨和沉淀铜。

由于铜为正电位的金属，溶液中若含有铜，在液相氢还原制取镍粉的条件下，铜与镍粉一起被还原出来污染镍粉，因此必须在氢还原之前除去铜。随着蒸氨过程的进行，游离氨逐渐减少，铜离子与未饱和硫氧离子发生反应，生成硫化物沉淀，这是蒸氨除铜工序的“除铜”过程。其主要反应如下：

$$Cu^{2+} + S_3O_6^{2-} + 2H_2O \xlongequal{} CuS + 4H^+ + 2SO_4^{2-} \tag{3-241}$$

$$Cu^{2+} + S_2O_3^{2-} + H_2O \xlongequal{} CuS + 2H^+ + SO_4^{2-} \tag{3-242}$$

$$8Cu^{2} + 2S_2O_3^{2-} + 4H_2O \xlongequal{} 8Cu^+ + S_3O_6^{2-} + SO_4^{2-} + 8H^+ \tag{3-243}$$

$$2Cu^+ + S_3O_6^{2-} + 2H_2O \xlongequal{} Cu_2S + 4H^+ + 2SO_4^{2-} \tag{3-244}$$

温度对沉淀铜的反应速度有一定影响，提高温度可以加快沉淀铜的反应速度。

除铜过程的产物是 CuS 和 Cu_2S 的混合物。这种除铜方法的优点是能从溶液中有效地除去铜，不必往系统中加入专门的沉淀剂。沉淀作用对铜有很好的选择性，沉淀产物通常含镍（质量分数）小于 1%。

蒸氨除铜作业在几个串联密闭的容器中进行，包括几个蒸馏罐和一个再煮器。

蒸馏过程用蒸汽直接加热，蒸汽压力为 0.25 MPa，氨蒸汽与溶液为逆向流动。浸出液在蒸氨除铜装置内停留大约 2 h。蒸氨除铜后的矿浆在过滤机上过滤，得到的滤渣可作为炼铜的原料，除铜后液含 Cu 0.1~0.3 g/L。

镍粉的质量标准中对铜含量有严格要求，因而送液相氢还原制取镍粉的料液含铜必须低于 0.005 g/L。

为使含铜降到0.005 g/L以下，必须再进行深度除铜。深度除铜采用硫化氢作沉淀剂，在 120 ℃、0.1 MPa 的条件下，向溶液内通入超过化学计算量 5%的硫化氢，使铜以硫化铜形式沉淀下来，净化后的溶液含铜可降至 0.001 g/L。硫化氢除铜选择性较差，铜渣内含有相当数量的镍和钴，需要返回浸出车间处理。

3.7.3.3　氧化水解

氧化水解是指氧化和水解两个化学反应，其目的是把溶液中的未饱和硫氧离子和氨基磺酸盐转变成硫酸盐。因未饱和的硫氧离子和氨基磺酸盐在液相氢还原制取镍粉的条件下会发生分解，使镍粉含硫升高。蒸氨除铜后的溶液在送往氢还原之前，必须将硫代硫酸根离子和连多硫酸根离子氧化成稳定的硫酸根离子，而使氨基磺酸根离子水解成硫酸根离子。在升温和鼓入空气的条件下，未饱和的硫氧离子很容易氧化成硫酸根离子。其反应为：

$$S_2O_3^{2-} + S_3O_6^{2} + 4O_2 + 3H_2O \longrightarrow 6NH_4^+ + 5SO_4^{2-} \quad (3\text{-}245)$$

氧化后液中未饱和的硫氧离子含量（质量分数）可降至小于 0.005 g/L。

氨基磺酸盐水解必须在较高的温度下才能进行，其反应可用下式表示：

$$(NH_4)SO_3NH_2 + H_2O \longrightarrow (NH_4)_2SO_4 \quad (3\text{-}246)$$

氨基磺酸盐水解时，溶液中应保持有一定的硫酸铵浓度，以避免镍基络合物同时发生水解反应。水解后溶液中的氨基磺酸根（以 NH_2计）含量低于 0.05 g/L。

氧化水解过程是在氧化水解加压釜内进行的，其结构与浸出加压釜相似。

除铜后液经两段换热加热到 220 ℃进入氧化水解加压釜内。实际上，在溶液换热过程中，未饱和的硫氧离子已大部分氧化，仅少量未饱和的硫氧离子是在氧化水解加压釜中完成氧化反应。

3.7.3.4　加压液相氢还原

镍的液相氢还原是一个气液固多相反应，通常采用硫酸亚铁作晶种提供初始固相表面。硫酸亚铁在氨溶液中能生成分散的 $Fe(OH)_2$固体微粒，其反应为：

$$FeSO_4 + 2NH_3 + 2H_2O \longrightarrow Fe(OH)_2 + (NH_4)_2SO_4 \quad (3\text{-}247)$$

氢还原过程即以此为核心，镍离子吸附在 $Fe(OH)_2$表面，再被还原成金属镍粉。

镍粉长大是在晶种制取之后进行的。排出晶种尾液之后，往还原釜内注入料液，通入氢气，料液与氢气在晶种表面发生反应，镍在晶核上沉淀，镍粉颗粒增大。还原完成后，澄清适当时间，排出尾液，再开始下一循环，这样的过程称为“长大”。

长大次数根据镍粉用途可进行 50～80 次，为了使还原釜的搅拌用电动机不致超载，通常在长大 15～20 次后，每隔几次排出部分镍粉。

经过一个周期的加压氢还原操作之后，有 2%～3%的镍沉积在釜壁。为了清除这些结疤，用一定浓度的硫酸铵溶液在加温、鼓入空气的条件下，把沉积在釜壁上的结疤反溶下来。氢从溶液中还原出金属的反应为：

$$Me^{n+} + \frac{n}{2}H_2 \longrightarrow Me + nH^+ \quad (3\text{-}248)$$

上述反应只有当金属的电极电位大于氢电极电位时，氢才能从溶液中还原出金属。对正电性的金属（如铜、银、金），电极电位大于零，这些金属即使在酸性溶液中也可以被氢还原。对负电性金属（如镍、钴），只有在一定条件下，也就是金属的电极电位大于氢的电极电位的条件下，才能被氢还原。

要做到这一点有两个途径：一是提高氢分压或提高溶液的 pH 值来降低氢电极电位；二是用提高离子浓度来提高金属电极电位。

镍是负电性金属，要使镍的氢还原反应能够进行，溶液必须有足够高的 pH 值。但是，随着溶液的 pH 值提高，镍离子在溶液中会产生水解反应，不利于氢还原反应的进行。为此，需要选择一种络合剂，使金属形成一种稳定的络合物。

在镍的加压氢还原条件下，最适宜的络合剂是氨。它能与镍生成稳定的镍氨络合物，在较高的 pH 值条件下也不会水解。氨还能中和还原反应中释放出的酸，使溶液保持稳定的 pH 值。

由于镍的氢还原反应是在固相表面上进行的，因此镍的还原速度在很大程度上取决于固体催化剂能提供的表面积。

根据热力学原理，钴的标准电极电位低于镍的标准电极电位，镍应比钴优先还原，但两者电位比较接近，不易做到完全彻底分离。

在工业生产中，用控制 NH_3/Ni(摩尔) 比值和还原尾液含镍量的方法防止钴被还原。例如，含 Ni 50 g/L、Co 1 g/L 的料液，采用以下还原条件：温度 175 ℃、氢分压2.3 MPa、NH_3/Ni(摩尔) 比值为 2，控制还原尾液含镍在 1~2 g/L 时，没有明显数量的钴被还原。

3.7.3.5　压块

加压氢还原法生产的镍粉经充分洗涤和干燥后，可以呈粉状销售。由于镍的主要用于生产不锈钢和合金，而大多数生产不锈钢和合金的工厂希望加到电炉中的镍呈块状，因此用加压氢还原法生产出的镍粉，大部分被加工成镍块烧结后出售。

镍粉压块过程是将干燥后的镍粉加入 0.5%黏合剂，在对辊压块机上压成圆枕形。产出的压块必须有足够的强度，保证在运往烧结过程中不破裂。

影响压块强度的因素主要是镍粉粒级配比。镍粉粒级配比应广泛，最好能包含一些很细的粒级。镍粉的密度在 4.3~4.6 g/cm^3 范围内产出的镍块强度较高。视密度过大的镍粉连接力弱，成块困难，产出的压块强度低；视密度过小的镍粉产出的压块强度虽大，但压块的密度太小。

作为黏合剂用的聚丙烯酸，在使用前应先用氨中和，再加水配成浓度为 25%的水溶液，其黏度大约为 3 Pa · s，聚合物的相对分子质量约为 10^5。

送往压块的镍粉应完全干燥，干燥温度不应高于室温太多。

压块烧结的目的是提高压块的强度，并可脱除大部分硫和碳。

镍粉中的硫以硫化物和硫酸盐形态夹杂在镍晶粒之间。硫酸盐在氢气氛、400 ℃条件下可能出现下列反应：

$$NiSO_4 + 4H_2 = NiS + 4H_2O \tag{3-249}$$

$$(NH_4)_2SO_4 + Ni = NiS + N_2 + 4H_2O \tag{3-250}$$

反应生成的硫化物在氢气氛下会慢慢地按下式分解：

$$NiS + H_2 \longrightarrow Ni + H_2S \tag{3-251}$$

压块烧结前含（质量分数）S 0.02%，烧结后含硫可降至 0.003%～0.005%。

镍粉质量标准中严格规定了硫含量，因为镍粉中即使含有微量的硫，也会使产品性质变坏，在轧制和冲压时会因脆性而产生裂纹。

压块时加入的黏合剂在 300～400 ℃时挥发。黏合剂挥发并不影响压块的强度，其强度主要产生于压块烧结时镍粉颗粒之间的机械连接，在 500～600 ℃时转变为熔接连接。

压块烧结时用氢气作保护气氛，并供入少量的 CO_2，有利于压块深度脱碳。其反应为：

$$CO_2 + C \rightleftharpoons 2CO \tag{3-252}$$

该反应在 800 ℃以上进行，镍块烧结前含 C 0.02%，烧结后含碳可降至 0.002%。

3.7.4 硫酸化焙烧-浸出-铁粉置换

早在 1951 年，鹰桥镍矿业公司为了减少铁进入镍冶炼过程，就开始研究含镍磁黄铁矿的处理方法。经过多年试验之后，于 1960 年开始处理含镍磁黄铁矿精矿，从中回收镍和氧化铁，生产流程包括焙烧、焙砂浸出和铁粉置换三个部分。

3.7.4.1 硫酸化焙烧

硫酸化焙烧处理的方法是将选矿厂产出的含镍磁黄铁矿精矿在流态化焙烧炉内进行硫酸化焙烧，使精矿内所含的镍、铜、钴转化为水溶性的金属硫酸盐，产出的焙烧矿用水进行浸出，从浸出液中回收有价金属。浸出渣经洗涤、过滤、干燥到含水 11%，然后制成氧化铁球团矿作为炼钢原料。

硫酸化焙烧的目的是在含氧较高和温度较低的条件下使硫化镍矿中的有色金属转变成可溶性硫酸盐，而 Fe_2O_3不硫酸化。焙烧过程发生反应。

$$2MeS + 3O_2 \longrightarrow 2MeO + 2SO_2 \tag{3-253}$$

气相中的氧与 SO_2继续反应生成 SO_3：

$$2SO_2 + O_2 \longrightarrow 2SO_3 \tag{3-254}$$

当焙烧温度低于金属硫酸盐的分解温度时，三氧化硫就能与金属氧化物发生反应生成金属硫酸盐：

$$MeO + SO_3 \longrightarrow MeSO_4 \tag{3-255}$$

因此，选择适当的焙烧温度，可以将含镍磁黄铁矿精矿中的镍、铜、钴转化成水溶性硫酸盐。硫酸化流态化焙烧是在含氧较高的气氛、较低的焙烧温度下进行的。精矿粒度对焙砂硫酸化程度有一定影响，粒度过大会降低硫酸化程度。硫酸化焙烧过程中添加硫酸钠，对促进磁黄铁矿中镍选择性硫酸化有良好的作用。

3.7.4.2 焙砂浸出

硫酸化焙烧产出焙砂的主要组分是硫酸镍、硫酸钴、硫酸铜、硫酸钠、氧化铁，鹰桥公司采用在 5 台逆流倾析浸出浓密机内用水浸出这些硫酸盐，使铁留在浸出渣内。

焙砂浸出的操作过程是：将冷却器排出的热焙砂加入 1 台 ϕ2 m×3.7 m 的不锈钢制的回转骤冷槽内，用富液进行骤冷，这时焙砂中的可溶性硫酸盐开始溶出，骤冷后矿浆在水力旋流器内分级。水力旋流器排出的粗粒底流送砾磨机研磨，研磨后的矿浆与水力旋流器细粒溢流合并进入浸出浓密机。

第一段浸出浓密机的溢流（称为富液）送去回收有价金属，部分第一段和第二段浸出浓密机的溢流返回骤冷槽用于浆化热焙砂，第四段浸出浓密机的溢流（贫液）有一部分作为焙烧炉的冷却液。最后一段浸出浓密机加入清水作浸出剂；排出的底流先进行过滤，滤饼用水浆化后再一次过滤，洗去残存的可溶性盐类，得出的二次滤饼即为氧化铁渣。

氧化铁渣在 ϕ2 m×18 m 的干燥窑内进行干燥。干燥窑的进料端用天然气加热，每小时能处理 17 t 炉料。湿料通过干燥窑后自然形成球团，产出含水约 11%的球团矿，其化学成分（质量分数/%）：Fe 66、Ni 0.13、Co 0.003、Cu 0.01、$SiO_2$22、S 0.47，球团矿作为炼钢原料。

3.7.4.3　铁粉置换

鹰桥镍矿业公司采用一种独特的方法回收富液中的有价金属。该法是将富液泵入 4 个一组串联的还原搅拌槽的首槽，槽内通入蒸汽保持富液温度为 82 ℃。

还原搅拌槽内装有作为还原剂的磁黄铁矿精矿，富液中的 Fe^{3+}与还原剂发生反应被还原成 Fe^{2+}，同时在精矿颗粒上生成元素硫。从第四个还原搅拌槽排出的矿浆再进入 4 个一组串联的沉淀槽，往第一个和第二个沉淀槽内加入铁屑，金属铁能与溶解的镍、钴、铜发生置换沉淀反应。

富液经过 4 个沉淀槽后，溶液内的有价金属约有 98%已与作为还原剂的含镍磁黄铁矿精矿一起沉淀，使精矿含镍由 1.1%提高到 11%左右。沉淀后矿浆经浓密机进行固液分离，溢流液作为贫液送焙烧炉作冷却用，含固体 50%的底流用一个不锈钢制的圆筒过滤机过滤，滤饼即镍精矿，其成分（质量分数/%）：Ni 10.9、Co 0.3、Cu 1.6、Fe 30、S 26、SiO_2 2.1。

当处理含镍 1.1%镍磁黄铁矿精矿时，镍的浸出率约为 87.5%。

安全注意事项及预防措施

（1）毒性：氯气具有毒性，主要通过呼吸道侵入人体并溶解在黏膜所含的水分里，会对上呼吸道黏膜造成损害。

预防措施：严格按照氯气使用规则使用氯气，注意管道检修，注意现场通风。

（2）腐蚀性：盐酸、硫酸、氨水均具有腐蚀性。

预防措施：严格按照各种物质使用规则使用，注意现场通风。

任务小结

（1）硫酸选择性浸出-净液-电积工艺；

（2）氯化浸出-净液-电积工艺；

（3）加压氨浸-蒸氨-氢还原工艺；

（4）硫酸化焙烧-浸出-铁粉置换工艺。

知识拓展

硫化镍是一种无机化合物，化学式为 NiS，不溶于水，溶于硝酸、王水，自然界中以针镍矿形式存在，有 α、β、γ 三种变体。

α-NiS 为黑色无定形粉末，属于 NiAs 型结构，晶格常数 $a = 343.95 \times 10^{-12}$ m；在空气中转化为羟基硫化高镍 [Ni(OH)S]。将纯硫化氢气体通入氯化镍和氯化铵混合液可制得。

β-NiS 为黑色粉末，相对密度 5.0~5.6，熔点 810 ℃。在 347 ℃时转变为 α-NiS，由经过化学计量的 Ni 和 S 在真空石英管内加热至 900 ℃制得。

γ-NiS 为黑色粉末，相对密度 5.34（30 ℃）。396 ℃时转变为 β-NiS，在由稀硫酸酸化的硫酸镍溶液中通入纯硫化氢气体制得。

任务 3.8　氧化镍矿的火法冶金

任务目标

（1）了解氧化镍矿类型；
（2）掌握镍铁工艺；
（3）掌握镍锍工艺。

理论与实践

氧化镍矿有两种类型：一种是褐铁矿型，通常蕴藏在氧化矿床的表层，其主要成分是含铁的氧化矿物；另一种是硅酸盐型，通常储藏于氧化矿床的较深层。

氧化镍矿石品质较复杂，矿石中镍呈化学浸染状态，难以采取选矿的方法有效地富集镍，故只有直接冶炼。虽然处理这种低品位原料的加工费用比较高，但其开采容易、开采费低，从而可以得到补偿。

火法处理氧化镍矿工艺有镍铁工艺和镍锍工艺，产品分别为镍铁和低镍锍。镍铁工艺是还原熔炼镍铁，镍锍工艺是鼓风炉还原硫化熔炼产出镍锍而与脉石分离。

3.8.1　镍铁工艺

由于氧化镍矿原料成分不同，特别是 Fe/Ni 比和 SiO_2/MgO 比的不同，处理含镍红土矿的各厂采用了不同的生产方法。

3.8.1.1　电炉还原熔炼法

电炉还原熔炼法由于具有温度高、适于处理含 SiO_2 和 MgO 高的难熔氧化镍细料、烟气量小、渣含镍低的特点，一般可回收镍 90%~95%，回收铁 50%~60%，经精炼后的镍回收率仍可达 85%以上等优点，故在氧化镍矿直接制取镍铁中得到广泛的应用。生产流程通常包括：原料准备、还原熔炼和精炼 3 个工序。

A　原料准备

由于原矿含有大量附着水和结晶水，故熔炼前的原料准备主要是脱水和干燥。

电炉熔炼镍铁时，炉料预处理有两种方法：一是红土镍矿烧结成烧结矿；二是利用回转窑还原焙烧，将红土镍矿焙烧成焙砂。红土镍矿的真实水分为 30%~45%，目前各工厂大多用回转窑将矿石干燥至残余水分为 15%~20%，以免干燥过程产生过量粉尘。

氧化镍矿和熔剂、还原剂运送至原料仓库，通过原料处理系统完成选矿、上料、破碎及配料。按工艺配比混合后的炉料经回转窑干燥、加热和焙烧，产出焙砂。

红土镍矿的化学结合水一般在 400 ℃下脱除，当矿石移向回转窑的加热端时，温度升高，还原势增强，矿石在 500~600 ℃下开始金属化；当矿石到达出料端时，温度可升至 800~900 ℃，并且大部分的 NiO 和少部分的氧化铁还原成金属。回转窑内最高工作温度受到矿石在窑壁上结块并形成炉结的限制。

B　还原熔炼

经回转窑脱水、干燥后，加热至 1000 ℃左右的镍焙砂，连续装入电炉进行还原熔炼形成金属镍。

在电炉中氧化物的还原顺序为：首先 Fe_2O_3还原成 FeO，其次 NiO 还原为金属 Ni，最后 FeO 还原为金属 Fe。在电炉熔炼时，SiO_2虽然比镍和铁的氧化物更难还原，但因原料中的硅含量比较高，因而不可避免地有少量的硅被还原出来。一部分 Si 与 Fe、Ni 的氧化物作用，使它们还原成镍铁，另一部分则熔于镍铁合金中。因此，炉料中还原剂越多，被还原出来的铁和硅量也越多，得到的镍铁含镍也越低。但是，使镍的回收率提高了。

电炉中的热熔砂经过还原熔炼，产出镍铁、炉渣和煤气。炉渣与镍铁在电炉内分层，下层为镍铁，出炉温度为 1510 ℃；炉渣在上层，其出炉温度为 1593 ℃。电炉不用石灰石熔剂，炉渣成分主要是 SiO_2和 MgO。粗镍铁水由铸铁机浇铸成铸块，或进行精炼后铸块或由粒化装置浇铸成铁粒，或直接送下一步冶炼不锈钢。炉渣处理系统完成炉渣水淬及脱水干燥。烟气经烟气处理系统净化合格后，通入回转窑作为补充燃料。

C　精炼

粗镍铁是以铁为主的含有镍和钴，以及微量杂质（如硅、铬、碳、硫、磷）的合金。粗镍铁精炼的任务是除去上述杂质，并使镍的品位提高。

目前电炉熔炼得到的镍铁合金精炼是在炼钢转炉中进行。向粗镍铁熔体鼓入空气或氧并相应地加入一些熔剂，使杂质元素氧化造渣而除去。

熔池中除铁以外的各种元素氧化方式有两种：直接氧化和间接氧化。直接氧化是指气相中的氧与熔池中除铁以外的各种元素直接发生氧化反应。间接氧化是指氧首先和铁发生反应生成（FeO），然后（FeO）扩散并溶解于钢中，钢中其他元素与溶解的氧发生氧化反应。

$$(FeO) + [C] = \{CO\} + [Fe] \quad 或 \quad [C] + [O] = \{CO\} \tag{3-256}$$

各种元素的氧化以间接氧化为主。

精炼时硅被氧化成 SiO_2，铬被氧化成 CrO 或形成 $FeO \cdot Cr_2O_3$，碳燃烧为 CO_2；硫虽然可氧化为 SO_2，但是氧化较慢，故常采用加入脱硫剂（例如碳酸钠、二碳化钙、氟化钙、石灰、氢氧化钠或食盐等的方法）使硫除去。其主要反应为：

$$[FeS] + 2(Na_2CO_3) + 3[C] + [Si] = [Fe] + (Na_2SiO_3) + 3CO + Na_2S \tag{3-257}$$

反应产物 Na_2S 进入渣相。

3.8.1.2 高炉熔炼法

高炉生产镍铁的操作方法与生铁的生产方法类似。在高炉的还原条件下，镍铁中的金属被碳充分饱和，因而高炉生产的镍铁较电炉镍铁含碳高。

由于红土镍矿粒度过细，必须经过人工造块，达到一定粒度后才能进行高炉冶炼。造块矿的生产方法较多，主要的方法有烧结法、球团法。目前红土镍矿高炉冶炼应用最广泛的是烧结法。

烧结法是将矿粉、熔剂、燃料（焦粉、煤粉）、返矿及其他含镍（镍铁）原料按一定比例配合后，经混合机混匀、加水湿润造球，将混好的炉料在烧结机布料、点火，借助炉料氧化产生的高温，使烧结料水分蒸发并发生一系列物理化学变化，部分混合料颗粒表面发生软化和熔化，产生部分液相黏结，冷却后成块，再经破碎和筛分，这个过程称为烧结，最终得到的块矿就是烧结矿。

目前镍铁生产普遍使用抽风带式烧结。此外，在一些小高炉镍铁生产中也采用环式烧结、箱式烧结和立窑烧结。

烧结后的红土镍矿、熔剂、焦炭按一定比例从炉顶装入炉内，从风口鼓入1000～1300 ℃的热风，焦炭在风口前燃烧带与氧燃烧，产生的还原气体和热量在炉内上升过程中加热缓慢下降的炉料，并且还原矿石中的镍、铁等。金属、矿石升到一定温度后软化，熔融滴落，矿石中未被还原的物质形成炉渣，实现炉渣与铁水分离。已熔化的渣铁聚集在炉缸内，根据渣铁的密度差异，定期从渣口和铁口排放渣、铁，使镍铁从红土镍矿中分离。在炉内燃烧产生的还原气体和热量，在上升过程中不断与炉料进行热交换和还原反应，最终形成高炉煤气从炉顶排出。

高炉的整个冶炼过程取决于风口前焦炭的燃烧，上升煤气流与下降炉料间的一系列物理化学变化，如传热、传质、干燥、蒸发、挥发、分解、还原、软熔、造渣、渗碳和脱硫等。根据物料存在形态的不同，高炉内融化状态与高炉炼铁一样，可将高炉划分为五个区域：块状带、软熔带、滴落带、焦炭回旋区（风口燃烧带）、渣铁聚集区，如图3-18所示。

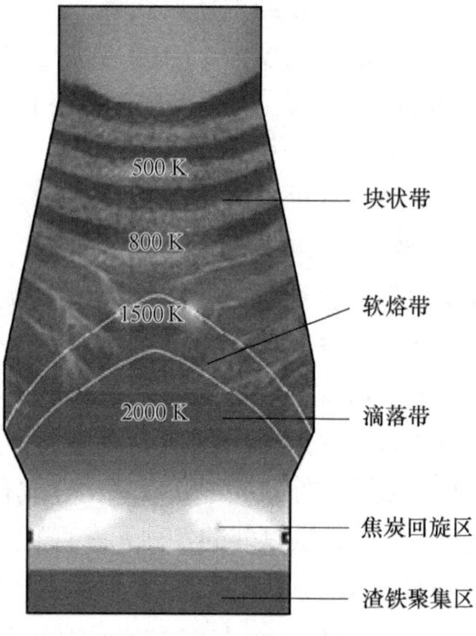

图3-18 高炉炉内状态

各区内进行的主要反应及特征分别如下。

（1）块状带。炉料中水分蒸发及受热分解，红土镍矿还原，炉料与煤气热交换；焦炭与矿石层状交替分布，呈固体状态；以气固相反应为主。

（2）软熔带。炉料在该区域软化，在下部边界开始熔融滴落；主要进行直接还原反应，初渣形成。

（3）滴落带。滴落的液态渣铁与煤气及固体碳之间进行多种复杂的化学反应。

(4) 回旋区。喷入的燃料与热风发生燃烧反应，产生高热煤气，这是炉内温度最高的区域。

(5) 渣铁带。在渣铁层间的交界面及铁滴穿过渣层时发生渣铁反应。

镍铁的形成伴随着镍和铁的还原和不断渗碳以及其他元素还原进入金属液中的过程。矿石在下降过程中首先被还原成含镍的海绵铁，还原去除矿石中的氧，得到内部含有海绵状孔隙的铁。海绵铁在随炉料下降过程中不断渗碳，海绵铁的熔点降低，随着炉料下降进入软熔带，温度升高，海绵铁逐渐熔化成液体，铁液向下滴落，与焦炭接触良好，加速了渗碳过程的进行。随着铁水的形成和滴落，Ni、Si、Mn、P 等元素还原溶入铁液中，再加上渗碳作用，使各种元素溶在一起最终形成了镍铁。

高炉熔炼可以直接获得镍铁合金。有的工厂用磷石灰或蛇纹石配料并配入焦炭在高炉中熔炼，得到镍铁磷合金，其成分：1.8~9 Ni，70~75 Fe，14~20 P。镍铁磷合金经吹炼脱磷得镍铁，产生的炉渣可作生产钙镁磷肥的原料。镍铁可直接作合金钢原料也可铸成粗镍阳极进行电解精炼得到电镍。

高炉熔炼的缺点是不能综合回收钴。

3.8.1.3　回转窑法

回转窑法是将氧化镍矿经干燥、破碎、筛分等处理后，加入还原剂与熔剂在回转窑内进行还原，产生镍铁的方法。还原生成的海绵状镍铁与炉渣一起从卸料端排出，经水淬、破碎、筛分、磁选或重选分离而得出镍铁粒。

由于该法生产率、回收率低，故较少被采用。

3.8.2　镍锍工艺

镍锍工艺在 20 世纪 20 年代开始应用，采用鼓风炉熔炼。镍锍工艺是还原硫化熔炼过程，熔炼温度为 1500~1600 ℃，产出低镍锍，再通过转炉吹炼生产高镍锍。其工艺流程如图 3-19 所示。

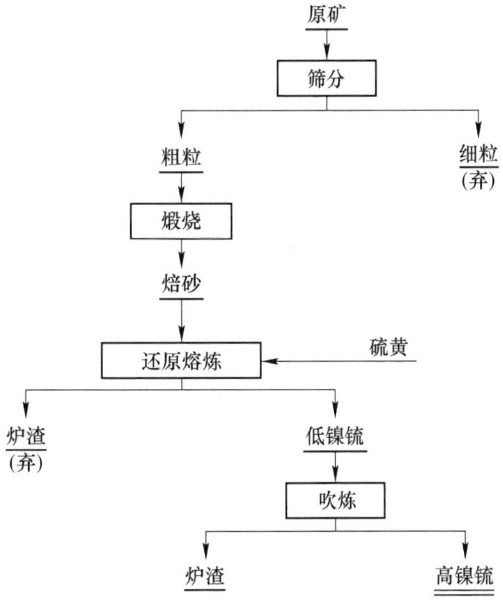

图 3-19　镍锍生产工艺流程图

3.8.2.1　炉料准备

氧化镍矿由于疏松易碎且水分含量高，不宜直接装入鼓风炉中熔炼，需要预处理。目前主要的炼前准备有制团和烧结两种方法。烧结法在生产中使用得最为普遍。

氧化镍矿烧结属还原烧结，所需热量绝大部分由焦粉燃烧供给。烧结时配入 8%~11%焦粉和 25%~30%返粉，烧结料层温度 1150~1200 ℃。作为硫化剂的黄铁矿可在烧结时配入以获得硫化烧结块。

烧结时发生脱水、分解、还原、造渣和硫化反应：

$$2Fe_2O_3 \cdot 3H_2O = 2Fe_2O_3 + 3H_2O \tag{3-258}$$

$$CaCO_3 = CaO + CO_2 \tag{3-259}$$

$$3Fe_2O_3 + CO = 2Fe_3O_4 + CO_2 \tag{3-260}$$

$$2FeO + SiO_2 = 2FeO \cdot SiO_2 \tag{3-261}$$

$$NiO + CO + \frac{1}{2}S_2 = NiS + CO_2 \tag{3-262}$$

由于烧结时形成易碎的硅酸盐，所以氧化镍矿烧结块的机械强度依然不高，在运输时也容易破碎。

3.8.2.2　鼓风炉熔炼的原理

基本任务：将矿石中的镍钴和部分铁还原出来并使之硫化，形成金属硫化物的共熔体，与炉渣分离。

进炉炉料由团矿或烧结块、硫化剂和熔剂组成，此外加入大量的（20%~30%）焦炭作为燃料与还原剂。焦炭在风口区燃烧，使风口附近的炉温达1700 ℃以上，结果使固体炉料熔化，成为镍锍和炉渣两种熔体流入本床。高温炉气向上流动，使向下运动的炉料加热并进行还原、硫化、熔化等过程。

（1）离解反应。黄铁矿的离解常常伴随着崩裂作用，形成大量碎块，这些碎块易被烟气带走，造成硫化剂消耗过量，故生产中不希望该反应发生。可通过增大黄铁矿粒度的措施，降低其离解率。

$$CaCO_3 = CaO + CO_2 \tag{3-263}$$

$$FeS_2 = FeS + \frac{1}{2}S_2 \tag{3-264}$$

（2）还原反应。最易还原的氧化物是NiO，而硅酸镍的还原要难得多，当炉料中存在FeO和CaO时，由于形成硅酸盐，可以加速硅酸镍的还原反应。

$$NiO + C(CO) = Ni + CO(CO_2) \tag{3-265}$$

$$NiSiO_3 + 2FeO + C(CO) = Ni + Fe_2SiO_4 + CO(CO_2) \tag{3-266}$$

$$NiSiO_3 + CaO + C(CO) = Ni + CaSiO_3 + CO(CO_2) \tag{3-267}$$

$$Fe_3O_4 + CO = 3FeO + CO_2 \tag{3-268}$$

$$FeO + CO = Fe + CO_2 \tag{3-269}$$

$$Fe_3O_4 + CO + \frac{3}{2}SiO_2 = \frac{3}{2}Fe_2SiO_4 + CO_2 \tag{3-270}$$

$$Fe_2SiO_4 + 2CO = 2Fe + SiO_2 + 2CO_2 \tag{3-271}$$

一定量的铁氧化物被还原为金属铁是有利的，因为金属铁可使硫化过程和造镍锍过程加速。但是炉内还原程度高，以镍铁形态存在的金属铁量会增多。

（3）硫化反应。镍的氧化物在本床再与金属铁和FeS相互反应，最后完成镍的硫化过程。

$$3NiO + 2FeS + Fe = Ni_3S_2 + 3FeO \tag{3-272}$$

$$3NiSiO_3 + 2FeS + Fe = Ni_3S_2 + \frac{3}{2}Fe_2SiO_4 + \frac{3}{2}SiO_2 \tag{3-273}$$

$$NiO + Fe \longrightarrow FeO + Ni \tag{3-274}$$

$$2NiSiO_3 + 2Fe \longrightarrow 2Ni + Fe_2SiO_4 + SiO_2 \tag{3-275}$$

熔炼的产品为冰镍、炉渣和炉气。

氧化镍还原硫化熔炼所产冰镍为低镍锍，是溶有金属的硫化物熔体，金属化程度可达50%，Ni、Fe、S 总量超过 95%。

温度降低时先析出的是镍铁合金，即冰镍金属化程度越高，共熔点也越高。

氧化镍矿还原硫化熔炼的炉渣为高硅高镁渣型，且渣量很大。一般工厂的渣组成范围：SiO_2 39~45，FeO 16~20，CaO 14~18，Al_2O_3 6~8，MgO 8~11，Cr_2O_3 1~1.5，并要求 SiO_2+Al_2O_3不宜超过 50%，以免炉渣难熔。

鼓风炉的烟气组成（体积分数,%）：CO_2 10~16，CO 8~16，O_2 0.5~1.0。

3.8.2.3　镍锍的吹炼

冰镍吹炼为周期性作业，分吹炼阶段和精炼阶段两个阶段。

吹炼的目的是除去冰镍中大部分的硫和铁，待炉内有足够的富冰镍时，集中到一个转炉内进行精炼。

金属化的冰镍含有较多的金属镍和金属铁。吹炼时，由于铁对氧的亲和力很大，所以在大部分金属铁氧化除去后，FeS 才开始氧化。

低镍锍是镍、铁、硫组成的合金（占 99%），有 60%的镍呈金属态，28%~42%的铁呈镍铁合金。吹炼反应为：

$$2Fe + O_2 + SiO_2 \longrightarrow 2FeO \cdot SiO_2 \tag{3-276}$$

$$2FeS + 3O_2 + SiO_2 \longrightarrow 2FeO \cdot SiO_2 + 2SO_2 \tag{3-277}$$

熔炼过程金属镍被氧化，FeS 的存在保证了镍不会造渣。

$$6NiO + 6FeS + 2O_2 + 3SiO_2 \longrightarrow 2Ni_3S_2 + 3(2FeO \cdot SiO_2) + 2SO_2 \tag{3-278}$$

由于镍锍品位低，吹炼须在几个转炉进行，将大部分铁氧化造渣之后，再集中于一个转炉中进行吹炼氧化剩余的铁，吹炼最终产品为高锍镍（Ni_3S_2）。

冰镍犹如冰铜一样在卧式转炉中吹炼，但最终产品不是金属镍，而是 Ni_3S_2和 Ni 组成的合金（高冰镍）；原因是金属镍（1453 ℃）和氧化镍（1665 ℃）熔点都很高，空气吹炼放出的热不足以维持如此高的炉温；研究表明下面反应温度要达到约 1500 ℃时，在普通的冰镍吹炼转炉是不能达到的。

$$Ni_3S_2 + 4NiO \longrightarrow 7Ni + 2SO_2 \tag{3-279}$$

精炼目的是使残留的铁和钴氧化造渣，使富冰镍品位提高成高冰镍，温度越高，钴氧化造渣越完全。为此，在精炼阶段开始时，先倒入少量冰镍以提高转炉熔池温度。

有的工厂采用炉外精炼除铁的方法，即高冰镍注入沉淀罐中保温冷却 1 h，温度由1250~1300 ℃降至 900 ℃（高出冰镍熔点 100 ℃），高冰镍熔体内的氧将铁进一步氧化，含铁由 0.8%~1.0%降至 0.2%。

3.8.2.4　高冰镍的处理

高冰镍含量（质量分数,%）：Ni 78~79.5、Fe 0.3~0.5、Cu 0.8~2.5、S 17~19，且金属镍约占全镍的 20%。高冰镍经破碎和焙烧后，还原成粗镍阳极。

焙烧的目的是使高冰镍中的硫化物除去使硫含量降到 0.22%以下，焙烧分沸腾炉焙烧和回转窑焙烧两步进行。

沸腾焙烧是为了氧化脱硫，温度为 970~1150 ℃。此时金属和硫化物先后氧化，该过程能自热进行，焙砂含硫可降至 0.4%~0.6%。

高温焙砂从沸腾炉直接卸入回转窑，靠焙砂自身的热和反应热即可维持窑头反应带温度在 600~750 ℃。回转窑焙烧的目的在于使铜转变为易溶于酸性水溶液的硫酸盐、氯化物和氯酸盐，而镍、钴、铁则基本上仍为氧化物状态。

溶浸除铜的焙砂在另一台回转窑烘干和氧化焙烧。焙烧产物为氧化亚镍，配入石油焦或沥青焦在电弧炉中还原，产生镍锭、镍粒或金属镍阳极。还原时多配一些还原剂使镍渗碳，以降低其熔点，使熔化过程加速，待熔化后再加 NiO 脱碳：

$$Ni_3C + NiO \xlongequal{} 4Ni + CO \qquad (3\text{-}280)$$

脱硫用高纯石灰石，反应为：

$$Ni_3S_2 + 2CaO + 2C \xlongequal{} 3Ni + 2CaS + 2CO \qquad (3\text{-}281)$$

然后，再加入元素硅脱氧，得到致密粗镍阳极。

安全注意事项及预防措施

中毒：在使用碳做还原剂时会产生 CO 气体，气体泄漏可使人中毒。

预防措施：严格控制加料速度、均匀加料，防止炉内温度升高过快，定期检修，现场通风要好。

任务小结

（1）镍铁工艺；

（2）镍锍工艺。

知识拓展

镍铁合金：是镍铁工艺的主要产品，具有较高的镍含量（质量分数，最高可达 9%），但铁含量也相对较高。目前，镍铁合金主要用于不锈钢等材料的生产。

镍锍：是镍锍工艺的产品，是一种含有镍、铜、钴等多种金属的硫化物。高镍锍的镍含量（质量分数）可达 79%、硫（质量分数）为 19.5%。镍锍产品具有较大的灵活性，可以进一步处理成各种形式的镍产品，并回收其中的钴等有价金属，主要用于镍的精炼和深加工领域。通过进一步处理，可以生产出高纯度的镍产品，满足电子、化工、航空航天等高科技领域的需求。

任务 3.9　氧化镍矿的湿法冶金

任务目标

（1）了解氧化镍矿湿法冶金处理的工艺方法；

（2）掌握还原焙烧-常压氨浸法的原理；

（3）知道酸浸法原理。

理论与实践

目前在氧化镍矿的处理中，含镍较富的硅镁镍矿仍以火法处理较为普遍，而含镍较贫的红土矿则以湿法流程处理更为有利。

氧化镍矿的湿法冶金工艺包括还原焙烧-常压氨浸法和酸浸法。

3.9.1　还原焙烧-常压氨浸工艺

还原焙烧-常压氨浸工艺，简称 RRAL。RRAL 工艺是由荷兰冶金学家 Caron M. H 教授于 1924 年发明的，因此又被称为 Caron（卡隆）流程。

应用 RRAL 工艺处理红土镍矿的工业化规模生产开始于 20 世纪 40 年代，最先采用此方法的是古巴的尼加罗冶炼厂。1962 年捷克谢列德厂采用 RRAL 工艺，用阿尔巴尼亚进口的红土镍矿生产电解镍。20 世纪 70 年代以后，有更多的国家采用该法建厂处理含镍红土矿，如澳大利亚昆士兰镍公司雅布鲁厂精炼厂、菲律宾马林杜克采矿工业公司的苏里高镍厂、印度苏金达厂等。

目前，世界上采用该工艺处理红土镍矿的仅有雅布鲁精炼厂和古巴的尼加罗冶炼厂。一般生产的镍块中镍的质量分数达 90%，全流程镍的回收率达到 75%~80%。与火法冶炼流程相比，钴可以部分回收，回收率为 40%~50%。

该工艺是先将红土镍矿干燥，再加入还原剂，在一定温度范围内还原焙烧，之后进行多段常压氨浸。依据工艺原理是镍与氨形成络合物，再利用沉淀反应将镍和钴回收。其工艺流程如图 3-20 所示。

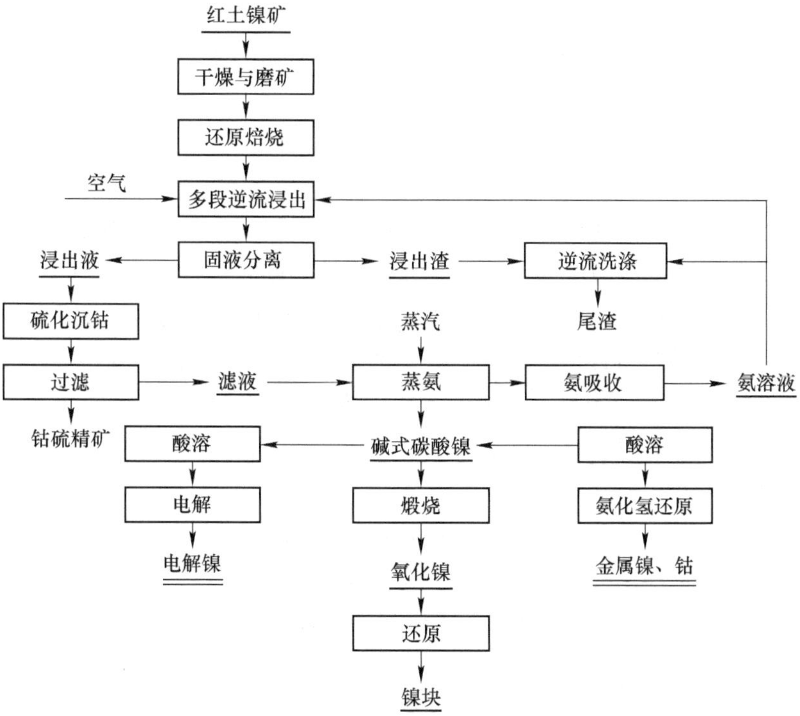

图 3-20　红土镍矿还原焙烧-常压氨浸工艺流程

红土镍矿经干燥破碎筛分，配加煤粉和石灰混匀后在 600~700 ℃温度下还原焙烧，将红土镍矿中镍氧化物和钴氧化物还原为金属镍和金属钴，将大部分 Fe^{3+} 还原为 Fe_3O_4，仅少量还原为金属铁。在冷却段，FeO 和 Fe_2O_3 结合生成 Fe_3O_4，使结合的氧化镍（如 $NiO \cdot SiO_2$、$NiO \cdot Fe_2O_3$）还原为活泼的、游离的金属镍。

3.9.1.1　选择性还原焙烧

氧化镍矿选择性还原焙烧的目的是使镍钴氧化物还原成易溶于 NH_3-CO_2-H_2O 系溶液中的金属镍钴或镍钴合金，同时使铁的高价氧化物大部分只还原成 Fe_3O_4，仅少量为金属铁，以便下一步用氨、二氧化碳并有空气存在的条件下，将金属镍溶解成镍氨络合物，最后将镍回收。主要反应如下：

$$2NiO \cdot SiO_2 + H_2 + CO = 2Ni + H_2O + CO_2 + SiO_2 \tag{3-282}$$

$$3Fe_2O_3 + H_2 = 2Fe_3O_4 + H_2O \tag{3-283}$$

$$Fe_3O_4 + H_2 = 3FeO + H_2O \tag{3-284}$$

$$FeO + H_2 = Fe + H_2O \tag{3-285}$$

$$3Fe_2O_3 + CO = 2Fe_3O_4 + CO_2 \tag{3-286}$$

控制还原气氛，使大部分 Fe^{3+} 还原为 Fe_3O_4，仅少部分 Fe^{3+} 被还原成金属 Fe。

用气体还原剂还原矿石是一种气固相化学反应。反应的特点是反应发生在两相界面上，反应速度与反应物和生成物在界面的浓度有关。红土镍矿的还原反应是可逆的，即反应速度及其完成程度与系统内反应物质的浓度成正比。假设参与反应的红土镍矿量为常数，还原反应速度主要取决于 H_2O/H_2 和 CO_2/CO 的相对浓度。

因此，操作中严格控制还原气体组成（CO_2/CO、H_2O/H_2）、还原温度及还原时间，就能取得较高的镍还原率和较低的金属铁生成率。

由于整个生产过程回收率的高低主要取决于镍还原率的高低，因此还原焙烧工序在整个生产过程中占有极其重要的地位。

3.9.1.2　常压氨浸

常压氨浸是用氨及 CO_2 在有空气存在的条件下，浸出还原焙烧后矿石中的镍，再提取镍。同时用含氨及 CO_2 的溶液洗涤浸出渣，以提高镍的回收率。

将还原焙烧产出的焙烧矿在常压下用 NH_3 和 CO_2 进行氨浸，通常采用多级逆流浸出，产生的镍氨络合物和钴氨络合物进入浸出液，金属铁转化为铁氨络合物进入浸出液后再氧化成为 Fe^{3+}，发生水解反应生成氢氧化铁沉淀，从浸出液析出。

$$Ni + \frac{1}{2}O_2 + 6NH_3 + CO_2 = Ni(NH_3)_6^{2+} + CO_3^{2-} \tag{3-287}$$

$$Co + \frac{1}{2}O_2 + nNH_3 + CO_2 = Co(NH_3)_n^{2+} + CO_3^{2-} \tag{3-288}$$

$$2Co + \frac{3}{2}O_2 + 12NH_3 + 3CO_2 = 2Co(NH_3)_6^{3+} + 3CO_3^{2-} \tag{3-289}$$

$$Fe + \frac{1}{2}O_2 + nNH_3 + CO_2 = Fe(NH_3)_n^{2+} + CO_3^{2-} \tag{3-290}$$

$$FeO + nNH_3 + CO_2 = Fe(NH_3)_n^{2+} + CO_3^{2-} \tag{3-291}$$

$$2Fe(NH_3)_n^{2+} + 5H_2O + O_2 = 2Fe(OH)_3\downarrow + 2(n-2)NH_3 + 4NH_4^+ \tag{3-292}$$

当有空气存在时，Fe $(NH_3)_n^{2+}$ 极不稳定而迅速氧化为 Fe^{3+}，并在 pH 值约为 10 的高碱浸出液中水解沉淀：

$$4Fe(NH_3)_n^{2+} + 3O_2 + 6H_2O + 4OH^- = 4Fe(OH)_3\downarrow + 4nNH_3 \tag{3-293}$$

二价镍氨络离子和三价钴氨络离子在 NH_3-CO_2-H_2O 系溶液中稳定常数较大，故能稳定存在于溶液中，从而达到镍钴与铁分离的目的。

浸出成品液送除铁和蒸氨处理，浸出渣洗涤后作炼铁原料。

常压氨浸时，已被还原的金属镍和金属钴生成镍氨及钴氨络合物进入溶液。金属铁则先生成二价铁氨络合物进入溶液，然后被氧化成三价，再水解生成氢氧化铁沉淀。氢氧化铁沉淀时，会吸附大量钴氨络合物和少量镍氨络合物，造成钴、镍损失。同时，铁的溶解及氧化会放出大量热量，造成浸出温度难以控制。因此，还原焙烧时尽可能控制最低的金属铁生成率是极为重要的。

浸出过程的效率与矿石还原率、充气程度和浸出温度等因素有关。在良好的还原条件下，矿石中的镍、钴有 90%或更多被还原成金属状态。在常压氨浸过程中，只有已被还原成金属状态的镍、钴能很快被浸出，未被还原的硅酸镍在氨溶液中溶解极为缓慢。因此，矿石还原率的高低至关重要。

气体在溶液中的溶解度取决于矿浆的温度。矿浆温度较低氧在矿浆中的溶解度就较大，而氧的溶解速度是与浸出反应的进度密切相关的。当其他条件相同时，化学反应速度在很大程度上受各反应物浓度的影响，也就是说镍和钴的溶解速度与浸出液中氨和二氧化碳的浓度有关，这些反应物在浸出液中的浓度却是随其蒸气压的上升而下降，因而适当降低浸出温度是有利于浸出过程进行的。

3.9.1.3　氨的回收

浸出液经过硫化沉淀处理，浸出液中的钴以硫化物形式析出回收；浸出液蒸氨后得到碱式碳酸镍，经回转窑干燥和煅烧转化成氧化镍，氧化镍可作为产品出售，也可进一步对氧化镍还原生产金属镍粉。浸出渣采用多级逆流洗涤，以满足处理量大、有价金属和溶剂回收率高的要求。

蒸氨的目的是使镍钴氨络合物分解成碱式碳酸镍和氢氧化钴沉淀析出，同时回收 NH_3 和 CO_2，返回浸出系统。受热分解反应为：

$$2[Ni(NH_3)_6]CO_3 + 2H_2O = Ni(OH)_2\cdot NiCO_3\cdot H_2O\downarrow + 12NH_3 + CO_2 \tag{3-294}$$

$$[Co(NH_3)_6]_2(CO_3)_3 + 3H_2O = 2Co(OH)_2\downarrow + 12NH_3 + 3CO_2 \tag{3-295}$$

$$(NH_4)_2CO_3 = 2NH_3 + CO_2 + H_2O \tag{3-296}$$

浸出液在蒸馏塔内的反应是随着蒸氨过程逐步进行的。当溶液中氨浓度降至 2%时，溶液中的镍已呈二氨络合物存在，再进一步降低氨浓度，则发生如下反应：

$$[Ni(NH_3)_2]^{2+} = Ni^{2+} + 2NH_3 \tag{3-297}$$

产生的 Ni^{2+} 与溶液中的 OH^- 和碳酸根离子相互化合，生成不溶性的碱式碳酸镍：

$$5Ni^{2+} + 6OH^- + 2CO_3^{2-} = 3Ni(OH)_2 \cdot 2NiCO_3 \quad (3\text{-}298)$$

镍钴回收率大于99.2%，NH_3和CO_2回收率大于99.6%。

从蒸馏塔底排出的浆状碱式碳酸镍经过滤后产出含水67%的碱式碳酸镍滤饼。碱式碳酸镍的处理方法有三种：第一种是回转窑煅烧得NiO粉；第二种是硫酸溶浸，净液后送电解提镍；第三种是用NH_3-$(NH_4)_2CO_3$-H_2O或NH_3-$(NH_4)_2SO_4$-H_2O系溶液溶解，净液后用高压氢还原制得镍粉。目前，常用的是第三种硫酸铵溶解法。

净化是为了除去镍液中的铜和硫。加入硫化剂$(NH_4)_2S$时，铜以CuS沉淀除去：

$$Cu(NH_4)_2SO_4 + (NH_4)_2S = CuS + (NH_4)_2SO_4 + 2NH_3 \quad (3\text{-}299)$$

硫在溶液中以$S_2O_3^{2-}$、$S_3O_6^{2-}$、$S_4O_6^{2-}$及$NH_4 \cdot SO_3 \cdot NH_2$等不饱和硫氧酸根存在。

除硫便是将其转变成更稳定的SO_4^{2-}或CuS，除硫的方法有镍盐碱洗法、镍盐密闭溶解法和高温高压法。

3.9.1.4 烧结

还原焙烧-常压氨浸的最后工序是烧结，目的是将浆状的碱式碳酸镍在煅烧窑内烧成粉状氧化镍，再在烧结机上烧成块状氧化镍块。

从蒸馏塔底排出的浆状碱式碳酸镍，经过滤后产出含水67%的碱式碳酸镍滤饼，送入煅烧窑内干燥和煅烧，使游离水、结合水和二氧化碳一起挥发出去。煅烧过程的反应如下：

$$3Ni(OH)_2 \cdot 2NiCO_3 = 5NiO + 3H_2O + 2CO_2 \quad (3\text{-}300)$$

为了使产品更适合于工业应用，煅烧生成的粉状氧化镍与含铁、硫低的无烟煤混合，经制团后在烧结机上烧结，产出块状烧结氧化镍。

烧结时，其中大部分金属氧化物被还原成金属，镍含量（质量分数）由76%提高到90%。

3.9.1.5 氢还原

氢还原的目的是将净化后溶液中镍络离子用氢还原为金属镍。

要使氢还原进行，必须使$E_{Me^{n+}/Me}—E_{H^+/H_2}$为正值。在生产实践中，用增大溶液中金属离子浓度以及提高氢分压和pH值来使金属的电位比氢正。

镍的氢还原常加入$FeSO_4$作为催化剂。$FeSO_4$在pH值较高的镍液中水解成$Fe(OH)_2$固体小颗粒，助长镍微晶的长大，并将镍离子吸附后催化它还原为金属镍。

还原焙烧氨浸工艺对于镁含量高的硅镁型红土镍矿处理效果较好，优点在于：(1) 氨液既能选择性溶解焙砂中的镍、铜、钴，生成稳定的络合物，又能成功地分离回收。铁、锌、镁等一般溶解度很小，并且在此后的生产过程中大部分能水解除去。(2) 浸出液能够循环使用，可以节约生产成本，能够获得多样化的镍产品。(3) 物料腐蚀性弱，设备多数可用碳钢制。(4) 常压浸出设备结构简单。

缺点在于：(1) 不适用于高品位铜、钴的红土镍矿，仅适用于处理MgO质量分数大于10%、镍质量分数为1%左右，且镍赋存状态不太复杂的红土镍矿，制约了该工艺的大面积生产应用。(2) 原矿的预处理流程繁杂，能耗大。(3) 相较于其他红土镍矿处理工艺，其镍、钴的回收率偏低，其中钴回收率只有40%～60%，相应的镍回收率为

75%~85%。

目前，全球只有古巴的尼加罗冶炼厂和澳大利亚的雅布鲁精炼厂运用还原焙烧-氨浸工艺进行生产制备镍产品。

3.9.2　酸浸工艺

3.9.2.1　高压硫酸浸出工艺

1959 年在古巴建成的毛阿镍厂是当时世界上唯一采用高温高压直接酸浸红土矿提取镍钴的工厂，毛阿湾含镍红土矿属于褐铁矿类型，含氧化镁较低，即碱性脉石组成较低，故浸出时脉石消耗酸较少，可采用酸浸流程。直到 20 世纪 90 年代末才开始有厂投入采用酸浸工艺，其中高压釜技术和溶液处理技术的发展是其得到新发展的主要动力。

与还原焙烧-氨浸工艺相比，高压酸浸工艺（HPAL）具有能耗低、镍回收率高、钴浸出率高等优点。因大量低品位未采褐铁矿，难以直接熔化冶炼，故选择加压酸浸工艺，近年来，新厂的建设多采用酸浸工艺。

高压酸浸法是用硫酸选择性浸出红土镍矿中的镍和钴，主要包括矿浆制备、浸出和镍钴回收三道工序。

矿石经过洗涤、筛分后，加水制成 25 %的矿浆，送进浓密机浓密。底流中固体占 45%~75%，用泵送入浸出段。在随后的反应中，控制一定的 pH 值等条件，使浸出的少量铁、铝和硅等杂质元素水解进入渣中，镍、钴选择性进入溶液。然后，溶液在多级浓密机上经逆流洗涤（CCD）而液固分离。其工艺流程如图 3-21 所示。

褐铁矿型红土矿中，镍主要以类质同象形式存在于针铁矿中。镍的溶解可简单表示为镍氧化物的溶解，镁似乎并不参与反应。反应式如下：

$$NiO + 2H^+ \longrightarrow Ni^{2+} + H_2O \tag{3-301}$$

某些镍（或钴）在红土矿中以三价形式存在，其反应式可表示为：

$$2Ni_3O_4 + 12H^+ \longrightarrow 6Ni^{2+} + 6H_2O + O_2 \tag{3-302}$$

褐铁矿型红土矿中的铁主要以针铁矿形式存在，在低浓度硫酸介质中，只有在温度达 240 ℃以上时才能完全分解和转化。化学反应如下：

$$FeOOH + 3H^+ \longrightarrow Fe^{3+} + 2H_2O \tag{3-303}$$

$$2Fe^{3+} + 3H_2O \longrightarrow Fe_2O_3 + 6H^+ \tag{3-304}$$

总反应为

$$2FeOOH \longrightarrow Fe_2O_3 + H_2O \tag{3-305}$$

虽然这一类铁矿物的浸出需要消耗大量的硫酸，但随后在高温下 Fe^{3+} 发生水解生成等量的酸。实际上红土镍矿在高压酸浸过程中，针铁矿型铁矿物按上述反应溶解时并不消耗硫酸，只是在硫酸介质中转化为赤铁矿。反应机理可表示为：

$$3Fe^{3+} + Na^+ + 2SO_4^{2-} + 6H_2O \longrightarrow NaFe_3(SO_4)_2(OH)_6 + 6H^+ \tag{3-306}$$

$$Fe^{3+} + SO_4^{2-} + H_2O \longrightarrow Fe(OH)SO_4 + H^+ \tag{3-307}$$

$$2Fe(OH)SO_4 + H_2O \longrightarrow Fe_2O_3 + 4H^+ + 2SO_4^{2-} \tag{3-308}$$

高压酸浸工艺的优势在于镍和钴的回收率均达到 90%以上，该工艺在实际生产中存在以下局限性：

（1）该工艺对红土镍矿的成分和矿物组成要求较高，矿石中的镍品位和 MgO 含量直

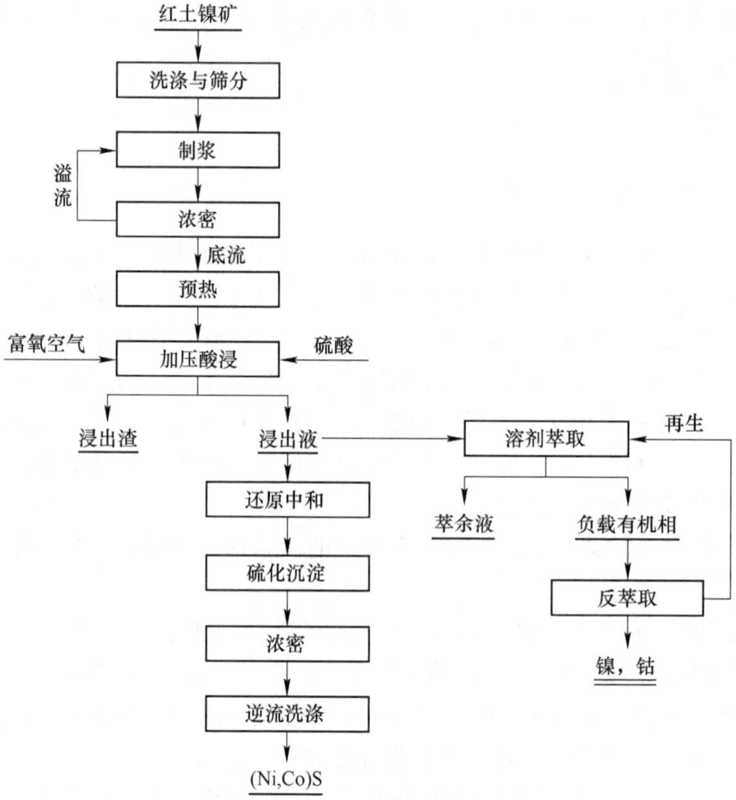

图 3-21　高压酸浸工艺流程图

接影响该工艺的经济性和处理过程运行的顺畅程度。通常情况下，该工艺可经济地处理镍质量分数大于 1.3%的红土镍矿，适合处理 MgO 含量较低的褐铁矿型红土镍矿，特别是 MgO 质量分数小于 5%的红土镍矿。

（2）在加压酸浸过程中，溶液中的镁、铝、硅等容易发生沉降，堵塞管道，需要定时清理，影响生产效率。

（3）高压酸性环境对设备要求较高，同时生产中设备、管道等存在严重腐蚀情况。

3.9.2.2　常压硫酸浸出工艺（AL）

高压硫酸浸出工艺在处理红土镍矿方面已实现工业化，由于其采用高压条件，对设备、规模、投资、操作控制等有很高要求，影响了其推广应用。若能实现在常压条件下操作，则会给红土镍矿的处理技术带来革命性转变。因此，红土镍矿的常压酸浸工艺研究越来越受重视。常压硫酸浸出工艺流程如图 3-22 所示。

硅镁镍矿型或混合型红土镍矿在浸出前一般先经过粗选除去某些有害物质，如碳酸钙等。浸出液净化后，处理方法与氧压酸浸法相似，一般采用沉淀或溶剂萃取法分离镍和钴，然后制取镍和钴产品。

使用还原剂促进氧化铁的溶解是众所周知的，还原剂包括二氧化硫、亚铜离子、铁（Ⅱ）等。应用硫酸还原浸出工艺处理褐铁矿型红土矿则起源于 Hayward 的专利。下面

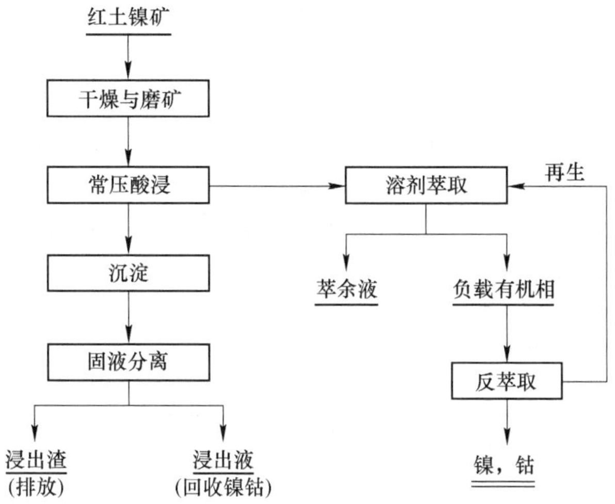

图 3-22　常压硫酸浸出工艺流程图

介绍氧化铁在酸溶液中的溶解反应。

（1）表面质子化作用：

$$|\text{-}_s OFe^{3+}O + H^+ \rightarrow |\text{-}_s OFe^{3+}OH$$

$$|\text{-}_s OFe^{3+}O + 2H^+ \rightarrow |\text{-}_s OFe^{3+} + H_2O$$

（2）脱附作用：

$$|\text{-}_s OFe^{3+}OH + H^+ \rightarrow |\text{-}_s OH + Fe^{3+} + H_2O$$

在还原剂，如 Fe^{2+}、Cu^+ 的存在下，电子会在氧化物的表面传递，使红土镍矿中的 Fe^{3+} 变为 Fe^{2+}，而 Fe^{2+} 更容易被酸攻击：

$$|\text{-}_s OFe^{3+}OH + Fe^{2+}(Cu^+) \rightarrow |\text{-}_s OFe^{2+}OH + Fe^{3+}(Cu^{2+})$$

$$|\text{-}_s OFe^{2+}OH + 2H^+ \rightarrow |\text{-}_s OH + Fe^{2+} + H_2O$$

质子化的 SO_2 也按照上面的反应机理使电子在氧化物表面传递。

虽然常压硫酸浸出工艺应用较好，但是仍然存在一些技术难题：

（1）矿堆的渗透性差是工业生产中的难点之一；

（2）Fe^{3+} 和 Al^{3+} 等被大量浸出，且浸出渣量大，酸耗较高，影响了后续处理；

（3）浸出的铁更多的是以黄钾铁矾形式存在，很少是以赤铁矿形式存在，这既影响工艺进行又增加了酸耗，因此铁水解产物的形式值得进一步研究；

（4）镍浸出率与温度有明显的正相关关系。

3.9.2.3　加压硫酸浸出-常压硫酸浸出联合工艺（HPAL-AL 联合工艺）

除铁是所有氧化镍矿湿法工艺面对的问题之一。由于 HPA L 或 AL 工艺处理低镁矿时，浸出液中有一定浓度的剩余酸，从而导致铁离子不能发生水解而被除去，因此出现了用高镁红土镍矿进行二段常压浸出，目的就是中和掉多余的酸。

高压浸出时的余酸，在二段常压浸出时用于分解硅镁红土镍矿，从而使总体耗酸量明显下降，同时又减少了进入高压釜的固体处理量。

Garingarao 等最早论证了两段常压浸出法。AL 工艺常压循环浸出液加入新矿石，可以有效提高镍的浸出率。加入新矿石降低了自由酸的水平，使大部分铁离子水解生成沉淀，随渣一起除去，有效解决了铁等杂质离子的浸出问题。有研究指出，可以用腐泥矿中和 AL 工艺浸出液，温度在 150~180 ℃，可以将铁转入渣中。虽然已有用新矿石中和的方法，但是一些中和矿浆不能满足一些特有的沉淀物。因此，各种各样的研究就集中在选择适宜中和矿石上，以便更有效地去除浸出液中的铁和镁。

BHP-Billiton 又对 AMAY 工艺进行了改进，出现了 HPAL-AL 工艺，如图 3-23 所示。

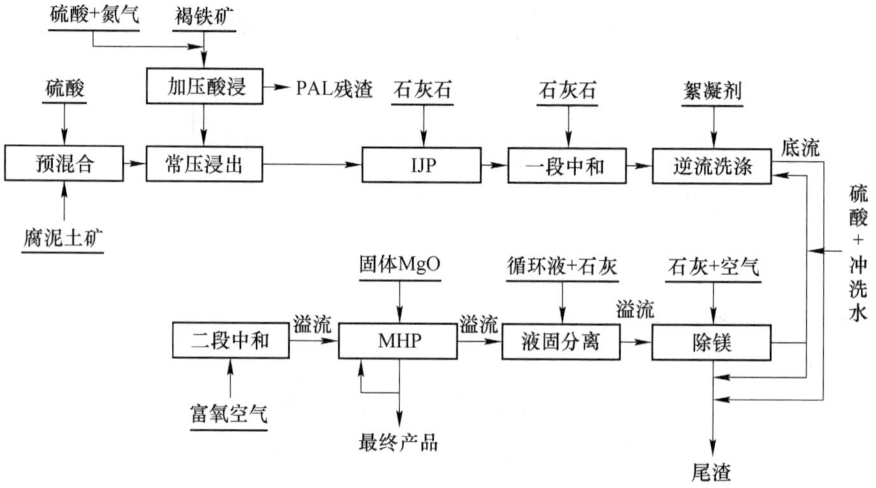

图 3-23　HPAL-AL 联合浸出工艺流程

HPAL-AL 联合浸出工艺中的技术难题：

（1）当最后的浸出液中含有较高浓度的铁离子时，酸的利用是否高效；

（2）从腐泥矿中提取镍时，腐泥矿与褐铁矿的加入比例与余酸浓度之间的关系；

（3）高镁矿和低铁腐泥矿中和是否提高产率；

（4）浸出液中的铁最终形成的是针铁矿还是黄钾铁矾，是否降低了酸的利用程度；

（5）如何选择最适宜的中和矿石。

3.9.2.4　常压盐酸浸出工艺（ACPL）

浸出红土镍矿的大多数湿法冶金工艺都采用硫酸，现在人们也开始研究和开发其他的浸出剂，盐酸就是其中的一种。目前这种技术仍处于初期阶段，也只是应用在实验室规模上。

与硫酸浸出工艺相比，盐酸浸出工艺有以下优势。

（1）浸出液通过溶剂萃取可以直接净化，尤其是在分离镍、钴、锰、镁方面，萃取剂可以是 Versatic10 和 Cyanex 301 等。

（2）含镍、铁或镁的浸出液可生产纯镍氧化物、赤铁矿、氧化镁及盐酸。在 ACPL 工艺中，也不可避免地存在着一些问题，主要体现在：

1）产生的 HCl 气体具有高度腐蚀性；

2）水解阶段需要吸收大量的热，造成高成本；

3）一些不水解的杂质离子，如钙和钠等，对工艺有影响。

常压盐酸浸出工艺流程如图 3-24 所示。

铁离子是最大的杂质，对其进行预处理（如焙烧）可使铁变得相对惰性，否则大量铁被浸出，导致酸耗增加。Harris 等应用 ACPL 工艺，将 pH 值保持为 0.4~2.5，温度保持在 105 ℃左右，反应 6 h，最后浸出液中的铁浓度降低到 1 g/ L。

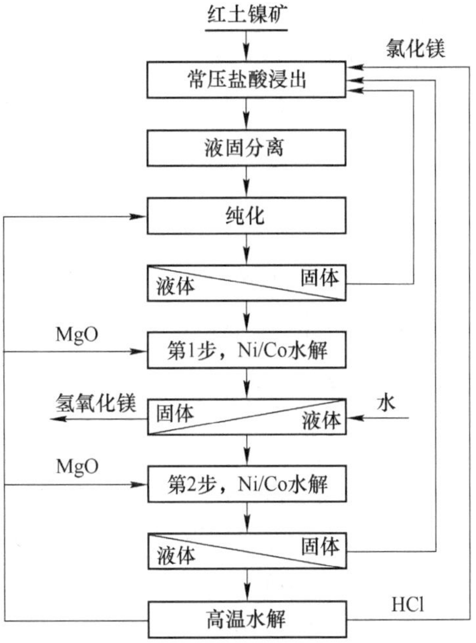

图 3-24　常压盐酸浸出工艺流程

针铁矿型红土矿在盐酸作用下溶解反应机理如下：

$$\alpha\text{-FeOOH} + 3HCl \longrightarrow FeCl_3 + 2H_2O \quad (3\text{-}309)$$

$$FeCl_3 + 2H_2O \longrightarrow \beta\text{-FeOOH} + 3HCl \quad (3\text{-}310)$$

$$2FeCl_3 + 3H_2O \longrightarrow Fe_2O_3 + 6HCl \quad (3\text{-}311)$$

在 ACPL 工艺中，通过加入硫酸、氯化钙，控制温度等可使铁离子转变为容易除去且稳定的赤铁矿。其反应如下：

$$2CaCl_2 + 2H_2SO_4 + H_2O \longrightarrow 2CaSO_4 \cdot H_2O + 2HCl \quad (3\text{-}312)$$

$$2FeCl_3 + 3CaCO_3 \longrightarrow Fe_2O_3 + 3CO_2 + 3CaCl_2 \quad (3\text{-}313)$$

ACPL 工艺使铁最终以赤铁矿形式沉淀下来，这是铁的更稳定形式，且容易处理。回收赤铁矿会产生大量的酸，需要镁砂中和，这一工序在经济上是不可行的。喷雾焙烧/高温水解在相对低温 500~800 ℃范围内是可行的，但成本较高。为确保良好的热回收，此问题需进一步研究解决。同时，需要集中解决高耐腐蚀材料的使用、氯化氢气体的排放控制和使高温水解变为常温水解的问题。

3.9.3　生物浸出工艺

生物湿法冶金是微生物学与湿法冶金的交叉学科。一方面，生物湿法冶金投资少，成本低；另一方面，各国的环保要求使得一些常规方法难以满足，因而生物湿法冶金工艺备受重视。目前，生物冶金研究已取得了长足进展。

生物浸出工艺的特点是设备简单、投资少、容易操作，最为重要的是不会产生污染气体。近年来生物湿法冶金工艺受到人们的重视，主要原因是常规的冶金方法达不到国家的环保要求，而生物浸出工艺则不会有类似的问题，更加符合目前世界各国提倡的绿色环保理念。但是，生物浸出工艺的问题也十分明显，主要有反应速度慢、效率低，而且由于细菌的适应性与耐热性差，对环境的依赖性较强，所以这种方法受环境的影响比较大。另外，目前发现用于生物浸出工艺中的细菌种类较少，生物浸出工艺需要人们的进一步探索。

细菌浸出红土镍矿是利用微生物自身的氧化或还原特性，使矿物的某些组分氧化还原，从而与原矿物分离。

埃利斯认为，某些异养生物，如真菌黑曲霉和大肠杆菌对葡萄糖代谢的末端产物分别是乙二酸和甲酸，它们是 Ni_3O_4 在酸性溶液中的有效还原剂。其反应机理为：

$$Ni_3O_4 + HOOC\text{-}COOH + 6H^+ \longrightarrow 3Ni^{2+} + 4H_2O + 2CO_2 \tag{3-314}$$

$$Ni_3O_4 + HCOOH + 6H^+ \longrightarrow 3Ni^{2+} + 4H_2O + CO_2 \tag{3-315}$$

$$Fe^{2+} \longrightarrow Fe^{3+} \tag{3-316}$$

生物浸出工艺中的技术难题是反应速度慢、生产效率低，受环境影响比较大，细菌对环境的适应性和耐热性较差，在炎热干旱地区水的蒸发也是一个问题，可用于红土镍矿浸出的细菌较少，目前研究较多的细菌为黑曲霉。

3.9.4　其他湿法工艺

（1）还原焙烧-酸浸（亚硫酸浸出）法。矿石在 710～730 ℃下还原焙烧，然后用 10 g/L H_2SO_4 溶液浸出，镍浸出率达 80%～85%，铁浸出率达 10%。例如，用 50 g/L H_2SO_4 溶液浸出，镍浸出率可达 95%，铁浸出率达 15%～20%。矿石还原焙烧后，用亚硫酸或吹入 SO_2 的水浸出，也可获得较好的效果。

（2）硫化焙烧-水浸法和水热法。硫化焙烧-水浸法是在矿石中加入硫化剂，在 700 ℃下硫化焙烧，$Fe_2(SO_4)_3$ 分解，铁不生成硫酸盐，镍生成硫酸盐，之后用水浸出，镍转入溶液。

水热法是在矿浆中加入适量硫磺，制成含硫矿浆。含硫矿浆先在硫化反应器中硫化（230～240 ℃，2.7～3.4 MPa，蒸汽加热）3 h，然后在氧化反应器中氧化（200 ℃，2.8 MPa，空气氧化）2 h，镍溶于矿浆可用铁粉置换。

（3）酸溶络合浸出法。一些微生物在其生长繁殖过程中能衍生出有机酸，如柠檬酸、草酸、酒石酸、氨基酸等，凡能与这些有机酸生成络合物的金属均能被这些微生物浸出。

与自养微生物不同，异养微生物要求含有机物的培养基，因而培养成本较高，如何得到廉价代用品是今后重要的研究内容。

红土镍矿湿法冶金工艺无论从环境保护角度，还是经济角度考虑，都表现出了强大的优势，尤其是还原焙烧-氨浸工艺（RRA L）和加压酸浸工艺（HPA L）已不同程度地实现了工业化。

HPA L-AL 工艺、常压硫酸浸出工艺、ACLP 工艺、生物浸出工艺，还原焙烧-酸浸（亚硫酸浸出）工艺、硫化焙烧-水浸工艺、水热工艺在国内研究的很少，但是这些方法无疑对以后的研究赋予了重要启示。相信随着科技的发展，这些方法将会发挥重要作用。

安全注意事项及预防措施

腐蚀性：酸浸具有腐蚀性。

预防措施：严格控制酸的加入量，定期检查管道设备。

任务小结

（1）还原焙烧-常压氨浸工艺；

（2）高压硫酸浸出工艺；

（3）常压硫酸浸出工艺；

（4）加压硫酸浸出-常压硫酸浸出联合工艺；

（5）常压盐酸浸出工艺；

（6）生物浸出工艺。

知识拓展

生物浸出反应速度慢、生产效率低，细菌对环境的适应性和耐热性较差等问题，可以采取的措施改善：

（1）加入特殊添加剂；

（2）通过电场、磁场、超声波等的作用强化浸出过程；

（3）从遗传工程方面开展研究通过基因工程得到性能优良的菌种；

（4）机械活化。

任务 3.10　镍的气化冶金

任务目标

（1）了解羰基法生产金属原理；

（2）掌握羰基法生产镍原理；

（3）知道羰基法生产镍的实践过程。

理论与实践

1898 年，L. 蒙德和 C. 兰格尔发现镍与一氧化碳在低温下能生成易挥发的羰基镍，在加热升温后，该羰基物又分解为镍粉和一氧化碳。常与镍伴生的铜却很难生成羰化物，铁、钴虽然与一氧化碳较易作用，但根据其生成及挥发性质的差异，可达到选择分离的目的，这就是羰基法的理论基础。

羰基法在国际上的工业化生产出现在 20 世纪初，1902 年蒙德公司在威尔士建成了第一座采用羰基法的工业规模精炼厂。

国内 20 世纪 50 年代末，冶金工业部钢铁研究总院、中国科学院上海冶金研究所开始进行高压法制取羰基镍的研究，1960 年试制羰基镍粉成功。1963 年及 1965 年分别在上海金属材料加工厂和西南金属制品厂小规模试生产。

当今世界镍精炼工艺中，羰基法提镍已成为传统电解精炼工艺的主要竞争者。羰基法工艺的主要优点有：（1）产品质量高，品种多；（2）产出的气水渣很少，且都经过处理后排放，无“三废”污染；（3）生产工艺过程本身连续性强，全封闭作业，可实现高度自动化；（4）过程需要的材料品种少，消耗低，工艺过程能耗低。

3.10.1　羰基法制备金属原理

CO 在有机基团中称为羰基，它可与一些金属发生羰基物的生成反应：

$$Me + nCO \xlongequal{} Me(CO)_n \tag{3-317}$$

反应向右进行时是放热反应，体积缩小为原来的 n 分之一，故降温、加压有利于羰基化合物形成的。

当温度升高羰基物会发生分解反应：

$$Me(CO)_n = Me + nCO \tag{3-318}$$

此时为吸热反应，体积放大 n 倍，升温、减压有利于羰基化合物的分解，因此可采用羰基法生产镍粉。

镍与一氧化碳在低温下能生成易挥发的羰基镍。在加热升温的条件下，该羰基物又分解为镍粉及一氧化碳。常与镍伴生的铜却很难生成羰化物，铁、钴虽然与一氧化碳较易作用，但根据其生成及挥发性质的差异，可达到选择性分离的目的。

羰基镍的生成：

$$Ni + 4CO(g) = Ni(CO)_4(g) \tag{3-319}$$

羰基镍的分解：

$$Ni(CO)_4(g) = Ni + 4CO(g) \tag{3-320}$$

$Ni(CO)_4$常温下为无色液体，熔点 -25 ℃，沸点 43 ℃；在大气压下分解温度为 90.6 ℃，在空气中易燃。

3.10.2　羰基法生产镍粉实践

高压羰基镍的生产工艺包括原料的熔化、粒化、高压合成、精馏和分解等主要工序，辅助工序有一氧化碳生产、解毒和废料回收处理，如图 3-25 所示。

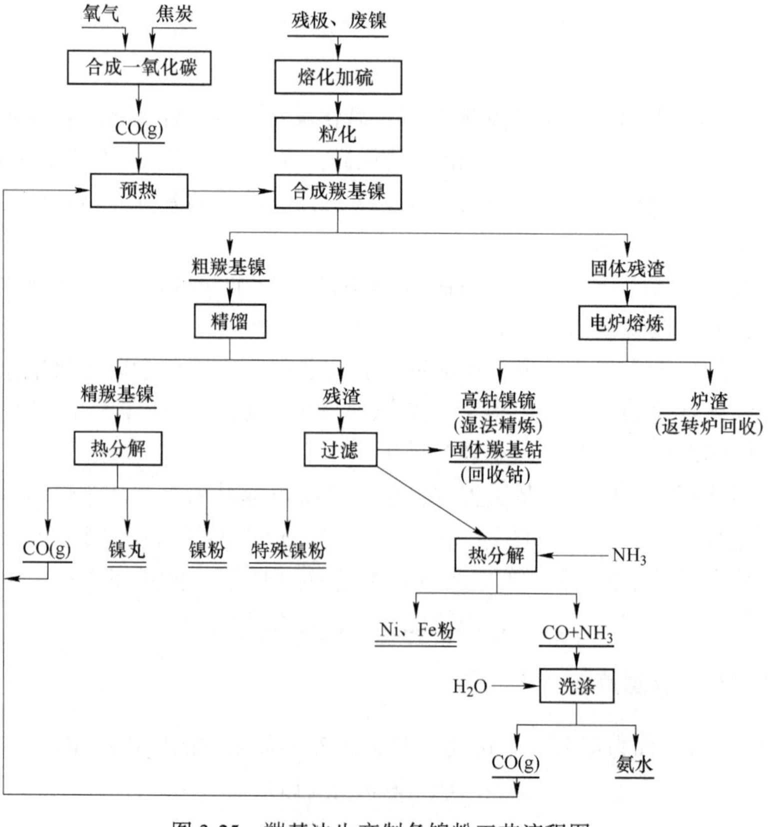

图 3-25　羰基法生产制备镍粉工艺流程图

3.10.2.1 物料预处理

物料经混合后在电炉中进行熔化。加料熔化期、加硫还原期为了提高镍的羰化率，同时把钴、贵金属等尽可能保留在残渣中，要求熔体的铜硫比为 4，所以要加入适当的硫化物。为了保证合成的速度，要求颗粒疏松并有一定的孔隙。

3.10.2.2 羰基化合物的合成

羰基镍的合成是在立式高压合成釜中进行（见图 3-26），合成作业是间断进行的，作业周期为：装料→通氮气吹扫打压→检漏→通 CO 洗涤→合成→反应结束→通氮气吹扫→卸渣。

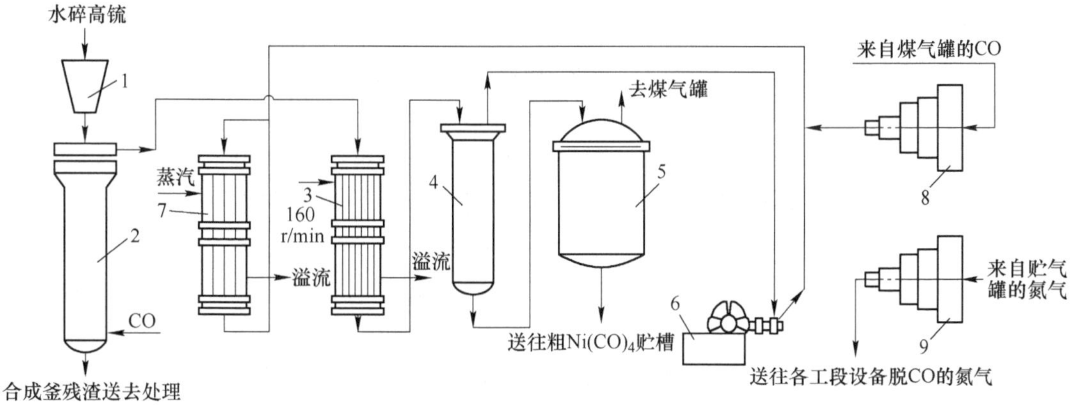

图 3-26 羰基镍高压合成设备连接图

1—进料仓；2—反应塔；3—热交换器；4—分解器贮存槽；5—解吸器；6—压缩装置；7—预热器；8，9—压缩装置

A 装料及检漏洗涤

经过预处理的颗粒物料经运输罐加入合成釜中，盖好盖子后，先用 5 MPa 的氮气吹扫釜内，打压、用肥皂水检查是否漏气。然后卸压，再用 5 MPa 的氮气吹扫几次，最后测罐中的氧含量。合格后用 5 MPa 的 CO 洗涤反应釜，用专用的袖珍一氧化碳测定仪检查是否有 CO 泄漏，洗涤后的 CO 排入废气储槽。

B 合成生产

高压合成的起始温度为 150 ℃，从高压罐来的 CO 必须先预热，方可通入釜内。反应开始后，开启 CO 循环压缩机，保证进气的 CO 浓度大于 60%。控制反应釜内压力为 22.5 MPa。

由于是放热反应，大量的热通过产出 $Ni(CO)_4$和反应余气 CO 等气体及时带走。釜内上中下位置都设有温度计，对反应速度和进程进行监控，当釜内温度超过 250 ℃时会自动报警。

调节进入反应釜的 CO 量来控制反应速度，温度的变化显示反应的情况和原料消耗的情况。开始阶段 3 个测点的温度都是升高的，但随着放热和散热出现平衡，温度恒定不变，随着反应的减弱，温度开始下降。因为下部的物料先反应完，所以最先下降的是反应釜下部的温度。当反应釜上部的温度为 150~200 ℃时，就表明合成反应临近结束。

为了提高镍的回收率，往往提高 CO 的浓度，改用加热的纯 CO，使反应进行得更完全。合成的终点可以通过釜内温度的变化和排出气体中的 CO 含量来判断，生产中每 6 h 分析一次气体中 $Ni(CO)_4$的含量。

在合成过程中发生的反应主要有：

$$Ni(s) + 4CO \xlongequal{} Ni(CO)_4(g) \quad (3\text{-}321)$$

$$Ni_3S_2 + 4Cu \xlongequal{} 2Cu_2S + 3Ni \quad (3\text{-}322)$$

金属镍生成后即被 CO 羰化合成，硫化镍也可与 CO 发生如下反应：

$$Ni_3S_2 + 14CO \xlongequal{} 3Ni(CO)_4 + 2COS \quad (3\text{-}323)$$

所生成的羰基硫（COS）与金属铜发生硫化反应，生成 Cu_2S 和 CO：

$$COS + 2Cu \xlongequal{} Cu_2S + CO \quad (3\text{-}324)$$

铁在高压下与一氧化碳反应很慢，但随压力升高而加快，在 7 MPa 下铁的羰化率为 30%，在 20 MPa 下羰化率可提高到 80%，少量的 FeS 几乎不发生反应。

$$Fe + 5CO \xlongequal{} Fe(CO)_5 \quad (3\text{-}325)$$

$$2Co + 8CO \xlongequal{} Co_2(CO)_8 \quad (3\text{-}326)$$

$$4Co + 12Co \xlongequal{} Co_4(CO)_{12} \quad (3\text{-}327)$$

钴的羰基化合物熔点高，在精馏净化工序中以晶体形式留在精馏液中。在羰化物料的颗粒表面有一层 CoS，是 $Cu_2S+Co = CoS+2Cu$ 反应所致。CoS 不参与羰化反应，留在羰化渣中。铑、锇和钌在羰化合成中的行为与金属钴相同，会有少量损失，而铜、金、银、铂和铱等则不与一氧化碳反应，几乎全部留在羰化渣中。

C 卸料

反应生成的羰基镍呈气态，随着未反应的 CO 一道从反应釜排出，经过滤器除尘，然后冷凝成液体，三级泄压后粗羰基镍液体与 CO 分离。在气液分离器中液体达到一定量时，气动阀门自动打开，靠分离器的压力将粗羰基镍送到储槽，CO 经除油后回到循环压缩机。然后洗涤合成釜，先用 5 MPa 的氮气通入釜中 10 min，随后排至废气罐中，反复 5~7 次，洗到 $Ni(CO)_4$含量在 0.005 mg/m^3以下才能卸渣。残渣中富集铜、钴及贵金属，送往下一步回收贵金属。

3.10.2.3 粗羰基镍的精馏

合成的粗羰基镍是 $Ni(CO)_4$、$Fe(CO)_5$和 $Co(CO)_8$的混合物，还有水和机油等杂质。

精馏是基于羰基化合物的沸点不同，只要控制一定的温度就可把 $Fe(CO)_5$和$Co(CO)_8$除去，达到提纯 $Ni(CO)_4$的目的。精馏工艺设备连接图如图 3-27 所示。

储槽内的粗羰基镍在 0.4 MPa 的 CO 作用下，输送到一段精馏塔的高位槽。从高位槽自流至蒸发釜内蒸发槽，蒸发槽采用的是盘管热水加温，热水上进下出，进口温度为 90 ℃，出口温度为 50 ℃；此时 $Ni(CO)_4$挥发，而 $Fe(CO)_5$不挥发。蒸发槽中下部以

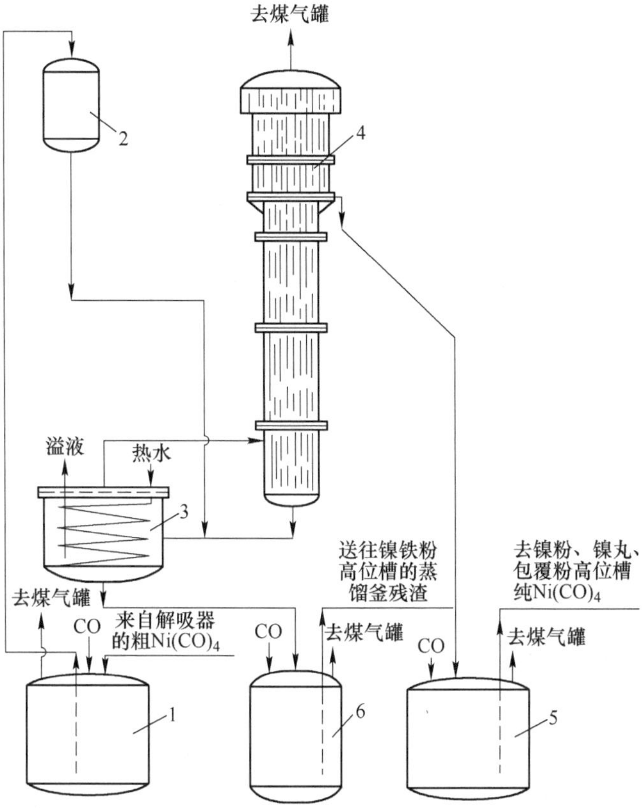

图 3-27　羰基镍精馏工艺设备连接图

1—粗羰基镍储槽；2—高位槽；3—蒸馏釜；4—精馏塔；5—纯羰基镍储槽；6—蒸馏釜残渣储槽

$Fe(CO)_5$为主，中部是$Fe(CO)_5$和$Ni(CO)_4$混合物，上部以$Ni(CO)_4$为主，从而达到分离目的。控制蒸发器内底部的温度为57~58 ℃，高于该温度就放掉部分底流。

从蒸发器挥发出来的蒸气［其中夹带少量的$Fe(CO)_5$气体］进入精馏塔，精馏塔塔顶通水，在塔顶冷凝成液体。有40%液体流进纯$Ni(CO)_4$储槽，60%液体由塔顶向下喷淋，把夹带的$Fe(CO)_5$洗涤下来。控制精馏塔中部温度45 ℃，保证$Fe(CO)_5$全部洗涤下来，当塔内温度超过45 ℃时加大回流的量。精馏塔项压力为400~500 mm水柱，出塔气体的温度为25 ℃，夹带少量$Ni(CO)_4$气体，再经小冷凝器使$Ni(CO)_4$尽可能冷凝成液体。

随着精馏的不断进行，溶液的沸点提高，$Fe(CO)_5$也将挥发。在实践操作中，将一次精馏的残液成分控制在含$w_{Ni}=15\%$、$w_{Fe}=20\%\sim22\%$时，就排放至一次残液储槽中。一次残液再进行二次精馏，二次精馏产出的$Ni(CO)_4$因杂质含量较多，返回到粗$Ni(CO)_4$储槽中，二次精馏残渣中含镍一般为4%~5%，送去生产Ni-Fe粉。

3.10.2.4　羰基镍的分离

羰化精炼的优越性主要体现在分解过程，通过控制不同的工艺条件可产出上百种产品。根据其分解形式，可分为有晶核分解和无晶核分解。

羰基镍在无晶核的条件下为200~220 ℃，或者在有晶核的条件下，为180~200 ℃发生分解反应产出镍粉。

控制反应塔内不同的分解条件，就可得到不同牌号和不同用途的镍粉。改变反应塔的结构和工艺条件，还可生产镍丸、镍箔及不同基体的包覆粉。

安全注意事项及预防措施

CO 中毒：羰基镍生成和分解过程中均有 CO 气体存在，泄漏会中毒，严重会导致死亡。

预防措施：实时监测反应过程中 CO 气体浓度，注意厂房通风，员工做好防护。

任务小结

（1）羰基镍的生成；

（2）羰基镍的分解。

知识拓展

利用高温等离子体使含镍原料中的镍化合物气化、分解，镍原子游离后快速冷却凝结，从而得到镍粉。

（1）原料准备：将含镍的矿石、合金或化合物等原料进行预处理，使其达到适合等离子体处理的粒度和纯度要求。

（2）等离子体反应：将预处理后的原料送入等离子体反应器中，利用等离子体产生的高温使原料中的镍化合物气化、分解，形成镍原子。

（3）冷却收集：使镍原子在特定的冷却环境中快速凝结成纳米镍粉颗粒，通过收集装置将其收集起来。

课程思政

黄其兴，1926 年 5 月 18 日出生于湖南长沙，是我国铅锌铜镍冶炼技术现代化的开拓者之一。1959 年，甘肃省河西走廊发现大型镍矿，黄其兴被委派担任金川工程第一任副总设计师兼现场设计组组长，在条件艰苦的戈壁滩，克服重重困难，于 1963 年建成了采、选、冶一期工程和全套冶炼试验基地，并攻克了高氧化镁难熔镍矿石鼓风炉熔炼的难题，为国家提供了急需的镍，为金川镍基地初期建设奠定了基础。开发出高铜的铅锌混合精矿密闭鼓风炉熔炼技术，我国氧气顶吹旋转转炉处理高镍二次铜精矿冶炼技术，是我国富氧熔池熔炼技术开发群体的优秀代表，为我国有色金属冶炼技术的发展做出了重要贡献。

复习思考题

3-1　镍锍主要成分有哪些，镍锍吹炼过程与铜锍吹炼过程有何不同？

3-2　简述磨浮分离的原理。

3-3　简述分层熔炼法的基本原理。

3-4　简述镍电解精炼的基本原理。

3-5　镍电解精炼过程中为什么要进行造液？

3-6 镍电解阳极液净化时为什么要将除铁放在第一阶段？
3-7 简述黄钾铁矾沉淀法除铁的基本条件和主要优点。
3-8 与铜电解精炼相比，镍电解具有哪些特点，为什么？
3-9 写出硫化镍阳极电解精炼镍和硫酸镍溶液电解沉积镍的阴阳极反应。
3-10 镍羰化冶金的基本原理是什么？
3-11 高压羰基镍的生产工艺包括哪些主要工序和辅助工序？
3-12 与镍的电解精炼相比，羰基法精炼近年来越来越有竞争力，请分析原因。

参 考 文 献

[1]《冶金常识》编写组．十种常用有色金属铜与镍［M］．北京：冶金工业出版社，1974.
[2] 邱竹贤．有色金属冶金学［M］．北京：冶金工业出版社，1988.
[3] 江源，侯梦溪．全球镍资源供需研究［J］．有色矿冶，2008，24（2）：54-57.
[4] 曹异生．国内外镍工业现状及前景展望［J］．世界有色金属，2005，（10）：67-71.
[5] 黄其兴，王立川，朱鼎元．镍冶金学［M］．北京：中国科学技术出版社，1990.
[6] 石玉峰．镍的特性及应用［J］．氯碱工业，1995，（11）：33-35.
[7] 何焕华．世界镍工业现状及发展趋势［J］．有色冶炼，2001，12（6）：1.
[8] 张华．国际镍市场分析与发展前景［J］．地质技术经济管理，2004，26（2）：18.
[9] 翟秀静．重金属冶金学［M］．北京：冶金工业出版社，2022.
[10] 徐迎春．重金属冶金技术［M］．长沙：中南大学出版社，2022.
[11] 张守卫，谢曙斌．镍的资源生产及消费状况［J］．有色金属，2003（11）：9-15.
[12] 彭亮，李俊，袁浩涛．我国资源现状及可持续发展［J］．矿业工程，2004，2（6）：1-2.
[13] 何焕华，蔡乔方．中国镍钴冶金［M］．北京：冶金工业出版社，1999.
[14] 张凤霞，姚春玲．镍及镍铁冶金［M］．北京：冶金工业出版社，2022.
[15] 陈自江．镍电解精炼工［M］．北京：冶金工业出版社，2016.
[16] 陈自江．顶吹炉工［M］．北京：冶金工业出版社，2013.
[17] 陈自江．反射炉工［M］．北京：冶金工业出版社，2013.
[18] 张峰．镍电解液萃取除铜的研究［D］．兰州：兰州理工大学，2008.
[19] 傅崇说．有色冶金原理［M］．北京：冶金工业出版社，2007.
[20] 张启修．冶金分离科学与工程［M］．北京：科学出版社，2004.
[21] 陈爱良，孙培梅，赵中伟，等．用离子交换法从镍电解阳极液中除铜的研究［J］．矿冶工程，2005，25（6）：51-54.
[22] 翟秀静，王昌昊，肖碧君，等．镍浸出液深度净化除铜研究［J］．有色金属（冶炼部分）1997（4）：19-22.
[23] 杨显万，邱定蕃．湿法冶金［M］．北京：冶金工业出版社，2001.
[24] 邱定蕃．矿浆电解［M］．北京：冶金工业出版社，1999.
[25] 李洪桂，等．湿法冶金学［M］．长沙：中南大学出版社，2002.
[26] 李洪桂．冶金原理［M］．北京：科学出版社，2005.

模块 4　钴　冶　金

任务 4.1　钴冶金的一般知识

任务目标

（1）了解钴的分布及其利用历史；

（2）掌握钴及其化合物的主要性质和用途。

理论与实践

4.1.1　钴的分布

钴在自然界分布很广，但在地壳中的含量（质量分数）仅为 0.0023%，居第 34 位。钴矿主要有辉钴矿、方钴矿等，海洋底的锰结核中钴的含量也很大，天然水、泥土和动植物中都含有钴。

4.1.2　钴的利用历史

早在公元前 1450 年由埃及人和巴比伦人制造的陶器中已经用到钴颜料；我国从唐朝起也在陶瓷生产中广泛应用钴的化合物作为着色剂；19 世纪中叶开始出现把钴电镀到金属上的工作；20 世纪初把钴应用于制造合金钢和其他合金等方面的工作兴起。1917 年日本冶金学家发现了含钴的永磁合金；到 1935 年永磁合金得到进一步发展，衍生出一系列铝镍钴永磁材料，钴已成为一种重要的战略金属。伴随着人类的工业文明，钴完成了从釉彩到合金的华丽转身。

4.1.3　钴及其化合物的性质

4.1.3.1　钴的性质

钴是有光泽的银灰色金属，属于过渡族元素，是铁元素的邻居；质地硬而脆，在高温下能够保持较高的强度，具有较低的导热性、导电性以及较强的铁磁性。

A　钴的物理性质

钴硬而脆，有铁磁性，加热到 1150 ℃时磁性消失；有延展性，机械性能比铁优良。钴是生产耐热合金、硬质合金、防腐合金、磁性合金和各种钴盐的重要原料。钴的物理性质见表 4-1。

常温下钴为六方紧堆结构（α-Co），超过 417 ℃时发生缓慢吸热变化而转变成面心立方结构（β-Co）。通常情况下，α-Co 是较稳定的同素异形体，β-Co 可在室温下存在，特别

表 4-1　钴的物理性质

物理性质	参　数
熔点/℃	1493
沸点/℃	3100
汽化热/$(kJ \cdot mol^{-1})$	169.5
熔化热/$(kJ \cdot mol^{-1})$	6.997
密度/$(g \cdot cm^{-3})$	8.9
电阻率(0 ℃)/(mΩ · cm)	5.68
热导率(0~100 ℃)/$[J \cdot (s \cdot K \cdot cm)^{-1}]$	0.690
居里点/℃	1121
热容(25 ℃)/$[J \cdot (K \cdot mol)^{-1}]$	25.04
磁性	铁磁性
莫氏硬度	5

是在含有约 6%的铁时 β-Co 被稳定化了；α→β 转型发生的能量变化很小，约为每摩尔 418.4 J，所以在冶金过程中任何能量变化都会对晶形转变发生不小的影响。室温下有适中的温度变化时，β-Co 会转化成六方紧堆结构，但对冷加工的六方晶态的钴进行再结晶时，会有一定量的立方相生成，在室温时不再变回为六方相。

B　钴的化学性质

钴位于元素周期表第四周期第Ⅷ族。钴的化学性质与铁、镍相似，在常温下与水和空气都不反应。在 300 ℃以上发生氧化生成 CoO，在白热时燃烧成 Co_3O_4。钴的极细粉末状钴会自动燃烧，钴能溶于稀酸中，在浓硝酸中会形成氧化薄膜而被钝化。在加热时钴能与氧、硫、氯、溴发生剧烈反应。钴的化学性质列于表 4-2 中。

表 4-2　钴的化学性质

化学性质		参　数
原子序数		27
相对原子质量		58.9332
常见化合价		+2，+3
价电子层结构		$3d^7 4s^2$
电离能/eV	第一电离能	7.86
	第二电离能	17.05
同位素		^{56}Co, ^{57}Co, ^{58}Co, ^{59}Co, ^{60}Co
晶格结构		六方晶体
晶胞参数		$a=b=0.250$ nm，$c=0.406$ nm $\alpha=\beta=90°$，$\gamma=120°$
主要氧化数		+2，+3，+4
电负性		1.88

4.1.3.2　钴的主要化合物

钴在水溶液中出现的主要氧化态为+2 和+3。在没有其他配体存在时，钴（Ⅱ）在水溶液中含有粉红色的 $[Co(H_2O)_6]^{2+}$，它是热力学稳定物质。钴（Ⅲ）的水合物 $[Co(H_2O)_6]^{3+}$ 是一种强氧化剂，它在水溶液中难以稳定存在。钴（Ⅱ）在中性或酸性水溶液中稳定存在，简单的钴（Ⅲ）盐则不常见；钴（Ⅲ）的络合物多数稳定，它们在配位化学的发展中起过重要作用。钴的主要化学反应如图 4-1 所示。

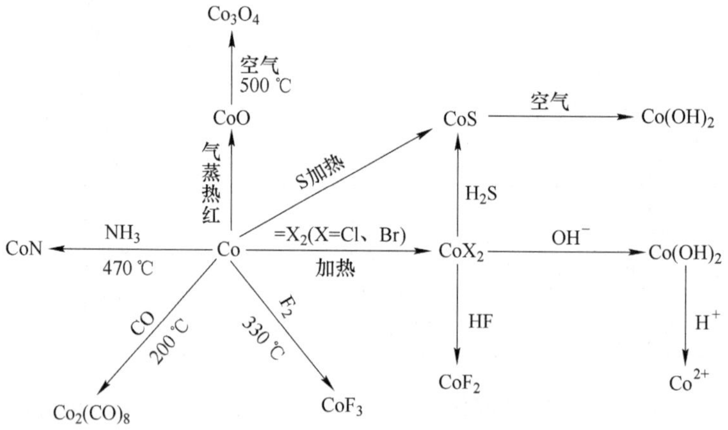

图 4-1　钴的主要化学反应

A　氯化钴（$CoCl_2$）

在氯气中加热钴的主要产物是氯化钴。如果将粉红色的氯化钴的水合物（$CoCl_2 \cdot 6H_2O$）在 150 ℃真空加热脱水或用氯化亚硫酰处理，均可得到无水 $CoCl_2$。$CoCl_2$易溶于水，生成粉红色溶液；如果溶于乙醇，则生成深蓝色溶液。无水 $CoCl_2$在潮湿空气中会变为粉红色，显然是从空气中吸收水分转变成水合物，这种性质使氯化钴用于干燥剂（如二氧化硅胶）的指示剂。

B　氧化钴（CoO、Co_2O_3及 Co_3O_4）

金属钴在空气或水蒸气中加热，或将氢氧化钴、碳酸钴或硝酸钴热分解，均可得到橄榄绿色的粉末 CoO，也称氧化亚钴。将氢氧化钴在电炉中于 350～370 ℃灼烧 4～5 h，得到三氧化二钴（Co_2O_3）。CoO 在 101. 1 kPa 的氧气气氛和 500～750 ℃加热的条件下得到 Co_3O_4。Co_3O_4与 Fe_3O_4异质同晶。CoO 具有氯化钠晶格，在低于 292 K 时是反铁磁性物质。

C　氢氧化钴［$Co(OH)_2$］

$Co(OH)_2$有两种晶型，α-$Co(OH)_2$ 和 β-$Co(OH)_2$。α-$Co(OH)_2$具有类似水滑石结构，是层状双羟基复合金属氧化物的结构，导电性较好，通常呈蓝青色。$Co(OH)_2$是亚稳态，容易转变为 β 相。β-$Co(OH)_2$具有水镁石结构，羟离子六方紧密堆积。β-$Co(OH)_2$为玫瑰红色单斜或四方晶系结晶体，不溶于水，略显两性，难溶于强碱，但能溶于酸及铵盐溶液。

D　硫化钴（CoS）

硫化钴有两种晶型，α-CoS 和 β-CoS。α-CoS 为黑色无定形粉末，在空气中形成 Co(OH)S；β-CoS 为灰色或红色-银色八面体结晶，不溶于水但溶于酸。

用硫化钠处理钴（Ⅱ）盐溶液得到的黑色沉淀 α-CoS。刚沉淀出来的 CoS 产物能溶于酸，但放置后非晶态沉淀变为含有结晶态 $Co_{1-x}S$ 和 Co_9S_8的混合物，不溶于酸。

在钴-硫体系中，已确证的硫化物有 CoS_2（黄铁矿结构）、Co_3S_4（尖晶石结构）和钴短缺的 $Co_{1-x}S$（砷化镍 NiAs 结构）。Co_3S_4相在自然界中以硫钴矿形态存在，其可以稳定存在的温度为 650 ℃，超过 650 ℃则分解成 CoS_2和 $Co_{1-x}S$。

E　碳酸钴（$CoCO_3$）

碳酸钴是一种红色单斜晶系结晶或粉末，有毒性，刺激眼睛、呼吸系统和皮肤，在 CO_2气氛中，碱金属酸式碳酸盐与钴（Ⅱ）盐的水溶液反应生成紫红色的 6 水合碳酸钴（$CoCO_3 \cdot 6H_2O$）沉淀，如果不通 CO_2则上述反应将沉淀出碱式碳酸钴。将上述水合物在 140 ℃脱水可得 $CoCO_3$，在真空下加热至 350 ℃则得到 CoO。

F　草酸钴（CoC_2O_4）

向钴盐溶液中加入草酸根离子，将沉淀出粉红色的草酸钴，其化学式为 $CoC_2O_4 \cdot 2H_2O$，易溶于氨水中。$CoC_2O_4 \cdot 4H_2O$ 是略带黄色的粉红色粉末。

4.1.4　钴的应用

古代的人们早已发现钴与蓝色的秘密，钴被用作颜料的历史在西方可以追溯到古埃及时期。在埃及法老图坦卡蒙的墓穴中有一小块玻璃器物，后来检测其深蓝色是因为存在钴的缘故。古希腊人和古罗马人曾利用钴化合物制造有色玻璃，这种玻璃会表现出美丽的深蓝色。在中国，钴及其化合物也有悠久的颜料使用史。唐朝著名的唐三彩、元代的青花瓷、明代的景泰蓝无不与含钴的釉料有关，这种钴颜料制造出的蓝色不仅着色率强、发色鲜艳而且呈色稳定、历久弥新。这些历史事实都说明，钴作为颜料，早在古代已被人们发现和使用。前面提到的钴作为颜料主要为蓝色，其实钴还有其他两种颜料：钴紫颜料和钴黑颜料。

钴蓝化学成分为铝酸钴，是铝和氧化钴反应生成的一种颜料，表现为蓝色或蓝绿色调。这种颜料有着鲜明的色泽，高强度的着色能力，极强的耐酸碱性，较高耐热程度，被大量作为陶瓷、珐琅、玻璃等许多材料的着色剂使用。日常生活中见到的食品用硅胶干燥剂中就加入了氧化钴，无水时表现为蓝色，在吸取空气中的水后变为粉红色。

钴紫颜料也常被用于陶瓷、玻璃等的颜料，其成分是磷酸钴。钴黑颜料有铁钴黑和铁钴铬黑两种，主要用于陶瓷坯体和釉料的着色，是由多种金属氧化物经过高温固相反应而生成的高性能无机颜料，具有环保无毒的优点。

钴在制作电池材料、超级合金、硬质合金、磁性材料中也有广泛应用，钴-60 作为一种广为使用的放射性材料用于医学放射检查与治疗。现在，钴及其合金在机械、化工、航空航天等行业也都得到了广泛的应用，已经成为一种重要的战略金属。

制造电池设备是目前钴最重要的用途，使用量占到全部钴使用量的 40%，钴主要用来制作锂离子电池的钴酸锂、镍氢电池的氧化亚钴等。含钴材料是目前最好也是最为稳定的锂电池正极材料，是电池的核心之一，具有能量密度高和环保安全性高的特点。三元锂电池是指使用镍钴锰或者镍钴铝酸盐等三元材料为电池正极的锂电池。相对于传统锂电池，三元锂电池具有综合性能和低成本的双重优势，已经成为现今最被关注和认同的产品。

钴常被添加到钢或者其他合金中，可以明显提高合金的坚硬程度、耐磨程度、抗冲击性能和韧性。这种合金常常被熔焊到其他材料的表面，能够明显延长零件的使用寿命，大约有 20%的钴被用来制造这种超级合金。这种含钴合金常被用来制造喷气式飞机涡轮发动机的风扇扇叶、火箭和燃气机轮等设备的耐热部件等，生活中的含钴钢刀的耐磨性和切割性能也更加突出。

钴是一种被磁化之后就能长期保持磁性的金属。钴的这种优越磁性，使之被大量应用于制造高性能磁性材料，这种用途的钴使用量占到总使用量的 5%左右。高钴含量的磁性钢比一般磁性钢的磁力密度更高，而且在高温条件下这种磁性也不会轻易丧失。大型的永久磁体大多为含钴合金，其中常用的是一种叫作阿尔尼克的合金材料，它是由钴、镍、铝制造的坚硬合金。

钴在医疗领域也有多方面的应用，钴-60 放射性同位素被用来治疗人体的皮肤病和恶性肿瘤，维生素 B12（钴胺素）中的钴含量（质量分数）更是高达 4.5%，钴被用于制造人工髋关节和膝关节以及牙料填充剂。

具有放射性的钴同位素还被广泛应用于辐照食品加工行业，通过这种辐照技术可以杀死有害的细菌。

安全注意事项及预防措施

（1）毒性：水中重金属离子钴的浓度超标时会引起很多严重的健康问题。长期接触钴及其化合物可能会损害神经系统，钴金属粉尘或烟雾可能刺激呼吸道。

（2）预防措施：佩戴防护用品，避免直接接触，加强通风换气。

任务小结

（1）钴矿主要有辉钴矿、方钴矿、锰结核等；

（2）钴及其化合物的性质。

知识拓展

金属钴作为关键战略资源，在新能源革命、高端制造和绿色技术等领域具有不可替代的作用。尽管面临替代技术、供应链风险和伦理挑战，其应用前景依然广阔，但也将经历结构性调整和技术升级。

任务 4.2　钴的资源及生产方法概述

任务目标

（1）了解钴资源的基本情况；

（2）掌握金属钴生产的基本方法。

理论与实践

4.2.1　钴的资源

4.2.1.1　含钴矿物

单独钴矿床一般分为砷化钴矿床、硫化钴矿床和钴土矿床三类。钴和镍在自然界中常常共生，陆地上的钴资源主要是伴生矿，钴大量分散在矽卡岩型铁矿、钒钛磁铁矿、热液多金属矿、各种类型铜矿、沉积钴锰矿、硫化铜镍矿、硅酸镍矿等矿床中，其品位虽低，但规模往往较大，是提取钴的主要来源。

4.2.1.2　世界钴资源

世界上已查明陆地钴的资源量达 1500 万吨以上，大洋深海底和海山区的锰结核和锰结壳中也含有大量的钴资源，主要分布在太平洋海域。

2021 年全球钴产量为 17 万吨，较 2020 年的 14.2 万吨增长了 20%。刚果是世界最大钴生产国，占全球钴产量的 70%以上，其次是俄罗斯（7600 吨）和澳大利亚（5600 吨）。

4.2.1.3　我国钴资源

自然界已知含钴矿物近百种，大多伴生于镍、铜、铁、铅、锌等矿床中，钴含量较低。中国已探明钴金属有储量近数十万吨，分布于全国 24 个省（市、自治区），其中主要有甘肃、山东、云南、湖北、青海、河北和山西。这 7 个省的合计储量占全国总保有储量的 71%，其中以甘肃储量最多，占全国的 28%。此外，安徽、四川、新疆等省（市、自治区）也有一定的储量。

4.2.1.4　钴的行情及产量

2022 年全球钴产量达 19.8 万吨。其中，刚果产量为 14.5 万吨，市场份额达 73%；印尼产量达 9000 吨，跃居第二大钴供应国。其中，电动汽车行业需求表现最为强劲，消耗了 7.4 万吨，占总需求的近 40%。

4.2.2　钴的生产方法概述

4.2.2.1　钴的冶炼工艺

尽管目前我国的钴产量已居世界第一，生产的钴产品基本包括了所有无机钴产品，但相对来讲，大部分企业产品品种较为单一，除了个别生产企业的产品较齐全，包含了锂离子电池用三元材料、四氧化三钴、氧化钴、金属钴粉和碳酸钴、草酸钴等钴盐外，其余企业一般只生产一到两种产品，且产品质量及物理性能指标与国外同类产品相比，还存在着一定的差距。受资源，环保、能源及市场等诸多因素的影响与制约，许多企业已经在传统钴产品上基本没有利润，只有开发或引进钴新材料产品的生产工艺才能实现可持续发展。目前钴冶炼厂处理的钴原料主要为钴氧化物（碳酸钴、氢氧化钴、水钴矿、钴渣等）、钴硫化物（硫化铜钴矿、硫化镍钴矿等）和钴合金（红合金、白合金钴铜锍等）三大类。虽然目前也有部分企业利用二次钴物料（如废电池、催化剂等）回收钴、镍等有价金属，但其冶炼工艺也只有在原料预处理及沉淀除杂方法上略有不同，浸出及萃取工艺与上述三类原料处理工艺基本相同，不作为本书探讨内容。目前现有钴冶炼厂虽然冶炼工艺繁杂，但总体来讲以湿法冶炼工艺为主，主体工艺类似，只是在原料处理及浸出和钴产品制备工艺上有所差别，原料处理及浸出工艺的选择取决于原料性质，钴产品制备工艺的选择取决于市场对产品的需求。三类原料冶炼工艺流程如图 4-2 和图 4-3 所示，图 4-2 中的钴硫化物为钴、铜硫含量较高原料，图 4-3 为低钴硫化物联合冶炼工艺流程。

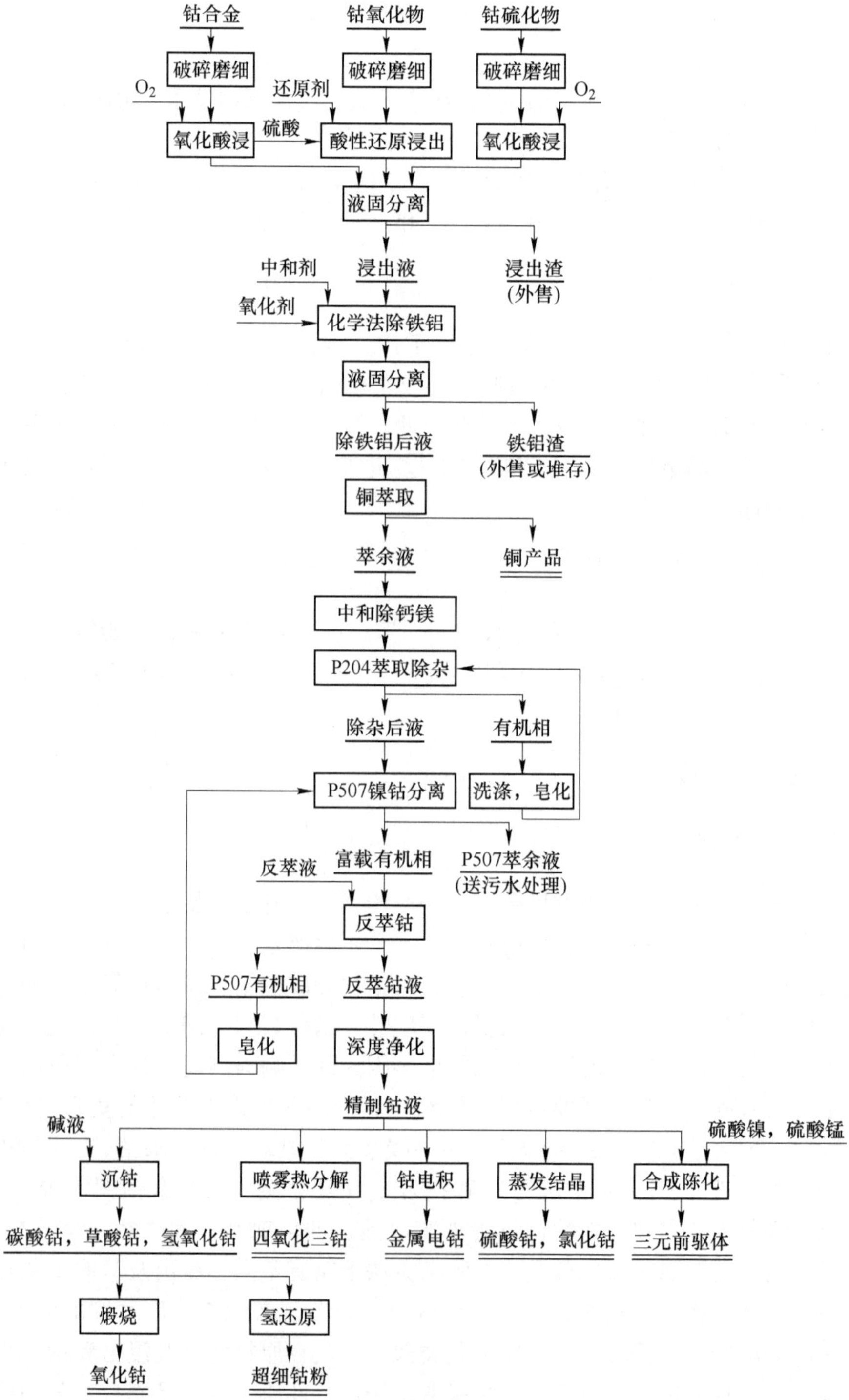

图 4-2　钴湿法冶炼主要工艺流程

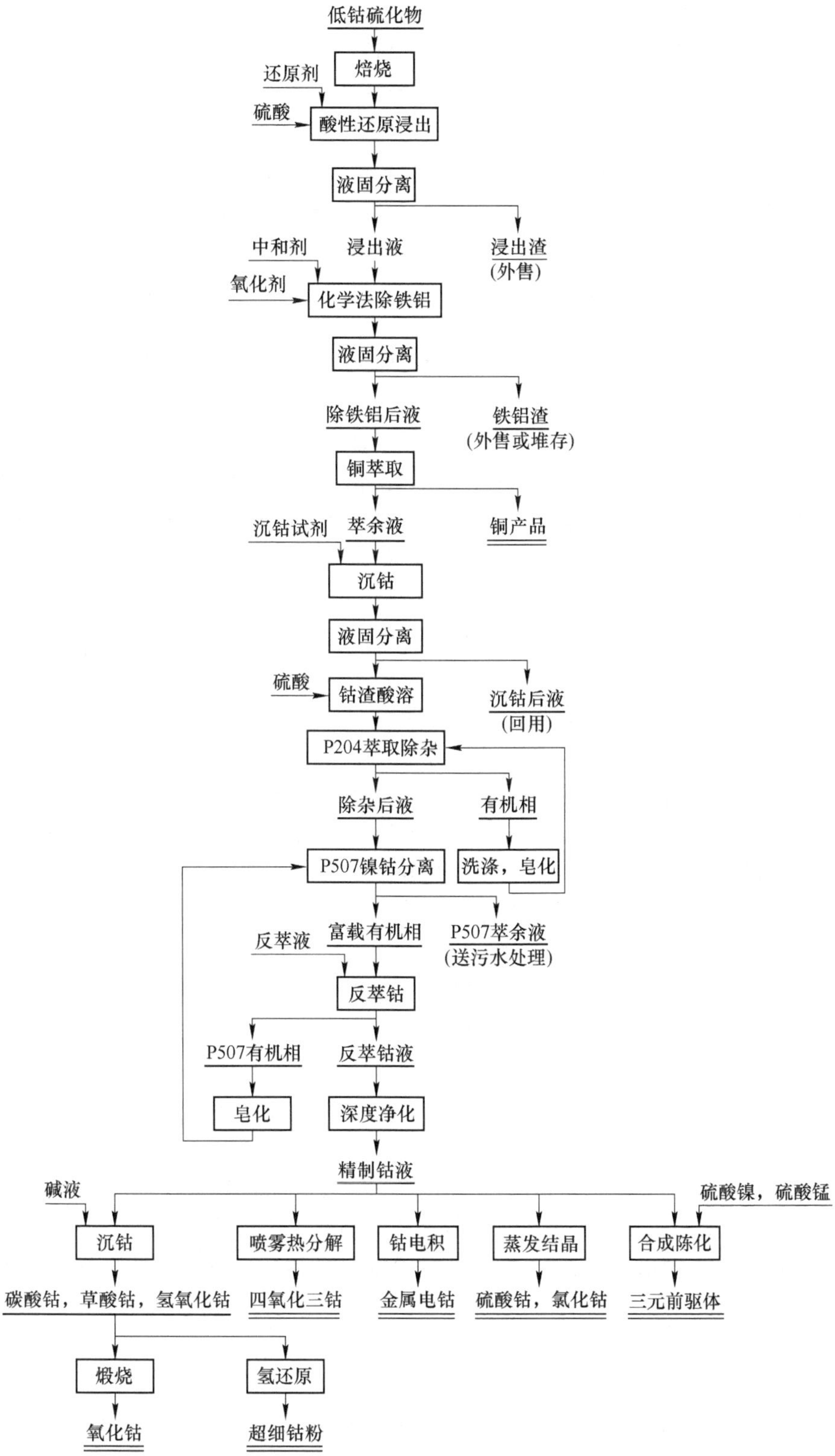

图 4-3　低钴硫化物联合冶炼工艺流程

A　钴氧化物冶炼工艺特点

钴氧化物为目前我国钴冶炼厂处理的主要原料，冶炼工艺比较具有代表性。此类原料中一般含镍较少，主要是回收其中的有价金属钴和铜。为了达到理想的浸出效果，该类铜钴氧化矿或水钴矿在浸出前先进行球磨，浸出过程一般分两段进行，一段在常温下主要浸出原料中的铜和二价钴，二段通过蒸汽加温为 70~80 ℃，并加入 SO_2，或亚硫酸盐作为还原剂进行还原性浸出，溶出原料中的三价钴和一段未溶出的铜；浸出液除铁方法则需根据每个企业原料特点、整个工艺流程及项目所在地环保要求等情况综合考虑，一般采用中和沉淀法、针铁矿法或黄钠铁钒法。提取铜工艺一般采用萃取-电积工艺生产阴极铜，根据原料及工艺特点，分高铜萃取、低铜萃取或高低铜串并联萃取工艺，一般设萃取 1~2 级、洗涤 1 级、反萃 1~2 级；当钴原料中铜含量较少时，一般不设铜萃取工序，直接进行 P204 萃取除杂，铜以中间产品形式回收。

我国钴冶炼厂通常采用 P204 萃取剂进行萃取除杂，在进行 P204 萃取前，有些设有氟化物除钙镁工序，对保障后续 P204 萃取顺利进行比较有利，但存在生产废水难处理、环保压力大等问题。若无该工序，原料中带入的钙或生产过程中加入的含钙物质在萃取箱和管路中易形成石膏结晶、结垢，对萃取设备及生产带来较大影响，增加了工人的劳动强度，降低了设备利用率，且生产操作环境较差；近些年实施的钴冶炼项目多采用带锥底萃取箱，可以显著缓解上述钙镁结垢物对生产及萃取设备的影响。根据体系中杂质含量设定不同的萃取级数进行梯级萃取，细分为萃取段、洗涤段、反萃段和皂化段，根据皂化体系和废水处理工艺的特点，部分企业萃取设有转皂段；萃取级数需根据原料中的锰、铜、锌、钙等杂质含量确定，可选择盐酸或硫酸溶液对有机相进行洗涤、反萃；企业一般采用氢氧化钠溶液对有机相进行皂化，个别企业采用稀氨水皂化。采用钠皂工艺，皂化率较氨皂略高，但后续废水处理压力较大；采用氨皂工艺，需对系统氨浓度进行有效控制，否则极易引起铵盐结晶堵塞设备及管道，并需设有铵盐回收装置。工业上镍钴分离常采用的萃取剂主要为 P507 和 Cyanex 272，国内个别生产企业曾采用 Cyanex 272 萃取剂，虽然该类萃取剂镍钴分离系数较高，由于价格较贵，从降低生产成本方面考虑，逐渐换成了 P507 萃取剂。P507 镍钴分离萃取一般为 30 级左右，也可根据自身原料特点和工艺要求设置 40 多级，细分为萃取、段洗、涤段、反萃段和皂化段，有些设有转皂段；采用钠皂或氨皂工艺对有机进行皂化，萃余液和转皂液送废水处理或回收铵盐。富载有机相利用硫酸或盐酸溶液反萃，制备成要求钴浓度的硫酸钴或氯化钴溶液。

P507 萃取所得硫酸钴或氯化钴溶液在生产电钴或电池材料等钴产品前，需进一步地深度净化，除去溶液中微量的铁、铜、锌等杂质。目前国内钴冶炼厂基本采用溶剂萃取工艺，取代以前的化学法加树脂吸附工艺，根据溶液成分和产品杂质含量要求设置合理的萃取级数，萃取剂一般采用 P204 萃取剂。

B　产品特点

我国钴产品大部分应用于锂离子电池行业，除了金川集团股份有限公司、浙江华友钴业股份有限公司等几家企业生产少量电钴，南京寒锐钴业股份有限公司生产 5000 吨金属钴粉外，其他企业主要以生产硫酸钴、四氧化三钴和三元锂离子电池材料为主，即使生产碳酸钴、草酸钴或氢氧化钴等产品，也主要作为生产电池材料的中间产品，生产工艺相对比较简单。除了生产三元前驱体材料及硫酸钴结晶产品采用硫酸钴溶液外，其他钴产品的生产一般采用精制氯化钴溶液。

国内钴电积工艺普遍采用盐酸体系，电流密度为 300~400 A/m^2，电积过程中产生的氯气采用碱液吸收后制备成次氯酸盐副产品外售，但市场较小。虽然国内有些企业正在积极寻求将氯气回收再利用的方法，由于存在着技术及安全等方面风险，因此尚未工业化应用。硫酸钴溶液电积生产金属钴工艺近年来在我国个别冶炼厂已成功应用，但其电钴质量性能较盐酸体系电钴尚有一些差距。

C　产品制备方法

目前我国钴产量近 80%应用于锂离子电池行业，钴冶炼厂的产品以硫酸钴、四氧化三钴和三元材料或前驱体为主。四氧化三钴制备主要有以下几种方法。

(1) 沉淀钴盐煅烧法。该方法是目前我国生产四氧化三钴的主要方法，将草酸钴、碳酸钴或氢氧化钴煅烧成四氧化三钴，再粉碎分级。该方法工艺简单，操作指标好控制，但相对流程较长，生产成本较高。

(2) 喷雾热分解法。该方法实质是一个热水解反应，即 $CoCl_2$ 溶液经过预浓缩后送至喷雾热分解炉，溶液所含水被蒸发的同时，氯化钴和空气中的氧发生高温热解反应生成四氧化三钴和氯化氢气体，分解温度 300~800 ℃，反应生成的四氧化三钴在反应器底部收集，气体经文丘里洗涤、降温、预浓缩后用水吸收后循环至萃取工序使用。目前，我国部分有实力的钴冶炼企业正在积极应用该工艺进行工业化生产，该工艺具有生产效率高、制造成本较低和可实现 HCl 循环利用等优点，但存在投资高、操作难度大、产品指标难控制等缺点。

(3) 结晶钴盐直接煅烧法。该方法将硫酸钴直接煅烧成四氧化三钴，再粉碎分级。该方法工艺简单，但生产效率低（硫酸盐分解时间长），且产生的废气难治理，目前很少生产企业采用该工艺。

(4) 湿合成法。该方法利用钴盐溶液与碱液在高压反应釜中直接合成四氧化三钴，虽然有利于控制产品中杂质含量，但存在产品形貌差、粒度难控制等缺点，而且其他物理指标也难有突破。目前未见国内生产企业采用该工艺的报道，只有在日本某些企业采用此工艺。

虽然近几年四氧化三钴的制备又出现了水热法、还原氧化法等新工艺，但均未实现工业化生产。三元材料制备方法主要有高温固相法、共沉淀法、溶胶凝胶法、喷雾热解法、微波合成法等，工业化应用最多为共沉淀法。共沉淀法分为直接共沉淀法和间接共沉淀法，前者是将锂盐与镍、钴、锰的盐共沉淀，干燥后直接高温烧结；后者先配制镍、钴、锰盐溶液，加入沉淀剂得到三元混合共沉淀前驱体，干燥后再与锂盐混合烧结。间接共沉淀法最终产品形貌和粒径分布更好控制，产品均匀性，一致性更好保证，烧结温度和时间可大幅降低，是目前生产企业主要生产工艺。

4.2.2.2　钴合金的冶炼工艺

钴合金的冶炼工艺分为全湿法冶炼工艺和火法+湿法联合冶炼工艺。钴合金粒度较大，直接浸出不仅时间长，而且浸出效果也不理想，一般先将合金细化后再浸出。两种工艺主要区别在于前期细化处理工序，全湿法冶炼工艺一般先采用特制球磨机将合金磨细，联合冶炼工艺是采用电炉将合金熔化，熔炼温度为 1200～1600 ℃，再高压水雾化，制成粒度 150 目（<106 μm）的合金细粉，然后送酸性氧化浸出工序。

国内某些冶炼企业曾采用盐酸和硫酸混酸体系浸出钴合金，该方法虽然能够达到较高的有价金属浸出率，由于该工艺操作条件较差，对设备防腐要求较高，且铜萃取回收和废水处理等方面存在一定问题，现已基本不再采用。

近年来，国内众多钴冶炼企业正积极开发更加经济合理的硫酸浸出钴合金工艺及方法探索出了两种工艺路线。

一种是利用特制的合金溶出设备浸出工艺，采用微泡溶出槽或滚筒溶出槽等设备，主要目的是增加合金表面与氧的接触概率，提高金属溶解效率，由于存在能耗高、设备利用效率低和难于实现工业化等问题，因此未在大规模生产中推广应用。

另一种是两段选择性氧化浸出工艺，一段常压氧化浸出合金中的钴和铁，二段常压氧化浸出铜和剩余的钴和铁，二段浸出终点酸度略高；二段浸出也可采用氧压强化浸出工艺，浸出温度一般为 140～160 ℃，通入浓度大于 98%的氧气，控制釜内压力为 0.5～1.0 MPa，浸出时间较常压浸出可大大缩短，一般浸出时间小于 120 min。第二段采用氧压强化浸出工艺的浸出速度更快，有价金属浸出率及自动化程度更高（较常压两段浸出高 3%～5%），浸出釜一般为钢衬钛材质。浸出后液可采用与钴氧化物湿法冶炼工艺基本相同的净化工艺处理，也可先采用赤铁矿工艺除去其中的大部分铁离子，再进行后续的净化处理。

4.2.2.3　钴硫化物的冶炼工艺

根据原料特点以及环保要求等因素，该类钴原料冶炼工艺也可分为全湿法冶炼工艺和火法+湿法联合冶炼工艺。全湿法冶炼工艺适用于环保要求高、原料中铜钴及硫含量较高物料；对于处理钴含量较低的铜钴硫化矿，一般采用联合冶炼工艺。

联合工艺首先进行硫酸化或半硫酸化焙烧，焙烧温度为 500～700 ℃，再进行焙砂酸性浸出。由于该工艺采用的原料中钴含量较低，浸出液中钴浓度一般只有 2～5 g/L，如直接进行除铁铝及除钙镁，再萃取除杂，存在生产系统大、投资高、试剂消耗大、生产成本高等缺点，故一般先对溶液进行沉钴富集，再对沉钴中间品进行二次酸溶，可有效减少体系流量，降低后续处理设施投资和生产成本。二次酸溶液中铜、铁等杂质较少，可直接进行 P204 萃取除杂，后续处理工艺与钴氧化物湿法冶炼工艺基本相同。该工艺具有设备简单、便于操作及维护等优点，但存在工艺流程长、有价金属回收率低、污染较大、能耗较高等缺点。

对于进口的高品位铜钴硫化物，采用氧压直接浸出工艺更加经济合理。原矿经破碎球磨后直接送氧压浸出釜，并通入浓度大于 98%的氧气，根据原料中硫含量确定蒸汽或冷却液加入量，浸出温度一般控制为 160～230 ℃，釜内总压控制为 1.0～3.5 MPa，浸出时间一般为 90～180 min，浸出矿浆经减压降温后送铁铝工段，后续湿法冶炼工艺与钴氧化物湿法冶炼工艺基本相同。该工艺不仅可使原料中的铜、钴等有价金属充分溶出，提高金属回收率，而且可将主要杂质铁以稳定的赤铁矿形式抑制在渣中，减小了后续工序负担，同时具有自动化程度高、能耗低、环保好等优点。该工艺也存在一次性投资高、设备维护成本高和对工人操作水平要求较高等缺点。

炼钴的原料有多种，主要包括铜镍钴矿、铜钴矿、铁钴矿和重质铁矿等。此外，钴硫精矿、砷钴精矿、含钴硫化镍精矿等也是炼钴的原料。

在钴的生产工艺中，根据不同的原料和生产方法，可以采用不同的冶炼方法。其中，火法和湿法是两种主要的冶炼方法。火法冶炼包括焙烧、熔炼和还原等工序，湿法冶炼包括浸出、净化、制备等工序。

对于不同的原料和生产工艺，所得到的钴产品也有所不同。例如，从镍锍、铜锍的吹炼渣中可以提取钴，从镍精炼净化渣中也可以提取钴。此外，从钴土矿中也可以提取钴，采用电炉冶炼、转炉吹炼、水淬、盐酸浸出、除杂、沉钴、煅烧等工艺生产氧化钴。

总之，炼钴的原料多种多样，根据不同的原料和生产工艺，可以采用不同的冶炼方法和生产流程。随着科技的不断发展和工业技术的进步，钴的应用领域将不断扩大，对钴原料的需求也将持续增加。

安全注意事项及预防措施

（1）强酸/强碱：浸出阶段常用硫酸、盐酸或氨水，操作时需防飞溅、泄漏。

预防措施：储存于耐腐蚀容器，远离不相容物质（如酸与碱分开存放）；配置自动加药系统，减少人工接触。

（2）溶剂萃取风险：使用磷酸三丁酯（TBP）、煤油等有机溶剂时，防静电火花（设备接地），避免火灾。

预防措施：萃取车间禁明火，配备防爆电器。

任务小结

掌握金属钴资源的基本情况，熟悉金属钴冶炼的工艺主线，明确金属钴冶炼的关键技术环节。

知识拓展

矿坑中的“恶魔”：钴的发现与命名

在 15 世纪的欧洲，矿工们开采银矿时，常遇到一种泛着蓝光的矿石。每当试图熔炼这种矿石时，会释放有毒气体（砷氧化物），导致工人中毒甚至死亡。矿工们认为这是地下精灵“Kobold”（德语中的“恶魔”或“地精”）的恶作剧，遂将这种矿石命名为“Kobold ore”（恶魔矿石）。

1735 年，瑞典化学家格奥尔格·勃兰特首次从这种矿石中分离出一种蓝色金属，打破了“诅咒”传说，并以“Kobold”的谐音将其命名为“Cobalt”（钴）。

任务 4.3　钴的火法冶金

任务目标

（1）了解钴火法冶炼的原料；

（2）掌握铜钴氧化矿还原熔炼的原理；

（3）掌握含钴副产品提钴的原理。

理论与实践

4.3.1 钴火法冶炼的原料

早期几乎所有的含钴原料都采用火法冶炼提钴，包括铜钴矿、含钴黄铁矿、砷钴矿及铜镍冶炼系统中的含钴副产品。虽然钴的湿法冶金得到了长足发展，目前钴的火法冶金仍然占有重要地位。

4.3.2 铜钴氧化矿的还原熔炼

20 世纪 30 年代，一般用电炉还原熔炼处理富钴氧化矿及其精矿。与铁的氧化物相比钴的氧化物容易还原，并且钴和铁形成无限互溶的合金，所以在还原熔炼含钴的氧化矿时，钴容易富集到合金里。铜的氧化物更容易还原，铜也能溶解在合金里。但是，当合金渗碳时，铜在合金中的溶解度降低，多余的铜呈单独相析出，合金分成两层。上层称为白合金，其中富集了铁和钴，钴含量（质量分数）可达 46%，含少量的铜，然后由白合金生产氧化钴和金属钴；下层称为红合金，含有多量的铜及少量的铁和钴。

铜的氧化物更容易还原，铜也能溶解在合金中。还原熔炼适于处理富铜钴氧化矿及其精矿。刚果（金）的潘达冶炼厂用电炉熔炼铜钴氧化矿。加入电炉的含钴物料有 3 种（质量分数）：（1）含钴 6%~8%、铜 5%的富矿；（2）含钴 7%~8%、铜 12%的精矿烧结产出的烧结块；（3）含钴 15%的铜精炼渣。

炉料中配入 50%石灰石熔剂和 15%焦炭做还原剂，在熔炼过程中大部分铁和几乎全部的铜与钴都还原进入合金。熔炼得到的上层白合金成分（质量分数）为：40%~45% Co、40%~45% Fe、12%~15% Cu、1.5%~ 2.5% Si，下层红合金成分（质量分数）为：4.5% Co、90% Cu、4.5% Fe；第三种熔体产物是炉渣，其成分（质量分数）为：0.3% Cu、0.2%~0.4% Co、40% SiO_2、40% CaO、5% MgO。

在熔炼过程中，要适当控制焦炭数量及粒度，使白合金硅含量保持在 1.5%以上，以利于两种合金的分离。红合金送铜火法精炼，精炼渣返回电炉；白合金通过硫酸浸出、溶液净化、沉淀、燃烧等处理过程生产氧化钴，进一步熔炼成金属钴。

4.3.3 含钴副产品提钴

4.3.3.1 提钴原理

通过处理转炉渣（方法与氧化镍矿还原硫化熔炼相似），先把转炉渣与石膏或黄铁矿一起在鼓风炉中熔炼成富钴冰铜，或用电炉熔炼转炉渣，把钴富集到合金里，钴得到初步富集后再进行后续加工处理。

20 世纪 50 年代，苏联采用了贫化液体转炉渣的方法，用金属化冰铜与转炉渣混合以提取渣中钴和镍的方法。贫化过程可以在转炉中进行，也可以在电炉中进行。在液体转炉渣贫化过程中，渣中硫化物形态的钴和镍直接进入冰铜相，造渣形态的钴和镍被金属化冰铜还原或硫化后转入冰铜相。

4.3.3.2　火法冶炼中钴的整体走向

我国可利用的钴资源主要伴生在铜镍矿床中，在镍的生产过程中，钴总是伴随镍、铜、铁的存在而富集或损失。

钴在火法冶炼过程中的走向大致为：（1）在矿热电炉-转炉冶炼低镍锍的流程中，钴随电炉渣的废弃损失约45%；（2）电炉与转炉间有大量的钴在循环；（3）约有55%的钴富集在高镍锍中。

以上走向给钴的回收提供了3个方向：减少钴在矿热电炉渣中的损失，提高钴在高镍锍中的品位，减少钴在电炉与转炉间的循环。

4.3.3.3　电炉渣中钴的走向

电炉渣中钴的损失是以氧化物形态的化学损失，钴在锍-渣间的分配反应式：

$$(FeO) + [CoS] \xlongequal{} [FeS] + (CoO) \tag{4-1}$$

矿热电炉是降低钴在渣中的损失，使钴尽量多地保留在锍中，除维护电炉的正常炉温、渣型和操作外，向炉内加入一定量的焦粉，更是降低钴及其他有价金属损失的最有效措施。加入焦粉的目的是破坏渣中 Fe_3O_4 和促进炉料中铁钴镍铜氧化物的还原，因为 Fe_3O_4 可增大炉渣密度，Fe_3O_4 常与 Cr_2O_3 等难熔物质混在一起，分布于渣与锍的界面之间，形成黏渣层，影响锍的沉降。同时 Fe_3O_4 与硫化物反应，释放 SO_2 气泡，在上浮过程中将细粒锍带入渣相，促使渣中锍的夹杂损失增加。铁本身也是镍铜钴的还原剂，被还原的铁可进入锍中，有效地降低锍品位，改善钴在锍渣中的分配关系。实践证明，加入2%~3%碎焦粉，可以明显降低渣的钴含量。

4.3.3.4　镍闪速熔炼中钴的走向

铜镍原料进行造锍熔炼时，除铁与硫外，其他伴生元素还有 Co、Pb、Zn、As、Sb、Bi、Se、Te、Au、Ag 和铂族元素等。其中，贵金属总是富集在铜镍锍及金属相中，然后从电解精炼过程中回收。其他元素在熔炼过程中，不同程度地挥发进入气相和以氧化物形态进入炉渣。

在造锍熔炼过程中，伴生元素在锍、渣及气相中存在的形态主要也是金属硫化物和金属氧化物，当产出高品位锍时，也有可能以金属形态存在。但各种形态因其性质不同，它们在三相中的分布也是不同的。

部分钴分布在铁橄榄石渣中，其溶解度可描述为：

$$w_{Co} = Ka_{[Co]}P_{O_2}^{\frac{1}{2}} \tag{4-2}$$

（1）氧分压（渣中氧势）的影响。理论分析及实际测定结果都表明，钴在铁橄榄石渣中的溶解度随渣中氧势的升高而增加。

（2）温度的影响。在氧分压较高的条件下，钴的溶解度受温度的影响较大，随温度升高而急剧下降；当渣接近铁饱和态时，温度的影响则较小。

（3）合金和锍中钴活度的影响。研究表明，即使在低的氧分压条件下，钴在渣中的含量也随合金中钴活度的增加而增加，应采取降低氧分压、提高温度的措施。

4.3.3.5 转炉吹炼过程中钴的走向

硫化镍精矿通常含有0.1%~0.3%的钴（质量分数），熔炼时由于氧位较低，大多数钴富集在低镍锍中，使低镍锍的钴含量（质量分数）达0.3%~0.6%。低镍锍吹炼时，随着氧位或锍品位增大，锍中的钴将逐渐氧化而进入熔渣，接近吹炼终点时大多数钴富集在渣中。

在转炉吹炼的造渣期，钴明显地被氧化而进入熔渣中（约97%的钴进入渣中），只有少量钴保留在锍相中。

4.3.3.6 含钴转炉渣的电炉贫化

将低镍锍吹炼成高镍锍时，随着熔锍中铁含量降低，铜、镍和钴等有价金属在渣中的含量增大。再加上相当数量的渣中夹杂的锍滴，存在于渣中的有价金属数量相当大，必须加以回收。由渣中回收有价金属其中较好的方法是将转炉渣在单独的电炉中进行贫化处理，以获取钴锍作为提取钴的原料，并同时回收其中的铜和镍。

转炉渣的电炉贫化过程是将液态转炉渣倒入贫化电炉中，分别加入还原剂或硫化剂，或同时加入还原剂和硫化剂，使渣中有价金属被还原或硫化，富集于金属相或锍相中，而后再将渣与金属相或锍相分离。在单独加入还原剂时，贫化产物为镍相，称为钴锍。在同时加入还原剂和硫化剂时，一般控制产物为金属化钴锍，其中以钴锍为主，少量金属相以分散状态存在于钴锍中，这种方法能获得较高的钴回收率（90%）以及适宜的操作温度（1200~1300 ℃）。

安全注意事项及预防措施

（1）熔体喷溅：确保原料干燥［水分含量（质量分数）小于0.5%］，避免高温下水分急速汽化引发喷溅。

预防措施：加料时采用“少量多次”原则，避免物料堆积导致局部剧烈反应。

（2）炉体防护：使用隔热屏障（如耐高温挡板）隔离熔炼区，操作人员穿戴全套耐高温服（如铝箔防护服、面罩）。

预防措施：定期检测炉衬厚度，防止熔体渗漏引发爆炸，炉衬厚度损耗大于30%需立即停炉维修。

任务小结

（1）钴火法冶炼的原料；

（2）电炉贫化原理。

知识拓展

电炉贫化的工艺流程如下。

（1）预处理。破碎、磨细渣料以增加反应活性，可能预混还原剂或熔剂（如CaF_2降低渣黏度）。

（2）熔炼。1）温度控制：根据钴还原动力学调整（通常需大于1450 ℃）。2）还原剂选择：碳基材料经济性高，但过量可能导致 Fe 过度还原；硅铁可精准还原但成本较高。3）渣型调整：添加 SiO_2 或 CaO 调节碱度，优化流动性和金属沉降。

（3）相分离与冷却。金属相（钴合金）与渣相分离后缓冷，促进晶粒生长以便后续分选。

（4）后处理。破碎渣料，通过磁选、浮选或重选进一步提取钴富集相。

任务 4.4　钴的湿法冶金

任务目标

（1）了解我国钴湿法冶金工艺的概况及发展；

（2）掌握钴湿法冶金的主要工艺。

理论与实践

4.4.1　我国钴湿法冶金工艺的概况和发展

钴冶金在我国发展历史较短，70 多年前，只有江西、广东等地一些小厂矿以钴土矿为原料生产粗氧化钴，其操作条件和装备水平极为落后。1954 年，沈阳冶炼厂以湿法炼锌的钴渣为原料首次产出电钴，拉开了我国生产电钴的序幕。氧化钴的生产是在 1956 年开始的，上海冶炼厂以江西冶炼厂用简易鼓风炉还原熔炼钴土矿产出的钴铁为原料，采用焙烧-浸出-净液-氧化沉钴-煅烧的生产工艺产出工业氧化钴粉。到 1958 年，赣州钴冶炼厂从当地的钴土矿中生产氧化钴，由于赣南、粤北等地的钴土矿资源分散，无法大规模开采，该厂于 1960 年开始处理从摩洛哥进口的砷钴矿，这是我国使用进口钴原料生产钴产品的开端。进入 60 年代后我国钴冶金事业得到了长足发展。1963 年，沈阳冶炼厂开始从古巴烧结镍的副产物镍钴渣中提钴，其主要工艺流程为：镍钴渣两段还原溶解、除铁，两次氯气氧化沉钴，得到含钴（质量分数）40%～50%的氢氧化钴，最后经电解精炼得到电钴。重庆冶炼厂从 1960 年开始利用镍净化钴渣提钴，该厂最初是采用不溶阳极电解生产电钴，之后改用可溶阳极电解法生产电钴。成都电冶厂于 1966 年建成钴车间，也是处理炼镍过程产出的净化钴渣，采用的生产流程为钴渣酸溶-两段沉钴-反射炉焙烧-电炉还原熔铸-可溶阳极电解生产电钴。1970 年改用溶剂萃取分离镍、钴-不溶阳极电解的新工艺，钴的回收率有较大提高，生产成本大幅度下降，该工艺代表了电钴生产的发展方向。

与此同时，由于我国含钴的铁矿资源丰富，选矿后可产出钴硫精矿，是我国重要的钴冶金原料。从 20 世纪 60 年代末到 70 年代初，相继建成了一批处理钴硫精矿的工厂，如葫芦岛锌厂钴车间、南京钢铁厂钴车间，其中葫芦岛锌厂钴车间采用硫酸化焙烧-浸出-脂肪酸萃取除杂质-氯气沉钴-电炉还原-可溶阳极电解精炼生产电钴，南京钢铁厂钴车间则采用氧化焙烧-烧渣中温氯化焙烧-浸出-萃取分离铜、铁-中和沉淀镍钴-酸溶后除钙、镁-P204 分离镍、钴-草酸沉钴-煅烧制取氧化钴粉。这两种工艺由于采用溶剂萃取法除杂质取代化学沉淀法除杂质，不仅改善了劳动条件，而且提高了冶炼回收率，产品质量也有所改善。到 70 年代后，溶剂萃取法除杂质被广泛应用，使我国钴湿法冶金工艺水平上了一个台阶。

到 20 世纪 70 年代后期，随着金川公司被列入国家三大资源综合利用基地之一，金川公司的钴回收率大大提高，钴产量也逐年上升，已发展成为我国最大的钴生产基地；到 20 世纪 90 年代中期，其钴产品已占到国内自产钴的 50%以上。此外，我国还从铜锌冶炼系统回收钴和从废钴合金中回收钴，如株洲冶炼厂从锌系统回收钴、莱芜钢厂冶炼厂从铜精矿中回收钴、株洲硬质合金厂处理废硬质合金回收钴、镇江冶炼厂、淄博钴厂处理废钴合金等，这部分钴产量每年为 80~120 t 左右，补充了我国钴资源的不足。

4.4.2　我国钴湿法冶金的主要工艺

我国钴的生产厂家众多，其生产流程因原料各异而互不相同。综合国内各厂实际生产情况，我国目前采用的主要钴湿法冶金工艺可归纳为以下几种：

（1）以砷钴矿为原料，采用焙烧脱砷-浸出-除铁-萃取-草酸沉钴-煅烧制取氧化钴的工艺；

（2）以钴硫精矿为原料，采用硫酸化焙烧-浸出-萃取-制取氧化钴或电钴工艺；

（3）以镍系统钴流为原料，采用还原溶解销铁矾除铁-二次沉钴-煅烧还原熔炼成粗钴阳极板可溶阳极电解法生产电钴的工艺；

（4）以钴渣为原料，采用钴渣还原溶解-除铁-萃取除杂-草酸沉钴-煅烧制氧化钴-酸溶造液-电积生产电钴的工艺；

（5）以水淬富钴渣为原料，采用加压氧气浸出-除铁-萃取除杂质-草酸沉钴-煅烧生产氧化钴的工艺流程。

下面对这 5 种主要湿法冶金工艺作扼要介绍。

4.4.2.1　从砷钴矿中提钴的工艺

砷钴矿除含有砷、钴外，通常含有铜、镍、铁等金属。因此，良好的脱砷率及钴、镍、铜的率，是处理砷钴矿的要求。从砷钴矿中提取钴过程，第一步是火法脱砷，将原矿和无烟煤、萤石按一定比例加入电弧炉进行熔炼。在高温条件下，钴、镍、铁等金属的高砷化合物发分解，生成比较稳定的砷化物，并组成以钴为主体的多金属砷化物合金（即黄渣），部分砷化和脉石成分组成炉渣，其中 60%的砷以氧化砷或游离砷挥发进入收尘系统。含钴黄渣即砷铳，再加入沸腾焙烧炉进行自热氧化焙烧，在 800~850 ℃氧化气氛下，砷铳中的钴、镍等转变为可溶解于硫酸的氧化物，砷则转变为三氧化二砷进入收尘系统。沸腾焙烧炉产出的焙砂进行硫酸浸出，浸出液中除含钴外，还含有大量的铁、铜、钙、镁、锌等杂质。除去这些杂质有两种方法。一种方法是采用化学沉淀法，即先用中和除铁，再用硫沉淀法除铜，除铜后液进行沉钴，产出粗氢氧化钴渣。最后将氢氧化钴渣进行反射炉烧结，烧结块在电弧炉中进行还原熔炼，产出粗钴阳极板。阳极板再通过电解精炼进一步提纯，制得电解钴。另一种方法是采用溶剂萃取法除去铁、铜、锰、锌、镍等杂质，得到纯净的氯化钴溶液，溶液经草酸沉钴后产出草酸钴，草酸钴再经回转窑煅烧制取精制氧化钴粉。

4.4.2.2　从钴硫精矿中提钴的工艺

钴硫精矿成分主要为含钴黄铁矿，精矿中一般还含有铜、镍、铅、锌等杂质，且均以硫化物形态存在，因此易于采用焙烧-浸出的方法处理。目前国内从钴硫精矿中提钴的工艺一般由 5 个步骤组成。

（1）钴硫精矿的硫酸化焙烧。钴硫精矿中所含的有价金属均以硫化物形态存在，在一定条件下可直接氧化成可溶性的硫酸盐。实际生产中，通常将钴硫精矿在550~600 ℃的条件下进行氧化焙烧，使精矿中的钴、镍、铜等有价金属转化成可溶性的硫酸盐，而大部分铁则呈不溶性氧化物留在渣中。

（2）焙砂的浸出包括焙砂浸出、矿浆浓密和过滤等过程。焙砂中的大部分有价金属如钴、铜等主要以硫酸盐的形态存在，将焙砂在空气搅拌槽中用水浸出这些有价金属即可。

（3）浸出液的净化。浸出液中除含钴外，还含有铜、铁、镍等杂质。实际生产中，先用脂酸转入溶液中而与其他杂质分离。肪酸或用 P204 萃取除去铜、铁，萃余液中铁、铜含量（质量分数）分别小于 0.02 g/L 和 0.01 g/L。最后通氯气氧化沉钴，使钴氧化成三价钴，并水解成氢氧化钴，镍基本上不水解，从而达到镍钴分离。

（4）电炉还原熔炼。氢氧化钴渣首先在反射炉中进行高温煅烧脱水，并还原成低价氧化物，产出的氢氧化钴中钴镍比可达到 200∶1 以上。产出的焙砂再经电炉还原熔炼，使低价氧化钴还原成金属钴，并浇铸成粗钴阳极板。

（5）电解精炼。粗钴阳极板一般含钴 95%左右，其中还含有镍、铜、铁、铅、锌、碳等杂质，通过可溶阳极电解进行精炼可除去这些杂质，得到含钴 99%以上的电解钴产品。可溶阳极电解精炼包括隔膜电解、阳极液净化和造液 3 个工序。

4.4.2.3　以镍系统钴渣为原料生产电钴的工艺

目前，我国以镍精炼钴渣为原料，采用可溶阳极电解生产电钴的厂家较多。该工艺的优点是操作简单，技术条件容易控制，电钴的质量较高；但是，也存在着回收率低、工艺流程长、成本高等缺点。根据当前湿法冶金发展的趋势，这种工艺流程将逐步被不溶阳极电积法取代。

可溶阳极电解生产电钴的工艺过程主要为：首先将镍净化钴渣用水进行浆化，再加适量硫酸，并通入 SO_2，进行还原溶解。待溶解完全后，进行黄钠铁矾除铁，使溶液中的铁降到 0.5 g/L 以下，然后将除铁终点 pH 值提高到 2.8~3.0，使溶液中的残铁呈氢氧化铁沉淀，除铁深度达到 0.05 g/L 以下。一次除铁后液通入氯气，进行一次沉钴，产出的一次氢氧化钴其钴镍比可达 30∶1 以上。过滤后的硫酸镍溶液返回镍系统，产出的一次氢氧化钴用二次沉钴后液进行酸洗，进一步降低一次氢氧化钴中的镍后，再进行二次溶解和二次沉钴，产出的二次氢氧化钴中的钴镍比达到 350∶1 以上。二次氢氧化钴渣经反射炉煅烧和电炉还原熔炼，得到粗钴阳极板。粗钴阳极板含钴一般都大于 95%，此外还含有镍、铜、铁、铅、锌等杂质，再通过可溶阳极电解精炼，即可得到高纯电解钴。

4.4.2.4　以镍系统钴渣为原料生产氧化钴或电钴的工艺

溶剂萃取法的应用，可以说是钴湿法冶金技术较大的进步。该方法的应用不仅简化了工艺流程，减轻了劳动强度，更重要的是大大提高了金属回收率，降低了生产成本，目前溶剂萃取法除杂质已在我国钴湿法冶金中被广泛应用。

以钴渣为原料，采用溶剂萃取法除杂质生产氧化钴工艺主要分以下几个步骤：

（1）将钴渣用水浆化后，加入硫酸和亚硫酸钠进行还原溶解；

（2）采用黄钠铁矾法除铁，使溶液中的铁浓度小于 0.05 g/L；

（3）用 P204 萃取进一步除去溶液中的铜、铁、锌和部分钙等杂质；

（4）用 P507 萃取分离镍钴，产出的硫酸镍返回镍系统，反萃钴得到纯净氯化钴液；

（5）用草酸铵沉淀钴，得到草酸钴，再将草酸钴在回转窑中煅烧，产出精制氧化钴粉。

溶剂萃取除杂质-不溶阳极电积生产电钴的工艺，已被我国电钴生产厂家广泛采用。其主要优点在于生产流程短，金属回收率高，生产成本低；但也存在着电积过程中产生的氯气难以回收利用等问题。

目前，国内采用的不溶阳极电积生产电钴的主要工艺流程为：镍净化钴渣首先经盐酸还原溶解后，用碳酸钠中和除铁（或用仲辛醇萃取除铁），再用 Ns 萃取分离镍钴，反萃后得到氯化钴溶液，氯化钴溶液再用 330 树脂除铅、717 树脂除锌、330 树脂除镍等一系列离子交换技术进行深度净化，得到纯净的氯化钴溶液。再用不溶阳极电积生产电钴，电积过程中产生的氯气用液碱吸收产出次氯酸钠（或用铁屑反应生成三氯化铁溶液）作为产品出售。

4.4.2.5　以水淬富钴渣为原料生产氧化钴的工艺

以水淬富钴渣为原料生产氧化钴的工艺是我国冶金工作者经过多年科技攻关研究成功的一套提钴新工艺，它大大提高了镍矿中钴的回收率。其主要工艺流程为：水淬富钴渣球磨-加压氧浸-除铁-溶剂萃取分离镍、钴、铜-氯化钴液沉钴-煅烧生产纯氧化钴粉。

该工艺流程的关键工序是富钴锍的加压氧浸。富钴锍中的铜、镍、钴主要以硫化物存在，在高温高压下，空气中的氧气能够将这些有价金属氧化成可溶性的硫酸盐，控制好适当的技术条件，可以使渣中大部分铁留在渣中，从而达到选择性浸出的目的。浸出液中含铜较高，如果通过单纯 P204 萃取除铜，难度较大。因此，在实际生产中，一般首先用硫代硫酸钠除铜，使浸出液中的铜降到一定程度，再采用 P204 萃取进行深度除铜。萃余液用 P507 萃取剂进行镍钴分离，萃余液硫酸镍送镍盐车间制作精制硫酸镍，反萃液氯化钴用草酸铵沉钴，得到精制草酸钴，再经回转窑煅烧，制成精制氧化钴粉产品出售。

（1）我国钴湿法冶金的主要生产厂家。我国钴冶金工业经过 40 多年的发展，目前已具备一定的生产规模，冶炼工艺技术水平有了很大提高。据不完全统计，现在国内从事钴冶炼的厂家有 20 余家，但大部分生产规模较小，具有一定生产规模的为数不多，下面介绍金川有色金属公司。

（2）金川有色金属公司。金川是我国镍钴主要生产基地，其钴产量居全国首位，达到年产 500 t 以上，主要钴产品有电解钴、精制氧化钴粉、草酸钴、硫酸钴、氧化亚钴和萘酸钴、异辛酸钴、锂酸钴等。其生产原料主要是镍系统净化钴渣和转炉渣经电炉贫化处理后所产的富钴渣。目前已形成两大生产流程：一是电钴的生产流程；二是氧化钴的生产流程。现在该公司电钴的生产是采用可溶阳极电解法，其主要工艺流程为：钴渣浆化-还原溶解-黄钠铁矾除铁-两段镍钴分离产出二次氢氧化钴-反射炉烧结-电炉还原熔炼-浇铸阳极板-可溶阳极电解精炼生产 1 号电解钴。氧化钴的生产则采用萃取法除杂质，其主要生产流程为：钴渣浆化-还原溶解-黄钠铁矾除铁-P204 除杂质-P507 萃取分离镍钴-反萃得到纯净气化钴溶液-草酸铵沉钴-煅烧制取精制氧化钴粉。同时，该公司还以水淬富钴渣为原料生产氧化钴，其主要生产流程为：水淬富钴渣-加压浸出-液固分离-浸出液用硫代硫酸钠或用 SO+硫黄粉除铜-黄钠铁矾除铁-P204 深度除杂质-P507 萃取分离镍钴-草酸铵沉钴-煅烧制取精制氧化钴粉。此外，该公司还利用电解钴或氧化钴生产过程中产出的二次氢氧化钴和氯化钴溶液等中间产品为原料，采用蒸馏结晶法生产硫酸钴、氯化钴和草酸钴等钴盐产品。

4.4.3 水淬富钴渣提取金属钴的一般工艺流程

4.4.3.1 原料预处理

破碎与磨矿：水淬渣常呈玻璃态或脆性块状，需破碎至 80～200 目（180～75 μm），增大反应活性。

磁选预富集（可选）：若含磁性物质（如金属铁或 Fe_3O_4），通过磁选分离，减少酸浸酸耗。

4.4.3.2 酸浸出

硫酸浸出（主流工艺）：浓度 2～4 mol/L，温度 80～95 ℃，浸出时间 3～6 h，液固比（4∶1）～(6∶1)。

盐酸浸出（针对硫化物渣）：需添加氧化剂（如 Cl_2 或 H_2O_2），促进钴的溶解（Co→Co^{2+}/Co^{3+}）。

氧化强化：添加 H_2O_2（1%～3%）或 NaClO，将低价钴（Co^{2+}）氧化为 Co^{3+}，提高浸出率（>95%）。

目标产物：获得含 Co^{2+}/Co^{3+}、Fe^{3+}、Al^{3+}、Mn^{2+} 等杂质的酸性浸出液。

4.4.3.3 溶液净化

A 黄钠铁矾法深度除铁

适用条件：硫酸体系，Fe^{3+} 浓度大于 5 g/L。

工艺参数：温度为 90～95 ℃，pH 值为 1.5～2.0，添加 Na_2SO_4（Na^+ 浓度为 5～10 g/L），反应为 3～4 h，生成 $NaFe_3(SO_4)_2(OH)_6$ 沉淀，铁去除率大于 99%，钴损失小于 1%。

优势：渣结晶性好，易过滤，减少钴夹带。

B 中和沉淀除铝、锰

调节 pH 值，使 Al^{3+}、Mn^{2+} 水解为 $Al(OH)_3$、$MnO(OH)_2$ 沉淀。

控制终点 pH：避免 pH 值大于 5 导致 Co^{2+} 水解损失。

C 硫化沉淀除重金属

加入 Na_2S 或 TMT（三巯基三嗪钠盐），控制 S^{2-} 浓度为 0.1～0.3 g/L，pH 值为 2.5～3.5。去除 Cu^{2+}、Pb^{2+}、Zn^{2+} 等（生成 MeS 沉淀），钴损失率小于 0.5%。

D 溶剂萃取深度提纯

萃取剂选择：P507 或 Cyanex 272，在 pH 值 4～5 下选择性萃取 Co^{2+}，与 Ni^{2+}、Ca^{2+} 等

分离。

反萃取：用 2~3 mol/L H_2SO_4反萃，获得高纯钴溶液（Co 纯度>99.5%）。

4.4.3.4 钴的沉淀与煅烧

A 草酸沉淀法

反应式：

$$Co^{2+} + C_2O_4^{2-} \longrightarrow CoC_2O_4 \cdot 2H_2O \downarrow \tag{4-3}$$

条件：pH 值为 2~3，温度为 50~70 ℃，草酸铵过量 10%~15%，搅拌 1~2 h。

优势：草酸钴晶型好，煅烧产物纯度高。

B 碳酸盐沉淀法

适用场景：低成本需求，但产品纯度略低。

反应式：

$$Co^{2+} + CO_3^{2-} \longrightarrow CoCO_3 \downarrow \tag{4-4}$$

条件：pH 值为 7~8，Na_2CO_3缓慢加入，避免生成胶体。

C 煅烧氧化

Co_3O_4：草酸钴在 500~700 ℃煅烧 2~3 h，通空气氧化。

CoO：在惰性气氛（N_2）中 600~800 ℃煅烧。

产物控制：通过煅烧温度与气氛调控氧化物晶型与粒度。

4.4.3.5 尾渣与废水处理

铁矾渣资源化：用作建材原料或炼铁辅料。

硫化渣回收：CuS、PbS 渣可送重金属冶炼厂。

废水处理：中和至 pH 值 6~8，沉淀残余重金属，活性炭吸附有机物，达标后循环或排放。

安全注意事项及预防措施

（1）毒性：氨水和氰化物都具有一定的毒性，危害人体健康。

预防措施：氰化浸出时需严格管控（双人双锁），防止与酸接触（生成剧毒 HCN 气体）。

（2）氧化剂（如氯气、双氧水）：氯气电解或氧化时，确保管路密封，配置氯气吸收塔（NaOH 溶液中和）。

预防措施：双氧水储存避光、低温，远离金属杂质（防止催化分解爆炸）。

任务小结

钴湿法冶金的典型工艺。

知识拓展

常用的工业萃取剂主要有四大类，中性萃取剂、酸性（阳离子）萃取剂、碱性（阴离子）萃取剂和螯合萃取剂，镍、钴冶金中常用的萃取剂有 P204、P507、N235、N263、N509、N510 等。

萃取剂的种类繁多，常用的不下数十种，在选择时除考虑经济因素外，还应注意以下几点：对金属萃取的选择性要好，容易实现金属的分离提纯，且具有良好的动力萃取性能，平衡速度快；在水相中的溶解度要小，且不与水相生成稳定的乳化物；化学稳定性要好，不易发生降解，具有较大的萃取容量，以避免需用量过大；同时，应易与稀释剂互溶，混合时有良好的聚结性能。

任务 4.5　含钴溶液的净化

任务目标

（1）了解含钴溶液净化的目的；

（2）掌握化学沉淀法和溶剂萃取法。

理论与实践

含钴原料浸出时，不可避免地有许多杂质进入溶液，一般浸出液均含有铁、铜、铅、锌、锰、铺、硫等杂质，其中的有价元素有回收价值，应当作为副产品回收。其余杂质需要清除，得到纯净的含钴溶液，才能进一步得到纯净的合乎标准的金属或各类钴盐。

含钴溶液的净化过程因原料来源不同而有多种方法。采用镍电解所得的钴渣要以硫酸为溶剂溶解后，采取黄钠铁矾法除铁；再通入氯气使 Co^{2+} 氧化成 Co^{3+}，用 Na_2CO_3 调整 pH 值，生成钴的氢氧化物沉淀，所得 $Co(OH)_3$ 进行焙烧再入电炉还原熔炼。

高镍锍可以采用盐酸溶解，加 Na_2CO_3 中和除铁，萃取分离镍钴，反萃钴液用离子交换法净化，以脱除铅、锌、铜、镍；用活性炭吸附在萃取及离子交换过程中带入的有机物，再通氯气鼓风搅拌深度除铁，所得滤液电积制取电钴。

阳极钴的精炼，电解液的净化可采用化学沉淀法，加硫磺和钴粉除镍，加 Na_2S 和钴粉除铜和铅，用氯气氧化中和水解法除铁，用离子交换法进行阳极液的净化。

4.5.1　化学沉淀法

4.5.1.1　黄钠铁矾法除铁

从 20 世纪 70 年代初开始，黄钠铁矾除铁技术在我国的湿法冶金，尤其是在锌、镍等的湿法冶金中广泛使用，黄钠铁矾法是一种湿法冶金中常用的除铁工艺，特别适用于硫酸体系溶液中铁（尤其是 Fe^{3+}）的深度去除。其核心是通过控制反应条件生成结晶性良好的黄钠铁矾［$NaFe_3(SO_4)_2(OH)_6$］沉淀，实现铁与其他有价金属（如 Co、Ni、Zn）的高效分离。需要注意的是：黄钠铁矾除铁终点 pH 值为 2.0~2.5，如生产电解钴可将终点 pH 值提高到 4.0~4.5，使溶液中的 Fe 浓度小于 0.001 g/L；如生产氧化钴可将终点 pH 值提高到 3.0~3.5，使溶液中的 Fe 浓度小于 0.05 g/L。

4.5.1.2　硫化钠沉淀法除铜

在铜镍钴的湿法冶金中常用硫化沉淀分离金属。硫化沉淀法是基于各种金属硫化物的溶度积不同，在一定条件下将它们分离。溶液中各种金属对硫的亲和力顺序为铜、钴、镍、铁，它们的溶度积（25 ℃）分别为 $K_{s(CuS)} = 2.40\times10^{-35}$、$K_{s(NiS)} = 2.82\times10^{-20}$、$K_{s(CoS)} = 1.80\times10^{-22}$、$K_{s(FeS)} = 1.32\times10^{-17}$。因此，硫化钠除铜就是利用硫化物溶度积差来分离金属的。其主要反应为：

$$CuCl_2 + Na_2S = CuS(s) + 2NaCl \tag{4-5}$$

由于溶液中 Co^{2+}浓度较高局部易生成 CoS 沉淀，故铜渣中含钴较高，反应为：

$$CoCl_2 + Na_2S = CoS(s) + 2NaCl \tag{4-6}$$

由于 CoS 的溶度积很小，pH 值越高，铜渣含钴越高，钴的回收率越低。但过低的 pH 值又使铜沉淀不完全而影响电解生产，所以控制溶液的 pH 值很重要。除铜过程中，一般控制起始 pH 值为 2.0~3.0、终点 pH 值为 3.5~4.0。

硫化钠（Na_2S）为无色晶体，易吸湿，在水中溶解度极大。硫化钠水解后溶液中 OH^-浓度增大，溶液显碱性，其 pH 值和 S^{2-}浓度随硫化钠浓度的增大而增大。

硫化钠除铜可以在带有机械搅拌的搪瓷反应釜中进行，将硫化钠配制成饱和溶液，在常温下缓慢加入。硫化钠用量为 $w(Cu^{2+})/w(Na_2S) = 1/5$，除铜时间约 30 min。

硫化钠除铜、铅的效果好，含铜可达 0.003 g/L 以下；缺点是可能导致局部生成 CoS 和 NiS 沉淀，造成铜渣含镍钴较高，同时溶液中的钠离子浓度偏高。

化学沉淀法是湿法冶金中净化含钴溶液的常用手段，通过选择性沉淀杂质或钴化合物，实现溶液中钴的纯化。其核心在于利用不同金属离子在特定 pH 值、温度及试剂条件下的沉淀行为差异，实现杂质与钴的高效分离。下面介绍化学沉淀法净化含钴溶液的关键方法及工艺细节。

A　中和沉淀法（除 Fe^{3+}、Al^{3+}等）

原理：金属氢氧化物溶度积（K_{sp}）差异，Fe^{3+}、Al^{3+}在低 pH 值下即可水解沉淀，而 Co^{2+}需更高 pH 值才会沉淀。典型反应：

$$Fe^{3+} + 3OH^- \longrightarrow Fe(OH)_3\downarrow \quad (\text{pH 值} \geq 2.5) \tag{4-7}$$

$$Al^{3+} + 3OH^- \longrightarrow Al(OH)_3\downarrow \quad (\text{pH 值} \geq 4.0) \tag{4-8}$$

氧化 Fe^{2+}：若溶液中含 Fe^{2+}，先加入 H_2O_2 或 NaClO，将其氧化为 Fe^{3+}。

调节 pH 值：使用 NaOH、$CaCO_3$ 或 MgO 缓慢调节 pH 值至 3.5~4.5，优先沉淀 $Fe(OH)_3$、$Al(OH)_3$。控制 pH 值不超过 5.0，避免 Co^{2+}水解［$Co(OH)_2$开始沉淀的 pH 值约为 7.0］。

pH 值控制精度：±0.2，防止钴损失。

保温陈化：60~80 ℃下搅拌 1~2 h，促进沉淀颗粒粗化，提高过滤效率。

固液分离：压滤或真空抽滤，滤渣（铁铝渣）可资源化利用。

钴损失率<2%（优化后可达 0.5%以下）。

B　硫化沉淀法（除 Cu^{2+}、Pb^{2+}、Zn^{2+}等重金属）

原理：重金属硫化物溶度积极低（如 CuS 的 $K_{sp} = 6\times10^{-37}$），可在低 pH 值下优先沉淀，反应式：

$$Cu^{2+} + S^{2-} \longrightarrow CuS\downarrow \tag{4-9}$$

试剂选择：使用 Na_2S、NaHS 或有机硫剂，避免 H_2S 气体释放。

pH 值范围：2.5~3.5（酸性条件抑制 S^{2-} 水解为 HS^-）。

硫化物浓度：0.05~0.3 g/L（过量会导致 CoS 沉淀，CoS 的 $K_{sp}=4\times10^{-21}$）。

分步沉淀：优先沉淀 Cu^{2+}、Pb^{2+}（pH 值为 2.5~3.0），再调节至 pH 值为 3.5~4.0 沉淀 Zn^{2+}、Ni^{2+}。

过滤分离：获得低重金属含量的钴溶液。

注意事项：添加少量络合剂（如 EDTA）优先络合 Co^{2+}，减少共沉淀。若用 Na_2S，需封闭反应并收集 H_2S 气体（用 NaOH 吸收）。

C　黄钠铁矾法（深度除 Fe^{3+}）

原理：在硫酸体系中，Fe^{3+} 与 Na^+、SO_4^{2-} 生成结晶性黄（$NaFe_3(SO_3)_2(OH)_3$），实现铁与钴的分离。反应式：

$$3Fe^{3+} + 2SO_4^{2-} + 6H_2O + Na^+ \longrightarrow NaFe_3(SO_4)_2(OH)_6\downarrow + 6H^+ \tag{4-10}$$

操作步骤如下：

（1）调酸与加热。维持溶液为硫酸体系（pH 值为 1.5~2.0），加热至 90~95 ℃。钠盐添加：按 $Fe^{3+}:Na^+\approx3:1$ 投加 Na_2SO_4（控制 Na^+ 浓度 5~10 g/L）。

（2）晶种诱导。加入少量黄钠铁矾晶种（0.5~1 g/L），加速结晶。

（3）反应与过滤。恒温搅拌 3~4 h，趁热过滤，钴损失率<1%。

（4）优势：铁去除率>99%，渣体密实易处理，适用于高铁（Fe^{3+}>5 g/L）硫酸钴溶液。

D　草酸沉淀法（钴的最终纯化）

原理：草酸根离子（$C_2O_4^{2-}$）与 Co^{2+} 形成难溶草酸钴沉淀，实现钴与其他残留杂质（如 Ca^{2+}、Mg^{2+}）的分离。反应式：

$$Co^{2+} + C_2O_4^{2-} + 2H_2O \longrightarrow CoC_2O_4\cdot 2H_2O\downarrow \tag{4-11}$$

操作步骤如下：

（1）调节 pH 值。用氨水或 NaOH 调至 pH 值为 2.0~3.0，避免杂质共沉淀。

（2）草酸铵添加：按 $Co^{2+}:C_2O_4^{2-}=1:(1.1\sim1.2)$ 投加，50~70 ℃搅拌 1 h。

（3）过滤与洗涤：滤饼用稀草酸溶液洗涤，去除吸附杂质。

（4）煅烧：草酸钴在 500~700 ℃煅烧生成高纯 CoO。

（5）钴回收率：>99.5%，产品纯度>99.9%。

（6）草酸消耗：1.2~1.5 倍理论量。

E　分步沉淀工艺设计

典型流程：含钴溶液（含 Fe^{3+}、Al^{3+}、Cu^{2+}等），氧化 Fe^{2+}→黄钠铁矾法除铁（pH 值为 1.5~2.0）→中和沉淀除 Al^{3+}（pH 值为 4.0~4.5）→硫化沉淀除 Cu^{2+}、Pb^{2+}（pH 值为 2.5~3.5）→草酸沉淀钴（pH 值为 2.0~3.0）→煅烧→ Co_3O_4。

4.5.2　溶剂萃取法净化含钴溶液

溶剂萃取法是湿法冶金中高效分离与纯化钴的核心技术，尤其适用于从多金属复杂溶液中选择性提取钴，具有高选择性、低钴损失、连续操作等优势。下面是其工艺原理、流程及关键控制点的系统阐述。

4.5.2.1　基本原理

萃取机制：基于钴离子（Co^{2+}）与特定萃取剂的络合能力差异，形成疏水性络合物，从水相（含钴溶液）转移至有机相（萃取剂+稀释剂），而杂质金属（如 Fe^{3+}、Ni^{2+}、Cu^{2+}等）保留在水相中。分配比（D）为：

$$D = \frac{[\mathrm{Co}]_{\text{有机相}}}{[\mathrm{Co}]_{\text{水相}}} \tag{4-12}$$

D 值越大，钴萃取效率越高。

4.5.2.2　工艺流程

（1）萃取剂选择，萃取剂选择见表 4-3。

表 4-3　萃取剂选择

萃取剂类型	特　点	适用场景
酸性磷型萃取剂	如 P507（2-乙基己基膦酸单酯）	高选择性萃取 Co^{2+}/Ni^{2+} 分离
羧酸型萃取剂	如 Versatic 10	弱酸性体系，抗杂质干扰强
肟类萃取剂	如 LIX 84（羟肟类）	高酸度下萃取 Co^{2+}
膦氧化物型萃取剂	如 Cyanex 272［二(2,4,4-三甲基戊基)次膦酸］	高 pH 值下 Co/Ni 高效分离

（2）萃取步骤如下：

1）pH 值控制，调节水相 pH 值至 4.0~5.5（不同萃取剂最佳 pH 值不同，如 P507 在 pH 值为 4.5~5.0 时对 Co^{2+}选择性最高）。

2）相比（O/A），有机相与水相体积比通常为（1∶3）~（1∶5），优化后可达 1∶10。

3）混合时间 3~5 min，确保充分传质。

4）温度 25 ~ 40 ℃（温度过高可能降低萃取剂稳定性）。萃取反应（以 P507 为例）为：

$$Co^{2+} + 2(HA)_{\text{有机相}} \longrightarrow CoA_2 \cdot (HA)_n + 2H^+_{\text{水相}} \quad (\text{HA 代表萃取剂 P507}) \tag{4-13}$$

（3）洗涤：

1）目的是去除有机相中夹带的杂质离子（如 Fe^{3+}、Mn^{2+}）。

2）洗涤剂用稀硫酸（0.1~0.5 mol/L）或纯水。

3）操作：有机相与洗涤液按相比 1∶1 混合，逆流洗涤 1~2 级。

（4）反萃取：

1）试剂选用强酸（如 2~3 mol/L H_2SO_4或 HCl）。

2）反应式

$$CoA_2 \cdot (HA)_n + 2H^+ \longrightarrow Co^{2+} + 2(HA)\ \text{有机相} \tag{4-14}$$

3）条件是相比（O/A）=（2∶1）~（5∶1），反萃后得到高纯钴溶液（Co>99.9%）。

（5）有机相再生：

1）碱洗选用 NaOH 溶液（1~2 mol/L）中和有机相中残留的酸，恢复萃取能力。

2）循环使用，再生后有机相返回萃取段，损耗率小于 5%。

4.5.2.3　关键工艺参数

溶剂萃取法的关键工艺参数见表 4-4。

表 4-4　溶剂萃取的关键工艺参数

参　数	控 制 范 围	影 响 说 明
pH 值	4.0~5.5（依萃取剂调整）	决定钴与杂质的选择性分离
萃取剂浓度	10%~30%（v/v）	浓度过低降低萃取效率
相比（O/A）	(1∶3)~(1∶10)	影响富集比与处理能力
混合强度	适度搅拌（避免乳化）	确保两相充分接触，但不过度分散
反萃酸浓度	2~3 mol/L H_2SO_4	酸浓度不足导致反萃不完全

4.5.2.4　优缺点分析

溶剂萃取法的优缺点分析见表 4-5。

表 4-5　溶剂萃取法的优缺点分析

优　　点	缺　　点
高选择性（Co/Ni 分离系数>1000）	设备投资高（需多级混合澄清槽）
钴回收率>99%，损失率<1%	有机溶剂易燃，存在安全与环保风险
适合低浓度溶液（Co 1~10 g/L）的富集	需处理有机相夹带与废水中残留有机物
可连续化、自动化操作	萃取剂降解需定期补充与再生

4.5.2.5　工业应用案例

某钴镍冶炼厂工艺：原料液为 Co 5 g/L、Ni 2 g/L、Fe 0.5 g/L、pH 值为 4.5，萃取剂为 P507(20% v/v)+煤油稀释剂。

流程：三级逆流萃取（O/A=1∶5，pH 值为 4.8），一级洗涤（0.3 mol/L H_2SO_4），两级反萃取（2.5 mol/L H_2SO_4，O/A=3∶1）。

应用结果：钴液纯度 99.95%，Co 浓度提升至 30 g/L。镍液纯度为 Ni 大于 99%，钴含量（质量分数）小于 0.01%。

4.5.2.6　环保与经济性

有机相回收：闭路循环设计，减少溶剂损耗（小于 5%）。

废水处理：萃余液中和沉淀残留金属。活性炭吸附溶解的有机物，达标排放。

成本控制：高纯度钴产品附加值高抵消萃取剂成本，规模化生产降低单位能耗。

4.5.2.7　与其他技术的联用

预处理+萃取：先通过化学沉淀法去除大部分 Fe、Al，再用萃取法深度提纯钴。

萃取+电积：反萃液直接电解生产电钴，缩短工艺流程。

安全注意事项及预防措施

萃取剂：密闭操作，避免有机溶剂挥发，配备防爆设施。

预防措施：溶剂萃取法在钴湿法冶金中占据核心地位，尤其适用于复杂多金属溶液、高纯度需求及低钴浓度原料的处理。通过优化萃取剂、pH 值及操作参数，可实现钴的高效分离与资源化，是现代钴精炼工艺不可或缺的技术手段。

任务小结

（1）化学沉淀法；

（2）溶剂萃取法净化含钴溶液。

知识拓展

稀释剂是一种组成有机相的惰性溶剂，用来溶解萃取剂，以改变有机相的浓度调节萃取能力，改善萃取剂的性能，降低有机相的黏度，提高萃合物在有机相中的溶解度，但不参加萃取反应。工业上常用的稀释剂有煤油、苯、甲苯、四氯化碳、氯仿等。其中，煤油因价格低廉、对各种萃取剂都有较大的溶解能力，应用最为普遍。用煤油作稀释剂时，萃取后被萃取的化合物（$(R_3NH)_2CoCl_4$）不能很好地溶解，会出现第三相，这时还需要加入添加剂磷酸三丁酯（TBP），它可以抑制第三相的生成。作为稀释剂的煤油都必须先进行磺化处理，以去除煤油中的不饱和烃。

任务 4.6　钴的电解

任务目标

（1）掌握电解钴制备的原理；

（2）了解电解精炼制备金属钴的工艺过程。

理论与实践

电解钴的生产流程可以分成两种：第一种是萃取除杂→镍钴分离→氯化钴溶液→不溶阳极电沉积制备电解钴；第二种是采用化学沉淀法提纯除杂→两段氯气镍钴分离→火法煅烧→还原熔炼成粗钴阳极→电解精炼制备电解钴。

4.6.1　电沉积制备电解钴

生产流程：萃取除杂→镍钴分离→制得氯化钴溶液→不溶阳极电沉积制备电解钴。

4.6.1.1　两极反应

A　阳极反应

钴电积的阴极是用钛板作阴极在种板槽电解制得的始极片。在阴极上主要发生钴离子放电反应，析出金属钴：

$$Co^{2+} + 2e = Co \tag{4-15}$$

钴是负电性金属，$\varphi^{\ominus}_{Co^{2+}/Co} = -0.28\ V$，较氢的标准电极电位负。尽管氢离子在钴阴极上析出有较大的超电压，使钴优先于氢在阴极析出；但当电解液酸度增加时，氢离子在阴极上放电也成为可能。其反应为：

$$2H^+ + 2e = H_2 \tag{4-16}$$

B 阴极反应

电积过程采用不溶阳极，阳极材料本身并不发生电化学溶解反应。不溶阳极的电极反应主要是电解液中的阴离子或阴离子基团等负电荷离子发生放电反应。

钴电积常用的阳极为高纯石墨和表面涂钌的钛板阳极。石墨阳极中的碳在电积过程中有少量粉化散落，使阴极含碳，目前多采用涂钌钛板阳极。对于硫酸盐水溶液电积，也可用铅银阳极。

4.6.1.2 氯化物体系的阳极反应

在氯化物水溶液中，可能发生的反应为：

$$2Cl^- - 2e = Cl_2 \qquad \varphi^{\ominus}_{Cl_2/Cl^-} = 1.36\ V \tag{4-17}$$

$$2OH^- - 2e = \frac{1}{2}O_2 + H_2O \qquad \varphi^{\ominus}_{OH^-/O_2} = 0.401\ V \tag{4-18}$$

氯化物水溶液电积过程在阳极主要是析出氯气，因为 OH^- 虽然比 Cl^- 的放电电位低，但在实际电积过程中，氧在阳极析出时的超电位比氯气析出的超电位大得多。阳极释放的氯气采用阳极加罩密封，经导管抽入氯气吸收塔，供氯化浸出或制备 NaClO（次氯酸钠）、$NaClO_3$（氯酸钠）使用。

（1）对于硫酸钴溶液电积：

$$CoSO_4 + 2e = Co + SO_4^{2-} \tag{4-19}$$

$$H_2O - 2e = \frac{1}{2}O_2 + 2H^+ \tag{4-20}$$

总化学反应为：

$$CoSO_4 + H_2O \longrightarrow Co + H_2SO_4 + \frac{1}{2}O_2 \tag{4-21}$$

（2）对于氯化钴溶液电积：

$$CoCl_2 + 2e = Co + 2Cl^- \tag{4-22}$$

$$2Cl^- - 2e = Cl_2 \tag{4-23}$$

总化学反应为：

$$CoCl_2 \longrightarrow Co + Cl_2 \tag{4-24}$$

由上式可见，电积过程的阴极反应与粗金属电解精炼的阴极反应相同，而阳极反应析出氧气或氯气。对于硫酸盐溶液电积，在析出氧的同时还再生硫酸，因此电积过程产生的含 H_2SO_4 废电解液或氯气可返回浸出过程作浸出剂。

4.6.1.3 设备及技术条件

设备：混凝土制备，内衬聚酯塑料的水溶液电解槽。

主要技术条件如下：

（1）电解液组成。

主盐选择：通常采用硫酸钴（$CoSO_4$）或氯化钴（$CoCl_2$）作为钴源，浓度需控制在合理范围。浓度过高易导致沉积粗糙，过低则效率低下。

pH 值控制：pH 值通常维持为 3~5。酸性过强（pH 值<3）会引起阴极析氢，导致镀层多孔；碱性过高（pH 值>5）则可能形成氢氧化钴沉淀。

添加剂：添加硼酸（H_3BO_3）作为缓冲剂稳定 pH 值，有机光亮剂（如糖精、聚乙二醇）可细化晶粒，改善镀层光洁度。

（2）电流密度。电流密度直接影响沉积速率和结构，常用范围 1~5 A/dm^2。过高会导致枝晶生长和氢脆，过低则沉积过慢，需通过实验优化以实现致密均匀的镀层。

（3）温度控制。温度通常保持为 40~60 ℃，升温可提高离子迁移率和反应速率，但需避免溶液蒸发过快或添加剂分解。

（4）电极配置。

阴极材料：不锈钢或钛板，需经预处理（酸洗、活化）确保表面洁净。

阳极选择：可溶性钴阳极（补充钴离子）或不溶性阳极（如钛镀钌、铅合金），不溶性阳极需定期补充钴盐以维持浓度。

（5）电解液流动与搅拌。机械搅拌或循环过滤可减少浓差极化，确保离子分布均匀，避免边缘效应和粗糙沉积。

（6）电解时间与沉积厚度。根据目标厚度调整时间，通常每小时沉积 20~50 μm；过厚可能引发内应力裂纹，需平衡效率与质量之间的关系。

（7）杂质控制。严格控制 Fe、Ni、Cu 等杂质离子（含量$<10\times10^{-4}\%$），防止共沉积影响钴纯度，可通过电解液纯化或预电解处理去除杂质。

（8）后处理工艺。

水洗与干燥：沉积后立即用去离子水冲洗，避免氧化或盐残留，低温烘干（60~80 ℃）防止氧化。

退火处理：在氢气或惰性气氛中退火（300~500 ℃），消除内应力，提高镀层致密性和导电性。

（9）槽电压与设备设计。槽电压通常为 2~4 V，需配合电极间距和电解液导电性调整。采用隔膜槽可防止阳极氧化产物污染阴极区。

（10）工艺监控与维护。定期监测电解液成分（如钴离子浓度、pH 值）、温度及电流效率，及时补充消耗组分，过滤悬浮颗粒以维持稳定性。

通过上述条件的系统优化，可实现高效率、高纯度（不小于99.98%）、结构致密的电解钴沉积，满足电子、电池及合金工业的应用需求。实际生产中，需结合设备条件与产品要求进行参数微调。

4.6.2　电解精炼制备金属钴

电解精炼制备电解钴的工艺过程是：化学沉淀法提纯除杂→两段氯气镍钴分离→火法煅烧→还原熔炼成粗钴阳极→电解精炼制备电解钴。

电解精炼制备电解钴的电解液多采用硫酸盐或氯化物体系，电解液必须经过净化处理，以控制杂质元素的含量。工艺中采用隔膜电解槽，使阴极液和阳极液分开，这种电解槽的构造较为复杂。通常阳极液和造液槽产出的溶液一起净化，净化方法及程序根据杂质含量而定。

（1）阴极反应。当控制阴极电势和溶液 pH 值一定时，主要为 Co^{2+}的还原为：

$$Co^{2+} + 2e = Co \tag{4-25}$$

虽然 H^+比 Co^{2+}还原的电势更正，按标准电位 H^+可能优先在阴极放电析出，但由于 H^+在钴上析出具有较高的过电势，同时控制溶液中的 H^+浓度，可以保证 Co^{2+}比 H^+优先在阴极析出。实践表明，当控制阴极液的 pH 值为 4～4.5 时，即可防止氢在阴极上大量析出。

（2）阳极反应。因为溶液中的 Cl^-、OH^-在金属上放电均具有较高的过电势，所以在阳极将发生钴和锰、锌、铁、镍、铅金属的溶解。

$$Co - 2e = Co^{2+} \tag{4-26}$$

$$Mn - 2e = Mr^{2+} \tag{4-27}$$

$$Zn - 2e = Zn^{2+} \tag{4-28}$$

$$Fe - 2e = Fe^{2+} \tag{4-29}$$

$$Ni - 2e = Ni^{2+} \tag{4-30}$$

$$Pb - 2e = Pb^{2+} \tag{4-31}$$

铜的电势虽然比钴正，在含铜小于 10%的钴阳极中，铜与钴生成固溶体。所以当钴发生电化学溶解时，铜同时也将进入溶液，并随即被钴置换进入阳极泥中。

$$Cu - 2e = Cu^{2+} \tag{4-32}$$

$$Cu^{2+} + Co = Cu + Co^{2+} \tag{4-33}$$

钴阳极中的碳化物在阳极溶解时将发生分解，碳以颗粒极小的粉末分散悬浮于阳极液中，为获得高纯度的钴需要采用隔膜电解，阳极液应经过净化除去杂质和过滤后输入隔膜袋中。

A　主要杂质行为

（1）镍：钴和镍的性质十分接近，在钴的电解中，由于电解液中镍离子浓度比钴 低得多，因而钴比镍优先在阴极上析出。阴极钴析出物中的镍含量由溶液中的钴镍质量比决定，电解液中钴镍质量比为 30∶1 时，阴极钴镍含量（质量分数）达到 0.3%（2 号钴的质量标准）。

（2）铁：钴电解时，铁也可能在阴极析出。如铁含量过高时，其水解产物会妨碍隔膜的透过性，同时易黏附在阴极上破坏钴的正常析出。

（3）锌：锌的析出电位比钴负得多，但在钴的阴极隔膜袋内，随着钴离子的贫化，杂质锌也可能在阴极析出，锌含量高时将使钴阴极表面产生条纹或树枝状析出物，影响产品质量。

（4）铜和铅：铜和铅在阴极钴中的含量与其在阴极液中的浓度成正比。实践证明，阴极钴中铜、铅含量与钴的比值比溶液中的比值大 3～4 倍。

（5）锰：锰在阴极上不易析出，当酸性溶液中含有氯酸根离子时，部分 Mn^{2+}会氧化生成 MnO，并在阴极析出 Mn 使阴极钴受到污染。

（6）有机物：在生产实践中发现，有机物主要影响产品的物理性能，因为有机物会使钴析出物变硬，或者发生爆裂。因此工厂对用有机萃取净化产出的电解液，都要用粒状木炭或活性炭吸附除去有机物或者添加氧化剂破坏有机物结构并经多次过滤除去。

B　主要技术条件

电解精炼制备电解钴是通过电解法将粗钴阳极溶解、纯钴在阴极沉积的提纯工艺，其核心在于通过选择性溶解和沉积实现金属的高纯化（纯度可达 99.99%以上）。以下是其主要技术条件及工艺要点。

a　阳极与阴极材料

阳极：采用粗钴（如粗钴板或火法冶炼的钴合金），需保证钴含量（质量分数）不小于 95%，严格控制杂质（如 Fe、Ni、Cu、S 等）。阳极中高活性杂质可能导致阳极钝化或电解液污染。

阴极：使用钛板、不锈钢板或纯钴母板作为初始阴极基体，表面需预处理（如酸洗、抛光）以减少沉积缺陷。

b　电解液体系

主盐选择：以氯化钴或硫酸钴为主盐，浓度通常为 150～250 g/L（以 Co^{2+} 计），需与阳极溶解速率匹配。

酸度控制：电解液 pH 值控制在 1.5～3.0（酸性环境），常用盐酸或硫酸调节。低 pH 值可抑制水解反应，但需避免析氢导致阴极电流效率降低。

抑制杂质共沉积：添加少量硫脲、动物胶等，优先吸附在阴极表面，阻碍 Fe^{2+}、Ni^{2+} 等杂质离子的还原。

调节结晶形态：少量硼酸或有机表面活性剂可细化晶粒，改善沉积层致密性。

c　电流密度与槽电压

阴极电流密度：通常为 200～400 A/m^2，过高会导致枝晶生长或氢析出，过低则降低生产效率。

槽电压：一般控制为 0.2～0.6 V，需通过电极间距、电解液导电性优化以降低能耗。

d　温度与电解液循环

温度范围：维持为 50～70 ℃，促进阳极溶解和离子迁移，同时减少浓差极化。

电解液流动：强制循环或空气搅拌，保持电解液成分均匀，避免阳极泥沉降和阴极局部浓度过高。

e　杂质控制与电解液净化

阳极泥处理：粗钴阳极溶解后，不溶性杂质（如 Pb、Ag、S）形成阳极泥沉于槽底，需定期清理以防止污染电解液。

化学沉淀：加入氧化剂（如 H_2O_2）将 Fe^{2+} 氧化为 Fe^{3+}，调节 pH 值至 3～4 形成 $Fe(OH)_3$ 沉淀后过滤。

溶剂萃取：针对 Ni、Cu 等杂质，采用 P204、Cyanex 272 等萃取剂选择性分离。

电解脱杂：预电解法（低电流密度）优先沉积微量杂质金属。

f　阴极沉积管理

沉积周期：根据目标厚度调整电解时间（通常数天至数周），沉积速率为 0.5～2 mm/天。

沉积层质量：阴极表面需平整致密，定期检查防止结瘤或空洞，必要时调整电流密度或添加剂配比。

g 后处理工艺

剥离与清洗：阴极沉积的钴板剥离后，用稀酸（如5% HCl）和去离子水清洗，去除表面吸附的电解液。

干燥与退火：在惰性气氛（如Ar）中100~200 ℃低温干燥，或500~800 ℃高温退火消除内应力，提高延展性。

成品检测：通过ICP-OES、XRD、SEM等分析纯度、晶粒结构和表面形貌。

h 设备与工艺优化

电解槽设计：采用防腐材料（如PP塑料、钛内衬），配备隔膜隔离阳极区与阴极区（防止阳极泥迁移）。

自动化控制：实时监测电解液pH值、温度、Co^{2+}浓度及杂质含量，自动补加试剂以维持体系稳定。

安全注意事项及预防措施

（1）个人防护装备（PPE）：

1）常规操作，防酸围裙、护目镜、橡胶手套（氯丁橡胶耐酸碱）、安全鞋；

2）高风险操作，全面罩供气式呼吸器（接触HCN、Cl_2时）、防化连体服。

（2）应急措施：

1）车间配置紧急淋浴器、洗眼器（15 m内可达），定期测试水流压力；

2）中和药剂（如碳酸氢钠用于酸泄漏、醋酸用于碱泄漏）就近存放并标识。

任务小结

（1）电沉积制备金属钴；

（2）电解精炼制备金属钴。

知识拓展

精炼产物与质量标准：

电解钴，99.98% Co（GB/T 6516—2010），用于高温合金、磁性材料；

钴盐，$CoSO_4 \cdot 7H_2O$（电池级纯度≥20.5% Co）、Co_3O_4（催化剂前驱体）；

杂质控制，$w(Ni)<0.005\%$、$w(Fe)<0.003\%$、$w(S)<0.001\%$（高纯钴要求）。

课程思政

邹元爔是我国卓越的冶金学家与半导体材料专家，为相关领域的发展做出了不可磨灭的贡献。邹元爔从1954年开展从钴土矿提炼纯钴的研究，在钴的浸出、钴液提净与电解等方面取得成果，为钴冶金技术进步奠定基础。

邹元爔还担任中国科学院上海冶金研究所所长等重要职务，引领团队不断前行，推动科研成果转化应用，他于1980年当选为中国科学院学部委员（院士）。1987年，邹元爔逝世，但他的学术成就和敬业精神成为我国科研领域的宝贵财富，激励着一代又一代科研工作者不断探索创新。

复习思考题

4-1　说明钴冶金中除铁的重要性及常用的除铁原理。

4-2　比较萃取法和离子交换法在钴冶金中的优缺点。

4-3　简述钴火法冶炼的目的。

4-4　简述钴电解沉积原理。

4-5　简述钴电解精炼原理。

参考文献

[1] 张鹏，杨秉松. 基于 Kalman 滤波的镍钴冶金浸出过程 pH 值测控实现［J］. 冶金与材料，2024，44（11）：26-28.

[2] 巴红飞，胡志强，石玉臣，等. 刚果（金）某高钙镁氧化铜钴矿选冶联合试验研究［J］. 中国矿业，2024，33（S2）：405-412.

[3] 李建福，林琳，陈翠萍，等. 湿法炼锌钴镍渣综合回收的试验研究［J］. 云南冶金，2024，53（4）：104-108.

[4] 王福元，余浔，王立刚，等. 刚果（金）某氧化铜钴矿选冶试验研究［J］. 现代矿业，2024，40（7）：154-157，162.

[5] 余浔，刘瑜. 刚果（金）地区超大型铜钴矿资源选冶工艺研究与实践［J］. 现代矿业，2024，40（2）：162-166.

[6] 于志伟. 刚果（金）某铜钴湿法冶金工程投料试车及试生产情况［J］. 有色矿冶，2023，39（3）：37-40.

[7] 胡敏艺，王庆杰，欧阳全胜，等. 钴湿法冶金 P204 萃取除杂反萃液处理研究［J］. 湖南有色金属，2022，38（5）：20-23.

[8] 廖乾，解振朝，李淮湘，等. 某含钴氧化型铜矿选冶联合成套工艺研究［J］. 矿冶工程，2022，42（4）：86-89.

[9] 刘国晨. 刚果（金）某铜钴矿选冶联合工艺实践［J］. 矿产综合利用，2021（6）：149-154.

[10] 王轩，陈胜利. 镍钴湿法冶金中萃取剂的研究与应用［J］. 世界有色金属，2021（22）：23-25.

[11] 王明燕，肖仪武，祁小军. 刚果（金）某氧化铜钴矿工艺矿物学特性及对浸出工艺的影响［J］. 矿产保护与用，2020，40（1）：118-123.

[12] 李辉. 关于钴湿法冶金工业废水处理研究［J］. 世界有色金属，2016（15）：170-171，173.

模块 5　铅　冶　金

任务 5.1　铅冶金的一般知识

任务目标

（1）了解铅的性质；

（2）认识铅化合物的主要性质和用途。

理论与实践

5.1.1　铅的性质

5.1.1.1　物理性质

铅是元素周期表中的Ⅳ主族元素，相对原子质量为 207.21，外观呈蓝灰色，表面易氧化形成暗灰色氧化膜，新鲜断面呈现银白色金属光泽。它的密度（11.34 g/cm^3）大，硬度小，质软展性好，延性差，熔点低（327.5 ℃），沸点高（1740 ℃），导热和导电性差，液态铅的流动性好，高温下铅容易挥发，造成冶炼时的金属损失和环境污染。

5.1.1.2　化学性质

常温下在干燥空气中铅的化学性质稳定，潮湿环境中表面生成的碱式碳酸铅 [$PbCO_3 \cdot Pb(OH)_2$]保护膜具有抗酸、碱腐蚀性；常温下氧化缓慢生成 PbO，加热氧化 300 ℃生成黄色 PbO，500 ℃以上生成红色 Pb_3O_4(铅丹)。铅与硫、卤素等加热反应生成硫化物（PbS）或卤化物（$PbCl_2$），与稀硫酸/盐酸反应因生成难溶 $PbSO_4$ 或 $PbCl_2$ 覆盖层，反应迅速终止，与浓硫酸（加热）反应生成可溶性 $Pb(HSO_4)_2$ 并释放 SO_2 气体，易溶于稀硝酸，生成硝酸铅并释放 NO 气体，高温下与强碱反应生成亚铅酸盐。

5.1.2　铅的主要化合物

5.1.2.1　氧化物

（1）一氧化铅（PbO）：黄色固体，两性氧化物，用于铅玻璃、陶瓷釉料。

（2）二氧化铅（PbO_2）：棕色粉末，强氧化剂（+4 价），铅酸电池正极材料。

（3）四氧化三铅（Pb_3O_4）：红色颜料（铅丹），防锈漆成分，高温下分解为 PbO 和 O_2。

5.1.2.2　盐类

（1）硝酸铅 [$Pb(NO_3)_2$]：白色晶体，易溶于水，水溶液因水解呈酸性。它与 KI 反

应生成金黄色 PbI_2 沉淀（用于碘离子检测）：

$$Pb^{2+} + 2I^{-} \longrightarrow PbI_2 \downarrow \tag{5-1}$$

（2）硫酸铅（$PbSO_4$）：白色沉淀，难溶于水，是铅酸电池放电产物。

（3）醋酸铅［$Pb(CH_3COO)_2 \cdot 3H_2O$］：俗称“铅糖”，有甜味但有剧毒，曾用于纺织品染色。

5.1.2.3　氢氧化物

氢氧化铅［$Pb(OH)_2$］：白色胶状沉淀，有两性：

$$Pb(OH)_2 + 2HCl \longrightarrow PbCl_2 + 2H_2O \tag{5-2}$$

$$Pb(OH)_2 + 2NaOH \longrightarrow Na_2[Pb(OH)_4] \tag{5-3}$$

5.1.3　铅的应用

铅在诸多领域发挥着重要作用。在工业中，铅酸蓄电池是最常见的应用，广泛用于汽车、电动车等，为车辆启动和运行提供稳定电力，且成本低、技术成熟。铅的密度大、抗腐蚀，能有效阻挡 X 射线和 γ 射线，在医疗领域用于防护设备，如医生操作 X 射线时穿戴的防护服，保障医护人员和患者安全。在军事方面，铅弹因其高密度和良好的变形能力，能造成更大杀伤力，常被用于狩猎和军事弹药。此外，铅化合物还用于颜料制造，赋予油漆、陶瓷等产品特殊色彩；在玻璃制造中加入铅，可提高玻璃的折射率和光泽度，制作出光学性能优良的玻璃制品，广泛应用于眼镜片、望远镜等光学仪器。

安全注意事项及预防措施

毒性：

（1）生物蓄积性，铅离子易与体内蛋白质的-SH 基结合，破坏酶活性，干扰血红素合成，导致贫血；

（2）神经毒性，通过血脑屏障损害中枢神经系统，儿童暴露可致智力下降、行为异常；

（3）骨骼蓄积，铅可取代钙沉积于骨骼，长期潜伏后可能重新释放入血。

防护措施：避免使用含铅涂料、玩具、水管；注意食品包装安全性；工作场所需强制通风、穿戴防护装备，定期监测血铅浓度（安全限值：儿童 <50 μg/L，成人 <400 μg/L）。应急处理：铅中毒需用螯合剂（如 EDTA）促进排铅。

任务小结

（1）铅及其化合物的性质；

（2）铅的毒性及安全防护；

（3）铅的作用。

知识拓展

铅的“双刃剑”特性有极大的优势和劣势。

优势：密度大、耐腐蚀、易加工，在能源、化工领域不可或缺。

劣势：毒性强、污染持久，需严格管控使用。

任务 5.2　铅的资源及生产方法概述

任务目标

（1）了解铅资源的分布；

（2）掌握常见的含铅矿物及铅的生产方法。

理论与实践

铅在地壳中的平均含量（质量分数）为 $15\times10^{-4}\%$，但铅易成矿。目前已知铅矿物有 200 种，但真正具有工业价值的铅矿物仅 11 种。铅矿物可分为硫化矿物和氧化矿物两类，目前金属铅绝大部分从硫化矿中冶炼出来，很少一部分是从氧化矿中提取的。在自然界原生矿床中，铅与锌具有共同的成矿物质来源，还常共生或伴生有铜、硫、银、金、铋、钼、锑、汞、镁、锡、钨、锰和萤石，铅锌矿石中还含有稀散元素锗、镓、铟等。

5.2.1　含铅矿物

（1）主要矿石类型有方铅矿（PbS）、白铅矿（$PbCO_3$）、硫酸铅矿（$PbSO_4$）。

1）方铅矿（PbS）是最常见的铅矿物，铅含量高达 86.6%，常与闪锌矿共生，是铅冶炼的主要原料。

2）白铅矿（$PbCO_3$）是次生氧化矿物，形成于铅矿床氧化带，铅含量约 77.5%，需通过浮选法提取。

3）硫酸铅矿（$PbSO_4$）是常见于硫化矿床氧化带，铅含量约 68.3%，需复杂冶炼工艺。

此外，铬铅矿、钼铅矿等矿物虽铅含量较低，但在特定矿床中具有经济价值。

（2）开采与选矿技术。铅常采用“破碎-球磨-浮选”流程，铅精矿品位可达 40%～70%。中国铅矿普遍存在矿石结构复杂、伴生元素多的问题，例如云南兰坪矿区铅锌共生，需联合浮选技术分离。近年来，智能化开采和环保冶炼技术（如富氧底吹炼铅）逐步推广，提升了资源利用效率。

5.2.2　世界铅资源

（1）全球储量与分布。全球铅资源储量较为丰富，但分布高度集中。根据 2023 年《全球矿产资源储量评估报告》，全球铅矿储量排名前六的国家为澳大利亚（40%）、中国（16%）、俄罗斯（11%）、秘鲁（8%）、美国（6%）和墨西哥（6%），合计占比达 87%。铅矿多以伴生矿形式存在，单一铅矿床仅占全球总储量的 32.2%，主要矿石包括方铅矿（PbS）、白铅矿（$PbCO_3$）和硫酸铅矿（$PbSO_4$）。此外，部分铅资源还存在于铀矿和钍矿中。

（2）资源开发与挑战。全球铅矿资源开发面临资源品位低、开采成本高的问题。例如，澳大利亚昆士兰州的芒特艾萨、中国云南兰坪金顶等大型矿区虽储量丰富，但矿石品位差异显著，部分矿区需依赖先进选矿技术提升经济价值。此外，环保压力和资源可持续性成为全球铅矿开发的主要制约因素，各国正通过技术创新和循环经济模式缓解资源压力。

5.2.3　中国铅资源

（1）储量与分布。中国铅矿储量居全球第二（16%），2022 年探明储量达 2186.5 万吨，主要分布于内蒙古（22.66%）、云南、甘肃、广西等地。其中，火烧云铅锌矿是中国最大铅锌矿，铅金属储量达 280.08 万吨，锌+铅总储量达 1918.71 万吨，平均品位高达 27.97%。其他重要矿区包括湖南常水、广东凡口等，但整体呈现“贫矿多、富矿少，中小型矿多、大型矿少”的特点。

（2）资源开发与产业链。中国铅矿开采受环保政策严格限制，2018 年后通过淘汰落后产能和技术升级，铅精矿产量逐步恢复，2021 年达 155.4 万吨，同比增长 16.9%。但国内铅冶炼高度依赖进口铅精矿，2023 年净进口量达 105 万吨（金属量），主要来自俄罗斯、美国、土耳其等国。此外，再生铅产业快速发展，2023 年再生铅产量占比提升至 48.57%，但仍低于发达国家 80%的水平，未来需进一步优化回收体系。

5.2.4　铅的行情与产量

5.2.4.1　供需格局

供应改善：全球铅精矿预计增产 3.3%（469 万吨），国内新增火烧云、银珠山等矿山投产，原生铅产量或增加 1%。但再生铅受废电瓶供应限制，增速仅 0%。

需求分化：国内电动自行车新国标实施可能提振铅酸电池需求，但锂电池渗透率加速或挤压市场份额；东南亚出口需求持续增长，全球铅消费增速预计 0.8%。

库存与平衡：国内铅锭可能过剩 3 万吨，全球过剩 20.9 万吨，库存累积将压制铅价上行空间。

5.2.4.2　价格预测

预计 2025 年铅价波动区间收窄，沪铅为 16000～18800 元/吨，伦铅为 1900～2300 美元/吨，价格重心较 2024 年下移。

主要风险：再生铅成本波动、政策（如环保限产）及宏观因素（美联储降息节奏）。

5.2.5　铅的主要生产方法

金属铅的生产主要基于硫化铅矿（方铅矿，PbS），通过火法冶金、湿法冶金及再生回收三种主要途径实现。

5.2.5.1　火法冶金

火法冶金是铅生产的主流方法，占全球产量的 80%以上，适用于高品位硫化铅矿。

A　烧结焙烧-鼓风炉熔炼法（传统工艺）

工艺流程：烧结焙烧→鼓风炉还原熔炼→粗铅精炼。

烧结焙烧：将铅精矿与熔剂混合烧结，氧化生成多孔烧结块（主要成分为 PbO），并脱除硫（生成 SO_2 气体）。

鼓风炉还原熔炼：烧结块与焦炭加入鼓风炉，高温下 PbO 被 CO 还原为粗铅（含杂质如 Cu、As、Sb）。

粗铅精炼：通过熔析除铜、加硫除铜、碱性精炼（除 As、Sb）及电解精炼（纯度达 99.99%）。

特点：技术成熟，但能耗高、SO_2 排放需配套制酸系统，环保压力大。

B 直接熔炼法（现代工艺）

QSL 法：在单一反应器中完成氧化和还原，喷吹氧气和煤粉，生成粗铅和炉渣，硫以 SO_2 回收制酸。

基夫赛特法（Kivcet）：采用闪速熔炼技术，处理高品位矿，高效节能，烟气量少。

艾萨法（ISA）：顶吹熔炼，适应性强，环保性能优。

特点：流程短、环保好，适合连续生产，但投资较高。

5.2.5.2 湿法冶金

湿法冶金适用于低品位矿或复杂多金属矿，尚处于发展阶段。

A 酸性浸出法

工艺流程：用 $FeCl_3$ 或 $HCl+H_2O_2$ 浸出矿石，铅转化为 $PbCl_2$ 溶液，经净化后电解沉积金属铅。

特点：避免 SO_2 排放，但试剂消耗大，设备防腐要求高。

B 碱性浸出法

使用 NaOH 或 Na_2CO_3 溶液浸出，适用于氧化铅矿，但应用较少。

5.2.5.3 再生铅生产

再生铅占全球产量的 60%以上，主要来自废铅酸电池（占比超 85%）。

工艺流程：预处理→脱硫转化→熔炼→精炼。

预处理：拆解电池，分离铅膏（$PbSO_4$、PbO_2）、塑料和金属部件。

脱硫转化：用 Na_2CO_3 将 $PbSO_4$ 转化为 $PbCO_3$，减少熔炼硫排放。

熔炼精炼：还原熔炼（回转窑或反射炉）得粗铅，再精炼提纯。

特点：节能（能耗为原生铅的 30%），减少矿石消耗和环境污染。

5.2.6 未来趋势与挑战

（1）资源可持续性。全球铅资源保障程度较低，需加大勘探投入。中国通过循环经济模式（如废铅蓄电池回收）缓解原生矿压力，预计 2030 年再生铅占比将超过 60%。

（2）技术革新方向。1）绿色冶炼：推广废铅酸电池无害化处理技术，减少二氧化硫和固废排放。2）高附加值应用：开发铅合金、新型铅酸电池（如储能电池）等，拓展铅在新能源领域的应用。

总之，铅资源在全球工业中具有不可替代性，但其开发需平衡经济价值与环保需求。中国作为铅资源大国，未来需通过技术升级和循环经济模式实现可持续发展，同时加强国际合作以保障资源供应链稳定。

铅酸电池的回收及注意事项

铅酸电池回收利用是金属铅需求的重要来源，随着环保意识的提高，铅酸电池的回收不仅有利于铅资源的循环利用，而且还能减少废旧电池对环境的污染风险。如果对废旧铅酸电池不进行回收处理，则其中的铅等重金属可能会在放置、堆放过程中渗出而对周边环境产生污染，回收利用过程可以有效地避免这种情况发生，实现铅资源在环保领域的一种循环经济效应。

任务小结

（1）含铅矿物主要有方铅矿（PbS）、白铅矿（$PbCO_3$）、硫酸铅矿（$PbSO_4$）、铬铅矿、钼铅矿。

（2）铅的生产方法为鼓风熔炼、直接熔炼、湿法冶金。

知识拓展

（1）铅在蓄电池领域的主导地位。蓄电池行业是铅的最重要的消费行业，特别是汽车用蓄电池产量占到蓄电池总量的 80%左右，这种铅酸蓄电池的负极和正极分别是用金属铅及其化合物二氧化铅制成的，该类电池主要应用于汽车、摩托车、飞机、电动车、坦克、铁路、工厂等方面作为启动、照明和点火电源等。

在社会工业化进程加快以及汽车保有量不断增加的背景下，铅酸电池的需求持续增长。由于其技术相对成熟且成本效益高，在全球范围内仍然占据着重要的位置，并且小型电池如 UPS、备用电源等也在推动铅酸电池市场的需求。

（2）铅在机械制造与船舶制造中的关键角色。鉴于铅的性能优良，因此被普遍制成轴承合金、焊料合金、磨具合金应用于机械制造中。铅具有耐腐蚀性，在船舶制造中铅板、铅管及其他合金材料均可以用到船舶制造中抵挡海水侵蚀，保障船舶的安全性和使用寿命。

在制造业的其他领域，如工具制造等方面，铅合金由于其特定的物理和化学性质，能够满足一些对韧性、硬度等特殊需求的应用场景，保障产品的性能和质量标准。

任务 5.3 铅的火法冶金

任务目标

（1）了解铅的火法冶金；

（2）掌握铅火法冶金原理及生产方法。

理论与实践

火法炼铅基本上采用烧结焙烧-鼓风炉熔炼流程，占铅总产量的 85%～90%。该方法通常包括铅精矿烧结焙烧、铅熔炼以及粗铅火法精炼（或铅电解精炼）三大环节。生产过程中，首先会将硫化铅精矿中大部分 PbS 通过烧结焙烧转变成 PbO，并使烧结焙烧料烧结成块。然后，利用焦炭作为还原剂，在鼓风炉中将铅的氧化物还原为粗铅。最后，粗铅还需要经过火法精炼或电解精炼，以去除其中的杂质，达到产品质量标准。

除传统火法炼铅方法外，还有一些直接炼铅法，如基夫赛特炼铅法（KIVCET-CS）、氧气底吹炼铅法（QSL）、艾萨熔炼法炼铅（ISA）以及闪速熔炼法炼铅等。这些直接炼铅法的共同特点是不需要经过单独的烧结焙烧处理，基本实现自热熔炼，烟气便于制酸，对环境污染程度轻。从发展趋势看，这些直接炼铅法有可能取代传统的火法炼铅法。

无论是传统的烧结焙烧-鼓风炉还原工艺还是直接炼铅工艺，其基本原理仍是氧化还原熔炼法，即硫化铅精矿先经氧化脱硫，硫以 SO_2 的形式进入烟气并回收，之后再进行含铅化合物的还原处理。

5.3.1 硫化铅精矿的火法冶炼

硫化铅精矿中的主要金属硫化物是方铅矿 PbS，另外还有 ZnS、FeS、FeAsS、Sb_2S_3、CdS、$CuFeS_2$、Bi_2S_3 以及 Ni_3S_2 等。在硫化铅精矿的氧化过程中，其中的金属硫化物可按四种途径进行反应，下面是它们的通式表示方法。

金属硫化物氧化生成氧化物：

$$2MeS + 3O_2 = 2MeO + 3SO_2 \quad (5\text{-}4)$$

金属硫化物氧化生成硫酸盐：

$$MeS + 2O_2 = MeSO_4 \quad (5\text{-}5)$$

金属硫化物氧化生成金属：

$$MeS + O_2 = Me + SO_2 \quad (5\text{-}6)$$

硫化物与硫酸盐的相互反应：

$$MeS + 3MeSO_4 = 4MeO + 4SO_2 \quad (5\text{-}7)$$

$$MeSO_4 + MeS = 2Me + 2SO_2 \quad (5\text{-}8)$$

虽然在氧化过程中硫酸铅和碱式硫酸铅是容易生成且比较稳定的化合物，但是，在冶炼条件下还有许多能使铅的硫酸盐分解的因素。

首先，火法炼铅过程的温度都相当高，反应进行剧烈。在高温下，硫酸铅将会分解为氧化铅。另外，精矿中的 PbS 可与 $PbSO_4$ 相互作用形成 PbO。再有，铅精矿中的造岩成分和配入的熔剂在熔炼时形成炉渣，炼铅炉渣的主要成分是 SiO_2、CaO、Fe（FeO、Fe_3O_4、Fe_2O_3）和 ZnO，其总量约占炉渣质量的 90%，它们对促进硫酸铅的分解起着相当重要的作用。其反应为：

$$2PbSO_4 + SiO_2 = 2PbO \cdot SiO_2 + 2SO_2 + O_2 \quad (5\text{-}9)$$

$$2PbSO_4 + 2Fe_2O_3 = 2PbO \cdot Fe_2O_3 + 2SO_2 + O_2 \quad (5\text{-}10)$$

$$PbSO_4 + CaO = PbO + CaSO_4 \quad (5\text{-}11)$$

5.3.2 铅烧结矿鼓风炉还原熔炼

铅火法冶金是一种通过高温还原反应从铅精矿中提取金属铅的传统工艺，主要包括原料准备、烧结焙烧、鼓风炉熔炼、粗铅精炼及环保处理等步骤，如图 5-1 所示。

5.3.2.1 原料准备

矿石来源：铅的主要矿物为方铅矿（PbS），常与闪锌矿（ZnS）、黄铁矿（FeS_2）等共生，需通过浮选法富集成铅精矿［含铅（质量分数）40%~70%］。

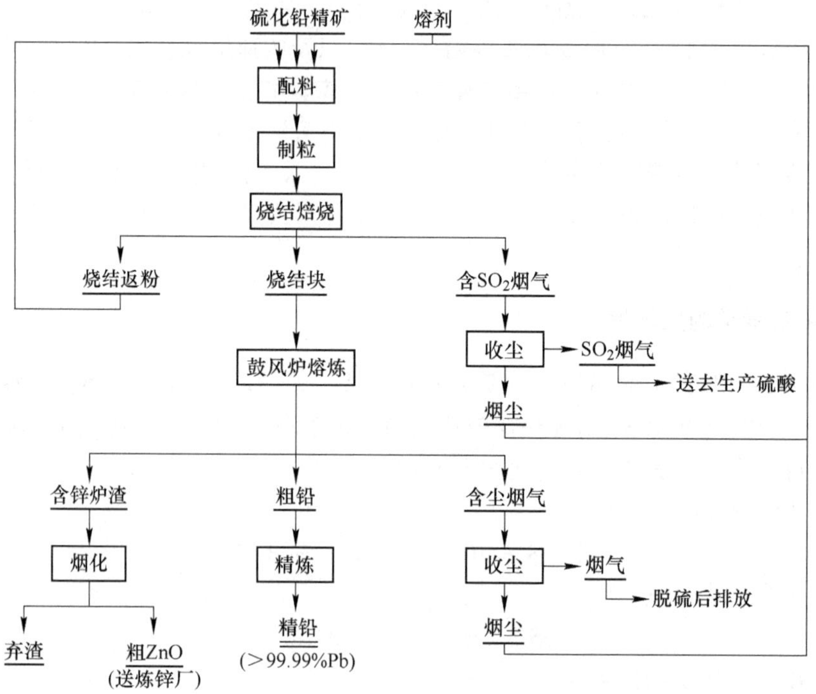

图 5-1　硫化铅精矿烧结焙烧-鼓风炉熔炼生产工艺流程图

杂质处理：精矿中可能含铜、锌、砷等杂质，需预先处理以提高后续的冶炼效率。

5.3.2.2　烧结焙烧

目的：将硫化物转化为氧化物（PbO），脱除硫并形成多孔烧结块，为鼓风炉熔炼做准备。

化学反应：
$$2PbS + 3O_2 \longrightarrow 2PbO + 2SO_2\uparrow \tag{5-12}$$

工艺条件：在烧结机中于 900~1000 ℃下进行，加入熔剂（石灰石、石英石）调节炉渣成分，并掺入返料改善透气性。

产物：烧结块（含铅 40%~50%）、含 SO_2 烟气（用于制酸）。

5.3.2.3　鼓风炉熔炼

炉料组成：烧结块、焦炭（燃料兼还原剂）、熔剂及返渣。

还原反应：
$$PbO + CO \longrightarrow Pb + CO_2 \tag{5-13}$$

温度控制：炉内 1200~1400 ℃，分层形成粗铅（底层）、炉渣（中层）和烟气（上层）。

产物粗铅：含铅（质量分数）95%~98%，含铜、砷、银、金等杂质。

炉渣：主要为硅酸铁，可回收锌或用作建材。

烟气：含 CO_2、粉尘，需净化处理。

5.3.2.4　粗铅精炼

熔析法脱铜：降温至 330~350 ℃，铜及其化合物结晶析出。

硫黄除铜：加入硫黄生成 Cu_2S 浮渣。

除砷、锑：通入空气或加入苛性钠，生成氧化物浮渣。
回收贵金属［加锌法（派克斯法）］：锌与银形成 Ag_2Zn_3浮渣，蒸馏回收锌，电解得银。
电解精炼：以硅氟酸铅为电解液，纯铅沉积于阴极，杂质（如金）留存阳极泥。
最终产物：精铅纯度 99.99%，符合工业标准。

5.3.2.5　环保与资源综合利用

烟气处理：SO_2制硫酸，粉尘回收铅及其他金属。
炉渣利用：提取锌或用于建材，减少废弃物。
废水处理：中和重金属离子，实现循环利用。节能技术：余热回收、富氧燃烧等提高能效。

5.3.3　铅的直接熔炼

金属铅的直接熔炼工艺是一种现代冶炼技术，旨在通过单一或集成反应装置直接从铅精矿（PbS 为主）中高效提取金属铅，避免了传统烧结-鼓风炉工艺的复杂流程和高污染问题。其具体工艺流程如图 5-2 所示。

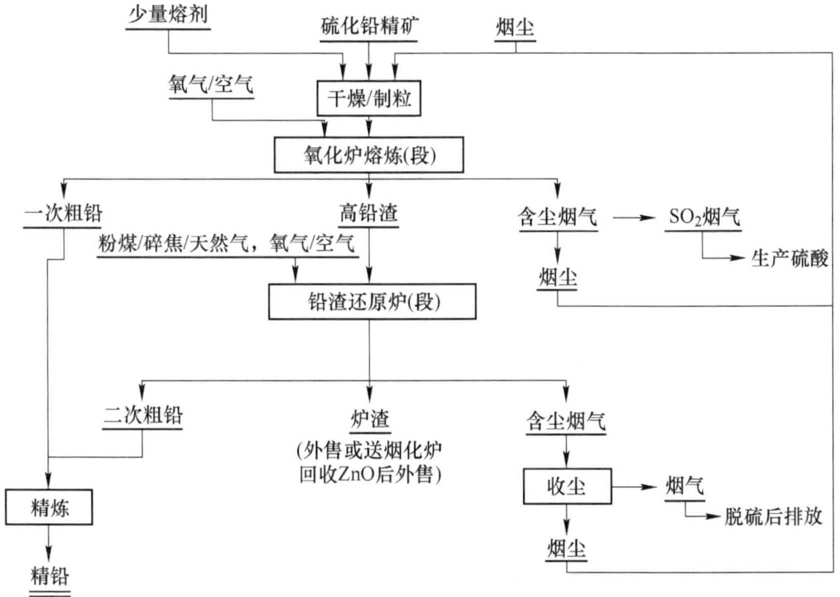

图 5-2　硫化铅精矿直接熔炼工艺流程图

5.3.3.1　直接熔炼工艺的核心原理

直接熔炼通过高温氧化还原反应，在密闭反应器内一步完成铅精矿的熔炼、氧化脱硫和还原成金属铅的过程。

氧化阶段：铅精矿（PbS）在富氧或纯氧条件下氧化生成氧化铅和二氧化硫。

$$2PbS + 3O_2 \longrightarrow 2PbO + 2SO_2 \qquad (5\text{-}14)$$

还原阶段：通过添加碳质还原剂（如焦炭、煤），将氧化铅还原为金属铅。
硫的回收：SO_2气体通过制酸系统转化为硫酸，实现硫资源化利用。

5.3.3.2　典型直接熔炼工艺及流程

A　基夫赛特法（Kivcet Process）

工艺特点：氧气闪速熔炼+电炉还原，适用于高硫铅锌复合矿。其反应式为：

$$PbO + C \longrightarrow Pb + CO \tag{5-15}$$

工艺流程：

闪速熔炼炉：铅精矿与氧气喷入炉内，快速氧化成 PbO 和熔融炉渣。

电炉还原：熔体流入电炉，加入焦炭还原 PbO 为金属铅，同时分离炉渣。

烟气处理：SO_2制酸，余热发电。

优点：处理能力大（单炉年产铅 10 万吨以上）；硫回收率>99%，环保性能优异；可处理复杂原料（含 Zn、Cu 等金属）。

缺点：投资成本高，需配制氧系统。

B　QSL 法（Queneau-Schuhmann-Lurgi Process）

工艺特点：卧式回转炉内分氧化段和还原段，连续作业。

流程：氧化→还原。

氧化段：铅精矿与氧气反应生成粗铅和含 PbO 的渣。

还原段：渣层喷吹煤粉还原，回收渣中残留铅。

气体处理：SO_2制酸，铅蒸气冷凝回收。

优点：流程短，能耗低；适应低品位矿［铅含量（质量分数）15%~30%］。

缺点：炉衬寿命短，操作稳定性要求高。

C　澳斯麦特/艾萨法（Ausmelt/ISA Process）

工艺特点：顶吹浸没喷枪熔池熔炼，灵活性强。

流程：熔炼→分层分离。

熔炼炉：铅精矿、熔剂和煤从顶部喷入，喷枪吹氧强化反应。

分层分离：底部产出粗铅，上层为低铅炉渣。

烟气净化：高效除尘+制酸。

优点：设备紧凑，适合中小规模生产；可处理含杂质（As、Sb）的原料。

缺点：喷枪易损耗，维护成本较高。

D　闪速熔炼（Outotec Flash Smelting）

工艺特点：类似铜冶炼技术，铅精矿与氧气高速反应。

工艺流程：干燥与喷吹→瞬时反应→沉降分离。

干燥与喷吹：铅精矿干燥后喷入反应塔，与富氧空气混合。

瞬时反应：高温下 PbS 氧化生成 PbO 和 SO_2。

沉降分离：熔体在沉淀池中分层，粗铅与炉渣分离。

优点：反应速度快，自动化程度高。

缺点：需严格控制原料粒度与成分。

5.3.3.3　直接熔炼与传统工艺指标对比

直接熔炼与传统工艺指标对比见表 5-1。

表 5-1　直接熔炼与传统工艺指标对比

指标	直接熔炼工艺	传统烧结-鼓风炉工艺
流程复杂度	单炉集成，流程短	多步骤（烧结→鼓风炉）
能耗	低（节能 20%～40%）	高（烧结工序能耗大）
硫回收率	>99%（配套制酸）	70%～85%（易泄漏）
环保性	封闭系统，粉尘与 SO_2 排放低	开放式烧结，污染严重
原料适应性	可处理复杂矿、低品位矿	需高品位精矿（Pb>50%）

5.3.4　粗铅的火法精炼

粗铅的火法精炼是通过高温冶金方法去除杂质（如铜、砷、锑、锡、银等），获得高纯度铅（精铅）的关键工艺。

5.3.4.1　粗铅杂质组成

粗铅通常含以下杂质（质量分数）：铜（0.5%～2.5%），砷、锑、锡（合计 1%～5%），银（0.01%～0.5%，部分铅矿伴生银），其他为铋、金、硫等。

5.3.4.2　火法精炼工艺流程

A　熔析脱铜（Liquation）

原理：利用铜在铅中溶解度随温度降低而减小的特性。

操作：粗铅加热至 450～500 ℃熔融，缓慢降温至 330～350 ℃。铜及其化合物（Cu_2S、Cu_2O）以固态“浮渣”析出，机械捞出。

效果：铜含量（质量分数）降至 0.05%～0.1%。

B　加硫除铜（Sulfurization）

补充脱铜：向铅液中加入硫磺（S），生成硫化铜（Cu_2S）浮渣。

$$2Cu + S \longrightarrow Cu_2S \tag{5-16}$$

操作条件：温度 330～350 ℃，硫添加量 0.1%～0.3%。

效果：铜含量（质量分数）进一步降至小于 0.001%。

C　碱性精炼（Harris Process）除砷、锑、锡

原理：利用硝酸钠（$NaNO_3$）与氢氧化钠（NaOH）的氧化-碱性熔体反应，将 As、Sb、Sn 氧化为钠盐浮渣。

$$5Pb + 4NaNO_3 + 6NaOH \longrightarrow 5Na_2PbO_2 + 2N_2\uparrow + 8H_2O \tag{5-17}$$

$$2As + 5NaNO_3 + 6NaOH \longrightarrow 2Na_3AsO_4 + 5NaNO_2 + 3H_2O \tag{5-18}$$

操作：铅液温度 400～450 ℃，加入 NaOH 和 $NaNO_3$ 混合物。搅拌后形成含砷酸盐/锑酸盐/锡酸盐的浮渣，机械分离。

效果：As、Sb、Sn 含量（质量分数）降至小于 0.005%。

D　加锌除银

原理：锌与银形成高熔点化合物（Ag_2Zn_3），以固态“银锌壳”浮于铅液表面。

$$2Ag + 3Zn \longrightarrow Ag_2Zn_3 \tag{5-19}$$

操作：铅液降温至 450 ℃，分批加入锌（用量为银含量的 5~10 倍）。搅拌后降温至 330 ℃，银锌壳分层析出，刮除后回收银。

效果：银回收率大于 95%，铅中银含量（质量分数）小于 0.0005%。

E　真空脱锌（Vacuum Dezincing）

原理：利用锌在低压下易挥发的特性（锌沸点 907 ℃）。

操作：铅液在真空炉（压力 1~10 kPa）中加热至 600~650 ℃。锌蒸气冷凝回收，铅中锌残留小于 0.001%。

F　最终精炼（Fire Refining）

氧化除微量杂质：通入空气或氧气，将残余的 As、Sb 氧化为浮渣。

加钙镁除铋：加入钙、镁形成 Ca-Mg-Bi 合金渣［铋含量（质量分数）降至小于 0.005%］。

铸锭：精铅纯度达 99.99%以上，浇铸成阳极板或商品铅锭。

5.3.4.3　火法精炼的优缺点

火法精炼的优缺点对比见表 5-2。

表 5-2　火法精炼的优缺点对比

优　点	缺　点
（1）工艺成熟，适用大规模生产；	（1）能耗高（多段加热/冷却）；
（2）金属回收率高（Ag、Cu 等）；	（2）产生大量浮渣（需二次处理）；
（3）可处理高杂质粗铅	（3）砷、锑等挥发污染风险

5.3.4.4　现代工艺改进

连续精炼技术：采用连铸连轧设备，减少中间冷却环节，节能 20%~30%。

富氧燃烧：强化氧化反应，缩短精炼周期。

环保升级：烟气密闭收集（As_2O_3、Sb_2O_3 回收），浮渣提取有价金属（如银、铜）。

安全注意事项及预防措施

艾萨炉作为现代直接炼铅工艺的核心设备，具有高效、环保等优势，但在操作过程中需特别注意工艺控制与安全防护，以避免泡沫渣、设备损坏及职业危害等问题。

（1）泡沫渣的生成与控制。

1）成因。熔渣中 Fe_3O_4 含量过高、渣型（Fe/SiO_2 比）失衡、气体释放不畅等因素会导致熔渣黏度增大，形成泡沫渣。泡沫渣会阻碍铅渣分离，严重时可能从炉顶喷出，威胁设备和人员安全。

2）监测指标。需严格控制 Fe/SiO_2 比例在 1.1~1.2，并实时监测熔渣黏度与表面张力。

（2）喷枪操作与维护。

1）喷枪烧损。喷枪长期浸入渣层作业时，需定期检查其烧损程度，确保距内旋流器

300 mm 以上，避免因漏洞导致熔炼效率下降。

2）更换流程。喷枪更换需在保温烧嘴启动后执行，确保炉温稳定，避免温度剧烈波动。

（3）温度与气体控制。

1）CO 爆炸风险。炉气中 CO 含量高，若未充分燃烧可能引发余热锅炉爆炸。需通过保温烧嘴补充二次燃烧风，促进 CO 燃烧。

2）烟气温度管理。调整烟气出口温度波动以松动锅炉内结渣，防止烟道堵塞影响负压控制。

任务小结

（1）鼓风炉熔炼与直接熔炼的工艺流程图；

（2）两种冶炼工艺及优缺点对比。

知识拓展

在生产技术方面，金属铅行业将不断推进技术创新。例如，在铅精矿冶炼工艺上，湿法冶炼工艺将火法和湿法相结合，综合了能耗低、环保问题较小、金属回收率高等优点，展现出成为未来铅精矿冶炼工艺发展方向的趋势；再生铅生产工艺中的化学浸出法，采用化学试剂浸出废铅材料中的金属铅，具有提取率高、环保问题较小等优势，不过设备投资较大、工艺流程较长，未来可能会在技术改进等推动下占据更重要份额。

在铅酸电池技术改进方面，传统铅酸电池生产工艺将碳材料添加到铅酸电池中用于提高电池的倍率和循环寿命，同时降低电池的内阻和自放电率；铅碳电池技术采用锂离子作为电池的活性物质，具有高能量密度、长寿命、环保等优点，但其成本较高，如果得以突破，将会在未来电池领域成为铅资源重要的需求增长点和应用方向。

三段炉炼铅法：现代环保要求下发展起来的新技术，如豫光金铅、金利公司等企业采用的液态高铅渣底吹还原工艺，实现无冶金焦还原铅。

任务 5.4　铅的湿法冶金

任务目标

（1）掌握湿法炼铅的基本原理；

（2）熟悉湿法炼铅的基本工艺步骤。

理论与实践

5.4.1　湿法炼铅概述

湿法炼铅是一种通过化学溶液浸出、净化及电解沉积等步骤从矿石或含铅物料中提取金属铅的工艺。相较于传统火法冶金，湿法工艺具有环保优势（无 SO_2 排放），尤其适用于低品位矿、复杂多金属矿或硫含量低的氧化铅矿。

5.4.1.1　湿法炼铅的核心工艺步骤

A　矿石预处理

破碎与磨矿：将铅矿石破碎至细颗粒（通常粒径<100 μm），增大反应接触面积。

物理分选（可选）：通过浮选、磁选等去除部分杂质，提高铅的富集度。

B　化学浸出

通过酸性或碱性溶液将铅从矿石中溶解为可溶性化合物，常用方法包括酸性浸出法和碱性浸出法。

a　酸性浸出法

浸出剂：三氯化铁，适用于硫化铅矿（PbS），反应生成 $PbCl_2$ 和单质硫。

$$PbS + 2FeCl_3 \longrightarrow PbCl_2 + 2FeCl_2 + S\downarrow \tag{5-20}$$

盐酸（HCl）+氧化剂（如 H_2O_2、Cl_2）：用于氧化铅矿或硫化矿氧化预处理后的浸出。

$$PbO + 2HCl \longrightarrow PbCl_2 + H_2O \tag{5-21}$$

$$PbS + 4H_2O_2 + 2HCl \longrightarrow PbCl_2 + H_2SO_4 + 4H_2O \tag{5-22}$$

条件控制：温度（60~90 ℃）、pH 值（酸性）、搅拌速度，以优化反应速率和浸出率。

b　碱性浸出法

浸出剂：氢氧化钠或碳酸钠（Na_2CO_3）溶液，适用于氧化铅矿（如 PbO、$PbCO_3$）。

$$PbO + 2NaOH \longrightarrow Na_2PbO_2 + H_2O \tag{5-23}$$

局限性：对硫化矿处理效率低，需预氧化，应用较少。

C　溶液净化

浸出液中除铅外，常含 Fe^{3+}、Cu^{2+}、Zn^{2+}等杂质，需净化以确保电解沉积纯度。

中和沉淀：调节 pH 至特定范围（如 pH 值≈3.5），使 Fe^{3+}等水解为 $Fe(OH)_3$ 沉淀。

置换沉淀：加入锌粉或铅粉置换去除电位较高的金属（如 Cu^{2+}）。

$$Cu^{2+} + Zn \longrightarrow Cu\downarrow + Zn^{2+} \tag{5-24}$$

溶剂萃取（可选）：选择性萃取铅离子，与杂质分离。

D　电解沉积

将净化后的含铅溶液（如 $PbCl_2$ 或 Na_2PbO_2）进行电解，在阴极析出金属铅。

电解液组成：酸性体系（如 HCl 介质）或碱性体系（如 NaOH 介质）。

电极反应（以酸性体系为例）：

阴极（还原）：
$$Pb^{2+} + 2e = Pb \tag{5-25}$$

阳极（氧化）：
$$2Cl^- = Cl_2 + 2e \tag{5-26}$$

工艺参数：电流密度 200~400 A/m²、温度 40~60 ℃、电解液循环速度。

产物：阴极铅纯度可达 99.9%以上，可直接铸锭或进一步精炼。

5.4.1.2　技术特点与挑战

A　优势

环保性：无高温熔炼过程，避免 SO_2、铅尘排放，尤其适合环保敏感地区。

适应性：可处理低品位矿（含铅小于 5%）、复杂多金属矿（如铅锌共生矿）及二次资源（如铅膏）。

能耗低：电解沉积能耗显著低于火法还原熔炼。

B 挑战

设备腐蚀：酸性或含氯介质对反应器、管道材质要求高。

试剂成本：$FeCl_3$、H_2O_2 等消耗量大，需考虑再生或回收。

硫处理：硫化矿浸出产生单质硫或硫酸盐，需妥善处置以避免二次污染。

经济性：处理高品位硫化矿时，湿法成本通常高于火法。

5.4.1.3 应用现状与发展方向

A 当前应用

氧化铅矿处理：如碳酸铅矿、铅矾的湿法提取。

再生铅领域：废铅酸电池铅膏（含 $PbSO_4$、PbO_2）的湿法回收。

复杂矿综合利用：铅锌矿同步浸出，分离提取多种金属。

B 技术改进方向

绿色浸出剂开发：减少 HCl、$FeCl_3$ 用量，探索生物浸出或离子液体等新型溶剂。

杂质高效分离：优化萃取剂或膜分离技术，提升金属回收率。

闭环工艺设计：浸出剂循环利用，降低试剂消耗。

与火法耦合：湿法预处理+火法熔炼，兼顾环保与效率。

5.4.2 粗铅的电解精炼

粗铅的电解精炼是通过电化学方法去除粗铅中的杂质，获得高纯度精铅的关键工艺。其核心是利用杂质金属与铅的电极电位差异，通过选择性溶解和沉积实现分离。

5.4.2.1 电解精炼工艺流程

A 粗铅预处理（火法初步精炼）

电解前需通过火法精炼去除部分杂质，降低电解负担。

熔析脱铜：粗铅缓慢冷却至稍高于铅熔点，铜及其化合物因熔点高形成浮渣分离。

加硫除铜：加入硫磺，生成 Cu_2S 浮渣进一步脱铜。

碱性精炼：加入 NaOH 和 $NaNO_3$，氧化去除砷、锑、锡等，生成钠盐渣。

B 阳极板制备

铸型：预处理后的粗铅含铅 98%~99%，浇铸成阳极板厚 20~40 mm，面积约 1 m^2。

成分要求：控制杂质含量（质量分数），如 $Bi<0.05\%$、$Ag<0.02\%$，避免电解液污染。

C 电解液配制

成分：以氟硅酸（H_2SiF_6）和氟硅酸铅（$PbSiF_6$）为主，游离 H_2SiF_6浓度 60~100 g/L、Pb^{2+}浓度 80~120 g/L。

添加剂：骨胶或木质素磺酸钠（改善阴极沉积致密性），β-萘酚（抑制杂质析出）。

D　电解槽结构与操作

电解槽：耐酸材料（如 PVC 或衬铅混凝土），多槽串联。

极板排布：粗铅阳极与纯铅阴极（始极片）交替悬挂，极间距 80~120 mm。

工艺参数：电流密度 160~220 A/m^2，槽电压 0.35~0.5 V，温度 35~45 ℃（通过循环冷却控制），电解周期 4~7 天（阴极增厚至 6~10 mm 后出槽）。

E　电极反应

阳极溶解（氧化）：$$Pb = Pb^{2+} + 2e \quad (5\text{-}27)$$

杂质金属（如 Bi、Sb）若电位低于铅，优先溶解进入电解液；贵金属（如 Ag、Au）不溶，形成阳极泥。

阴极沉积（还原）：$$Pb^{2+} + 2e = Pb \quad (5\text{-}28)$$

电位高于铅的杂质离子（如 Cu^{2+}、As^{3+}）因浓度低，基本不析出。

F　产物处理

阴极铅：熔铸成锭，纯度达 99.995%以上，符合 GB/T 469—2013。

阳极泥：含 Ag（5%~20%）、Au、Bi 等，经分离提纯回收贵金属。

电解液净化：定期脱除积累的杂质（如 Cu、As），补充 H_2SiF_6 和 Pb^{2+}。

5.4.2.2　技术特点与优势

（1）高纯度产品。电解铅杂质含量极低，满足电子、蓄电池等高精度应用需求。

（2）贵金属回收。阳极泥富含 Ag、Au 经硝酸浸出、还原等工艺可高效回收，显著提升经济效益。

（3）环保可控。闭路循环，电解液再生使用，废液排放少；酸雾通过负压抽吸+碱液吸收处理。阳极泥集中处理，避免重金属扩散。

（4）适应性强。可处理含复杂杂质（如高铋铅）的粗铅，弥补火法精炼的不足。

安全注意事项及预防措施

（1）设备腐蚀防护：酸性浸出或含氯电解液对反应器、管道及阀门造成严重腐蚀。

预防措施：采用钛合金、哈氏合金、陶瓷内衬或玻璃钢等耐腐蚀材质，关键接触面喷涂聚四氟乙烯或橡胶衬里。建立设备壁厚监测制度，预防腐蚀穿孔导致泄漏。

（2）浸出剂消耗与再生：$FeCl_3$、H_2O_2 等试剂成本高，过量使用增加废液处理负担。

预防措施：电解氧化 $FeCl_2$ 为 $FeCl_3$，实现循环利用。电解副产 Cl_2 经吸收塔转化为 HCl，重新用于浸出。通过动态浸出实验确定最低有效试剂浓度，减少浪费。

（3）硫与重金属释放：硫化铅矿浸出产生单质硫或硫酸盐，废液含 Pb^{2+}、As^{3+} 等重金属。

预防措施：通过浮选或热过滤回收单质硫（纯度大于 99%），作为副产品出售。浸出渣经固化/稳定化处理（如水泥固化），防止雨水淋溶污染土壤。

任务小结

（1）酸性浸出和碱性浸出的原理；

（2）电解精炼的原理。

知识拓展与课后实践

（1）电解液稳定性：氟硅酸易分解生成 SiO_2 和 HF，导致电解液浑浊、腐蚀性增强。预防措施：控制温度低于 45 ℃，维持游离酸浓度，添加稳定剂（如胶体 SiO_2）。

（2）阴极结晶质量：电流密度过高或添加剂不足易导致阴极疏松、树枝状结晶。预防措施：优化电流密度，添加骨胶（0.5～1.5 g/L）改善沉积形态。

（3）杂质离子积累：Cu^{2+}、As^{3+}等杂质富集影响阴极纯度。预防措施：定期电解液净化（如置换沉淀、溶剂萃取）。

任务 5.5　再生铅的处理

任务目标

（1）了解再生铅的来源；

（2）掌握再生铅的处理工艺及意义。

理论与实践

5.5.1　再生铅处理概述

目前世界再生铅（又称二次铅）的产量已超过原生铅（又称矿产铅）的产量，根据 2000 年统计，再生铅占世界精铅总产量的 54%。再生铅的处理是指从废旧铅制品中回收铅资源的过程，其核心在于高效分离铅组分、降低污染排放并实现资源循环利用。再生铅生产能耗仅为原生铅的 30%～40%，且减少矿石消耗与固体废弃物排放，是循环经济的重要组成部分。

再生铅生产的原料 85%以上来自废铅蓄电池。作为生产再生铅的二次原料，与矿铅原料（精矿）相比，它含铅（质量分数）高（85%～94%Pb），金属赋存状态较简单，铅多呈金属和合金（Pb-Sb 合金）状态，以化合物形态的主要是呈膏泥状的氧化物、硫酸盐和少量氯化物。金属成分（质量分数）除主金属铅和合金元素锑（3%～8% Sb）外，常见的杂质金属主要是 Sn、Cu、Bi 等，其总量仅为 0.1%左右。除上述组成外，它还夹杂有塑料、橡胶等有机物和废硫酸。根据废蓄电池原料特点，火法生产可用反射炉、鼓风炉、电炉和短回转窑等传统冶金设备处理，也可用基夫赛特法、澳斯麦特法、艾萨法和 QSL 法等直接炼铅的方法处理，其中有的用来单独处理废蓄电池，也有的与矿铅原料搭配处理。由于废蓄电池的化学组成和赋存状态都比较简单，且金属品位高，因而还可用湿法或湿法-火法的联合流程处理。

5.5.2　废铅酸蓄电池等资源利用

5.5.2.1　再生铅处理的主要来源

废铅酸蓄电池（占比 85%～90%）：含铅膏（$PbSO_4$、PbO_2、PbO）、铅栅（Pb-Sb 合

金)、塑料外壳及电解液（稀硫酸)。

其他含铅废料：铅电缆护套、铅合金零件、铅玻璃、铅化工废渣等。

5.5.2.2　再生铅处理工艺流程

A　预处理与分类

机械破碎：通过锤式破碎机或旋转破碎机将电池破碎。

水力分选：利用密度差异分离铅膏（密度大)、塑料（浮于水面）及铅栅。

金属分选：磁选去除铁件，涡电流分选回收铅栅。

铅膏处理：脱硫转化。

用 Na_2CO_3 或 NaOH 溶液将 $PbSO_4$ 转化为 $PbCO_3$ 或 $Pb(OH)_2$，减少 SO_2 生成。

$$PbSO_4 + Na_2CO_3 \longrightarrow PbCO_3\downarrow + Na_2SO_4 \tag{5-29}$$

干燥：脱水后得到脱硫铅膏（含 PbO、$PbCO_3$ 及残余碳)。

B　熔炼与还原

短窑（回转窑）熔炼：

$$PbO + C \longrightarrow Pb + CO\uparrow \tag{5-30}$$

加入焦炭或煤粉作还原剂，铅氧化物被还原为粗铅。

温度控制：1100~1300 ℃，炉渣（含 SiO_2、CaO）与铅液分层排放。

反射炉熔炼：适用于小规模处理，但能耗较高。

富氧侧吹熔炼：强化熔炼强度，提高铅回收率（>98%)。

酸性浸出：用 H_2SO_4 或 HNO_3 溶解铅膏，电解沉积金属铅。

碱性浸出：NaOH 溶液浸出后电解，适用于氧化铅组分。

C　粗铅精炼

除铜：熔析法或加硫法脱除 Cu。

除砷/锑：通入空气氧化，加入 NaOH 造渣。

除铋（若存在)：通过加钙镁合金生成 Bi-Ca-Mg 渣。

电解精炼（可选)：采用氟硅酸体系电解，获得纯度 99.995%以上的精铅。

D　副产品处理

塑料回收：ABS 塑料清洗造粒，用于制造新电池外壳。

废电解液：中和处理硫酸，回收 Na_2SO_4 或石膏（$CaSO_4$)。

炉渣利用：含锌、锡的炉渣可进一步提取有价金属或用作建材原料。

5.5.2.3　技术特点与环保挑战

A　核心优势

资源高效利用：铅回收率大于 95%，锑（来自铅栅）可同步回收。

节能减排：相比原生铅，CO_2 排放减少 60%~70%。

经济性：原料成本低，且享受政策补贴。

B　关键挑战

铅尘与 SO_2 控制：熔炼过程需配备袋式除尘、活性炭吸附及双碱法脱硫装置。

废酸处理：电解液（稀硫酸）需中和至 pH 值中性，避免土壤与水体污染。

含铅废物管理：破碎分选环节易产生含铅粉尘，需密闭操作与高效过滤。

5.5.2.4　总结

再生铅处理通过“预处理-熔炼-精炼”链条，将废铅资源转化为高纯度金属，同时回收塑料、锑等副产品，是铅工业可持续发展的核心路径，也是未来发展方向。

绿色工艺普及：推广湿法、生物法及低温熔炼，减少能耗与污染。

产业链整合：建立电池生产-回收-再生一体化体系，提升资源循环效率。

全球化标准：强化跨国监管，遏制铅污染转移，推动公平贸易。

随着技术进步与政策加码，再生铅行业将成为“城市矿山”开发与“双碳”目标实现的重要支柱。

安全注意事项及预防措施

(1) 废电池拆解风险。

1) 酸液泄漏：废电池含稀硫酸（电解液），拆解时易泄漏腐蚀设备、污染土壤。

铅尘扩散：破碎过程中铅膏形成含铅粉尘，危害呼吸系统。

2) 预防措施。

① 湿法拆解：采用水力分选或封闭式破碎机，减少粉尘产生。

② 酸液收集：拆解区设防渗漏托盘，废酸导入中和池处理（加石灰生成 $CaSO_4$ 沉淀）。

③ 负压除尘：配备袋式除尘器+HEPA 过滤器，确保车间铅尘浓度小于 0.05 mg/m^3（国标限值）。

(2) 铅膏脱硫不完全：若 Na_2CO_3 用量不足或反应时间短，残留 $PbSO_4$ 在熔炼时生成 SO_2。

预防措施。

1) 优化脱硫条件：控制液固比 (3∶1)～(5∶1)、温度 (50～70 ℃)、搅拌速度，确保脱硫率大于 95%。

2) 实时监测：通过 XRF 检测脱硫后铅膏硫含量（质量分数，目标 S<1%）。

任务小结

铅酸蓄电池回收铅的原理及步骤。

知识拓展

(1) 工艺升级。

低温熔炼技术：采用氧气底吹或闪速熔炼，降低能耗与烟气量。

生物浸出：利用微生物（如氧化亚铁硫杆菌）分解 $PbSO_4$，减少化学试剂使用。

有机酸浸出：柠檬酸、草酸等绿色溶剂替代强酸，降低环境风险。

直接合金化技术：熔炼时调整成分，直接产出铅锑合金，减少精炼步骤。

(2) 智能化与自动化。

机器人拆解：机械臂精准分拣电池组件，提高效率并减少人工接触铅污染。

物联网监控：实时监测熔炼温度、废气排放，优化工艺参数。

（3）政策与标准驱动。

闭环回收体系：推行"生产者责任延伸制"（EPR），强制电池企业回收废电池。

清洁生产标准：如欧盟《电池指令》、中国《再生铅行业清洁生产评价指标体系》，严格限制铅排放（小于 0.5 mg/m^3）。

课程思政

黄其兴是中国著名的有色金属冶炼专家，1943—1947 年在湖南楚怡高等工业学校矿冶专业就读，曾先后在沈阳冶炼厂、北京有色冶金设计研究总院工作，是我国铅锌铜镍冶炼技术现代化的开拓者之一。他担任过株洲冶炼厂总设计师、金川工程第一任副总设计师兼现场设计组组长、白银有色金属公司现场设计队副队长，开发出高铜的铅锌混合精矿密闭鼓风炉熔炼技术，攻克了高氧化镁难熔镍矿石鼓风炉熔炼的难题，开发了我国氧气顶吹旋转转炉处理高镍二次铜精矿冶炼技术。他多次获国家和省部级科技进步奖，为中国有色金属冶炼技术的发展做出了重要贡献。

复习思考题

5-1　简述铅的生产方法。

5-2　简述铅的用途？

5-3　炼铅原料有哪些？

5-4　铅烧结矿鼓风炉熔炼时烧结焙烧的目的是什么？

5-5　什么是直接熔炼，直接炼铅法具有哪些优点？

5-6　简述粗铅精炼的目的。

5-7　简述粗铅的精炼方法。

5-8　简述粗铅精炼的原料分类。

5-9　简述粗铅火法精炼的原理。

5-10　湿法炼铅方法有哪些？

5-11　简述粗铅的电解精炼原理。

5-12　简述湿法炼铅含氨-硫酸铵浸出法。

参考文献

[1] 刘俊场，和晓才，徐庆鑫，等．冶金所十年科技发展（铜铅锌冶炼篇）[J]．云南冶金，2023，52（S1）：58-65.

[2] 陈萃，陈静，马绍斌，等．有色冶金工业遗存技术价值初探——以会泽铅锌矿工业遗存为例 [J]．有色金属（冶炼部分），2022（6）：110-117.

[3] 张昊，高文博．选冶联合工艺处理云南某氧化铅银矿 [J]．湖南有色金属，2021，37（6）：7-11.

[4] 刘昱辰，张邦胜，刘贵清，等．2020 年钴市场分析 [J]．中国资源综合利用，2020，38（11）：110-114.

[5] 刘伟锋，孙百奇，张杜超，等．钴冶炼系统中 P204 反萃液有价金属的控电位硫化分离技术 [J]．中国有色金属学报，2019，29（3）：586-597.

[6] 马忠旭．铅冶金的用氧分析 [J]．世界有色金属，2018（24）：5，7.

[7] 孙治忠. 镍铜钴冶炼废水经济治理及资源回收技术研发与应用［C］. 甘肃省，金川集团股份有限公司，2018-09-16.
[8] 许良，霍佳梅. 再生铅回收绿色冶金［J］. 蓄电池，2017，54（6）：266-270.
[9] 杨崇方. 铅铜冶金中含金、银物料综合回收工艺的研究［D］. 昆明：昆明理工大学，2017.
[10] 王成彦，陈永强. 中国铅锌冶金技术状况及发展趋势：节能潜力［J］. 有色金属科学与程，2017，8（3）：1-6.
[11] 严康，郭学益，田庆华，等. 中国锂离子电池系统钴代谢分析［J］. 中南大学学报（自然科学版），2017，48（1）：25-30.
[12] 王成彦，陈永强. 中国铅锌冶金技术状况及发展趋势：锌冶金［J］. 有色金属科学与程，2017，8（1）：1-7.
[13] 唐朝波，李云，杨声海，等. 铜钴冶炼渣还原造锍熔炼回收铜和钴［J］. 有色金属（冶炼部分），2015，（1）：1-5.
[14] 简胜，杨林. 云南某高铁氧化铅锌矿选冶工艺回收铅、锌及铁的试验研究［J］. 矿冶工程，2014，34（3）：37-39，43.
[15] 彭志强. 铅冶金过程含砷烟尘处理方法研究［D］. 昆明：昆明理工大学，2013.
[16] 李文杰. 镍钴冶炼过程污染物排放特征及治理技术研究［J］. 甘肃科技，2012，28（19）：41-42，23.
[17] 严明，胡国军. 闪速铅冶炼计算机在线优化控制系统研究［J］. 有色冶金设计与研究，2011，32（Z1）：30-33.
[18] 侯晓波. 铅锌冶炼渣处理的系统分析及研究［J］. 云南冶金，2011，40（3）：42-46.
[19] 饶金元. 富氧顶吹炼铅过程优化［D］. 昆明：昆明理工大学，2010.
[20] 张昕红，唐文忠，彭康，等. 湿法炼铅技术进展与 FLUBOR 工艺［J］. 矿冶，2006（1）：49-52.
[21] 李勇. 鼓风炉粉煤喷吹强化熔炼新工艺［D］. 昆明：昆明理工大学，2006.
[22] 罗天骄. 鼓风炉熔炼富铅渣预控系统的开发［D］. 昆明：昆明理工大学，2004.
[23] 孙康. 选冶联合流程处理氧化铅矿工艺研究［J］. 有色矿山，1999（3）：18-21.
[24] 宁豪才. 国内外铅冶金生产面面观［J］. 新疆有色金属，1997（1）：52-58.
[25] 陈国发，王德全. 铅冶金学［M］. 北京：冶金工业出版社，2000.
[26] 张乐如. 现代铅冶金［M］. 长沙：中南大学出版社，2013.
[27] 铅锌冶金学编委会. 铅锌冶金学［M］. 北京：科学出版社，2003.
[28] 彭容秋. 铅冶金［M］. 长沙：中南大学出版社，2004.
[29]《重有色金属冶炼设计手册》编委会. 重有色金属冶炼设计手册（铅锌铋卷）［M］. 北京：冶金工业出版社，1996.
[30] 陈国发. 重金属冶金学［M］. 北京：冶金工业出版社，1992.

模块6　锌　冶　金

任务6.1　锌冶金的一般知识

任务目标

（1）了解锌资源及用途；

（2）掌握锌的性质；

（3）熟悉锌的生产方法。

理论与实践

中国是世界上最早发现并使用锌的国家之一。早在2500年前，中国、罗马、印度等地便有使用锌与铜锻造青铜的记录。但是，锌第一次以金属身份被认是在印度，且其炼锌方法与中国完全相反，采用的是“上火下凝”式的蒸馏法。

6.1.1　锌资源

6.1.1.1　世界锌资源

世界锌矿资源主要分布在亚洲、大洋洲、北美和南美洲。目前全世界已探明的储量共19亿吨，世界上锌储量较多的国家有中国、澳大利亚、美国、加拿大、哈萨克斯坦、秘鲁和墨西哥等，其中澳大利亚、中国、美国和哈萨克斯坦的矿石储量占世界锌储量的54%左右，占世界基础储量的64.66%。

6.1.1.2　中国锌资源

中国的锌基础储量占世界基础储量的19.0%，达到4300万吨。锌资源主要集中在云南、广西、广东、湖南、内蒙古、江西6个省（市、自治区）。云南主要集中在个旧，广西的储量占了全国总储量的40%左右。

我国铅锌资源的特点是：多金属硫化物共生矿床多，矿石类型复杂，较难分选，成分复杂，但伴生矿的综合利用价值高。我国的铅锌矿是镉、铟、银等金属的主要矿源，也是硫、铋、锗、铊、碲等元素和金属的重要来源。

6.1.1.3　锌矿物

提取锌的原料主要包括矿物原料和含锌工业废料。矿物原料主要是指锌矿石中的富矿和锌精矿，含锌工业废料是指冶金工业中产生的含锌烟灰、熔铸锌时产出的浮渣和一些氧化锌等。

按原矿石中所含矿物种类不同，矿物原料分为硫化矿和氧化矿两类。硫化矿主要以闪锌矿（ZnS）和铁闪锌矿（nZnS · mFeS）状态存在，氧化矿以菱锌矿（$ZnCO_3$）、硅锌矿（Zn_2SiO_4）和异极矿（$ZnSiO_4 \cdot H_2O$）等形式存在。

目前锌产量的 70%来自经浮选得到的硫化锌精矿，锌的单金属硫化物非常少见，多与铅锌共生、铜铅共生；此外，还含有银、金、砷、锑、镉和其他有价金属，Cd、In，其中最常见的有铅锌矿，其次为锌铜矿和铜铅锌矿。

6.1.2　锌的用途

锌是十分重要的有色金属原料之一，有良好的金属性能，能与多种金属制成物理与化学性能更加优良的合金，被广泛应用于汽车、建筑、船舶、轻工搪瓷、医药、印刷、纤维等多个领域；同时具有优良的电化学性能，在腐蚀防护、电池制造等领域有着极为广泛的应用。金属锌的消费量在有色金属中仅次于铜和铝，是国家经济和社会发展的重要物质基础。

世界上的锌约有 50%用于镀锌、10%用于制备黄铜和青铜合金、约 10%用于制备锌基合金、约 7.5%用于化学制品、约 13%用于制备电池，部分是锌饼和锌板产品。锌的熔点较低，熔化后流动性良好，适于做浇铸精密铸件。

锌最主要的应用是镀锌工业，用于钢材和钢结构件的表面镀层（如镀锌板），广泛用于汽车、建筑、船舶和轻工等行业。

锌能与许多金属形成性质优良的合金材料，这些合金在机械工业、国防工业和交通运输业中被广泛应用。

锌是负电性金属，标准电位为-0.76 V；由于锌价廉易得，在化学电源中锌是应用最多的一种负极材料，如锌-二氧化锰干电池、锌-空气电池、锌-银蓄电池等。

锌具有良好的抗电磁场性能。在射频干扰的场合，锌板是一种非常有效的屏蔽材料，同时锌是非磁性的金属，用于制备仪器仪表零件的材料及仪表壳体；锌自身及与其他金属碰撞不会产生火花，适合作井下防爆器材。

6.1.3　锌及其主要化合物的性质

6.1.3.1　锌的性质

A　锌的物理性质

锌是一种白而略带蓝灰色的金属，断面具有金属光泽。锌位于元素周期表第 4 周期第ⅡB 族，相对原子质量为 65.4，熔点为 419.6 ℃，沸点为 907 ℃，常温下密度为 7.14 g/cm^3，800 ℃下的密度为 6.58 g/cm^3。由于锌的熔点低，液态流动性好，在压力浇铸时能充满模内很精细的地方，所以它常作为精密铸件的原料。在室温下锌呈脆性，但在 100~150 ℃下其延展性良好。

锌有三种结晶状态，即 α、β 和 γ，其同质异性变化温度为 170 ℃和 330 ℃，已知锌有 15 种同位素。在熔点附近的蒸气压很小，但液态锌的蒸气压随温度升高而迅速增大，到 907 ℃时达到 101325 Pa，火法炼锌就是利用了锌的这一特点。

B 锌的化学性质

锌在 420 ℃时开始与硫发生反应，而与氧的反应在 225 ℃时便开始了。锌对氧的亲和力比较大，硫化锌在空气中加热氧化生成稳定的氧化锌。氧化锌既在高温下被碳还原，又能很好地溶解于稀硫酸溶液中，因此硫化锌的氧化焙烧是火法炼锌和湿法炼锌重要的预处理过程。

锌是比较活泼的重金属，室温下在干燥空气或氧气中很稳定，但在潮湿空气中形成碱式碳酸锌［$ZnCO_3 \cdot 3Zn(OH)_2$］，这样可以保护锌进一步地被腐蚀。更为重要的是锌的电位比铁负，通过电化作用锌能代替铁被腐蚀，所以锌被大量用于镀覆钢铁材料以防腐蚀。随着汽车工业和建筑业对镀锌钢材的需求增长，镀锌材料已成为锌的主要消费领域之一。

6.1.3.2 锌主要化合物的性质

A ZnS

ZnS 是炼锌的主要原料，在自然界中以闪锌矿的形态存在。硫化锌（ZnS）是一种难熔化合物，α 型变体为无色六方晶体，密度为 3.98 g/cm^3，熔点为 1923 K，在 1473 K 时显著挥发；β 型变体为无色立方晶体，密度为 4.102 g/cm^3，于 1293 K 转化为 α 型。

ZnS 在空气中 753 K 下缓慢氧化，在 873 K 以上时剧烈氧化。

$$ZnS + \frac{3}{2}O_2 = ZnO + SO_2 \tag{6-1}$$

在 1373 K 下，ZnS 与 CaO 反应生成 CaS 和 ZnO。

$$ZnS + CaO = CaS + ZnO \tag{6-2}$$

硫化锌在酸中可氧化分解，目前利用这一点已研究开发了高压氧酸浸法处理硫化锌精矿的新工艺。

B ZnO

氧化锌（ZnO）俗称锌白，难溶于水，可溶于酸和强碱。自然界中无天然氧化锌矿，采用金属锌氧化、碳酸锌煅烧分解和硫化锌氧化可制备氧化锌。ZnO 可被 C、CO 和 H_2 还原，其中被 CO 还原的反应在 1073 K 下十分激烈。

$$ZnO + CO = Zn(g) + CO_2 \tag{6-3}$$

在 823 K 以上，ZnO 与 Fe_2O_3 反应生成铁酸锌。

C $ZnSO_4$

硫酸锌（$ZnSO_4$）以晶体、颗粒或粉末形式存在，温度高于 500 ℃受热分解，密度为 1.957 g/cm^3，易溶于水。自然界中没有发现天然硫酸锌，焙烧 ZnS、金属锌，或用 ZnO 与硫酸反应都可以生成硫酸锌。硫酸锌受热分解，在 1123 K 左右分解压达到 101325 Pa，可分解为氧化锌、二氧化硫和氧气。

$$ZnSO_4 = ZnO + SO_2 + O_2 \tag{6-4}$$

在 1123 K 时，硫酸锌与氧化钙发生剧烈反应。

$$ZnSO_4 + CaO = ZnO + CaSO_4 \tag{6-5}$$

在 973 K 以上温度时，硫酸锌易与 Fe_2O_3 生成铁酸锌，所以加速上述分解反应的进行。

D $ZnCl_2$

氯化锌为白色颗粒、棒状或粉末状物质，无气味，易吸湿，在空气中自然吸收水分而潮解，灼热时有白烟生成。氯化锌具有腐蚀性和毒性，水溶液呈酸性，pH 值约为 4。

氯化锌的相对密度为 2.907 g/cm^3，熔点 318 ℃，沸点 732 ℃，在 372 ℃左右可显著挥发。氯化锌易溶于水，同时溶于甲醇、乙醇、甘油、丙酮和乙醚，但不溶于液氨。

E　铁酸锌

铁酸锌（$ZnO \cdot Fe_2O_3$）的化学性质稳定，不溶于水也不溶于稀酸。铁酸锌具有较好的耐火度，熔点为 1590 ℃，在还原气氛下易于分解。

F　硅酸锌

硅酸锌（Zn_2SiO_4）是锌精矿焙烧的一种产物，属橄榄石型结构，性质稳定，相对密度为 3.9~4.2 g/cm^3，熔点为 1509 ℃。偏硅酸锌（$ZnSiO_3$）的熔点降低，为 1437 ℃。

6.1.4　锌的冶金方法

由硫化锌精矿提取锌，目前主要有火法炼锌和湿法炼锌两种方法。采用哪一种方法决定于矿石的化学成分和矿物组成、矿石中的锌含量、当地的条件等因素，目前我国锌冶炼工艺以湿法冶炼为主，其次为火法。

（1）火法炼锌。火法炼锌是在高温下，用碳作还原剂从锌焙砂中还原提取锌的过程。其基本过程是：将不易直接还原的 ZnS 焙烧成易还原的 ZnO，将 ZnO 在高温下用碳质还原剂还原，利用锌沸点较低的特点，使锌以蒸气挥发，然后冷凝精炼为液态锌。其工艺流程如图 6-1 所示。

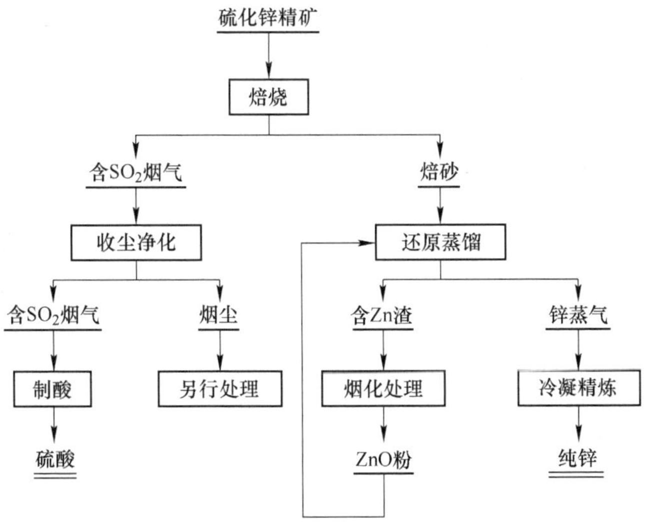

图 6-1　火法炼锌工艺流程图

火法炼锌有鼓风炉、竖罐、平罐和电炉炼锌等方法。其中 20 世纪 50 年代投入使用的鼓风炉法（ISP 法），由于适合处理铅锌混合精矿，有了一定的发展；由于竖罐和平罐炼锌能耗高和污染环境等问题，几乎被淘汰。

（2）湿法炼锌。湿法炼锌是第一次世界大战期间开始应用的，本质是用稀硫酸溶剂（电解废液）溶解含锌物料中的锌，使锌尽可能全部地溶入溶液中得到硫酸锌溶液，硫酸锌溶液进行净化以除去溶液中的杂质；然后从硫酸锌溶液中电解沉积出锌，电解析出的锌再熔铸成锭。其基本工艺流程如图 6-2 所示。

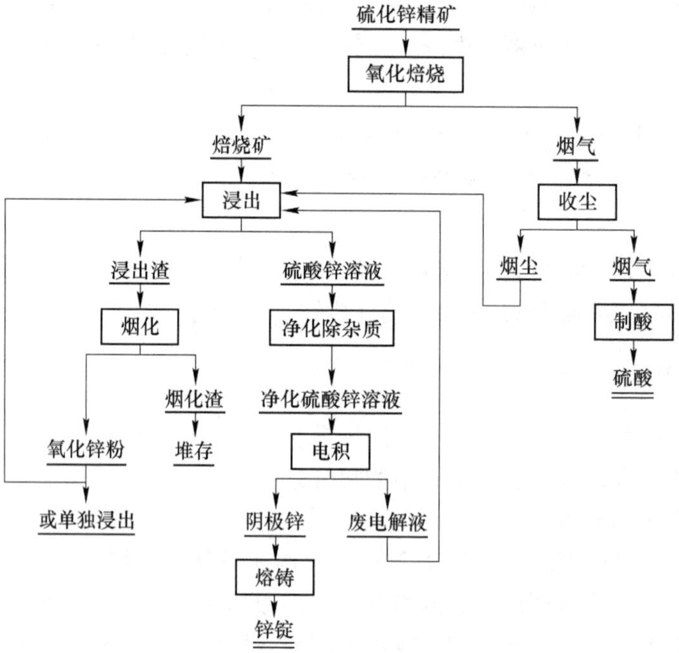

图 6-2　湿法炼锌工艺流程图

湿法炼锌可直接产出高纯度锌，无需像火法蒸馏炼锌那样额外精炼。除此之外，操作所需劳动力较少，劳动条件也较好，只是电能消耗大。

总之，火法炼锌的前景远不如湿法炼锌好，湿法炼锌是当前的主导炼锌方法。

安全注意事项及预防措施

（1）腐蚀性和毒性：氯化锌有腐蚀性和毒性，水溶液呈酸性，pH 值约为 4。

预防措施：穿戴好劳动防护用品，若不小心与皮肤接触立即用大量清水冲洗，严重时尽快就医。

（2）环境危害：锌氧化物和硫化物进入水中会造成水体污染，破坏水生态系统，过量进入土壤会影响土壤微生物的活性，进而影响植物的生长。

预防措施：严格控制锌氧化物和硫化物在生产和使用过程中排放的要求。

任务小结

（1）提锌矿物原料；

（2）锌的用途；

（3）提锌方法。

知识拓展

铅锌矿的开采分露天开采和地下开采两种方式。因金属品位不高，铅锌共生，并含有大量脉石和其他杂质金属，品位较低，不能直接入炉，需进行选矿处理。

采用浮选法优先选出锌精矿，副产为铅精矿和硫精矿。

浮选出的硫化锌精矿成分一般为：锌 45%~60%，铁 5%~15%，硫含量变化不大，为 30%~33%。可见，锌精矿的主要组分为 Zn、Fe 和 S，三者共占总量的 90%左右。

从经济价值考虑处理锌精矿的目的，首先应该回收锌和硫，因为两者加起来占精矿总量的 80%左右。从冶炼过程和回收率考虑，铁是最主要的杂质金属，采用的冶炼工艺流程要有利于原料中的锌铁分离，相近的化学性质决定了它们在冶金过程中的行为相似，应使铁全部进入熔渣或湿法冶金浸出后的铁渣中，且渣量要小，分离性能要好，从而减少随渣带走的金属损失。

任务 6.2　硫化锌精矿的焙烧

任务目标

（1）了解硫化锌精矿焙烧类型；

（2）知道硫化锌精矿焙烧目的；

（3）掌握硫化锌精矿焙烧设备。

理论与实践

由火法炼锌和湿法炼锌工艺流程可知，湿法冶金与火法冶金提取锌的首步冶金过程都是焙烧。

浮选后的硫化锌精矿粒度细小，95%以上小于 40 μm，堆密度为 1.7~2 g/m^3。在选用硫化锌精矿氧化焙烧脱硫设备时，应当充分利用精矿粒度小、表面积大、活性高、硫化物本身也是一种“燃料”的特点，使硫化锌既能迅速氧化生成氧化锌，又能充分利用精矿自身的能量。因此，工业生产上普遍采用流态化焙烧处理锌精矿。

其中，火法炼锌厂的焙烧是纯粹的氧化焙烧，湿法炼锌厂进行的也是氧化焙烧，但焙烧时要保留少量的硫酸盐，以补偿浸出和电解过程中损失的硫酸。同时，希望尽可能少生成铁酸锌。焙烧过程中还产出 SO_2 浓度比较高的烟气，可送往硫酸厂生产硫酸。

6.2.1　硫化锌精矿焙烧过程分类

硫化锌精矿焙烧一般分为氧化焙烧和硫酸化焙烧。

6.2.1.1　氧化焙烧

使硫化物转化为氧化物的过程称为氧化焙烧，其反应通式为：

$$MeS + \frac{3}{2}O_2 = MeO + SO_2 \tag{6-6}$$

例如，硫化锌精矿及辉钼精矿的氧化焙烧反应为：

$$ZnS + \frac{3}{2}O_2 = ZnO + SO_2 \tag{6-7}$$

$$MoS_2 + \frac{7}{2}O_2 = MoO_3 + 2SO_2 \tag{6-8}$$

6.2.1.2　硫酸化焙烧

使硫化物转化成硫酸盐的过程称为硫酸化焙烧，其反应通式为：

$$MeS + 2O_2 = MeSO_4 \tag{6-9}$$

硫酸化焙烧的实质是氧化焙烧的产物再与氧气反应生成硫酸盐，当氧气充足时，金属硫化物能全部转化为硫酸盐，此时把硫酸化焙烧又称为完全硫酸化焙烧，其产物只有 $MeSO_4$。但是，当氧气不足时只有一部分硫化物转化为硫酸盐，还有一部分转变成了氧化物，此时把硫酸化焙烧又称为半硫酸化焙烧，其产物不仅有 $MeSO_4$还有 MeO。

6.2.2　硫化锌精矿焙烧的目的

硫化锌精矿的焙烧过程是在高温下借助空气中的氧进行氧化脱硫的过程，从而改变其成分以适应下一步冶金处理的要求。

硫化锌精矿焙烧的根本目的是将精矿中的硫化锌尽量氧化为氧化锌，尽量脱除对后续工艺有害的杂质，同时将烟气中所含 SO_2 制成硫酸。但是，火法炼锌和湿法炼锌焙烧，根据具体工艺要求，焙烧的目的既有相同之处又有不同之处。

实际的锌精矿焙烧过程，就是通过控制焙烧温度和气相组成来控制焙烧产物中锌的存在形态。生产中通过控制供风量（空气过剩系数）来调节气相组成。

6.2.3　焙烧时硫化锌精矿中各成分的行为

6.2.3.1　硫化锌

硫化锌以闪锌矿（ZnS）和铁闪锌矿（nZnS · mFeS）的形式存在于锌精矿中。焙烧开始时发生的反应为：

$$ZnS + 2O_2 = ZnSO_4 \tag{6-10}$$

$$ZnS + \frac{3}{2}O_2 = ZnO + SO_2 \tag{6-11}$$

生成 SO_2 后，在有氧的条件下发生可逆反应：

$$2SO_2 + O_2 = 2SO_3 \quad \text{（正向 773 K，逆向温度 873 K）} \tag{6-12}$$

生成 SO_3 后，发生可逆反应：

$$ZnO + SO_3 = ZnSO_4 \tag{6-13}$$

硫酸锌生成的条件和数量取决于焙烧温度及气相组成，当温度低、SO_3 浓度高时，生成的 $ZnSO_4$就多；反之，$ZnSO_4$发生分解趋向于生成氧化锌。调节焙烧温度和气相成分，就可以在焙砂中获得所需的氧化物或硫酸盐。

ZnS 在焙烧过程中受热时不分解，仍保持紧密状态，气体透过困难；同时，焙烧所得氧化锌的密度较硫化锌小，所占体积较大，完全地包裹硫化锌核心，使氧扩散到硫化锌表面也很困难。因此，硫化锌是较难焙烧的一种硫化物。

6.2.3.2　硫化亚铁

硫化亚铁统称为黄铁矿，焙烧时在较低的温度下发生热分解：

$$2FeS_2 = 2FeS + S_2 \quad (6\text{-}14)$$

也按下列反应生成氧化物：

$$2FeS_2 + \frac{11}{2}O_2 = Fe_2O_3 + 4SO_2 \quad (6\text{-}15)$$

$$3FeS + 5O_2 = Fe_3O_4 + 3SO_2 \quad (6\text{-}16)$$

硫化亚铁焙烧得到 Fe_2O_3 和 Fe_3O_4。

6.2.3.3　铁酸锌（$ZnO \cdot Fe_2O_3$）的生成

由于锌精矿中含有 FeS 或（Zn,Fe)S，焙烧过程中铁酸锌的生成是不可避免的，铁酸锌的生成对湿法炼锌的影响较大。

在 873 K 以上，焙烧生成的 ZnO 与 Fe_2O_3 反应为：

$$ZnO + Fe_2O_3 = ZnO \cdot Fe_2O_3 \quad (6\text{-}17)$$

由于铁酸锌不溶于稀硫酸，留在残渣中会造成 Zn 的损失，因此湿法浸出时要求在焙烧中避免铁酸锌的生成。

焙烧过程中只要减少 Fe_2O_3 生成，就可以减少铁酸锌的生成。

6.2.3.4　硅酸盐的生成

硫化锌精矿中脉石常含有游离状态的二氧化硅和各种结合状态的硅酸盐，SiO_2 含量有时达到 2%~8%。二氧化硅与氧化铅接触时，形成熔点不高的硅酸铅（$2PbO \cdot SiO_2$），促使精矿熔融，妨碍焙烧进行。熔融状态的硅酸铅可以溶解其他金属氧化物或其硅酸盐。二氧化硅还易与氧化锌生成硅酸锌（$2ZnO \cdot SiO_2$），硅酸锌和其他硅酸盐在浸出时虽然容易溶解，但二氧化硅变成胶体状态对澄清和过滤不利。为了减少焙烧时硅酸盐的生成，对入炉精矿中的铅、硅含量要严格控制。除注意操作外，还应从配料方面使各种不同精矿按比例混合得到含铅与二氧化硅尽可能少的焙烧物料。硅酸盐的生成对火法炼锌来说，不致造成生产上的麻烦，无需特别予以注意。

6.2.4　硫化锌精矿焙烧设备

硫化锌精矿的焙烧可采用反射炉、多膛炉、悬浮焙烧炉和沸腾焙烧炉，当前大都采用沸腾炉焙烧。

沸腾炉焙烧在 1944 年开始应用，首先用于硫铁矿的焙烧，1952 年才应用到炼锌工业中。我国于 1957 年末建成第一座工业沸腾焙烧炉并投入生产，且在后来新建的炼锌厂大都采用了沸腾焙烧。

沸腾焙烧又称流态化焙烧，它是一种强化气-固之间进行传质传热和化学反应过程的工艺。沸腾焙烧是在焙烧过程中使空气自下而上地吹过固体炉料层，使精矿悬浮于炉气中进行焙烧，固体颗粒相互分离，悬浮粒子不停地翻动，形如水的沸腾，能有效地进行硫化物氧化反应的强化焙烧过程，该方法又称流态化焙烧。

沸腾焙烧炉可分为带前室的直形炉、道尔型湿法加料直形炉和鲁奇上部扩大型炉，目前大多采用鲁奇上部扩大型炉，该炉体结构包括炉身、空气分布板、钢壳送风箱、炉顶、炉气出口、加料装置和焙砂溢流排料口。沸腾炉结构示意图如图 6-3 所示。

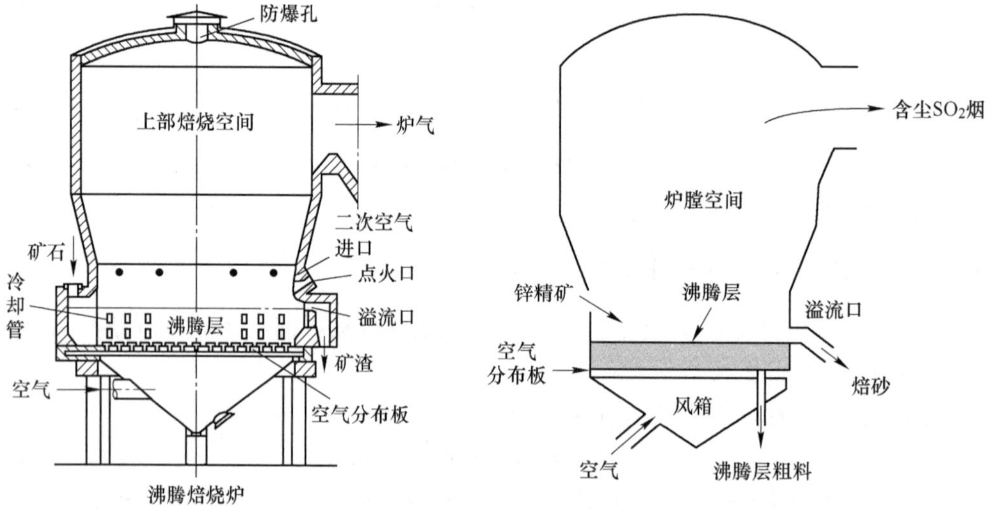

图 6-3　沸腾炉结构示意图

锌精矿预先干燥、破碎、筛分，然后用圆盘加料机加入沸腾炉，在沸腾炉内形成流化床，进行流态化焙烧。其中，硫化锌大部分转变成氧化锌，硫几乎都生成二氧化硫烟气，只有 2%～3%的硫呈硫酸盐状态，用以补偿浸出、电积过程中硫酸的损失，确保系统中硫的平衡。

焙烧后得到的焙砂经溢流口自动排出炉外，冷却、磨细后送浸出工序，炉气携带烟尘经余热利用、收尘后，含硫烟气送制酸，烟尘则送浸出工序。

根据还原蒸馏法炼锌或湿法炼锌对焙的砂要求不同，沸腾焙烧分别采用高温氧化焙烧和低温部分硫酸化焙烧两种操作。

6. 2. 4. 1　高温氧化焙烧

高温氧化焙烧又称为“死焙烧”，是为了获得适于还原蒸馏的焙砂以满足蒸馏需要。除了脱硫外，还要把精矿中铅、镉等主要杂质脱除大部分。

在沸腾层中硫、铅、镉的脱除主要决定于焙烧温度，高温沸腾焙烧的温度一般为 1070～1100 ℃。随沸腾层温度的升高，焙烧矿中 S、Pb、Cd 的含量降低。过剩空气量对脱铅与脱镉有影响，对脱铅影响更为显著。火法炼锌高温氧化焙烧采用的空气过剩量一般为 5%～10%。

在沸腾层内由于激烈的搅拌且传热良好，温度均匀，故层内各部位的焙烧矿质量是相似的。高温氧化焙烧烟尘率为 10%～30%，较低温焙烧的少。在一定温度与一定过剩空气量的条件下，增大沸腾层的直线速度可增大生产能力，但烟尘率也会相应地增大。过高的提高生产能力必然会产生较大的烟尘率。烟尘率的大小还与精矿的粒度有关，精矿粒度越细，则相应的烟尘率就越大。

6.2.4.2　低温部分硫酸化焙烧

低温部分硫酸化焙烧主要是为了得到适合湿法炼锌用的焙砂，要求在焙烧矿中留有少量可溶性硫（2%~4%S_{SO_4}），同时还应避免与减少铁酸锌和硅酸盐的形成，并除去一部分砷和锑。

低温硫酸化焙烧的脱硫效率主要取决于温度。为得到含有少量可溶性硫的焙砂，沸腾层温度一般采用 870~920 ℃，低温焙烧的过剩空气量一般为 20%~30%。

低温部分硫酸化焙烧时，精矿中的砷、锑硫化物迅速氧化形成 As_2O_5 与 Sb_2O_5 而很难挥发除去，使砷、锑的脱除不理想。

低温沸腾焙烧的焙尘率较高（40%~50%），焙尘率与精矿粒度和直线速度有关。沸腾焙烧的时间即炉料在炉内停留的时间对脱硫反应有影响，炉料在炉内只需停留 12~18 s 便可以得到满意的焙烧结果。

安全注意事项及预防措施

（1）高温与辐射：焙烧过程需要高温条件，炉膛内温度可能极高，容易对操作人员构成烫伤风险。高温炉体及周围设备会散发大量热辐射，长时间暴露可能导致操作人员中暑、热射病等健康问题。

预防措施：穿戴好劳保防护用品，加强操作人员安全教育与培训。

（2）有毒气体：硫化锌精矿焙烧过程中会产生 SO_2 等有毒有害气体，如果处理不当或泄漏，这些气体不仅对人体呼吸系统有害，还可能腐蚀设备和管道，增加维修成本和安全风险。

预防措施：加强操作人员安全教育与培训，提高安全意识与操作技能，定期对设备进行检查维护，消除可能存在的故障隐患。

任务小结

（1）硫化矿焙烧的类型；

（2）硫化矿焙烧的目的；

（3）硫化矿焙烧过程中各组分的行为。

知识拓展

尽管湿法炼锌和火法炼锌均需要将硫化锌精矿进行焙烧，但是其目的不同。

（1）湿法炼锌目的。

1）尽可能完全地氧化金属硫化物并在焙砂中得到氧化物及少量硫酸盐，实行部分硫酸盐化焙烧，焙砂中少量硫酸盐以补偿电解与浸出循环系统中硫酸的损失。

2）使砷与锑氧化并以挥发物状态从精矿中除去。

3）在焙烧时尽可能少地得到铁酸锌。

4）得到 SO_2 浓度大的焙烧炉气以制造硫酸。

5）得到细小粒子状的焙烧矿以利于浸出的进行。

（2）火法炼锌目的。

1）在焙烧时实行氧化焙烧，尽可能地除去全部硫，以及尽可能完全使铅、镉、砷、锑挥发除去，得到主要由金属氧化物组成的焙砂，使后续蒸馏时可以得到较高质量的锌锭。

2）产出浓度足够大的 SO_2 烟气以供生产硫酸，含镉与铅多的烟尘作为炼镉原料。

任务 6.3　湿法炼锌浸出过程

任务目标

（1）了解浸出的目的；
（2）掌握锌焙烧矿浸出的原理；
（3）知道硫化锌精矿浸出的原理。

理论与实践

在湿法炼锌中，焙烧、浸出、浸出液净化和电解是生产上的主要工艺过程，其中浸出又是整个湿法流程中的最重要环节，湿法炼锌厂的主要技术经济指标在很大程度上取决于选择的浸出工艺及操作条件。

6.3.1　锌焙烧矿的浸出

锌焙砂是硫化锌精矿流态化焙烧的产物，也是浸出过程的主要原料。根据其焙砂的性质采用酸性浸出法能最大限度地把原料中的锌化合物溶解，使主金属锌进入溶液，同时控制杂质进入溶液。

锌焙烧矿浸出过程的目的是：（1）使物料中的 Zn 尽可能地全部溶解到浸出液中，得到高浸出率；（2）使有害杂质尽可能地进入渣中，达到与锌分离的目的。

综合考虑湿法提锌工艺流程，用于焙砂浸出的稀硫酸是来自锌电解沉积车间的废电解液。

6.3.1.1　锌焙烧矿浸出原理

锌焙烧矿浸出过程是焙烧氧化物的稀硫酸溶解和硫酸盐的水溶解过程。Zn、Cu、Fe、Co、Ni 和 Cd 的氧化物均能有效地溶解，而 CaO 和 PbO 则生成难溶的硫酸盐沉淀。

$$ZnO + H_2SO_4 = ZnSO_4 + H_2O \tag{6-18}$$

$$MeO + H_2SO_4 = MeSO_4 + H_2O \tag{6-19}$$

$$CaO + H_2SO_4 = CaSO_4\downarrow + H_2O \tag{6-20}$$

$$PbO + H_2SO_4 = PbSO_4\downarrow + H_2O \tag{6-21}$$

实际生产中终点 pH 值控制在 5.5 以下，从而除去浸出液中的 Fe、As 和 Sb；如果高于此值，就会生成 $Zn(OH)_2$ 沉淀，降低锌的浸出率。

在传统酸浸工艺条件（终点 H_2SO_4浓度为 1~5 g/L、温度 80 ℃）下，$ZnO \cdot Fe_2O_3$ 仍难以浸出，渣中的锌主要以 $ZnO \cdot Fe_2O_3$形态存在，因此，提高浸出率的关键是解决 $ZnO \cdot Fe_2O_3$ 的浸出问题。从热力学分析知：$ZnO \cdot Fe_2O_3$ 在 25 ℃和 100 ℃时的 pH 值分别为

0.68 和-0.15，故溶液硫酸的质量浓度应维持较高，不应低于 30~60 g/L，这就要求锌焙砂浸出时应采用高酸高温热酸浸出。

分离酸性溶液中金属离子的最简单方法是中和沉淀法。

6.3.1.2　锌焙烧矿浸出过程

为提高锌的浸出率，湿法炼锌厂均采用连续复浸流程，即第一段为中性浸出，第二段为酸性或热酸浸出，第三段为火法还原挥发法或者沉铁法工艺进行处理，工艺流程如图 6-4 和图 6-5 所示。

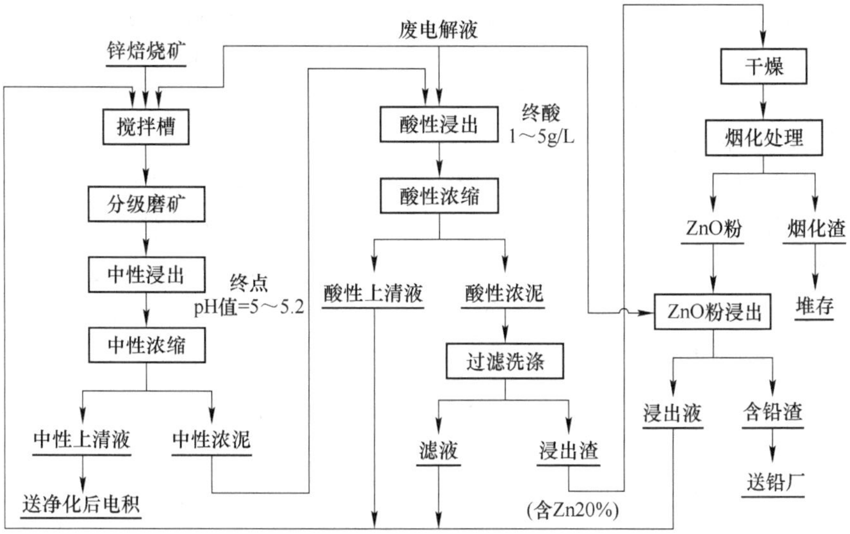

图 6-4　湿法炼锌浸出渣用火法还原挥发法处理工艺流程图

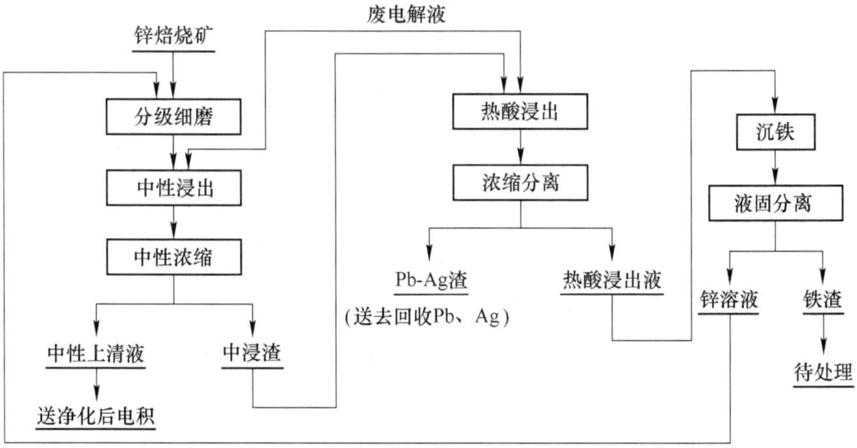

图 6-5　湿法炼锌热酸浸出沉铁工艺流程图

A　中性浸出

锌焙砂首先用来自酸性浸出阶段的溶液进行中性浸出，中和酸性浸出液中的游离酸，控制酸度（pH=5.2~5.4），水解除去溶解杂质（Fe、Al、Si、As、Sb 等）；浸出液经浓密机固液分离后，上清液经净化后送去电解回收锌，残渣送酸性浸出。

中性浸出仅有少量 ZnO 溶解，锌的浸出率为 75%～80%，发生的主要反应为：

$$ZnO + H_2SO_4 \xlongequal{} ZnSO_4 + H_2O \tag{6-22}$$

中性浸出过程锌焙砂中有 10%～20%的铁进入溶液，以 Fe^{2+}和 Fe^{3+}两种形式存在。在中性浸出完成时，Fe^{2+}不水解，Fe^{3+}则很容易水解形成 $Fe(OH)_3$ 沉淀除去。为了使铁水解除去，需要将 Fe^{2+}氧化成 Fe^{3+}，一般选用 MnO_2 做氧化剂，把溶液中的 $FeSO_4$ 氧化成高价铁 $Fe_2(SO_4)_3$。随着中性浸出过程溶液 pH 值逐渐升高，$Fe_2(SO_4)_3$ 被水解生成沉淀而除去。发生的反应为：

$$2FeSO_4 + MnO_2 + 2H_2SO_4 \xlongequal{} Fe_2(SO_4)_3 + MnSO_4 + 2H_2O \tag{6-23}$$

$$Fe_2(SO_4)_3 + 6H_2O \xlongequal{} 2Fe(OH)_3\downarrow + 3H_2SO_4 \tag{6-24}$$

中性浸出过程中，不仅会有锌，铁溶出，其他一些物质也会溶出。为了便于中性浸出液净化电积，最好在中性浸出过程中把杂质去除。

我们都知道 pH 值是酸度和碱度的量度。在湿法炼锌中性浸出过程中，通过测定溶液 pH 值来达到控制终点的目的，可最大限度地除去溶液中的铁、砷、锑等杂质。

pH 值越大，杂质水解沉淀越完全，湿法炼锌控制溶液 pH 值的原则是：为了最大限度地溶出锌，浸出终点的 pH 值应当低于锌的氢氧化物析出沉淀的 pH 值。在锌浸出液中，开始析出金属氢氧化物沉淀的 pH 值见表 6-1。

表 6-1　开始析出金属氢氧化物沉淀的 pH 值

金属离子	Fe^{3+}	Al^{3+}	Cu^{2+}		Zn^{2+}	Cd^{2+}	Fe^{2+}	Co^{2+}	Mn^{2+}
浓度/$(g \cdot L^{-1})$	2.0	1.0	2.0	0.5	100～120	0.3	0.5	0.05	5.0
pH 值	1.7	4.0	4.4	5.0	5.5～5.6	7.5	8.5	8.5	9.0

由表 6-1 可知：当溶液 pH 值控制在 5.0～5.4 范围内 Zn^{2+}不会水解，Fe^{3+}和 Al^{3+}完全沉淀析出，Cu^{2+}部分水解沉淀，Cd^{2+}、Fe^{2+}、Co^{2+}、Mn^{2+}等不会发生水解沉淀。

由于 Fe^{2+}水解 pH 值比 Fe^{3+}大得多，因此中性浸出时须加氧化剂将 Fe^{2+}氧化成 Fe^{3+}，Fe^{3+}发生水解沉淀从而除去。与此同时，浸出液中的 As、Sb、Ge 与铁共沉淀，所以当浸出液中这三种杂质含量较高，必须保证浸出液中有足够多的铁离子。通常铁含量为 As 和 Sb 总量的 10 倍以上时，Fe 与 As、Sb 共沉淀。

在 $Fe(OH)_3$ 胶体的絮凝过程中，具有很高的吸附能力，这时 As 和 Sb 的氢氧化物被吸附共沉，浸出液中形成的 $Fe(OH)_3$ 胶体与 As^{3+}、Sb^{3+}发生反应：

$$4Fe(OH)_3 + H_3AsO_3 \xlongequal{} Fe_4O_5(OH)_5As\downarrow + 5H_2O \tag{6-25}$$

$$4Fe(OH)_3 + H_3SbO_3 \xlongequal{} Fe_4O_5(OH)_5Sb\downarrow + 5H_2O \tag{6-26}$$

中性浸出的目的是除了使少部分的锌溶解外，更重要的是除去溶液中的铁及其他杂质，以合格的中性浸出液送去净化和电解。

B　酸性浸出和火法处理浸出渣

中性浸出渣含大量的锌，须用酸浓度为 100 g/L 的废电解液进行二次酸性浸出，使渣中锌尽可能完全溶解，进一步提高锌的浸出率；并得到过滤性能良好的矿浆，以利于后续固液分离，避免大量杂质同时溶解，终点酸度控制在硫酸浓度为 1～5 g/L。

酸性浸出液经浓密机固液分离后，上清液返回到中性浸出，底流经圆盘过滤机过滤后，得到含锌 20%的残渣。经过两段浸出后，锌的浸出率为 85%～90%。经中性和酸性浸出后的浸出渣含锌仍为 17%～20%，渣中锌的主要形态为 $ZnFe_2O$ 和 ZnS。

两段浸出渣中除了含有残余的锌之外，还含有许多其他有价元素，铅、铜、银、金、镓、铟、锗等，需采用火法或湿法对两段浸出渣进行处理以回收其中的锌。

火法处理浸出液的目的与作用包括：（1）回收金属锌；（2）富集和回收其他有价元素；（3）产出适于堆存的无害化渣。

工业上采用回转窑还原挥发法得到的 ZnO 粉，再用废电解液浸出（见图 6-4），回转窑处理锌浸出渣是用碳还原挥发锌的火法过程。将干燥后的浸出渣与还原剂（焦粉或无烟煤）混合均匀，通过加料管从回转窑尾部加入回转窑内。回转窑头部设燃料燃烧嘴，靠燃烧重油或煤气供热，使窑内温度达到 1100～1200 ℃。炉料在窑内的充填系数占窑内空间的 15%左右。当窑体缓慢转动时，炉料翻转滚动，在向窑头高温端运动过程中，$ZnO \cdot Fe_2O_3$ 被还原分解成游离的 ZnO 和 Fe_3O_4，然后分别还原成锌蒸气和金属铁。锌蒸气被炉气中的 O_2 和 CO_2 氧化成 ZnO 固体细颗粒，随炉气带到与窑尾部相连的废热锅炉和布袋收尘器内，得到粗氧化锌。浸出渣中的铁被还原成 FeO 或金属铁（呈海绵状），分散于残渣中。

粗氧化锌是火法处理浸出渣的主要产物，含锌 55%～65%，其次还含有铅、铟、锗、镉等有价金属氧化物，必须送氧化锌浸出系统进行湿法处理。

氧化锌的浸出与锌焙砂浸出相似，氧化锌的中性浸出液返回至焙砂中性浸出槽。此外，要注意从氧化锌处理过程中回收其他有价金属。这种火法冶金排出的固体废料处于稳定状态，含可溶性的盐类和其他化合物少，便于堆存，对环境影响不大。但该工艺流程较长、能耗较高，窑衬耐火材料容易损坏迫使人们研究用全湿法流程处理锌浸出渣。

C　热酸浸出

采用热酸浸出，将中性浸出渣进行高温高酸浸出，在常规酸浸中难以溶解的铁酸锌及少量其他尚未溶解的锌化合物溶解，进一步提高锌的浸出率。过热酸浸出，锌的回收率可达到 97%～98%。当采用高温高酸浸出（温度为 363～368 K，终点酸度为 40～60 g/L H_2SO_4）时，铁酸锌被溶解。其反应为：

$$ZnO \cdot Fe_2O_3 + 4H_2SO_4 = ZnSO_4 + Fe_2(SO_4)_3 + 4H_2O \qquad (6\text{-}27)$$

铁酸锌的浸出率达到 97%以上，但大量铁也转入溶液，采用此法的关键问题是溶液的除铁。如果用通常的水解法沉铁，由于有大量的胶状铁质生成，难以进行沉淀过滤，因此目前工业上采用黄钾铁矾法、针铁矿法和赤铁矿法除铁。

a　黄钾铁矾法沉铁

当溶液中有碱金属硫酸盐存在时，在 pH 值 1.5 左右、温度为 90 ℃以上时，会生成一种过滤性十分良好的结晶——碱式复式盐沉淀；经 X 射线衍射分析，得知此种结晶与天然的黄钾铁矾结构非常相似，所以把这种复式盐通称为黄钾铁矾结晶。生成黄钾铁矾结晶的反应为：

$$3Fe_2(SO_4)_3 + 2(A)OH + 10H_2O = 2(A)Fe_3(SO_4)_2(OH)_6 + 5H_2SO_4 \qquad (6\text{-}28)$$

式中，A 为 K^+、Na^+、NH_4^+、Ag^+、H_3O^+和 $0.5Pb^{2+}$，A 代表不同的离子，这几种碱金属离子中 K^+的作用最佳、Na^+稍差。溶液中的一部分 Fe^{2+}需氧化成 Fe^{3+}，氧化剂可用 MnO_2。

黄钾铁矾沉铁法的优点：（1）生成的黄钾铁钒为晶体，易过滤洗涤；（2）铁矾中只含少量的 Na^+、K^+、NH_4^+等，所以试剂消耗少；（3）铁矾沉铁过程中产生的硫酸比生成氢氧化铁或氧化铁时的少，所以中和剂用量少，对有硫酸积累的工厂有利。

b　针铁矿法沉铁

1965—1969 年比利时老山公司研究成功针铁矿法，简称 V. M 法。该法先还原再氧化，先用 ZnS 还原 Fe^{3+}为 Fe^{2+}，再用空气缓慢氧化为 Fe^{3+}，以针铁矿形式除去。

70 年代澳大利亚电锌公司研究改进的针铁矿法，称为 E. Z 法。直接将含高浓度 Fe^{3+}溶液缓慢均匀加入不含 Fe^{3+}溶液中，要求沉 Fe^{3+}溶液中含 Fe^{3+}低于 1 g/L，使 Fe^{3+}以针铁矿形式除去。我国的水口山和温州电锌厂采用该法。

Fe^{3+}沉淀过程受温度的影响。低温下，控制一定的 pH 值和温度可生成 $Fe(OH)_3$ 沉淀，当温度升高到 90 ℃以上时，控制一定的 pH 值可生成 FeOOH（针铁矿）；当温度升高到 150 ℃时，可生成 Fe_2O_3（赤铁矿）。

针铁矿法沉铁反应为：

$$Fe_2(SO_4)_3 + ZnS + \frac{1}{2}O_2 + 3H_2O \xlongequal{\quad} ZnSO_4 + 2FeOOH\downarrow + 2H_2SO_4 + S \quad (6\text{-}29)$$

针铁矿法沉铁的条件：（1）溶液中 Fe^{3+}浓度要小于 2 g/L；（2）溶液 pH 值控制为 3~4；（3）溶液温度高于 90 ℃。

实际热酸浸出液中 Fe^{3+}为 20 g/L 以上，有的高达 30~40 g/L，显然不能直接沉针铁矿。为此，实际生产中采用以下两种方法。

（1）用 ZnS 还原 Fe^{3+}的方法，其反应为：

$$Fe_2(SO_4)_3 + ZnS \xlongequal{\quad} 2FeSO_4 + ZnSO_4 + S \quad (6\text{-}30)$$

当 Fe^{3+}浓度小于 2 g/L 时开始鼓入空气，不断氧化 Fe^{2+}为 Fe^{3+}；同时中和溶液，控制 pH 值在 3~4，可连续生成针铁矿，生成针铁矿的速度足以保证 Fe^{3+}的浓度一直小于2 g/L。

（2）通 SO_2 方法。在热酸浸出过程中通入 SO_2 气体进行还原，直接得到 Fe^{2+}熔液，这样在沉铁过程中就不用再还原 Fe^{3+}了。

针铁矿除铁法的优点：1）沉铁较完全，沉铁后熔液中含铁小于 1 g/L；2）沉铁得到针铁矿晶体的过滤性能好；3）沉铁过程中不需要加入其他试剂。

针铁矿除铁法的缺点：1）溶液中 Fe^{3+} 的还原和 Fe^{2+} 的氧化过程，操作比较复杂；2）在渣的存放过程中，渣中的一些离子（SO_4^{2-}）有可能渗漏，造成污染。

（3）赤铁矿沉铁，赤铁矿法沉铁反应为：

$$Fe_2(SO_4)_3 + 3H_2O \xlongequal{\quad} Fe_2O_3\downarrow + 3H_2SO_4 \quad (6\text{-}31)$$

当在沉铁温度 473 K、1823. 85~2026. 5 kPa 压力下，在高压釜中反应 3h，沉铁后液中含铁 1~2 g/L，沉铁率达 90%，温度越高越有利于赤铁矿的生成。

此法的优点是：赤铁矿中含铁达 58%，可作为炼铁原料，渣的过滤性能好，可从渣中回收 Ga 和 In；缺点是设备投资高。

6.3.2　硫化锌精矿浸出

从 1916 年开始的湿法炼锌实际上包含了硫化锌精矿的焙烧作业，直到 1981 年氧压浸出直接处理锌精矿成功用于工业生产之后，开始取消了焙烧作业，才真正实现了全湿法炼锌流程（硫化锌精矿浸出又称为硫化锌精矿氧压浸出）。

6.3.2.1　硫化锌精矿氧压浸出原理

硫化锌精矿氧压浸出是向压煮器内通入氧气，并用稀硫酸使硫化锌精矿中的锌和硫分别转变成水溶性硫酸锌及元素硫的浸出方法。该方法省去了硫化锌精矿流态化焙烧作业，在一定压力和温度条件下，利用氧气直接酸浸获得硫酸锌溶液与元素硫，元素硫较传统炼锌厂产出的浓硫酸更便于贮存、运输和装卸，但此法不适用于处理含氟、氯高和含黄铁矿高的硫化锌精矿。

硫化锌精矿氧压浸出的基本反应：

$$ZnS + H_2SO_4 + \frac{1}{2}O_2 = ZnSO_4 + S + H_2O \tag{6-32}$$

氧压浸出时的主要反应是氧对硫化矿的氧化作用，由于反应的放热，浸出过程是在超过硫的熔点（119 ℃）时进行的。在无添加剂的情况下，生成的熔融硫会包裹在硫化锌颗粒表面，严重阻碍浸出反应的继续进行。

目前广泛采用木质素磺酸盐作添加剂，当其吸附在精矿或硫表面后，有极性基团伸向溶液，表现出亲水性，降低了精矿和硫表面与水的表面张力，从而有利于分离精矿和硫，改善浸出过程。

提高浸出温度一般可提高浸出反应速度。但是，熔融硫的黏度在 153 ℃时最小，温度高于 200 ℃时硫氧化生产硫酸盐的速度大为增加，因此浸出温度定为（150±10）℃左右。

研究结果表明，浸出时溶液中 Fe^{3+} 的存在会加速浸出反应速度，主要是有溶解的铁来促进氧的传递：

$$ZnS + Fe_2(SO_4)_3 = ZnSO_4 + 2FeSO_4 + S \tag{6-33}$$

$$2FeSO_4 + H_2SO_4 + \frac{1}{2}O_2 = Fe_2(SO_4)_3 + H_2O \tag{6-34}$$

通常认为，溶液中的铁在浸出过程中起到氧的传递作用，Fe^{3+} 使硫化锌氧化，本身被还原成 Fe^{2+}，接着又被溶液中的氧重新氧化成 Fe^{3+}。Fe^{2+} 氧化成 Fe^{3+}，被认为是浸出过程的速度控制阶段。

通常情况下，硫化锌精矿中含有足够的可溶性铁，可保证溶液中的铁浓度满足氧传递的要求。溶液中的铁主要来源于硫化锌精矿中的磁黄铁矿和铁闪锌矿在浸出过程中生成的可溶性 $FeSO_4$。

浸出过程中，黄铁矿（FeS_2）、黄铜矿（$CuFeS_2$）等也被氧化生成相应的硫酸盐进入浸出液：

$$CuFeS_2 + O_2 + 2H_2SO_4 = CuSO_4 + FeSO_4 + 2S + 2H_2O \tag{6-35}$$

$$CdS + H_2SO_4 + \frac{1}{2}O_2 = CdSO_4 + S + H_2O \tag{6-36}$$

黄铁矿（FeS_2）在强氧化条件下氧化成硫酸：

$$4FeS_2 + 15O_2 + 2H_2O = 2Fe_2(SO_4)_3 + 2H_2SO_4 \tag{6-37}$$

方铅矿（PbS）使铅以铅铁矾形态进入渣中：

$$PbS + H_2SO_4 + \frac{1}{2}O_2 = PbSO_4 + S + H_2O \quad (6\text{-}38)$$

$$PbSO_4 + 3Fe_2(SO_4)_3 + 12H_2O = PbFe_6(SO_4)_4(OH)_{12} + 6H_2SO_4 \quad (6\text{-}39)$$

在除铁阶段，溶液中的铁水解生成水合氧化铁和草黄铁矾的混合物进入渣中：

$$Fe_2(SO_4)_3 + (X + 3)H_2O = Fe_2O_3 \cdot XH_2O + 3H_2SO_4 \quad (6\text{-}40)$$

$$3Fe_2(SO_4)_3 + 14H_2O = (H_3O)_2Fe_6(SO_4)_4(OH)_{12} + 5H_2SO_4 \quad (6\text{-}41)$$

6.3.2.2 浸出流程选择

在氧压浸出工艺中，可以选用一段高压浸出和两段高压浸出两种流程。一段高压浸出用于在常规湿法炼锌的基础上扩大产能，一般采用低酸高压浸出，产出的硫酸锌溶液并入常规湿法炼锌流程。精矿中的铁进入浸出液后，一部分在高压浸出时以铁矾和碱式硫酸铁形式沉淀，其余的铁在常规湿法炼锌流程中除去，除去铁的方法则取决于原有炼锌流程的处理方法。

两段高压浸出用于完全取消硫化锌精矿焙烧的场合。采用高酸浸出，即较高的酸锌摩尔比，以保证精矿中锌的浸出率；同时，二段浸出时保留较高浓度残酸，抑制溶液中铁水解进渣，以得到高品位的铅银渣。

目前国外有五家工厂采用氧压浸出生产工艺，国内第一座10万吨/年加压氧气浸出工厂是中金岭南的丹霞冶炼厂。

6.3.3 氧化锌精矿浸出

目前探明并且已开采的氧化锌矿大多数以菱锌矿（$ZnCO_3$）、硅锌矿（Zn_2SiO_4）和异极矿（$ZnSiO_4 \cdot H_2O$）等形式存在。其组成较为复杂，可选性较差，选矿回收率一般只能达到70%~75%，且选矿成本较高，又不易用简单、直接的冶金方法处理。因此，除部分含锌品位较高的氧化锌矿可直接酸浸处理或作为火法冶金（鼓风炉炼锌）锌冶炼原料外，大部分含锌品位较低的氧化锌矿需经过火法富集才能作为锌冶炼的原料。

浸出过程在酸性条件下，氧化锌矿中可溶铁和二氧化硅按照下列反应被溶解进入溶液。

$$ZnO \cdot SiO_2 + H_2SO_4 = ZnSO_4 + SiO_2 \cdot H_2O \quad (6\text{-}42)$$

$$Fe_2O_3 + 3H_2SO_4 = Fe_2(SO_4)_3 + 3H_2O \quad (6\text{-}43)$$

浸出过程中产生的硅酸是弱酸，性能极不稳定，单体硅酸$Si(OH)_4$在不同的工艺条件下会形成不同形态的凝胶，若工艺条件不当，往往会形成难以澄清、过滤性能极差的矿浆，使工艺流程根本无法进行。浸出过程中产生的$Fe_2(SO_4)_3$在中性条件下会发生水解，水解产生的$Fe(OH)_3$也是一种胶体，湿法炼锌过程称其为铁胶，形成的胶体会影响矿浆的澄清、过滤性能。因此，氧化锌矿的直接酸浸技术核心就是控制适当的技术条件，克服产生的硅胶和铁胶对工艺过程的影响，获得易于澄清、过滤的浸出矿浆。

研究表明，在pH值为4.5~5.5时，采用共沉淀方法，可使硅胶和铁胶凝结最好，获得易于澄清、过滤的矿浆。

在生产中，一般采用将矿浆快速中和至pH值为4.5~5.5，提高浸出温度，添加Al^{3+}、Fe^{3+}或在70~90 ℃下进行慢浸出的措施。下面介绍典型的生产方法。

（1）斯特文斯法。在高酸度下浸出硅酸锌矿，使浸出过程中形成的硅酸迅速脱水形成粒状二氧化硅，以避免大量胶体的形成。

（2）老山法（结晶法）。利用较高温度和较低的酸度，使被溶解形成的硅酸缓慢结晶形成 SiO_2 沉淀。主要过程是将浸出槽串联起来，严格控制浸出温度为 70~90 ℃的条件下缓慢加酸，逐步提高酸度，经 8~10 h，SiO_2 呈结晶形式，易于沉淀过滤。

（3）中和凝聚法。中和凝聚法由浸出和硅酸凝聚两段组成，凝聚段主要是处理溶解在矿浆中的 SiO_2，通过中和并加入 Fe^{3+}、Al^{3+}凝聚剂，使胶质 SiO_2 在高 pH 值、高 Zn^{2+}浓度和足够的反离子 Fe^{3+}、Al^{3+}凝聚剂存在的条件下，聚合成颗粒相对紧密、易于过滤的沉淀物。

（4）瑞底诺法。该法也被称为“三分之一”法，即以 $Al_2(SO_4)_3$作絮凝剂，以浸出矿浆中的硅胶沉淀为晶种，在低酸条件下浸出高硅氧化锌矿。工艺控制的关键在于保持浸出过程中较低的胶质 SiO_2 浓度，用已沉淀析出的 SiO_2 作种子，在硫酸铝凝聚剂存在的情况下，使胶质 SiO_2 沉淀下来。该法 SiO_2 缓慢凝聚，浸出结果好，但操作程序繁杂，设备庞大。

6.3.4 浸出、分离、过滤的主要设备

6.3.4.1 浸出槽

常压浸出采用的浸出槽，根据搅拌方式的不同分为空气搅拌与机械搅拌两种。浸出槽用混凝土（或钢板）构成，内衬有铅板、聚氯乙烯板、氢丁橡胶、耐酸瓷砖、环氧树脂等。国内目前多采用钢筋混凝土捣制槽体，内衬环氧树脂或耐酸瓷砖，工厂多采用机械搅拌。两种搅拌浸出槽如图 6-6 和图 6-7 所示。

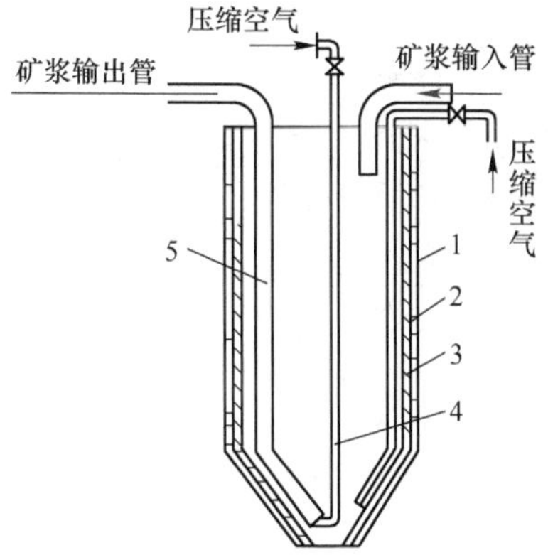

图 6-6　空气搅拌浸出槽

1—搅拌风管；2—防腐衬里；3—混凝土槽；4—扬升器；5—矿浆输出管

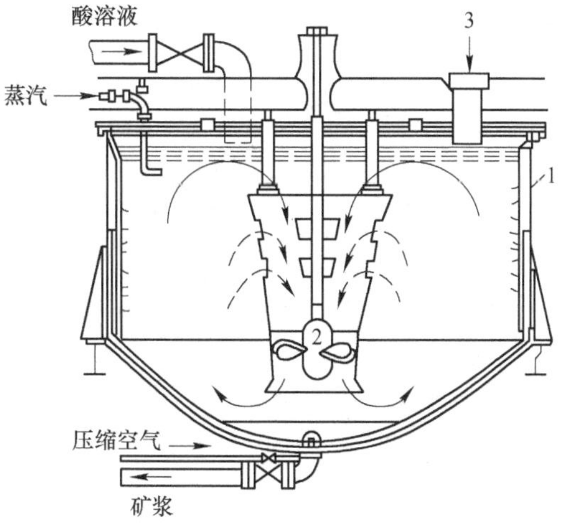

图 6-7　机械搅拌浸出槽

1—槽体；2—搅拌桨；3—培砂加入口

6.3.4.2　浓缩槽

锌焙砂浸出的矿浆须经液固分离，由于浸出矿浆液固比较大［(10∶1)~(15∶1)］，通常先经浓缩槽（又称浓密机）分出大部分溶液，浓缩底流则用过滤机过滤。浓缩槽是矿浆中固体颗粒借助重力而自然沉降以达到液固初步分离的湿法冶金设备，如图6-8所示。在槽内锥底面上安装有靠机械传动而缓慢转动的耙臂，浓缩底流被耙臂上的耙齿刮到中心位置，通过电动阀门开启从锥底排出。在上部液面处的槽内壁，设有周边溢流堰，上清液从溢流堰流出。浓缩槽具有处理量大、操作简单和消耗动力少的优点，但占地面积大，并且只能用于液固初步分离。

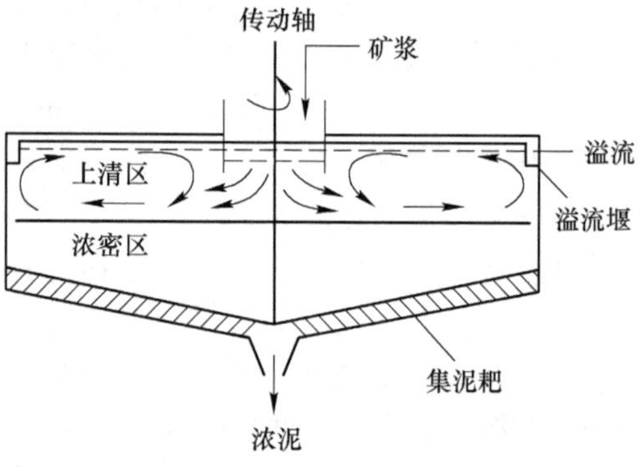

图6-8　浓缩槽（浓密机）

6.3.4.3　过滤设备

过滤是浸出后浓泥固液分离的一种方法，凡是矿浆悬浮物中，固体微粒不能在适当时间内以沉降法得到分离时多采用过滤法，其目的是分离矿浆悬浮液中所含固体微粒，得到较清的溶液。

过滤的基本原理是：利用具有毛细孔的物质作为介质，在介质两边造成压力差，产生推动力，使液体从细小孔道通过，而悬浮固体则截留在介质上。

根据过滤介质两边压力差产生的不同方式，过滤机可分为压滤机（正压力）与真空过滤机（负压力）。目前，在湿法炼锌中主要使用的过滤设备有板框式过滤机、圆盘真空过滤机、自动压滤机、带式真空过滤机、转鼓真空过滤机。两种过滤机示意图如图6-9和图6-10所示。

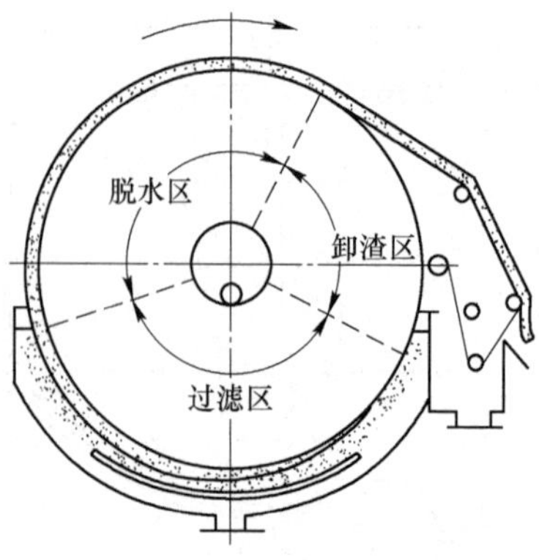

图6-9　转鼓真空过滤机

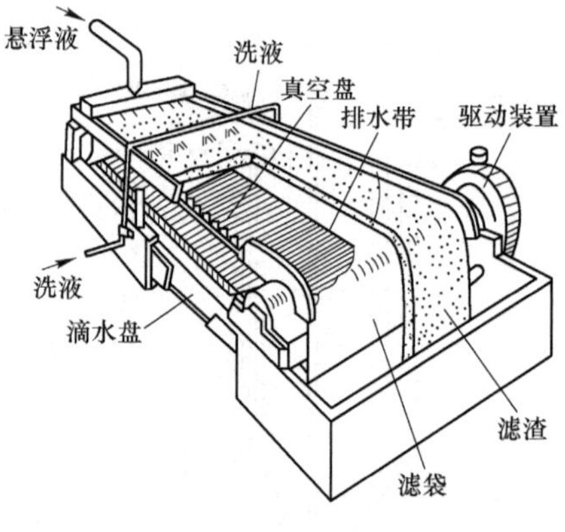

图6-10　带式真空过滤机

安全注意事项及预防措施

腐蚀性：浸出剂具有腐蚀性，可灼烧皮肤，腐蚀管道。

预防措施：操作前穿戴好劳动保护用品，加强操作安全培训、设备维护及检查频率，预防和减少事故发生风险。

任务小结

（1）锌焙烧矿浸出；

（2）硫化锌精矿浸出；

（3）氧化锌矿浸出。

知识拓展

氧化锌物料浸出过程与锌焙砂浸出相似，不同的是：在氧化锌矿浸出时须设法控制浸出液中的胶状硅浓度，以使浸出液容易澄清和过滤。

任务 6.4　硫酸锌溶液净化

任务目标

（1）了解硫酸锌溶液净化的目的；

（2）掌握硫酸锌溶液净化的方法；

（3）知道硫酸锌溶液净化设备。

理论与实践

锌焙砂或其他的含锌物料，经过浸出后，锌进入溶液，而其他杂质也大量进入溶液中，它们的存在将对锌电解沉积过程带来极大危害，不仅降低电解电流效率、增加电能消耗、影响阴极锌质量，而且腐蚀阴极和造成剥锌困难等；因此必须通过溶液净化，将危害锌电积的所有杂质除去，产出合格的净化液送至锌电解槽。

6.4.1　硫酸锌溶液净化的目的

净化就是将浸出过滤后上清液中的杂质除至规定的限度以下，提高其纯度，使杂质浓度在允许含量之下，从而满足锌电积对电解液的要求，并且通过净化过程富集作用，使原料中的这些杂质变为原料进行综合回收。

在湿法炼锌工艺中，浸出液要经过 3 个净化过程：

（1）中性浸出时控制溶液终点 pH 值，使某些能够发生水解的杂质元素从浸液中沉淀下来，采用中和水解法。

（2）酸性浸出时的除铁，可采用不同沉铁方法。

（3）针对进入净化工序的中性浸出液除杂，使之符合电积锌的要求。在实际生产中，这些过程并不完全在净化单元完成，如杂质 Fe、As、Sb、Si 等大部分在浸出过程中除去，Cu、Cd、Co、Ni、Ge 等则在净化过程中除去。

在浸出单元中，主要利用的是中和水解法和共沉淀法除去杂质铁、砷、锑、硅等；在净化单元中，按浸出液中的杂质可分 3 类：

第一类为 As、Sb、Ge、Fe 和 SiO_2，在中性浸出时已经大部分除去。

第二类为 Cu、Cd、Co 和 Ni，电解液中存在此类离子会显著降低电流效率并影响电锌质量，是常规重点脱除对象，此类杂质脱除后还具有相当大的回收价值。

第三类为 F、Cl、Ca、Mg，过高浓度的 F 会造成电积时阴极剥锌困难，Cl 浓度过高会腐蚀锌电积的阳极，恶化环境，而高浓度的 Ca、Mg 会增大电解液电阻，并在电解液温度降低时以硫酸盐结晶形式析出堵塞管路，因此也要根据需要脱除。

6.4.2　硫酸锌溶液的净化方法

硫酸锌溶液净化方法及流程，取决于中性浸出液中的杂质成分及对净化后溶液的要求。

按照净化原理可将净化方法可分为两类：一是加锌粉置换除铜、镉，在有其他添加剂存在时加锌粉置换置换除铜、镉的同时除镍、钴；二是加有机试剂形成难熔化合物沉淀除钴，如黄药、β-萘酚等。

6.4.2.1　锌粉置换除铜镉

A　置换的基本原理

用较负电性的金属从溶液中取代较正电性金属的过程叫作置换沉淀。

$$yMe_1^{x+} + xMe_2 = yMe_1 + xMe_2^{y+} \tag{6-44}$$

式中，x、y 分别为被置换金属 Me_1 和置换金属 Me_2 的化合价数。

B　锌粉置换除铜、镉原理

由表 6-2 可知，锌的标准电极电位较负，根据置换的原理，利用锌的标准电极电位比铜和镉的电极电位更负的特点，从浸出液中把铜和镉置换出来。

表 6-2　锌粉置换杂质离子的平衡电位

电极反应	$E^{\ominus}$/V	$E_{平衡}$/V
$Zn^{2+}+2e = Zn$	-0.763	-0.789
$Cd^{2+}+2e = Cd$	-0.403	-0.566
$Co^{2+}+2e = Co$	-0.277	-0.488
$Ni^{2+}+2e = Ni$	-0.246	-0.469
$Cu^{2+}+2e = Cu$	0.337	-0.108

$$Zn + Cu^{2+} = Zn^{2+} + Cu \tag{6-45}$$

$$Zn + Cd^{2+} = Zn^{2+} + Cd \tag{6-46}$$

但是，加入的锌粉可置换出氢气或者 AsH_3，要控制在较高 pH 值条件下进行（通常为 3~5）。净液过程中拌匀采用机械搅拌，而不用气搅拌，这是为了防止加入锌粉被氧化。

C　影响置换反应的因素

（1）锌粉质量。锌粉纯度高，粒度较细，都会加快反应速度。

（2）搅拌速度。增大搅拌速度，可改善置换反应的动力学条件，加快反应速度。

（3）置换温度。温度升高可提高置换反应的速度，但不能过高，否则导致锌粉溶解增多和使镉复溶。因此置换温度要适当，一般为 45~50 ℃。

（4）浸出液成分。中性浸出液中的锌含量、酸度、固体悬浮物和添加剂等都会影响置换反应的进行。

(5) 添加剂。当除镉时，溶液中没有 Cu^{2+}，则除镉效果很差。溶液中 Cu^{2+}浓度应保持在 200~250 mg/L。除钴时除了 Cu^{2+}外，还需要其他的添加剂。

(6) 副反应的发生。尽管在浸出过程中大部分的 As、Sb 通过共沉淀的方法除去，但仍有一定量的 As、Sb 存在于浸出液中。置换过程中，尤其在酸度较高的情况下，将发生如下反应：

$$As + 3H^+ + 3e \longrightarrow AsH_3 \uparrow \quad (6\text{-}47)$$

$$Sb + 3H^+ + 3e \longrightarrow SbH_3 \uparrow \quad (6\text{-}48)$$

在实际溶液 pH 值条件下，不可避免地产生剧毒的 AsH_3 和 SbH_3 气体（后者很不稳定，在锌电积条件下 SbH_3 容易分解），因此应在浸出时尽可能将砷、锑完全除去。另外，在生产中应加强工作场地的通风换气，确保生产安全。

6.4.2.2　净液除镍、钴

由于动力学因素锌粉置换除镍、钴难以达标。对于湿法炼锌的原料而言，其中镍相对钴的量较小，并且镍与钴的性质相似，因此必须有另外的添加剂存在才能除去。目前最常用的方法有砷盐净化法和锑盐净化法。

A　砷盐净化法

砷盐净化法除镍、钴是基于在 Cu^{2+}存在及 80 ~ 90 ℃的条件下，加锌粉及 As_2O_3（或砷酸钠），并在搅拌的情况下，使镍、钴沉淀析出。

砷盐净化除镍、钴分两步进行：第一步是在 80 ℃温度下，向溶液中加入锌粉的同时，加入铜盐和砷盐，除铜、钴；第二步是加锌粉除镉。

由于铜的电位较正，很容易被锌粉置换，所以当硫酸铜液与 Zn 粉反应时，在锌粉表面沉积铜，形成 Cu-Zn 微电池；由于该微电池的电位差比 Co-Zn 微电池的电位差大，因而使钴易于在 Cu-Zn 微电池阴极上放电还原，形成 Zn-Cu-Co 合金。这时的钴仍不稳定、易复溶，加入砷盐后 As^{3+}也在 Cu-Zn-Co 微电池上还原，形成稳定的 As-Cu-Co(-Zn) 合金，从而使 Co^{2+}降到电解合格的程度。发生的两极反应为：

$$As_2O_3+12H^++12e = 2AsH_3 \uparrow +3H_2O \quad (6\text{-}49)$$

铜阳极：

$$Co^{2+}+2e = Co \downarrow \quad (6\text{-}50)$$

$$2H^++2e = H_2 \uparrow \quad (6\text{-}51)$$

锌阴极：

$$Zn - 2e = Zn^{2+} \quad (6\text{-}52)$$

置换出来的钴还能与铜、砷形成化合物 CoAs、$CoAs_2$ 或 CuAs 等，这些化合物的电位比金属与 Cu 和 Zn 形成的化合物的电位较正，因此能有效地除去钴。同样，难以置换除去的 Ni 也被置换得很彻底。

砷盐净化法缺点是，在净化过程中不仅产生的 Cu-Co 渣被砷污染，而且还有可能放出有毒的 AsH_3 气体和 H_2。

B　锑盐净化法

锑盐净化法的原理与砷盐净化法相同，但净化的温度制度与砷盐净化法相反。

第一步：在 50~60 ℃较低温度下，加锌除铜镉，使铜和镉的浓度小于 0.1 mg/L 和

0.25 mg/L。

第二步：在 90 ℃的高温下，以 3 g/L 的锌和 0.3～0.5 mg/L 的锑计算，加入锌粉和 Sb_2O_3 除钴，使钴浓度小于 0.3 mg/L。实际生产中还可以用含锑锌粉或其他含锑物料，比如酒石酸锑钾、锑酸钠和铅锑合金等。

与砷盐净化法相比，锑盐净化法有以下优点：

（1）不需要添加铜离子；（2）先除铜和镉，后加 Sb 盐除钴效果好；（3）净化过程中产生的 Sb_2O_3 易分解，所以没有剧毒气体产生；（4）锑盐的活性比较大，用量比较少。

C　加特殊试剂净化法

a　黄药除钴法

黄药是一种有机试剂，黄药能与许多重金属形成难溶化合物。此法是在除铜镉后的溶液中，添加 $C_2H_5OCS_2K$、$C_2H_5OCS_2Na$、$C_4H_9OCS_2K$、$C_4H_99OCSSNa$ 等黄酸盐，在 $CuSO_4$ 存在的条件下形成难溶的黄酸钴沉淀而除去。其反应为：

$$2CoSO_4 + 2CuSO_4 + 8C_2H_5OCS_2K = Cu_2(C_2H_5OCS_2)_2\downarrow + 2Co(C_2H_5OCS_2)_3\downarrow + 4K_2SO_4 \tag{6-53}$$

从上式可知，硫酸铜起到将 Co^{2+} 氧化为 Co^{3+} 的作用，使用 $Fe_2(SO_4)_3$、$KMnO_4$ 等氧化剂也可起同样的作用，实践证明用 $CuSO_4 \cdot 5H_2O$ 作氧化剂的效果最好，因此在生产上多采用胆矾。在硫酸锌溶液中若不加氧化剂，便会产生大量白色的黄酸锌沉淀，这就说明只有 Co^{3+} 才能优先与黄药作用产生 $Co(C_2HCS_2)_3$ 沉淀。因此，为了有效地除钴可向净化槽中鼓入空气。

黄药也会与其他重金属如 Cu、Cd 等作用，为了减少黄药的消耗，应预先除去 Cu、Cd、As、sb、Fe 等杂质后，再加黄药除钴。

黄药除钴的条件：（1）除钴温度在 35～45 ℃。温度过低，反应速度慢，温度过高黄药会受热分解；（2）pH 值应控制在 5.2～5.5，过高会增加黄药的消耗，降低操作效率；（3）其他杂质越少越好；（4）黄药用量为理论量的 10～15 倍；（5）每槽净化时间 15～30 min。

由于此法消耗大量的试剂，而且净化后液钴含量较高，黄酸钴不好处理，所以工业上很少采用。

b　β-萘酚除钴法

β-萘酚除钴法是用钴试剂（β-萘酚和亚硝酸钠）沉淀溶液中的钴离子，主要反应为：

$$13C_{10}H_6ONO^- + 4Co^{2+} + 5H^+ = C_{10}H_6NH_2OH + 4Co(C_{10}H_6ONO)_3\downarrow + H_2O \tag{6-54}$$

此法虽然除钴效果好，但试剂昂贵，工业上很少采用。

6.4.2.3　硫酸锌溶液中其他杂质的净化

A　除氯

湿法炼锌过程中，由于要处理其他的一些含锌物料，这些物料会不同程度地带入氟、氯，如不进行处理，对后续的电解过程带来很多不利影响（如腐蚀电极、降低电锌质量和使剥锌困难等）。因此必须先除去，常用除氯方法有硫酸银法和铜渣除氯法。

a 硫酸银法

在溶液中添加硫酸银使 Ag^+ 与 Cl^- 作用生成难溶的 AgCl 沉淀，反应如下：

$$Ag_2SO_4 + 2Cl^- \longrightarrow 2AgCl \downarrow + SO_4^{2-} \quad (6\text{-}55)$$

除氯条件：pH 值为 3～4；$T=50\sim55$ ℃。

此法虽然除氯效果好，但银盐昂贵，而且再生太低。

b 铜渣除氯法

基于铜及铜离子与溶液中的氯离子相互作用，形成难溶的 Cu_2Cl_2 沉淀，反应如下：

$$Cu^{2+} + 2Cl^- + Cu \longrightarrow Cu_2Cl_2 \downarrow \quad (6\text{-}56)$$

在工业实践中，大多采用处理铜、镉渣生产镉时产生的海绵铜渣作沉氯剂，一般利用二段净液除铜、镉时得到的铜渣或处理铜镉渣提取镉后的铜渣除氯，此方法要在除铜、镉前进行。

除氯条件 $T>55$ ℃，铜渣用量 10～14 g/L。

B 除氟

除氟一般可在浸出过程中加入少量石灰乳，使氢氧化钙与氟离子形成不溶性氟化钙（CaF_2），但除氟效果不佳。

一些工厂采用预先火法（如多膛炉）焙烧脱除锌烟尘中的氟、氯，并同时脱砷、锑，这样氟、氯则不进入湿法系统。

C 除钙、镁

钙、镁盐类在溶液中大量存在使溶液的黏度增大，浸出矿浆的液固分离和过滤困难。含钙、镁盐饱和溶液在液循环系统中，当局部温度下降时，Ca^{2+}、Mg^{2+} 分别以 $CaSO_4$ 和 $MgSO_4$ 结晶析出，在易散热的设备外壳和输送溶液的金属管道中沉积、结垢，会造成设备损坏和管路堵塞；同时，会增加电积液的电阻，降低锌电积的电流效率。

除钙、镁的主要方法为：在焙烧前用稀硫酸洗涤精矿除镁、溶液集中冷却除钙镁、氨法（石灰乳中和）除镁和电解脱镁。

6.4.3 硫酸锌溶液净化设备

6.4.3.1 流态化净换槽

我国湿法炼锌厂采用连续流态化净液槽除铜、镉，槽的结构如图 6-11 所示。

锌粉由上部导流筒加入，溶液由下部进液口沿切线方向压入，在槽内螺旋上升，并与锌粉呈逆流运动，在流态化床内形成强烈搅拌，从而加速置换反应的进行。该设备具

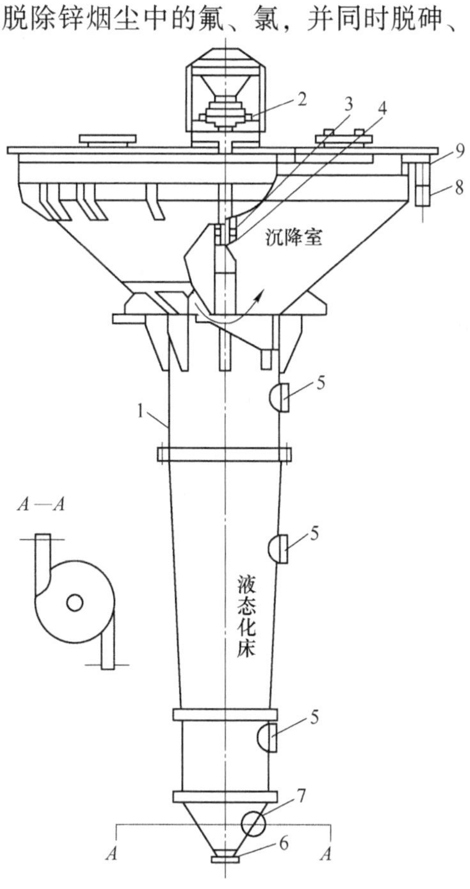

图 6-11 流态化置换槽

1—槽体；2—加料圆盘；3—搅拌机；4—下料圆筒；5—窥视孔；6—放渣口；7—进液口；8—出液口；9—溢流沟

有结构简单、连续作业、强化过程、生产能力大、使用寿命长、劳动条件好等优点。

6.4.3.2　机械搅拌槽

净化用机械搅拌槽与浸出槽基本相似，因处理的物料为固形物含量很低的溶液，搅拌桨比较大，因此槽体耐磨要求较低。机械搅拌净化槽可单个间断作业，也可几个槽作阶梯排列形成连续作业或用虹吸管连接连续作业。图 6-12 为我国某厂机械搅拌除钴槽结构图。

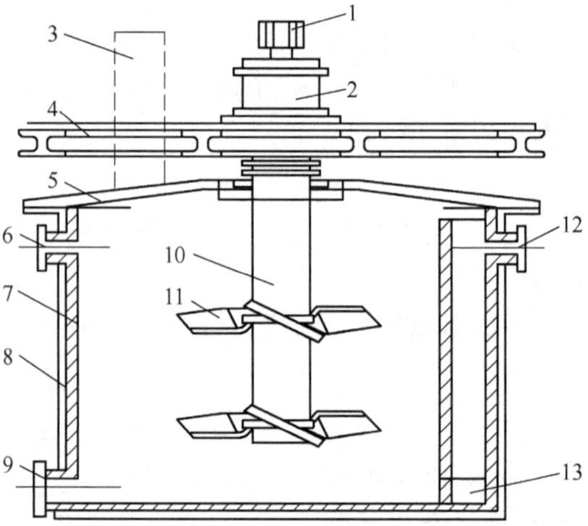

图 6-12　机械搅拌除钴槽结构

1—传动设置；2—变速箱；3—通风孔；4—桥架；5—槽盖；6—进液口；7—槽体；8—耐酸瓷砖；9—放空口；10—搅拌轴；11—搅拌桨叶；12—出液口；13—出液孔

6.4.3.3　液固分离设备

净化后的液固分离设备可采用压滤机和管式过滤器。目前板框压滤机和厢式压滤机是净化工序应用较广的液固分离设备，板框压滤机（见图 6-13）具有结构简单、制造方便、适应性强、溶液质量较好等优点；缺点是间歇作业，装卸作业时间长，劳动强度大，滤布消耗高。

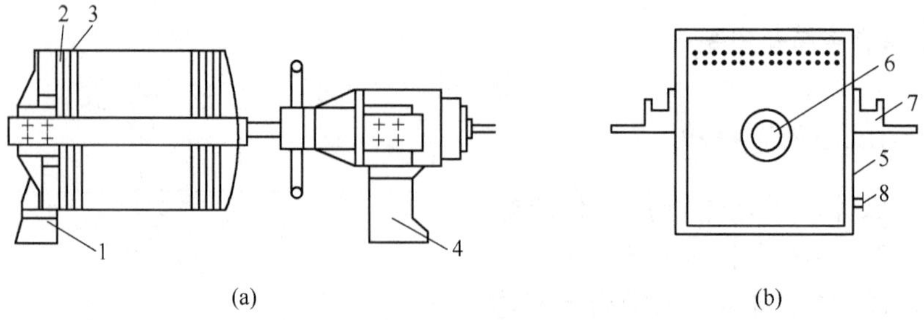

图 6-13　板框压滤机

（a）整体设备正视图；（b）压滤机滤板

1—支架；2，5—滤板；3—滤布框；4—油压系统；6—进液孔；7—手柄；8—出液孔厢式压滤机结构简单、耐腐蚀性强、操作简单；但是，同样是间断作业，辅助操作时间长，劳动强度大，如图 6-14 所示。

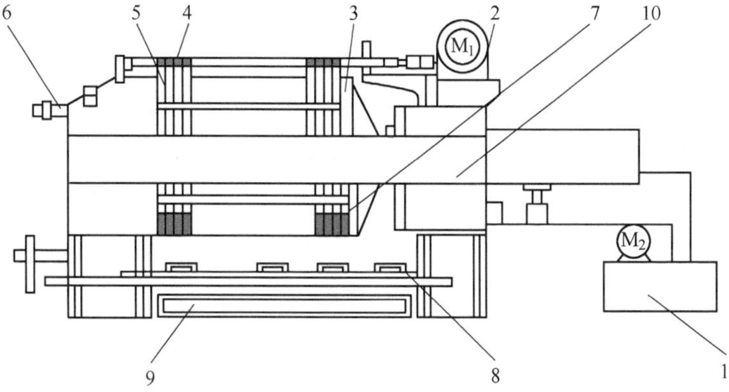

图 6-14　箱式压滤机

1—液压系统；2—滤布驱动装置；3—尾板；4—隔膜板；5—滤板（实板）；6—压缩空气进口；7—滤液口；8—滤布洗涤系统；9—接液盘；10—机架

管式过滤器制作容易，过滤速度快，滤液质量好，滤布寿命长，金属损失少，改善了劳动条件并减轻了劳动强度等；其缺点是更换滤布麻烦，滤渣液固比大，阀门多，操作烦琐等，如图 6-15 所示。

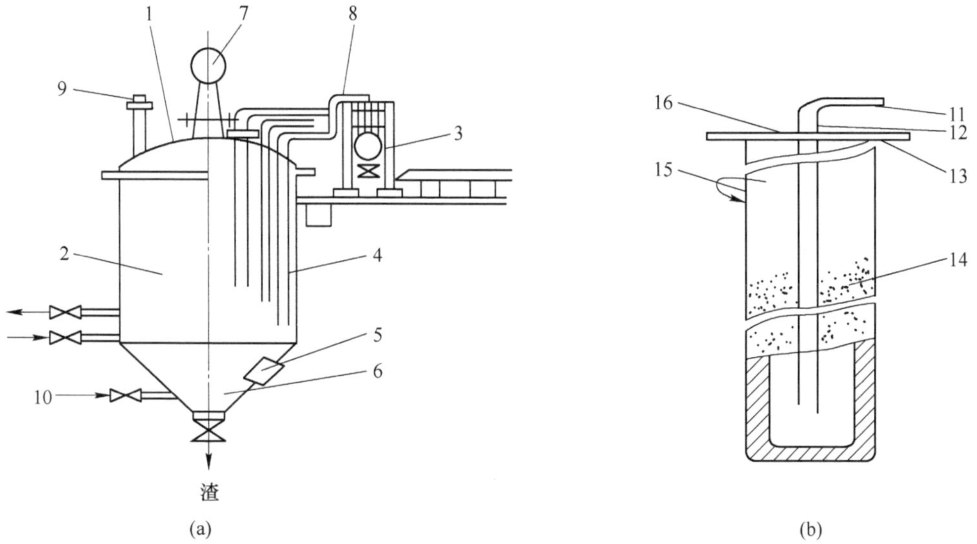

图 6-15　管式过滤器

（a）管式过滤器正视图；（b）过滤管示意图

1—封头；2—筒体；3—聚流装置；4—过滤管；5—人孔；6—锥底；7—压力表；8—玻璃管；9—安全阀；10—进液阀；11—胶皮管；12—出液管；13—盖板；14—钢管；15—涤纶袋；16—吊钩

安全注意事项及预防措施

毒性：在实际溶液 pH 值条件下，锌粉置换除铜、镉时不可避免地产生剧毒的 AsH_3 和 SbH_3 气体（后者很不稳定，在锌电积条件下 SbH_3 容易分解）。另外，黄药和 β-萘酚也具有毒性。

预防措施：操作前穿戴好劳动保护用品，加强操作安全培训；在生产过程中加强工作场地的通风换气，确保生产安全，浸出时尽可能将砷、锑完全除去。

任务小结

（1）浸出的目的；

（2）浸出的方法及原理；

（3）浸出设备。

知识拓展

（1）置换沉淀法应用：

1）用主体金属除去浸出液中较正电性金属；

2）用置换沉淀法从浸出液中提取金属。

（2）黄药。黄原酸盐即黄药，黄色粉末固状，有刺激性气味有毒，点火燃烧，易受水潮解，性质不稳定，遇盐加速分解，易溶于水、丙酮和醇中。对人和动物的肝脏、肾脏和神经系统造成损伤。

任务 6.5　硫酸锌溶液电解沉积

任务目标

（1）掌握电解沉积的原理；

（2）了解电解沉积生产过程；

（3）知道电解沉积的经济技术指标。

理论与实践

净化得到的净液，采用不溶阳极电解的方法提取锌。

6.5.1　电解沉积的基本原理

电解有直流电、电解质溶液、电解槽、阳极、阴极五要素。硫酸锌溶液的电解沉积所用的阳极板为铅银合金板、阴极板为铝板，电解质溶液为上一工序净化得到的硫酸锌溶液，在直流电的作用下发生电解沉积反应。其电解沉积示意图如图 6-16 所示。

其总反应为：

$$ZnSO_4 + H_2O \xlongequal{} Zn + H_2SO_4 + \frac{1}{2}O_2 \tag{6-57}$$

由图 6-16 可知，随着电解的进行，电解液中 Zn^{2+} 含量不断减少，硫酸浓度不断增大。

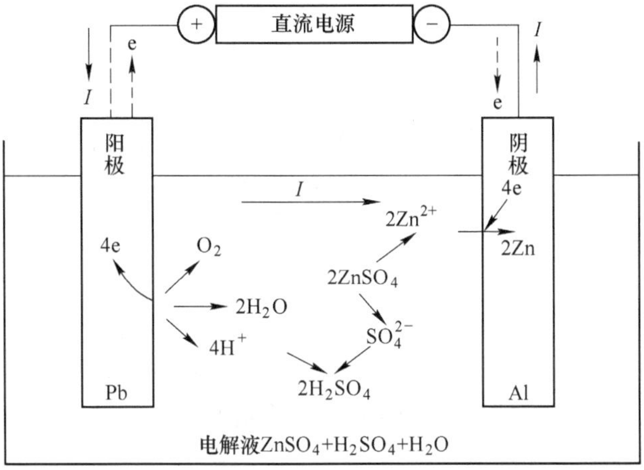

图 6-16 锌电解沉积示意图

因此必须连续地抽出一部分电解液送到浸出工序，同时要不断地补充已净化的中性浸出液。阴极上析出的锌每隔一个周期（一般为 24 h）取出，将锌片剥下来送熔铸车间铸成锭，阴极铝板清洗后返回电解槽继续电解。

6.5.1.1 阳极过程

正常电解时阳极反应为：

$$2H_2O - 4e = O_2 + 4H^+ \qquad E^\ominus = 1.229\ V \tag{6-58}$$

而

$$Pb - 2e = Pb^{2+} \qquad E^\ominus = -0.126\ V \tag{6-59}$$

电位更负更易溶解。溶解的 Pb^{2+} 与 SO_4^{2-} 反应在阳极表面形成致密的保护膜，阻止铅板继续溶解，而且升高阳极电位。当阳极电位接近 0.65 V 时，会有下列反应发生：

$$Pb + 2H_2O - 4e = PbO_2 + 4H^+ \qquad E^\ominus = 0.655\ V \tag{6-60}$$

这样未被覆盖的铅会直接生成 PbO_2，形成更致密的保护层。

当电位超过 1.45 V 时，溶液中的 Pb^{2+} 和 $PbSO_4$ 也会氧化成 PbO_2。

$$Pb^{2+} + 2H_2O - 2e = PbO_2 + 4H^+ \qquad E^\ominus = 1.45\ V \tag{6-61}$$

$$PbSO_4 + 2H_2O - 2e = PbO_2 + H_2SO_4 + 2H^+ \qquad E^\ominus = 1.68\ V \tag{6-62}$$

正常电解时，阳极电位达到 1.9~2.0 V，阳极表面主要覆盖物应为 PbO_2，所以电解过程中阳极反应主要是分解水放出氧气。除此之外，如果电解液中有 Mn^{2+}、Cl^- 等离子时，会发生下列反应：

$$Mn^{2+} + 2H_2O - 2e = MnO_2 + 4H^+ \qquad E^\ominus = 1.25\ V \tag{6-63}$$

$$Mn^{2+} + 4H_2O - 5e = MnO_4^- + 8H^+ \qquad E^\ominus = 1.50\ V \tag{6-64}$$

$$MnO_2 + 2H_2O - 3e = MnO_4^- + 4H^+ \qquad E^\ominus = 1.71\ V \tag{6-65}$$

$$2Cl^- - 2e = Cl_2 \uparrow \qquad E^\ominus = 1.35\ V \tag{6-66}$$

$$Cl^- + 4H_2O - 8e = ClO_4^- + 8H^+ \qquad E^\ominus = 1.39\ V \tag{6-67}$$

当氯离子存在时，析出的氯气会使阳极腐蚀、污染车间。

6.5.1.2 阴极过程

A 锌和氢在阴极上的析出

电解液中杂质元素的含量很低时，阴极放电的离子只有 Zn^{2+} 和 H^+。当电解液含 Zn 50g/L、H_2SO_4 120g/L、40℃条件下（正常电解时电解液成分范围内），则有：

$$Zn^{2+} + 2e = Zn \qquad E^{\ominus} = -0.7656\ V \tag{6-68}$$

$$2H^+ + 2e = H_2 \qquad E^{\ominus} = 0.0233\ V \tag{6-69}$$

从理论上看，氢离子优先于锌离子放电。但实际上由于氢离子在金属电极上有很高的超电位，而锌离子的超电位很小，所以锌电解的阴极过程主要是 Zn^{2+} 的放电。

提高电流密度、降低电解液温度都能增大氢的超电压，添加适当的添加剂也可增大氢超电压，但添加过量则可能适得其反。

B 杂质在电解沉积过程中的行为

根据杂质中阳离子对电流效率的影响程度，大致分为 3 类。

第一类为 Pb、Fe、Ag 等，对锌电流效率影响不大，但对析出锌的质量影响较大。

第二类为 Co、Ni、Cu 等，对降低锌的电流效率有较为明显的作用，对析出锌质量影响很大。

第三类为 Ge、Te、Se、Sb、As 等，对降低锌的电流效率影响最大。

杂质的析出不仅影响阴极锌的结晶质量，还影响阴极锌的化学成分。当溶液中杂质浓度低到一定程度时，决定析出速度的因素不是析出电位，而是杂质扩散到阴极表面的速度，这时析出速度等于扩散速度。

6.5.2 电解沉积锌的生产实践

6.5.2.1 生产实践

电解沉积锌的正常操作是出装槽和剥锌。

锌电积出装槽是指在作业的一定时间内，将阴极提出剥离析出锌，再把阴极铝板装入槽的过程。

剥锌是将析出锌从阴极铝板上剥离下来，并将铝板平整洗刷，达到重装电解槽的要求。剥离的阴极锌片虽然化学成分已达标，但大块薄片及其表面状态不宜作为商品运输和储存，因此阴极锌片要进行熔化铸锭才可作为成品出厂。熔锌所用设备主要有反射炉及感应电炉两种，感应电炉不用燃料，炉内锌氧化少，直收率高，被广泛采用。

6.5.2.2 主要设备

锌电解车间的主要设备有电解槽、阴极、阳极、供电设备、载流母线、冷却电解液的设备及剥锌机等。

A 电解槽

锌电解槽为长方形槽子，一般长 2~4.5 m、宽 0.8~1.2 m、深 1~2.5 m，槽底为平底形和漏斗形。为保证电解液的正常循环，从阴极边缘到槽壁的距离一般为 60~100 mm，槽深按阴极下缘距槽底 400~500 mm 考虑，以便阳极泥平静地沉于槽底。早期的锌电解槽大都用钢筋混凝土制成，内衬铅皮、软塑料、环氧玻璃钢。近来国内外多采用无衬聚合物混凝土电解槽，防渗性能好，无需再使用内衬。电解槽一般按双列配置，列与列、槽与槽之间是串联的，每个槽的阴、阳极是并联的。

B　阳极

阳极由阳极板、导电棒及导电头组成，如图 6-17 所示。阳极板大多采用含 Ag 0.5%~1%的铅银合金压延制成，阳极尺寸一般为长 900~1077 mm、宽 620~718 mm、厚 5~6 mm，质量为 50~70 kg。为减轻极板质量及改善电解液循环，有的阳极上有些小的圆孔。阳极板平均寿命为 1.5~2 年，每吨电锌耗铅为 0.7~2 kg。

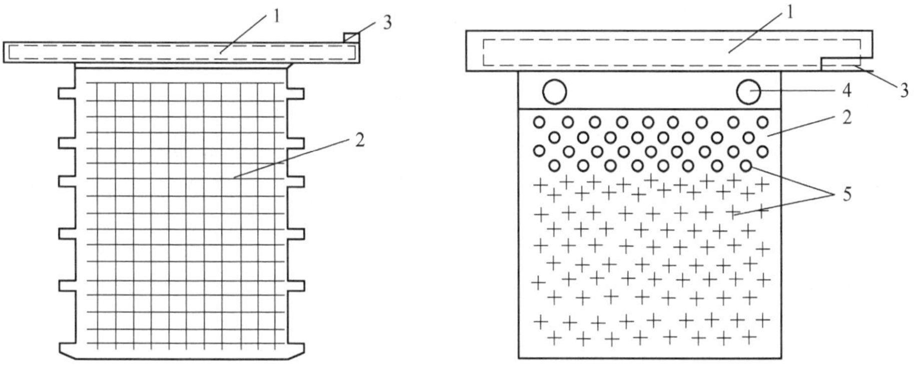

图 6-17　锌电解阳极结构

1—导电棒；2—极板；3—导电头；4—吊装孔；5—小孔（为减轻极板质量）

为了降低析出锌含铅、延长阳极使用寿命和降低造价，研究使用了 Pb-Ag-Ca［w_{Ag}为 0.25%、w_{Ca}为 0.05%］三元合金阳极和 Pb-Ag-Ca-Sr［w_{Ag}为 0.25%，w_{Ca}为 0.05%~1%，w_{Sr}为 0.05%~0.25%］四元合金阳极，后者使用寿命长达 6~8 年。

C　阴极

阴极由阴极板、导电棒及铜导电头（或导电片）组成，如图 6-18 所示。

阴极板用压延纯铝板（Al>99.5%）制成，一般长 1020~1520 mm、宽 600~900 mm、厚 4~6 mm，重 10~12 kg。目前，湿法炼锌厂趋向采用大阴极（1.6~3.4 m^2）。阴极板平均寿命一般为 18 个月，每吨电锌消耗铝板 1.4~1.8 kg。

D　冷却系统

电解液在通电作用下产生热效应，使电解温度升高，电流效率下降。因此，必须对电解液进行冷却，控制电解液温度 308 K 左右，工业上多采用喷淋式冷却塔冷却。

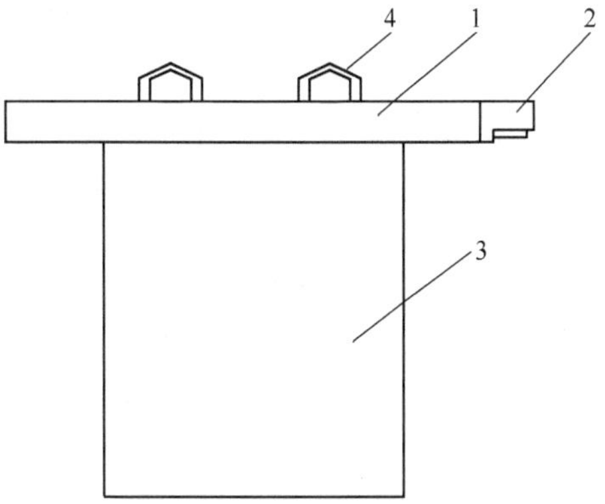

图 6-18　锌电解阴极结构

1—导电棒；2—导电头；

3—极板；4—阴极吊环

安全注意事项及预防措施

（1）酸雾：电解过程中释出大量的氧气和少量的氢气，它们逸出时会带出电解液而形成酸雾，刺激人的呼吸道与皮肤，腐蚀人的牙齿，对人体健康带来危害，对厂房及设备也均有腐蚀作用，尤其是采用高电流密度生产更为严重。

预防措施：加强厂房通风，严格控制厂房内空气酸雾微粒含量，降低槽上操作人员所在点的酸雾含量。在出槽期间往槽内加入皂根粉，使之形成泡沫层，抑制酸雾的逸出。对厂房和设备进行防腐措施，延长使用寿命。

（2）烧板：在电解过程中，阴极析出的金属锌因生产故障或生产技术条件控制不当而重新溶解的现象称之为烧板。

在锌电积时，由于操作不当，造成铜导电接头的污染物掉入槽内，或添加酒石酸锑钾过量，使个别槽内的电解液含铜、锑升高造成烧板。另外，由于循环液进入量过小，槽温升高，使槽内电解液含锌过低，硫酸含量过高，均会产生阴极返熔。

预防措施：严格按照操作要求进行操作。加大循环量，将含杂质高的溶液更换出来，这样可降低槽温，提高槽内锌含量、减少返液，特别严重时还需要立即更换槽内的全部极板。

任务小结

（1）电解沉积的原理；

（2）电解沉积的主要设备；

（3）电解沉积的主要经济技术指标。

知识拓展

析出锌的质量包括化学质量和物理质量。

（1）锌的化学质量。化学质量是指锌中杂质含量多少和锌的等级。电锌中 Fe、Cu、Cd 都易达到要求，唯有铅不易达到。

从实践上看，MnO_2 与 PbO_2 共同形成的阳极膜较坚固，锰还能使悬浮的 PbO_2 粒子沉降而不在阴极析出。生产中为了降低电锌中含铅，采取定期刷阳极和定期掏槽的措施。

为了降低铅含量还可添加碳酸锶。碳酸锶（$SrCO_3$）在电解液中形成硫酸锶，它与硫酸铅的结晶晶格几乎一致，因而形成极不易溶解的混晶沉于槽底。当碳酸锶用量为 0.4 g/L 时，电锌中含铅可降至 0.0038%~0.0045%，缺点是比较昂贵。

（2）锌的物理质量。物理质量不好表现为产出疏松、色暗有孔的海绵态锌。这种电锌表面积大，容易返溶和造成短路，致使电流效率显著下降，电能消耗显著增高。

主要原因：电解液中杂质多，氢析出得多。

其影响的过程为：杂质在阴极析出→导致氢超电位下降→更多的氢析出，析出锌不紧密→导致阴极层 H^+ 浓度下降，严重时产生锌的水解，形成 $Zn(OH)_2$ 包在析出锌上，成为色暗疏松的海绵态锌。

锌电解时还加一些土酒石，目的是剥锌容易。其原理是：

$$K(SbO)C_4H_4O_6 + H_2SO_4 + 2H_2O = Sb(OH)_3 + H_2C_4H_4O_6 + KHSO_4 \quad (6\text{-}70)$$

反应生成的 $Sb(OH)_3$ 为一种冷胶性质的胶体，它在酸性硫酸锌溶液中带正电性，于是移向阴极，并坚固地黏在铝板表面形成薄膜，为易剥锌创造了条件。

任务 6.6 还 原 炼 锌

任务目标

(1) 知道火法炼锌的主要工艺过程；

(2) 掌握氧化锌被还原的原理；

(3) 知道锌蒸气冷凝原理。

理论与实践

火法炼锌工艺主要包括焙烧、还原蒸馏和精炼 3 种加工处理工艺。

首先对锌精矿进行氧化处理，然后对锌精矿进行氧化焙烧或者烧结焙烧处理，将 ZnS 转化成为 ZnO，便于还原剂还原。

还原蒸馏炼锌是用碳质还原剂将含有氧化锌的死焙烧矿进行还原，然后得金属锌的过程。由于氧化锌难以还原，所以火法炼锌须在强还原气氛和高于锌的沸点温度以上进行。还原出来的锌是锌蒸气，通过铅雨冷凝后得到液体锌。因锌蒸气极易被二氧化碳氧化，所以须在几乎不含二氧化碳的气体中冷凝。

6.6.1 氧化锌被还原

6.6.1.1 火法炼锌原理

由于 ZnO 较难还原，所以火法炼锌必须在强还原和高于锌沸点的温度下进行，锌的沸点为 906.97 ℃，当温度高于 900 ℃以上时固体碳还原金属氧化物的实质是间接还原反应与布多尔反应之和。

$$MeO + CO \xlongequal{} Me + CO_2 \qquad (6\text{-}71)$$

$$CO_2 + C \xlongequal{} 2CO \qquad (6\text{-}72)$$

式 (6-71)和式(6-72) 合并得：

$$MeO + C \xlongequal{} Me + CO \qquad (6\text{-}73)$$

所以 ZnO 被碳还原的过程为：

$$ZnO(s) + CO(g) \xlongequal{} Zn(g) + CO_2(g) \qquad \Delta G^{\ominus} = 178020 - 111.67T(J) \qquad (6\text{-}74)$$

$$C(s) + CO_2(g) \xlongequal{} 2CO(g) \qquad \Delta G^{\ominus} = 170460 - 174.43T(J) \qquad (6\text{-}75)$$

式 (6-74)和(6-75) 合并得：

$$ZnO(s) + C(s) \xlongequal{} Zn(g) + CO(g) \qquad (6\text{-}76)$$

从上述反应中可知，ZnO 还原成金属锌，需要大量的热量。补充热量的方法有两种，一种是蒸馏法炼锌采用的间接加热法，另一种是采用鼓风炉法的直接加热法。

6.6.1.2 其他锌化合物还原

A 铁酸锌

存在于焙砂中的铁酸锌在火法蒸馏过程可被 CO 还原，反应为：

$$ZnO \cdot Fe_2O_3 + CO = ZnO + 2FeO + CO_2 \quad (6\text{-}77)$$

$$ZnO \cdot Fe_2O_3 + 3CO = ZnO + 2Fe + 3CO_2 \quad (<900\ ℃) \quad (6\text{-}78)$$

$$ZnO + CO = Zn + CO_2 \quad (6\text{-}79)$$

$$ZnO + Fe = Zn + FeO \quad (6\text{-}80)$$

铁酸锌也可以直接被金属铁还原：

$$ZnO \cdot Fe_2O_3 + 2Fe = Zn + 4FeO \quad (6\text{-}81)$$

B 硅酸锌

焙砂中的硅酸锌较氧化锌和铁酸锌难还原，在加入石灰、Fe_2O_3 后可以促使硅酸锌分解，加速锌的还原。

C 硫化锌和铝酸锌

焙砂中的 ZnS 和铝酸锌，在蒸馏过程中不被还原而进入残渣造成锌的损失。

D 硫酸锌

硫酸锌在蒸馏过程中可以分解为 ZnO 和 SO_2，ZnO 又可以被还原成锌蒸气，但 SO_2 也被还原成元素 S 与锌结合成 ZnS 造成锌的损失。此外，硫酸锌也可被 C 或 CO 还原成 ZnS。因此，焙烧矿中硫酸盐中的硫会造成锌损失在蒸馏残渣中。

6.6.2 锌蒸气的冷凝

锌蒸气的冷凝必须使锌蒸气温度降到露点以下。锌蒸气冷凝过程中，所获得的液体锌量取决于控制的冷凝温度。锌蒸气从炉气中冷凝为液体锌的百分数是衡量冷凝过程中锌回收率的重要指标。

在冷凝器中，锌蒸气最先冷凝于器壁上形成极细的点滴，随后逐渐凝聚成较大的点滴，从而汇流于冷凝器底部。若锌蒸气在气流中冷凝为微细的点滴，又来不及凝聚成为较大的点滴，成为细尘状的锌粒则形成冷凝灰，沉积于冷凝器内锌液的表面。

当锌蒸气刚刚冷凝成小点滴、炉气中温度下降时，CO_2 将使产出的锌蒸气再氧化成 ZnO，并包裹在锌液滴的表面，形成蓝粉，降低冷凝效率，主要原因是 $ZnO + CO = Zn(g) + CO_2$ 为吸热反应。为了防止氧化反应的发生，尽可能在高温下直接将锌蒸气导入冷凝器内，使之急冷。

鼓风炉炼锌得到的炉气组成与蒸馏法大不相同，产出的是 CO 和 Zn 蒸气浓度低、CO_2 浓度高的炉气，用蒸馏法采用的锌雨冷凝法冷却得不到液态锌，因此生产中采用高温密闭炉顶和铅雨冷凝的方法。

铅雨冷凝是在盛有铅液的池中，用转子把铅液扬起形成铅雨，使含锌烟气冷却，铅液滴同时将冷凝下来的锌捕集的过程。锌溶于铅形成合金后活度降低，可防止锌再度被 CO_2 氧化。

6.6.3 还原炼锌的生产实践

目前还原炼锌工艺有平罐炼锌法、竖罐炼锌法、电炉炼锌法、密闭鼓风炉炼锌法4种方法。

20世纪50年代开发、60年代投入工业生产的密闭鼓风炉炼锌法是一种适合于冶炼铅锌混合矿的炼锌方法，它的特点是采用铅雨冷凝法从CO_2含量高而锌含量低的炉气中冷凝锌，产出铅和锌两种产品。

平罐炼锌和竖罐炼锌方法能耗比较大，这是由于这两种方法用到的都是间接加热的方式。另外，这两种方法难以适应其他炼锌的原料，所以以上两种方法合适的炼锌原料较为稀少，因而导致这两种方法的采用率都不高，其中平罐炼锌法几乎被所有厂家淘汰，竖罐炼锌法也只有少数的厂家在生产中采用。竖罐炼锌法虽然可以直接进行加热，不可能产生任何无法燃烧的气体，但同时直接加热方式有着生产能力小、能耗高以及锌的直接加热回收率低等问题。其中，平罐炼锌法有一个极其重要的优势，就是能够高效地处理大量铅锌精矿，还有其他含锌的氧化物料，所以目前采用率最高，也是目前主要的一种采用火法炼锌法。

6.6.3.1 平灌炼锌法

平灌炼锌法是简单而又落后的一种炼锌工艺方法，目前仅为一些小厂广泛采用。将焙烧后的锌矿石加入掺混剂中，使过量还原的原煤与氧化锌充分混合，再放入蒸馏炉的平罐中继续加热至1000 ℃左右；该温度可以使氧化锌充分发生还原反应从而生成锌蒸气，随后该蒸气进入冷凝器内，经过冷凝后锌蒸气就会变为液体锌。冷凝过程中不是全部的锌蒸气都变为液态锌，而有一部分锌蒸气会与一氧化碳混合一起进入延伸器，最终形成蓝粉进行回收。待剩余的大部分氧化锌都被还原之后，即作业结束并及时抓出蒸馏残渣。然后，再开始装入下一批蒸馏炉料，进行下一个蒸馏周期的作业。每个蒸馏周期时间24 h，这种作业法蒸馏锌残渣中的锌含量（质量分数）为5%~10%，挥发损失比较大，而且回收率也只有80%~90%，生产能力相对较小，工作条件比较差，燃料和耐火材料消耗也相对较大，因而已基本被工业生产淘汰。

6.6.3.2 竖罐炼锌法

竖罐炼锌法总流程大致可以划分为制团、蒸馏和竖罐冷凝三个大部分。竖罐炼锌法是一个具有狭长矩形的断面，全高超过10 m，从外部加热容积庞大的火法蒸馏炼锌设备。这时我们需要将炉料从罐顶加入，经过蒸馏之后，罐内可发现有些残渣，打开罐底最下端开口，将剩余残渣从反应罐中排出，之后还原产出的锌蒸气和炉料进行逆向螺旋运动，延伸进入冷凝器。由于特殊的操作环境和条件，因此要求这种炉料需要有较高的抗压强度以及良好的透气性，同时也要求炉料具有大的反应表面和良好的还原性能，这种制团是达到上述要求的一种重要手段。

制团的主要配料比例为锌焙烧矿：烟煤：纸浆废液=(60~62)：(30~34)：6，用炭量一般等于炉料理论用量的3.1~3.3倍。这种湿团焙烧矿中含锌品位约35%。将炉料进行调配之后，为了使其充分反应，还需要将调配好的炉料进行充分地混匀、碾压、压密等一系列操作，之后需要用压团机将待加工的炉料进行压制，从而得到 100 mm×73 mm×64 mm 的湿团焙烧矿。由于经过此种加工工艺形成的湿团焙烧矿的炉料抗压强度一般仅有 2.94 MPa 左右，所以为保证炉料强度，还必须经过干燥处理之后才能送去焦结。

焦结的具体过程是在 800~900 ℃温度条件下的焦结炉内进行。进行焦结操作的在于保证炉料的质量，这就需要将团矿的强度提高，另外还要除掉团矿中含有的水分及挥发物。烧结矿从烧结炉中排出温度为 700 ℃左右，之后再把烧结矿加入竖罐中。在竖罐的上延长部被上升的高温气体加热到了大约 1000 ℃，然后进入罐体约 1100 ℃的高温带。焦结矿在不断下移的过程中被还原，经过蒸馏完毕的残渣进入下延长部冷却后再排出罐体之外。这时排出的残渣中含有 w_{Zn}为 3%~5%、w_{C}为 30%~35%和原料中所有的 Au、Ag、Cu 等，须进一步处理。含锌气体则向上运动至上延长部的排出口进入锌液冷凝器，冷凝为液锌。

6.6.3.3　电炉炼锌法

电炉炼锌法的主要特点之一是可以利用鼓风炉和电能直接加热炉料连续地蒸馏出锌，使用的炉料与蒸馏法相似，也是由焙烧矿和其他还原剂的混合组成。由于它们在电炉炉内的温度较高，故除了将锌还原蒸馏以外，还可以得到一些熔融产物，比如冰铜、熔铅、熔渣等。所以，这种方法比较有利于处理含有多种金属的锌精矿。

6.6.3.4　鼓风炉炼锌法

鼓风炉炼锌法是火法炼锌中的一大创新改革。虽然早在很久以前就有研究人员想要实现用直接加热的方式从鼓风炉中炼出锌，但是因为预热炉气中 CO_2 和 Zn 的含量比较高，而鼓风炉中锌蒸气的浓度较低，锌蒸气在冷凝的过程中又会出现被 CO_2 再一次氧化等困难，导致最后未能成功。至 50 年代，由于鼓风炉冶炼铅锌技术的进一步发展，加上铅雨冷凝器的试验成功，使得鼓风炉炼锌技术得以进一步实现。

鼓风炉炼锌事实上也就是鼓风炉炼铅锌。它的原理是将鼓风炉的铅锌精矿和熔剂混合配料后，在烧结机上进行了铅锌的烧结焙烧。烧结块和热焦一起进入鼓风炉进行还原熔炼，经过还原熔炼后得到的锌蒸气与炉气混合在一起从鼓风炉炉顶进入铅雨冷凝器，在铅雨冷凝器中冷凝之后得液锌，铅则会形成粗铅，炉渣将送往鼓风烟化处理。由此可见，鼓风炉炼锌的过程和原理既与火法炼锌相似，也与火法炼铅相似。

安全注意事项及预防措施

毒性：ZnO 还原时，在炉内有大量 CO 气体生成，CO 有毒，要防止气体逸出中毒。
预防措施：严格控制炉内温度，促使 CO 与 ZnO 能充分反应，确保锌的挥发性。

任务小结

（1）火法炼锌的原理；
（2）铅雨冷凝的原理。

知识拓展

铅雨冷凝的实质是，利用锌在液体铅中有一定的溶解度，降低冷凝下来的锌活度，从而保护锌不被炉气中的 CO_2 氧化。

铅雨冷凝法的特点：(1) 铅的蒸气压低、熔点低；(2) 铅对锌的溶解度随温度变化大；(3) 铅的热容量大。

任务 6.7　粗锌精馏精炼

任务目标

(1) 了解粗锌精炼方法；
(2) 掌握精馏精炼原理；
(3) 知道熔析精炼过程。

理论与实践

由于蒸馏法和鼓风炉炼锌所得的粗锌中含有 Pb、Cd、Fe、Cu、Sn、As、Sb、In 等杂质（含量为 0.1%～2%），这些杂质元素影响了锌的性质，限制了锌的用途，因此必须对粗锌进行精炼以提高锌的纯度。

精炼的方法有熔析法、重蒸馏法、真空蒸馏法和精馏法，目前大多用精馏法，而熔析法仅用作精馏法的辅助过程。

6.7.1　精馏法精炼粗锌

为了较完全地除去锌中的杂质，获得很纯的锌，最好采用精馏法精炼粗锌。

6.7.1.1　精馏法精炼的基本原理

粗锌精馏精炼的基本原理是利用锌与各杂质的蒸气压和沸点的不同，在不同的温度使它们与锌分离，金属的沸点见表 6-3。

表 6-3　金属沸点

元素	Zn	Cd	Pb	Cu	Sn	Fe	In
沸点/℃	907	767	1744	2735	2360	2260	2070

粗锌中可能含有的杂质金属，按其蒸气压或沸点分为两类：一是蒸气压高于（或沸点低于）锌的杂质，如 Cd 等；二是蒸气压低于（或沸点高于）锌的杂质元素，如 Pb、In、Fe、Sn、Cu 等。

由于粗锌中含量最高的是铅和镉，且蒸气压与锌相近，故生产中常将脱除沸点高于锌的杂质金属的过程称为脱铅过程，脱除沸点低于锌的金属杂质的过程称为脱镉过程。

由图 6-19 可以看出，当锌中熔有低沸点镉时，锌的沸点便会降低，其变化规律如图 6-19 中的Ⅰ线所示。当成分为 A 的粗锌加热到液相线Ⅰ上 a 点对应的温度时，这种含镉的粗锌便会沸腾，锌、镉同时挥发。但是，低沸点的镉要比高沸点的锌蒸发得多些，此时平衡气相的成分如图 6-19 中气相线Ⅱ上的 b 点所示。当 b 点处的蒸气冷却至 c 点时，过 c 点作横坐标的平行线，与Ⅰ、Ⅱ线分别交于 a'点和 b'，a'点和 b'点即为 c 点温度下液相与气相平衡时的两相组成。因此，被冷凝下来的液相含锌较 b 点多、含镉少，未被冷凝的气相则正好相反，即气相中富集了低沸点的金属镉。组成为 b'点的气相继续冷却便会得到 a''点和 b''点的液、气平衡时的两相组成。这样反复多次地蒸发与冷凝，液相中就富集了高沸点金属、气相中富集了低沸点的金属，从而使沸点有差别的两种金属达到完全分离的目的。

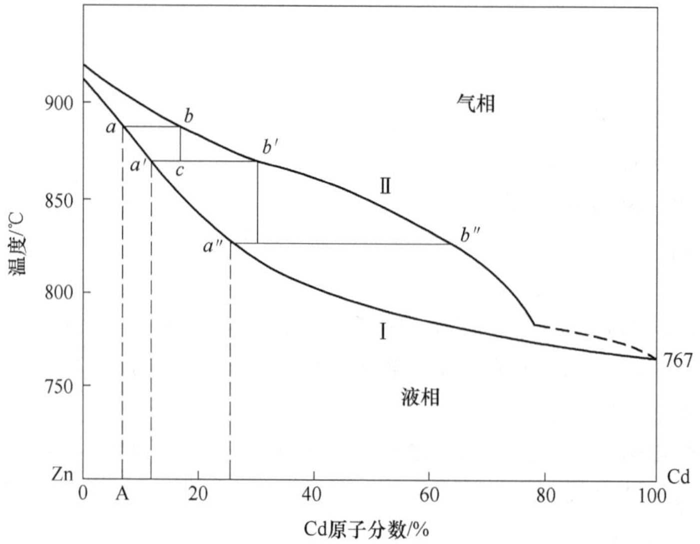

图 6-19　Zn-Cd 二元系组成沸点图

6.7.1.2　锌精馏设备与工艺

粗锌精馏精炼过程是在密闭精馏塔内进行的，粗精馏塔结构如图 6-20 所示。

精馏塔包括铅塔和镉塔，铅塔是用来分离沸点较高的 Pb、Fe、Cu、Sn、In 等杂质，镉塔是利用金属沸点和蒸气压的差异分离锌和镉，两种精馏过程类似，只是铅塔的温度比镉塔高。此外，还有熔化炉、铅塔冷凝器、镉塔冷凝器、熔析炉、铸锭炉等。此法除了能得到很纯的锌之外，还可得到很多副产物，如镉灰、含铟的铅、含锡的铅等，从这些副产物中可制得镉、铟和焊锡等，从而可以大大降低精馏法的成本。

6.7.2　熔析法精炼粗锌

利用粗金属在熔化（或凝固）的过程中杂质在固相和液相的平衡浓度不同，进行主金属与杂质的分离称为熔析精炼。

熔析法仅用作精馏法的辅助过程，仅能除去锌中的部分铅与铁。从铅塔下延部排出的铅、铁含有很高的馏余锌进入熔析炉，使锌和铅、铁熔析分离。

熔析精炼的原理是基于锌、铅、铁熔点和密度（锌的密度 7.13 g/cm^3，铅的密度 11.34 g/cm^3，铁的密度 7.87 g/cm^3）的不同，通过控制一定的温度，使它们分层分离开来。

温度在 1063 K（即 790 ℃）以上，锌和铅能以任何比例相互溶解为均质合金。从图 6-21 中可以看出，当温度低于 1063 K 时，液态铅锌合金分为两层，上层是含少量铅的锌、下

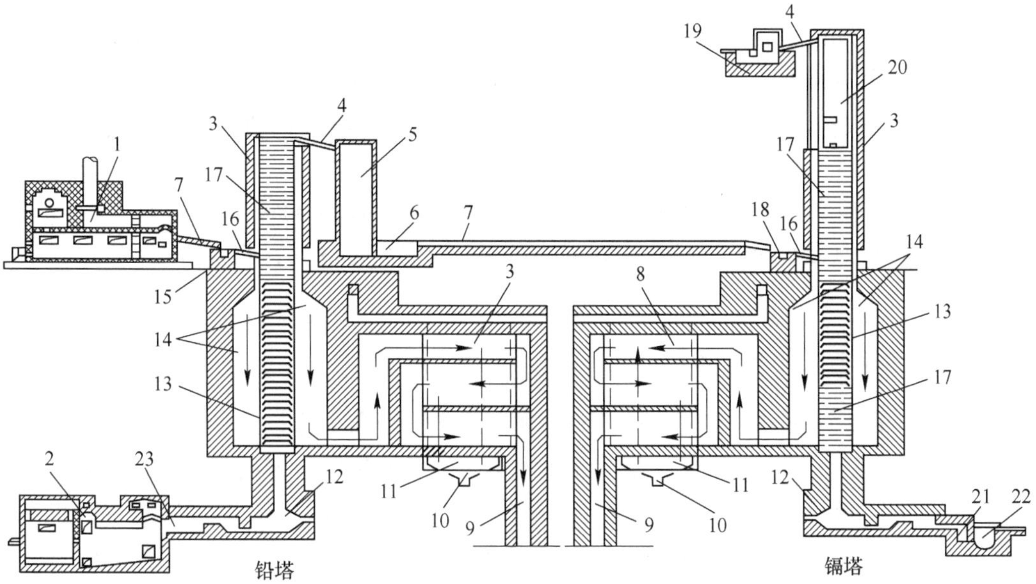

图 6-20　粗锌精馏塔结构示意图

1—熔化炉；2—精炼炉；3—回流塔保温套；4—连接槽（溜槽）；5—铅塔冷凝器；
6—储锌池；7—流锌槽（流槽）；8—换热室；9—烟气出口；10—煤气进口；11—空气进口；
12—下延部；13—蒸发盘；14—燃烧室；15—铅塔加料器；16—流管（加料管）；17—回流盘；
18—镉塔加料器；19—镉塔小冷凝器；20—镉塔大冷凝器；21—精锌出口；22—纯锌槽；23—馏余锌出口

层是含少量锌的铅，随着温度逐渐降低，上层的锌含量会越来越高，锌在上层不断富集，下层的铅含量也逐步增加。控制适当的熔析温度便会使锌、铅分离，从而得到无镉锌（位于上层）和粗铅（位于下层）。

铁也随着熔析温度而变。如图 6-22 所示，锌铁化合物主要以 $FeZn_7$、Fe_5Zn_{21}等形态溶于馏余锌中。随着温度的降低，会不断有 α-Fe、$FeZn_7$等物质析出，锌铁分离越来越好。冷却时有糊状结构的硬锌析出，使锌铁分离。

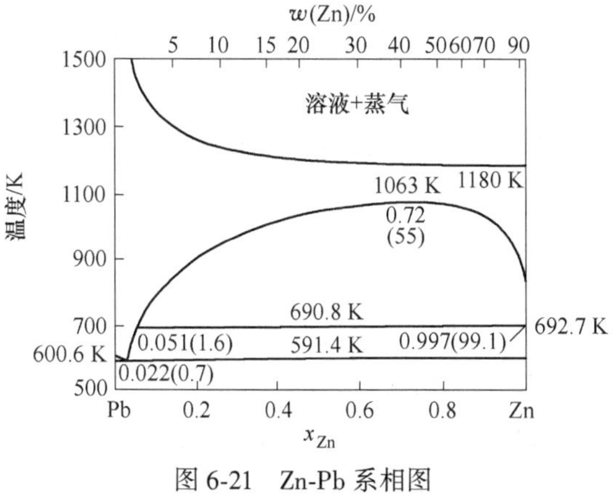

图 6-21　Zn-Pb 系相图

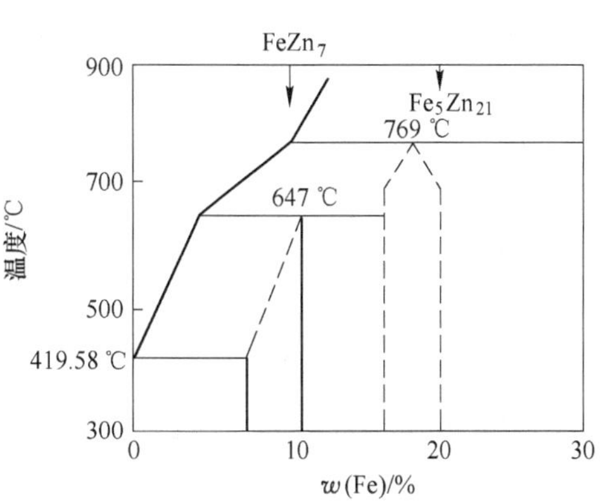

图 6-22　Zn-Fe 系相图

在精馏生产过程中，控制熔析炉温度，熔池内分为三层。上层为含有少量铅［w_{Pb}为0.9%~1%，w_{Fe}为0.02%~0.03%］的锌，称为精炼锌。中层由铁与锌的化合物 $FeZn_7$ 组成，呈糊状聚集在铅合金上面，沉于锌熔池下面的称为硬锌。硬锌含铁（质量分数）约达 5%，含有很多的锌。下层为含有少量锌［w_{Zn}为5%~6%］的铅，它是铅与锌的合金融体。

熔析法精炼锌可得含锌约 99%的精炼锌，锌的回收率仅为 90%。

熔析法的缺点是仅能部分除去杂质铅与铁，锌回收率低，燃料消耗大，生产率较低。

6.7.3　锌冶金新方法和新技术

目前开发的炼锌新方法有硫化锌精矿的加压浸出、等离子体技术、喷吹炼锌和锌焙烧矿闪速还原等方法。其中，硫化锌精矿加压浸出法是目前使用最多的，污染最少的炼锌新方法。在温度为 150~155 ℃、硫酸含量（质量分数）为 60%~65%时，锌的回收率达到 95%~96%。高压浸出在很大程度上克服了常压浸出放出 H_2S 气体和设备腐蚀严重等缺点。

安全注意事项及预防措施

压力骤升骤降：粗锌加料要求均匀、连续、稳定，不断料。加料操作是精馏正常生产的基础，它直接影响精锌的质量和产量，也关系到塔体寿命。操作不当会引起塔内压力骤升骤降，发生“涨潮”“抽风”等异常现象，严重时会造成塔顶和冷凝器崩开及溜槽鼓开。

预防措施：控制加料速度均匀，严格控制塔内温度，防止温度升高过快。

任务小结

（1）精馏精炼；

（2）熔析精炼。

知识拓展

（1）熔析精炼的基本步骤如下：

第一步，在均匀的合金中产生多相体系（液体+液体、液体+固体），产生多相体系可以用加热、缓冷等方法。

第二步，产生的两相按密度不同而进行分层。如果分层为两种液相则分别放出；如果分层为固体和液体，则利用漏勺、捞渣器等使两相分离，或者使液体沿着炉底斜坡排出炉外，固体则仍留于炉底上，从而使两相分离（如粗锡熔析除铁）。

（2）熔析精炼的类型。

1）冷却凝析精炼。将具有二元共晶型的液态粗金属熔体缓慢冷却到稍高于共晶温度，杂质以固体（或固溶体）析出并浮于金属熔体的表面上，使固相与液相分离。

2）加热熔析精炼。将具有二元共晶型的固态粗金属加热到稍高于共晶温度，杂质含量接近共晶组成的熔体，液体沿倾斜的炉底流出，而杂质仍留在固相中。

课程思政

周同光，1928 年出生于湖南江永，有色金属冶炼专家，是我国现代竖罐炼锌技术开拓者群体中优秀代表人物之一，创造性地研究并解决了竖罐蒸馏炉炉瘤生成的机理与对策、竖罐下延部送风降低渣中含锌、竖罐冷凝废气回收和超细锌粉生产新工艺等技术难题；他从实际出发，坚定不移，博采众长，主持设计了具有中国特色的大型竖罐炼锌体系，为我国该技术的发展做出了重要贡献。

复习思考题

6-1 简述锌矿物的种类。
6-2 简述锌的冶炼方法。
6-3 简述焙烧过程的基本原理。
6-4 说明硫化锌精矿焙烧的目的。
6-5 如何抑制铁酸锌（$ZnO \cdot Fe_2O_3$）的生成？
6-6 简述锌焙砂浸出过程的目的。
6-7 硫酸锌溶液的净化方法有哪些？
6-8 黄药除钴法的原理是什么？
6-9 分析锌焙烧矿浸出的中性浸出阶段，其浸出终点 pH 值为什么控制在 5.2~5.4？
6-10 简述锌的间接加热方式。
6-11 硫酸锌溶液电解沉积过程中杂质对电流效率的影响程度分为几类？
6-12 杂质在阴极上的放电析出会造成什么影响？
6-13 简述火法炼锌原理。
6-14 对比火法炼锌和湿法炼锌的优缺点，试分析锌冶金的发展趋势。
6-15 简述粗锌真空蒸馏的原理及其优点。
6-16 简述铅雨冷凝器的特点。
6-17 说明硫化锌精矿氧压浸出的原理及其特点。
6-18 在锌焙砂浸出过程中，铁酸锌是影响锌浸出率的主要因素，如何提高锌的直接浸出率？
6-19 为什么硫化锌是较难焙烧的硫化物？

参 考 文 献

[1] 邱竹贤. 有色金属冶金学 [M]. 北京：冶金工业出版社，1988.
[2] 张峰. 镍电解液萃取除铜的研究 [D]. 兰州：兰州理工大学，2008.
[3] 傅崇说. 有色冶金原理 [M]. 北京：冶金工业出版社，2007.
[4] 张启修. 冶金分离科学与工程 [M]. 北京：科学出版社，2004.
[5] 任鸿九，王立川. 有色金属提取手册（铜镍）[M]. 北京：冶金工业出版社，2000.
[6] 翟秀静. 重金属冶金学 [M]. 北京：冶金工业出版社，2022.
[7] 选矿手册编委会. 选矿手册，第 8 卷第 1 分册 [M]. 北京：冶金工业出版社，1989.
[8] 徐绍龄. 无机化学丛书，第 6 卷，铜分族 [M]. 北京：科学出版社，1998.
[9] 孙丽达，范兴祥. 冶金概论 [M]. 北京：冶金工业出版社，1989.
[10] 徐迎春. 重金属冶金技术 [M]. 长沙：中南大学出版社，2022.
[11] 杨显万，邱定蕃. 湿法冶金 [M]. 北京：冶金工业出版社，2001.

[12] 重有色金属冶炼设计手册编委会 . 重有色金属冶炼设计手册（铜镍卷）[M]. 北京：冶金工业出版社，1996.
[13] 赵天丛 . 重金属冶金学（上册）[M]. 北京：冶金工业出版社，1981.
[14] 田树国 . 从山西某金矿尾矿中回收金锌试验研究 [J]. 有色金属（选矿分），2014（3）：21-25.
[15] 杨斌 . 对湿法炼锌中热酸浸出-黄钾铁矾工艺的探讨 [J]. 甘肃冶金，2010，32（3）：56-58.
[16] 罗庆文 . 有色冶金概论 [M]. 北京：冶金工业出版社，2004.
[17] 陈国发 . 重金属冶金学 [M]. 北京：冶金工业出版社，1992.
[18] 陈新民 . 火法冶金过程物理化学 [M]. 北京：冶金工业出版社，1984.
[19] 徐冰 . 国内外湿法炼锌浸出及渣处理新工艺 [J]. 中国金属通报，2003，46：23.
[20] 彭容秋 . 重金属冶金学 [M]. 长沙：中南工业大学出版社，1991.
[21] 铅锌冶金学编委会 . 铅锌冶金学 [M]. 北京：科学出版社，2003.

模块7 锡 冶 金

任务7.1 锡冶金的一般知识

任务目标

(1) 了解锡资源和主要用途；
(2) 掌握锡的主要性质。

理论与实践

7.1.1 锡资源及用途

7.1.1.1 锡资源

锡在地壳中的含量（质量分数）约为 6×10^{-6}，截止到2017年，锡矿资源总量为470万吨。

A 世界锡资源

世界锡矿的分布相对集中，主要在东南亚、南美中部、澳大利亚的塔斯马尼亚地区和苏联远东地区，其次是欧洲西部和非洲中南部地区。

锡矿资源丰富的国家主要有中国、印度尼西亚、秘鲁、巴西、马来西亚、玻利维亚、俄罗斯、泰国和澳大利亚等，具体见表7-1。

表7-1 全球锡矿资源分布与储量

国家/地区	储量/万吨
中国	143
印度尼西亚	76
巴西	68
玻利维亚	38
俄罗斯	33
秘鲁	29
马来西亚	24
澳大利亚	23
泰国	16
全球储量	470

B 我国锡资源

我国的锡资源主要集中在云南南部、广西西北部和东北部，其次是湖南、江西、四川、广东和内蒙古等省区，云南个旧市是世界闻名的“锡都”。表 7-2 是我国锡资源的分布。

表 7-2 我国锡资源的分布

地 区	储量/万吨
云南	37
广西	28
湖南	27
内蒙古	23
广东	17
江西	7
其他	3
合计	143

C 锡矿物

目前已发现的含锡矿物有 20 种，其中有工业开采价值最主要是锡石 SnO_2，其次是黝锡矿 Cu_2S-FeS-SnS_2，其他锡矿物在工业上的意义不大。

锡矿床分为脉锡和砂锡两大类。脉锡矿床是原生矿床，最常见的脉锡矿床发展区是在活性花岗岩浸入圈的内外层附近，我国锡资源中占主要地位的锡石、硫化物矿床和锡石氧化物矿床便属此类。砂锡矿床属次生矿床，它多出现于脉锡矿床附近的沉积层。目前，世界上约 70%的锡产量是由砂锡矿炼得。我国的锡矿约 70%是脉锡矿。

锡矿除含锡外，还伴生有其他的金属矿物和大量脉石，故其品位都很低。我国脉锡矿床的最低品位为 0. 15%～0. 2% Sn、砂锡矿床为 0. 01%～0. 1% Sn。多金属锡矿的开采，其含锡品位可以更低。

锡矿石经选矿后可得锡精矿，其品位为 30%～60% Sn，根据所含杂质种类和数量不同冶炼流程也各异。我国成功地用烟化炉挥发富集处理品位为 5%～10%Sn 的富中矿和用氯化挥发法处理品位为 1%～2% Sn 的难选中矿，充分地利用锡资源，提高了选冶综合回收率。

7. 1. 1. 2 锡的用途

锡及其化合物都无毒，金属锡又具有良好的抗蚀性，故大部分的锡用于镀锡（马口铁）和压展成锡箔，用于食品和电气工业上，也用作某些机械零件的镀层。

锡易加工成管、箔、丝、条等，也可制成细粉，用于粉末冶金。易熔合金大都含有锡，锡能与几乎所有的金属形成合金。在近代科技部门，如电子工业、原子能工业、超导材料以及宇宙飞船等制造部门都需要高纯锡及其特种合金。例如，锡锆合金用作原子能工业的包装材料，锡钛合金用于喷气飞机、火箭、原子能、造船、化学、医疗器械等部门，锡铌金属间化合物（Nb_3Sn）可作超导材料，锡银汞合金用作牙科材料等。

氧化锡是优质的白色颜料，也是珐琅的原料；氧化亚锡用于制造宝石玻璃，氯化亚锡在丝染织工业中用作还原剂。

7.1.2　锡及其主要化合物的性质

锡是大名鼎鼎的“五金”（金、银、铜、铁和锡）之一。据考证，我国周朝时，使用锡器就很普遍；在埃及的第十王朝（公元前 1580～公元前 1350）古墓中发现一个锡环和朝圣瓶。我国大约公元前 700 年在云南地区开采锡矿。

铜与锡的合金就是青铜［含锡（质量分数）约 5%］。与纯铜相比，青铜具有熔点低、质地坚硬且易于加工，是工具和武器的理想材料。青铜一出现，便很快得到了广泛的应用，并在人类文明史上写下了极为辉煌的一页，这便是“青铜器时代”。大约公元前 3000 年，青铜器在埃及、美索不达米亚和印度河流域就出现了。

我国在距今 4000～5000 年的古文献上，就记载了冶铸青铜器，在龙山时代的遗址中考古发现了青铜器制品。我国的青铜器流行于 4000 年前直到秦汉时代，其使用规模、铸造工艺、造型艺术和品种，是世界上其他国家和地区不可比拟的。

7.1.2.1　锡的性质

A　锡的物理性质

锡是银白色金属，但锡锭因表面形成氧化物薄膜而呈珍珠色。锡的熔点较低，但沸点较高，展性好而延性差。锡条弯曲时由于晶体间摩擦发出声响，称为锡鸣。锡在过冷至 −30 ℃时因体积增大而碎成粉末，称为锡疫；在略低于熔点温度（约 9 ℃）时，锡变得很脆，容易研磨成粉。锡的物理性质见表 7-3。

表 7-3　锡的主要物理性质

物理性质	参　数
熔点/℃	231.89
沸点/℃	2260
密度/($g \cdot cm^{-3}$)	7.28
比热/($J \cdot (g \cdot K)^{-1}$)	0.227
导热率（300 K）/($W \cdot (m \cdot K)^{-1}$)	66.6（α-锡）
电阻率（293 K）/($\Omega \cdot m$)	11.0×10^{-8}
电阻温度系数（0～100 ℃）	0.0047
电导率/cm^{-1}	0.0917×10^{6}
汽化热/($kJ \cdot mol^{-1}$)	296.2
熔化热/($kJ \cdot mol^{-1}$)	7.2
蒸发热/($kJ \cdot mol^{-1}$)	295.8
声音在其中的传播速率/($m \cdot s^{-1}$)	2730
导热系数/($W \cdot (cm \cdot K)^{-1}$)	0.666
热膨胀系数/K^{-1}	2.0×10^{-6}
莫氏硬度	6～7

锡有 3 种同素异形体，表 7-4 列出其转变温度。

表 7-4　锡的同素异形体的转变温度及特征

项　目	同素异形体
转变温度	灰锡 α-Sn $\xrightleftharpoons{18\ ℃}$ 白锡 β-Sn $\xrightleftharpoons{161\ ℃}$ 脆锡 γ-Sn $\xrightleftharpoons{232\ ℃}$ 液态锡
晶格结构	等轴晶系　正方晶系　斜方晶系
密度/$(g \cdot cm^{-3})$	5.85　7.30　6.5　6.99
外形特征	银白色金属，有延展性，斜方锡有脆性
光谱提示	Sn(Ⅳ)，Sn(Ⅱ)

B　锡的化学性质

锡在常温下与水、水蒸气和二氧化碳无作用；但在高温下（高于 610 ℃）锡能分解水蒸气，也能被二氧化碳氧化成 SnO_2。锡与卤族元素，特别与氟和氯反应能生成相应的卤化物。加热时，锡与硫化氢及二氧化硫能生成硫化物。

常温下，锡在空气中能在表面形成致密的氧化物薄膜而阻止锡继续氧化，所以可用镀锡保护钢铁材料，温度高于 150 ℃锡开始缓慢氧化生成 SnO 和 SnO_2，温度升高锡能溶解微量的氧。在赤热的高温下，锡能迅速氧化挥发。

锡的标准电极电位为-0.136 V，但氢在锡金属上的超电压相当大，因此锡在稀的无机酸水溶液中反应缓慢，许多有机酸实际上与锡无作用。在热浓硫酸中，锡可溶解：

$$Sn + 4H_2SO_4 \longrightarrow Sn(SO_4)_2 + 2SO_2 + 4H_2O \tag{7-1}$$

锡与热浓盐酸作用生成 $SnCl_2$ 和氯锡酸（H_2SnCl_4和 $HSnCl_3$），通入氯气时则锡全部变成 $SnCl_4$。浓硝酸不溶解锡，45%以下浓度的硝酸可将锡溶解。

碱对锡溶解速度缓慢，溶解时生成亚锡酸钠（$NaHSnO_2$），有氧化剂存在时则生成偏锡酸钠（Na_2SnO_3）或正锡酸钠（Na_4SnO_4）和过锡酸钠（$Na_2[Sn(OH)_6]$），这些盐类都能溶于水中，是碱法处理马口铁废料回收锡的理论依据。表 7-5 是锡的化学性质。

表 7-5　锡的化学性质

化 学 性 质	参　　数
元素符号	Sn（拉丁文 Stannum），Tin（英文）
原子序数	50
相对原子质量	118.71
原子体积/$(cm^3 \cdot mol^{-1})$	16.3
原子半径/nm	0.172
共价半径/nm	0.141
离子半径/nm	Sn^{2+} 0.102，Sn^{4+} 0.074
氧化态	Sn^{2+}，Sn^{4+}
电子层排布	2-8-18-18-4
电子排布式	$1s^22s^22p^63s^23p^63d^{10}4s^24p^64d^{10}5s^25p^2$

续表 7-5

化学性质	参　数
外围电子层排布	$5s^2 5p^2$
电离能/($kJ \cdot mol^{-1}$)	$Sn \rightarrow Sn^+$　708.6，$Sn^+ \rightarrow Sn^{2+}$　1411.8， $Sn^{2+} \rightarrow Sn^{3+}$　2943，$Sn^{3+} \rightarrow Sn^{4+}$　3930.2
电负性	1.96
电子亲和能/($kJ \cdot mol^{-1}$)	107.30
化学键能/($kJ \cdot mol^{-1}$)	Sn^{2+} 557，Sn^{4+} 322
晶胞参数	$a=b=$ 0.58318 nm，$c=$0.318.19 nm；$\alpha=90°$，$\beta=90°$，$\gamma=90°$
锡的同位素（14 种）	Sn^{112}、Sn^{114}、Sn^{115}、Sn^{116}、Sn^{117}、Sn^{118}， 其中 Sn^{119}、Sn^{120}、Sn^{122}、Sn^{124}稳定
标准电极电位/V	−0.136

7.1.2.2　锡的主要化合物

A　锡的氧化物

锡的主要氧化物是 SnO_2 和 SnO。天然氧化锡 SnO_2 称锡石，是炼锡的主要矿物。锡石密度为 6.8~7.1 g/mL，莫氏硬度 6~7，熔点约 2000 ℃。SnO_2 在熔炼时挥发性很低，分解压很小，是高温稳定的化合物。SnO_2 呈酸性，高温下能与碱性氧化物生成 Na_2SnO_3、K_2SnO_3 等锡酸盐，这些盐类比纯的 SnO_2 难还原。SnO_2 不溶于酸或碱的水溶液中。

氧化亚锡（SnO）在自然界中未曾发现，但它是冶炼时常见的化合物。SnO 密度为 6.446 g/mL，熔点 1040 ℃，沸点 1425 ℃，在熔炼高温下有显著挥发，它的蒸气存在多分子聚合物 $(SnO)_x$，$x=1\sim4$。SnO 只在小于 400 ℃和大于 1040 ℃时稳定，在 400~1040 ℃的温度区间发生歧化反应：

$$2SnO \longrightarrow Sn + SnO_2 \tag{7-2}$$

高温时，SnO 呈碱性，能与酸性氧化物（如 SiO_2 等）造渣，此时比游离的 SnO 难以还原。氧化亚锡不同于二氧化锡，它容易溶于许多酸、碱和盐类的水溶液中。

B　锡的硫化物

锡的硫化物有硫化亚锡（SnS）、二硫化锡（SnS_2）和三硫化二锡（Sn_2S_3）。SnS_2 和 Sn_2S_3 分别在 520 ℃和 640 ℃以下稳定，SnS 是高温稳定的化合物，也是最重要的硫化物。

硫化亚锡的熔点为 880 ℃，沸点 1230 ℃，有 SnS 和 Sn_2S_2 两种聚合物。硫化亚锡的挥发性很大，这是从炉渣和其他贫锡物料中挥发锡的冶金理论基础。

硫化亚锡不易分解，785 ℃与 FeS 生成共晶（80% SnS），820 ℃与 PbS 也生成共晶（9% SnS）。在空气中加热 SnS 便氧化成 SnO_2：

$$SnS + 2O_2 \longrightarrow SnO_2 + SO_2 \tag{7-3}$$

氯气和浓盐酸都能与 SnS 作用：

$$SnS + 4Cl_2 \longrightarrow SnCl_4 + SCl_4 \tag{7-4}$$

$$SnS + 2HCl \longrightarrow SnCl_2 + H_2S \tag{7-5}$$

并能溶于碱金属的硫化物中形成易溶于水的硫代锡酸盐。硫代锡酸盐能从溶液中结晶出来，还可在电解时析出锡，此性质被用在锡的电解精炼和炼锡新方法的探索上。二硫化锡常称为“金箔”，它仅在低温（小于 520 ℃）下稳定，加热即分解。它易溶于碱性硫化物特别是 Na_2S 中，生成硫代锡酸盐：

$$Na_2S + SnS_2 \longrightarrow Na_2SnS_3 \quad (7\text{-}6)$$

$$Na_2S + Na_2SnS_3 \longrightarrow Na_4SnS_4 \quad (7\text{-}7)$$

Sn_2S_3 只在低温下稳定，高于 640 ℃即分解成 SnS 和 S_2。

C　锡的氯化物

锡与氯生成四氯化锡（$SnCl_4$）和氯化亚锡（$SnCl_2$）两种化合物。$SnCl_4$ 的密度为 2.23 g/cm^3，熔点-33 ℃，沸点 1141 ℃，常温为无色液体，容易挥发。$SnCl_4$ 易溶于水，也易被其他更负电性的金属置换。从溶液中可结晶出含不同结晶水的无色透明结晶：$SnCl_4 \cdot 3H_2O$（64~83 ℃稳定）、$SnCl_4 \cdot 4H_2O$（56~63 ℃稳定）、$SnCl_4 \cdot 5H_2O$（19~56 ℃稳定）和 $SnCl_4 \cdot 8H_2O$（小于 19 ℃稳定）。$SnCl_2$ 的密度为 3.95 g/cm^3，熔点 246.8 ℃，沸点 652 ℃。

$SnCl_2 \cdot 2H_2O$ 为白色针状结晶，在空气中会逐渐氧化或风化而失去水分，在高于 100 ℃加热可得无水 $SnCl_2$。无水 $SnCl_2$ 呈半透明白色，在有氧时加热则生成 SnO_2 和 $SnCl_4$，有水蒸气时则全部变成 SnO_2。$SnCl_2$ 易溶于水，有少量盐酸存在会降低其溶解度，如果盐酸浓度高时，由于生成 $H_2(SnCl_4)$ 和 $H(SnCl_3)$，其溶解度又增加在水溶液中，锡易被更负电性的金属如 Al、Zn 和 Fe 等置换产出海绵锡。如果水溶液暴露在空气中会氧化产生 $SnOCl_2$ 沉淀，隔绝氧而用水稀释则产生 Sn(OH)Cl 沉淀。

D　硫代锡酸盐

锡的硫代酸盐类是牢固稳定的，天然矿物黄锡矿（Cu_2FeSnS_4）是碱金属和碱土金属的硫代锡酸盐，它们能很好地溶于水和从溶液中结晶析出，电解时可从硫代锡酸盐溶液中析出锡。硫代锡酸盐实际上是 $n Na_2S \cdot m SnS_2$ 形式的二重盐，即 $Na_2S \cdot SnS_2$ 和 $2Na_2S \cdot SnS_2$，但其他形式的二重盐并未获得。$Na_2SnS_3 \cdot 8H_2O$ 和 $Na_4SnS_4 \cdot 15H_2O$ 为无色单斜晶系结晶，在空气中风化和水解为 Na_2S、Na_2SO_4、$Na_2S_2O_3$ 和 $SnO_2 \cdot nH_2O$。

在中性气氛或真空中干燥可得 Na_2SnS_3（蛋黄色）和 Na_4SnS_4（浅黄色）的无水盐类。在 475~500 ℃温度下的中性气氛中加热，Na_2SnS_3 分解为 Na_2S、SnS_2、Na_4SnS_4，Na_4SnS_4 在 700 ℃温度下熔化并不分解。

重金属的硫代锡酸盐不溶于水，在 Na_2SnS_3 或 Na_4SnS_4 溶液中加入重金属可溶盐类（如 $CuSO_4$、$ZnSO_4$）时，则生成重金属的硫代锡酸盐沉淀。

安全注意事项及预防措施

（1）爆炸：锡在高温下（高于 610 ℃）能分解水蒸气，易产生氢气，引发爆炸。

预防措施：在冶炼过程中，防止水直接接触高温锡。

（2）锡尘肺：长期吸入含有二氧化锡的粉尘或烟雾会引起的肺部疾病。锡尘肺的典型症状包括咳嗽、咳痰、胸闷、胸痛，以及在劳动时出现气促。

预防措施：在粉尘作业环境下，佩戴防尘口罩。

任务小结

（1）锡矿物；
（2）锡的用途；
（3）锡的性质。

知识拓展

中 国 锡 都

举世闻名的锡都个旧地处祖国西南边陲，因锡矿开发历史悠久、储量丰富、冶炼技术先进、精锡纯度高而闻名国内外，享有“锡都”美誉。新中国成立后，累计生产有色金属192 万吨，其中锡 92 万吨，占全国锡产量的 70%以上，是全国最大的锡现代化生产加工基地。一个城市的产品能在国际同类产品中占举足轻重的地位，为世界各国所罕见，因此，个旧“锡都”很早即被载入英国《大不列颠词典》等著名辞书和教科书而蜚声海内外。

任务 7.2　锡精矿的还原熔炼

任务目标

（1）掌握锡熔炼前原料准备的目的和方法。
（2）掌握锡精矿的还原熔炼原理及还原熔炼主要反应。
（3）掌握锡精矿的还原熔炼工艺。
（4）掌握锡精矿的还原熔炼主要设备。

理论与实践

7.2.1　锡熔炼前原料准备

熔炼前锡矿处理的目的是除去对冶炼和产品质量有害的杂质，综合回收各种有价金属和在某些情况下提高锡精矿的品位。根据锡矿性质和要求的不同，熔炼前处理通常采用精选、焙烧、浸出和苏打烧结等作业或这些作业的联合使用方法，目前浸出法已基本上不被工业采用。

7.2.1.1　锡精矿的精选处理

处理锡石为主含铁高的石英粗精矿［含锡（质量分数）约 10%］时，可采用磁选-重选联合精选流程；对含黑钨矿较高 w_{WO_3}为 15%～20%的锡石精矿，可用磁选分离钨，再用磁浮和浮选产出合格的锡精矿。对含白钨的锡精矿，则用静电选矿或浮选分离的方法处理，锡石-钽铌钨粗精矿的精选可采用重-磁-浮选的精选流程。锡硫化物精矿中，如果其中的硫化物是黄铁矿和砷黄铁矿，可选用浮选和磁浮的选矿流程。含方铅矿、辉铋矿的锡石精矿，也可以采用此法处理。

7.2.1.2　锡精矿的焙烧

A　锡精矿的焙烧方法

锡精矿的焙烧方法包括氧化焙烧、氯化焙烧和氧化还原焙烧等。

（1）氧化焙烧。氧化焙烧是在氧化气氛下，矿料中的硫化物在高温下与氧反应，使精矿中的硫、砷和锑等转化为挥发性的氧化物，从精矿中除去。氧化焙烧通常用于高品位锡精矿的脱硫，也用于将精矿中的有害杂质，硫化物转化为可溶性的氧化物。

（2）氯化焙烧。氯化焙烧是指在矿料中加入氯化剂（如氯化钙），使矿料中的某些物质形成可溶性或挥发性的氯化物，达到能与锡相互分离的目的。氯化焙烧法作业成本高，一般用于处理含锡低、与高价值金属共存的矿料，如高铅铋精矿。

（3）氧化还原焙烧。氧化还原焙烧针对矿料中某一物质的化合价而言，例如：$FeAs_2$、As、As_2O_3 和 As_2O_5等中的砷元素，按其化合价由低到高的顺序有-1、0、+3 和+5 等化合价。因焙烧的目的是要获得挥发性强的 As_2O_3 中间化合价产物，必须控制入炉空气中的氧含量，否则含氧过高，会使挥发性强的 As_2O_3 转变为不易挥发的 As_2O_5。

为了更多地将砷脱除，可在原料中加入一些煤作还原剂或控制煤烧产生一些 CO 还原剂，使 As_2O_5不生成或生成后被还原为 As_2O_3 而挥发。这种既有氧化又有还原的焙烧方法，称为氧化还原焙烧方法，常用于处理高砷锑精矿。

综上所述，锡精矿焙烧的主要目的是除去砷、硫和锑。因为熔炼时硫会生成 SnS 而挥发，降低了锡的直收率。砷、锑在熔炼时大部分进入粗锡，精炼除砷、锑产出含锡高的浮渣。为此，采用氧化焙烧及氧化还原焙烧方法，使硫、砷、锑呈 SO_2、As_2O_3 和 Sb_2O_3 等气态物质挥发除去。焙烧的另一个目的是将物料烧结变成烧结块，但现时很少在鼓风炉中熔炼锡精矿，因此这种焙烧形式很少采用。

B　锡精矿焙烧的基本原理

（1）锡精矿中硫、砷、锑等硫化物的热离解。锡精矿中各种硫化物受热时将发生热离解，其主要反应如下：

$$FeS_2 = FeS + \frac{1}{2}S_2 \tag{7-8}$$

$$2CuFeS_2 = Cu_2S + 2FeS + \frac{1}{2}S_2 \tag{7-9}$$

$$2CuS = Cu_2S + \frac{1}{2}S_2 \tag{7-10}$$

$$4FeAsS = 4FeS + As_4 \tag{7-11}$$

$$4FeAs_2 = 4FeAs + As_4 \tag{7-12}$$

（2）锡精矿中硫、砷、锑等硫化物的氧化。有空气存在的条件下，所有硫化物或硫化物热离解的产物都将被氧化，其反应为：

$$\frac{1}{2}S_2 + O_2 = SO_2 \tag{7-13}$$

$$4FeS + 7O_2 = 2Fe_2O_3 + 4SO_2 \tag{7-14}$$

$$Cu_2S + \frac{3}{2}O_2 = Cu_2O + SO_2 \tag{7-15}$$

$$As_4(g) + 3O_2 = 2As_2O_3(g) \tag{7-16}$$
$$4FeS_2 + 11O_2 = 2Fe_2O_3 + 8SO_2 \tag{7-17}$$
$$2FeAsS + 5O_2 = Fe_2O_3 + As_2O_3(g) + 2SO_2 \tag{7-18}$$

在反应过程中，氧化物在 SO_2 和 O_2 的氛围下，有可能硫酸化。

C 锡精矿的焙烧设备

按采用的焙烧主体设备分类有回转窑焙烧、多膛炉焙烧和流态化焙烧等，按物料的运动形态又分为固定床焙烧与流态化焙烧等。

a 固定床焙烧

固定床焙烧是指炉窑内相对静置的物料与流动的炉内气体通过相互碰撞、能量交换和物理化学反应等途径，进行焙烧脱除杂质的工艺过程。多膛炉焙烧属于典型的固定床焙烧，回转窑内的物料随窑体转动而在窑壁处翻动，仍属于固定床焙烧，回转窑作业运行稳定，操作简单，适应物料范围广，气氛易于控制，焙烧效果好，因此近年来我国炼锡厂也相继用回转窑焙烧锡精矿及其他需要脱除砷、硫的精炼渣等物料，并取得了较好的效果。

我国衡阳冶炼厂、西湾冶炼厂和云锡公司均采用回转窑焙烧工艺，其设备连接如图 7-1 所示。

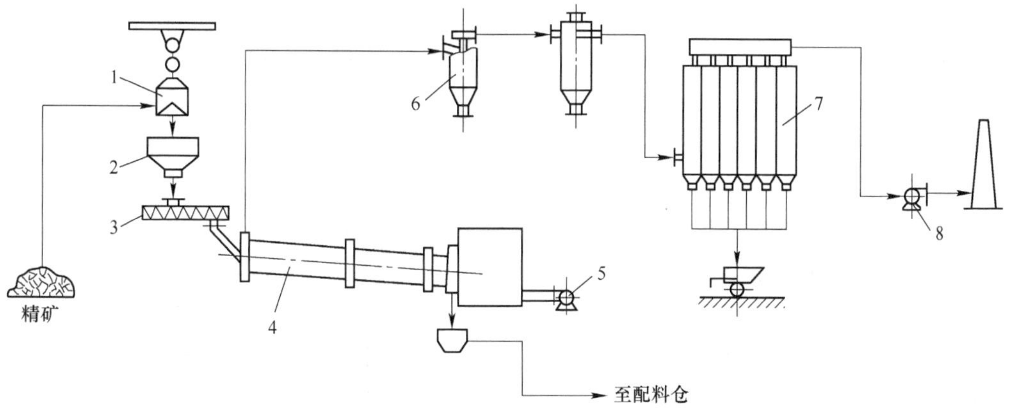

图 7-1 回转窑焙烧锡精矿设备连接图

1—活底料斗；2—料仓；3—螺旋给料机；4—回转窑；
5—鼓风机；6—旋风收尘器；7—布袋收尘器；8—排风机

用于锡精矿焙烧的回转窑由可以旋转的圆筒形窑体和位于窑体两端的供热火仓或其他供热装置与进料、烟气排出密封等装置组成。

回转窑外壳由钢板焊接而成，内衬耐温黏土砖。一般情况下，窑体由多组托轮支撑，斜度为 3%~5%，进料口和烟气出口同在窑尾较高一端，焙砂出口和供热燃烧装置在窑头较低一端，窑体转动速度 0~2 r/min，窑体长径比为 10~16.71。根据入炉炉料焙烧过程中的发热和软化黏结性质及处理量、窑温等工艺参数，清除窑结作业需求等综合考虑选用长径比值，也可借鉴成熟经验按小型试验数据推算放大获取，衡阳冶炼厂：内径 0.9 m，长 8 m；西湾冶炼厂：内径 1.6 m，长 16 m；云锡公司：内径 1 m，长 8 m。

通过检查，确认窑内炉砖牢固不松动，密封装置、冷却水机械和电气设备、抽风收尘设备完好后，才可烘窑或加热升温。窑内温度达 200 ℃前必须转动窑体，当窑内砖壁受热发红时，可满足进料升温焙烧所需温度时可进料，20 m 以上的回转窑升温时间一般需要 2~3 d。

焙烧作业主要控制的技术条件为窑内焙烧高温段的温度和位置，窑的转动速度，窑内烟气出口处的温度、压力和烟气的流速，均匀连续进料的炉料量，火仓燃煤或重油喷火供热的情况。为确保窑内技术条件能稳定控制在理想的作业范围内，入炉料的粒度和煤配料的参数不宜变动过大，最好控制在自热或少量外供热时刚好能维持窑内热平衡的运行状态。为兼顾焙烧质量和控制结窑速度，延长窑运行周期，窑内温度从进料端到焙烧口端方向应保持稳定升高，在焙烧渣距离窑出口处 5~8 m 处，让焙烧渣的脱杂质放热和释放烟气的反应现象逐步减少或消失，或让焙烧末期的焙烧渣在窑内有 10%~20%的行程处于降温焙烧状态。

焙烧精矿常见的控制条件为焙烧温度为 900~960 ℃，烟气出口温度为 350~450 ℃，烟气出口压力为-30~-50 Pa，窑转速度为 0.25~1.2 r/min。

多层焙烧炉分人工扒料和机械扒料两种，原料从炉顶料斗落入炉内最高一层堆放，用人工或机械扒平焙烧，并逐级耙向下一层，最底层与供风供热设施相接，炉内焙烧温度一般由上向下逐级升高，见表 7-6。多层焙烧炉操作方法简单，焙烧气氛容易控制，脱砷等指标容易达到 95%以上，焙砂含砷（质量分数）低于 0.2%，烟尘量少；但多层焙烧炉处理量低，人工、燃料和机械设备操作耗费大，目前较少应用。

表 7-6　多层焙烧炉各层温度控制参数

由高层至低层	第一层	第二层	第三层	第四层	第五层	第六层
温度/℃	500	520~560	560~590	600~650	680~700	710~800

b　流态化焙烧

流态化焙烧是指物料分散悬浮在向上的气体中进行的焙烧过程或作业方法，如悬浮在流态化炉内物料的焙烧过程属于典型的流态化焙烧。

目前国内用于锡精矿焙烧的流态化炉结构如图 7-2 所示，自下而上，由风包、炉底、炉体和炉顶 4 部分组成，炉的外壳由钢板焊接而成。

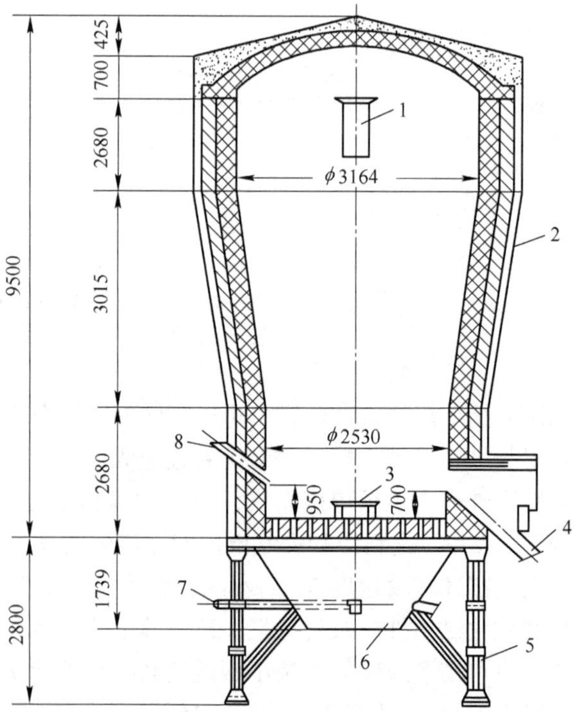

图 7-2　流态化炉结构示意图

1—烟气出口；2—炉身；3—炉门；4—排料管；5—炉架；6—风箱；7—进风管；8—加料管

炉体炉顶、内衬耐火砖、耐火砖与钢壳之间填有保温材料，炉墙厚 460 mm。炉顶由钢制的盖与炉体钢壳用螺栓连接，大修时便于取开顶盖。

炉体内由下向上由流态化床与溢流口和进料口组成的小柱筒体段、下小上大的台形扩散沉尘段和含有烟气侧面出口的大柱筒体段，炉底风帽到炉顶部烟气出口的高度在 8 m 以上，流化床高度为 0.5~0.85 m，以溢流底边为准。

炉底正下方的锥体或台体形状为风包，空气由罗茨鼓风机鼓入风包后，经过风帽阻力板，从风眼吹入炉内。

流态化炉内氧化或还原气氛的控制一般可通过提高入炉风量、减少配入矿料中的煤量，便可提高出炉烟气中的 O_2、CO_2 或 SO_2 含量，含硫高需用氧化气氛，含砷高则用弱氧化气氛。根据炉内各部分温度的变化观测或调节进行判断或控制，一般情况下，炉顶抽风负压的绝对值小，炉温出现炉子底部的流化态床、炉中部和炉顶部的烟气温度顺序逐一升高的情况，表明炉内气氛的控制偏向还原，反之偏向氧化。

流态化焙烧作业主要控制的技术条件。

(1) 焙烧温度。流态化炉焙烧温度的控制受原料软化点的影响很大，因精矿物料颗粒受热升温到某一温度时会软化变形，相互黏接，容易造成炉料结块和死炉，所以焙烧温度应控制在低于入炉物料的软化点。锡精矿的软化点与矿中铅含量有关，焙烧操作温度应控制在比软化温度低 20~30 ℃，一般控制温度为 850~950 ℃。

(2) 炉内气氛在一定温度下增大风量，炉内氧化气氛增强，有利于硫的氧化脱除；脱砷需要弱氧化气氛，以避免难挥发的 As_2O_5 产生。

某冶炼厂锡精矿流态化焙烧设备连接如图 7-3 所示。

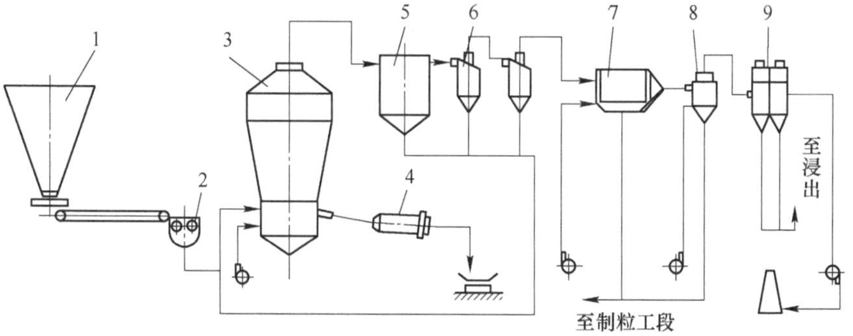

图 7-3　某冶炼厂锡精矿流态化焙烧设备连接图

1—料仓；2—双螺旋给料机；3—流态化炉；4—圆筒冷却机；5—沉降圆筒；6—旋风收尘器；7—高温电收尘；8—骤冷器；9—布袋收尘器

7.2.1.3　锡精矿的浸出

A　浸出的目的及浸出工艺流程

锡精矿中的锡石矿物，不溶于热的浓酸、强碱、氧化性或还原性溶液中，锡石的这种化学稳定性，是采用浸出法分离可溶性杂质的基础。

锡精矿往往含有铁、铅、锑、铋、钨等杂质，若不在炼前将其分离，这种含有多种杂质的精矿送去还原熔炼时，这些杂质大都会进入粗锡中，使粗锡精炼生产困难，产出大量精炼渣，造成锡的冶炼直收率降低。采用盐酸浸出法除去这些杂质，就是锡精矿熔炼前处理的目的。

酸浸能除去较多杂质，得到的精矿进行熔炼时可产出较纯的粗锡，从而使粗锡精炼流程简化，故在许多炼锡厂中得到应用。但酸浸的耗酸量较大，故只有在酸供应较方便、价廉时才适于采用。

有的锡精矿含硫化矿物较多，故也可以先浮选，除掉大部分硫化矿物后，进行焙烧脱硫再浸出，这样可以减少酸的消耗。

用盐酸浸出锡精矿的工艺流程如图 7-4 所示。

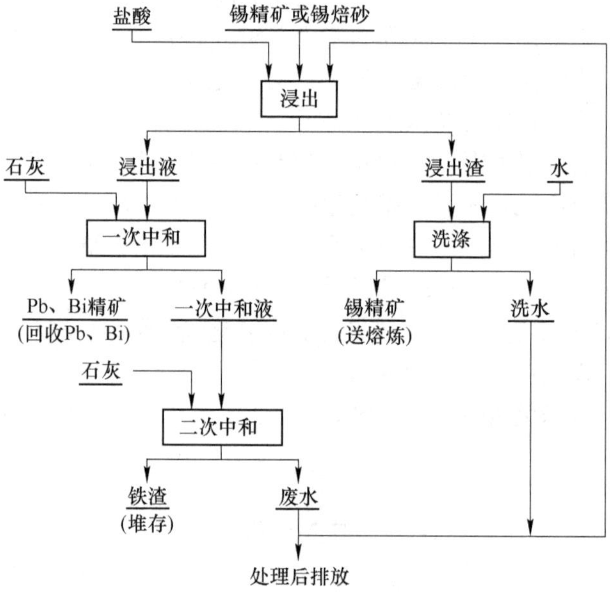

图 7-4　盐酸浸出锡精矿工艺流程图

B　浸出时的基本反应及影响浸出率的因素

用盐酸浸出时，锡精矿中的杂质可发生下列反应：

$$Fe_2O_3 + 6HCl \xlongequal{} 2FeCl_3 + 3H_2O \tag{7-19}$$

$$Fe_3O_4 + 8HCl \xlongequal{} 2FeCl_3 + FeCl_2 + 4H_2O \tag{7-20}$$

$$FeO + 2HCl \xlongequal{} FeCl_2 + H_2O \tag{7-21}$$

$$FeO \cdot As_2O_5 + 2HCl + 2H_2O \xlongequal{} FeCl_2 + 2H_3AsO_4 \tag{7-22}$$

$$FeO \cdot Sb_2O_5 + 12HCl \xlongequal{} FeCl_2 + 2SbCl_5 + 6H_2O \tag{7-23}$$

$$Sb_2O_4 + 8HCl \xlongequal{} SbCl_3 + SbCl_5 + 4H_2O \tag{7-24}$$

$$PbO \cdot SiO_2 + 2HCl + nH_2O \xlongequal{} PbCl_2 + SiO_2 + (1+n)H_2O \tag{7-25}$$

$$Bi_2O_3 + 6HCl \xlongequal{} 2BiCl_3 + 3H_2O \tag{7-26}$$

$$(FeMn)WO_4 + 2HCl \xlongequal{} (FeMn)Cl_2 + H_2WO_4 \tag{7-27}$$

$$CaWO_4 + 2HCl \xlongequal{} CaCl_2 + H_2WO_4 \tag{7-28}$$

$$CuO + 2HCl \xlongequal{} CuCl_2 + H_2O \tag{7-29}$$

反应式（7-19）、式（7-20）、式（7-22）～式（7-24）和式（7-27）进行得缓慢而且不完全，除生成的钨酸和胶状硅酸（$SiO_2 \cdot nH_2O$）外，其余的反应物都能溶于盐酸溶液中，胶状硅酸难以过滤。

精矿中不同种类的氧化铁矿物结构不同，浸出时溶解度也不一样。三种铁的矿物相比，褐铁矿溶解度最大，赤铁矿较低，若酸度较大时溶解度在 90%以上。

Sb_2O_4仅能溶解于浓盐酸中，故氧化焙烧后的精矿，锑的浸出率很低。氧化还原焙烧后的精矿，锑以低价化合物存在，有利于酸浸除去，但此时锡溶于酸中的损失会增大。影响浸出率的主要因素有盐酸浓度、盐酸用量与浸出温度等。

（1）盐酸浓度。提高盐酸浓度不仅可以提高速度，也可以防止溶液中的氯化物（如 $FeCl_3$、$BiCl_3$）发生水解沉淀反应。$PbCl_2$ 在盐酸中的溶解度是随盐酸浓度提高而增加的，铅的浸出率也会随盐酸浓度的增加而提高；当酸浓度达 25%时，铅浸出率为 94%，盐酸浓度提高也有利砷的浸出，锑和铁的浸出率受盐酸浓度影响较小。控制盐酸浓度在 22%~25%时，杂质的浸出率都比较高。当精矿含铅高［Pb 含量（质量分数）大于 3%］时，可适当加入氯化钠以提高铅的浸出率。

（2）盐酸用量。随着盐酸用量的增加，铅、铋、铁的浸出率也增加。生产中，盐酸加入量一般按浸出金属的质量比计算，其比例为 Pb：HCl = 1：1.2、Bi：HCl = 1：3.8、Fe：HCl = 1：4.4（盐酸浓度为 30%，密度为 1.15 g/cm^3）。

（3）浸出温度。升高温度可提高溶解速度，提高杂质的漫出率。要获得较高的铅、锑、铁浸出率，应控制浸出温度在 110 ℃以上，实行高压浸出，一般常压浸出控制的温度为 90~95 ℃。

（4）精矿粒度。精矿的粒度越细，浸出过程就越快，但很细的物料难过滤。

7.2.1.4　苏打烧结焙烧

苏打烧结焙烧用于含黑钨、白钨锡中矿的处理。苏打烧结分离锡、钨过程的实质，是将物料中的钨在 800~850 ℃有空气存在时与苏打作用，使钨生成水溶性的钨酸钠，而锡石不与苏打发生反应，达到钨、锡分离。

含黑钨、白钨锡中矿，或钨锡混合矿，它们含钨、锡都高，可以采用先苏打烧结、再浸出来达到分离钨、锡的目的。

若这种矿含硫、砷高时，可先进行氧化还原焙烧脱去硫、砷，然后将 1.5 倍理论计算量的苏打配入焙砂中，在 800~850 ℃下进行烧结焙烧。当有氧存在时，便会发生如下反应：

$$2FeWO_4 + 2Na_2CO_3 + \frac{1}{2}O_2 = 2Na_2WO_4 + Fe_2O_3 + 2CO_2 \quad (7\text{-}30)$$

$$3MnWO_4 + 3Na_2CO_3 + \frac{1}{2}O_2 = 3Na_2WO_4 + Mn_3O_4 + 3CO_2 \quad (7\text{-}31)$$

$$2CaWO_4 + 2Na_2CO_3 = 2Na_2WO_4 + 2CaCO_3 \quad (7\text{-}32)$$

为强化反应进行，在炉料中加入 3%的硝石作氧化剂，产出的烧结料可送去浸出。采用三段逆流浸出，水的加入量控制在液固比为 1：(1~2)，浸出温度 80~90 ℃，搅拌 1~2 h，钨的浸出率达 90%以上，浸出渣含 w_{WO_3}为 2%~4%、w_{Sn}为25%~30%，送去还原熔炼。

云锡公司处理一种以含黑钨矿为主的钨锡混合矿，其成分（质量分数,%）为：WO_3 38.20、Sn 30.78、SiO_2 4.95、As 0.77、S 0.59、Fe 5.33、Bi 0.02、Cu 0.11、Pb 0.25。曾试验过用盐酸浸出的湿法处理流程，盐酸浸出反应为：

$$CaWO_4 + 2HCl = H_2WO_4\downarrow + CaCl_2 \quad (7\text{-}33)$$

$$FeWO_4 + 2HCl = H_2WO_4 \downarrow + FeCl_2 \quad (7\text{-}34)$$

产出的钨酸浸出渣用 NaOH 溶液碱浸：

$$H_2WO_4 + 2NaOH = Na_2WO_4 + 2H_2O \quad (7\text{-}35)$$

碱浸得到的钨酸钠溶液可进一步处理提取钨，碱浸渣即为脱钨的锡精矿（w_{Sn} 为 65.11%，w_{WO_3}1.6%），送去熔炼。

7.2.2　锡精矿还原熔炼原理

还原熔炼主要包括碳的燃烧反应、金属氧化物的还原与炼锡炉渣的选择。

7.2.2.1　碳的燃烧反应

在锡精矿的还原熔炼过程中，大都采用固体碳质还原剂（如煤、焦炭等在熔炼高温下）当这种还原剂与空气中的氧接触时就会发生碳的燃烧反应。根据反应过程，有以下反应。

碳的完全燃烧反应：　$$C + O_2 = CO_2 \quad (7\text{-}36)$$

碳的不完全燃烧反应：　$$2C + O_2 = 2CO \quad (7\text{-}37)$$

碳的气化反应，也称布多尔反应：　$$C + CO_2 = 2CO \quad (7\text{-}38)$$

煤气燃烧反应：　$$2CO + O_2 = 2CO_2 \quad (7\text{-}39)$$

这四个反应除式（7-38）外，其余三个反应均为放热反应，但是其热值的大小是不一样的。如是按式（7-36）进行碳的完全燃烧反应，1 mol 的碳可以放出 393129 J 的热；如果按式（7-37）进行，即 1 mol 的碳不完全燃烧时放出热量只有 110430 J 的热，不到式（7-36）放热的 1/3，所以从碳的燃烧热能利用来说，应该使碳完全燃烧变为 CO_2。这样一来燃烧炉内只能维持强氧化气氛，即供给充足的氧化才能达到。但是，对于还原熔炼来说，除了要求碳燃烧放出一定热量维持炉内的高温外，还必须保证有一定的还原气氛，即有一定量的 CO 来还原 SnO_2。

温度升高有利于吸热反应从左向右进行，即有利于式（7-38）而不利于式（7-37）向右进行。所以在高温还原熔炼条件下，必须有足够的碳存在，以使碳的气化反应式（7-38）从左向右进行，以保证还原熔炼炉内有一定的 CO 存在，促使 SnO_2 更完全地被还原。

综上所述，在锡精矿高温还原熔炼的条件下，碳的燃烧反应应该是式（7-36）与式（7-38）同时进行，才能维持炉内的高温（1000～1200 ℃）和还原气氛 CO。对于不同的熔炼方法，式（7-36）与式（7-38）可以同时在炉内进行，也可以分开进行，如反射炉喷粉煤燃烧时，式（7-36）主要是在炉空间进行，式（7-38）主要是在料堆内进行；电炉熔炼是以电能供热，煤的加入是在料堆内进行碳的气化反应式（7-38）供应还原剂 CO。如果采用鼓风炉或澳斯麦特炉炼锡，则碳燃烧反应式（7-36）与反应式（7-38）必须同时在炉内风口区或熔池中进行。

7.2.2.2　金属氧化物（MeO）的还原

A　氧化锡的还原

精矿、焙砂原料中的锡主要以 SnO_2 形成存在，还原熔炼时发生的主要反应为：

$$SnO_2(s) + 2CO(g) \xlongequal{} Sn(l) + 2CO_2(g) \tag{7-40}$$

$$C(s) + CO_2(g) \xlongequal{} 2CO(g) \tag{7-41}$$

反应式（7-40）为固态被气态 CO 还原产生液态金属锡和气态 CO_2，而大部分 CO_2 被固定碳还原反应式（7-41），产生气态的 CO 又成为反应式（7-40）的气态还原剂去还原固态的 SnO_2。如此循环往复，直至这两个反应中的固相消失为止。所以，只要在炉料中加入过量的还原剂，理论上可以保证 SnO_2 完全还原。

当两个反应各自达到平衡时，其平衡气相中 CO 与 CO_2 的平衡浓度会维持一定的比值。在还原熔炼的条件下（恒压下），这个比值主要受温度变化的影响。若将平衡气相中 CO 和 CO_2 的平衡浓度之和作为 100，则可绘出反应的 CO 含量与温度变化的关系。反应式（7-40）与反应式（7-41）的这种变化关系如图 7-5 所示。

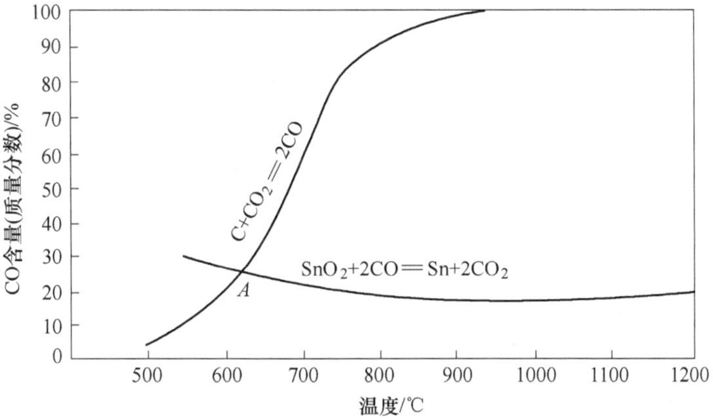

图 7-5　用 CO 还原 SnO_2 时气相组成与温度的关系

图 7-5 中反应式（7-40）与反应式（7-41）的两条平衡曲线相交于 *A* 点，与 *A* 点对应的温度约为 630 ℃，即当炉内温度达到 630 ℃，若气相中 CO 含量达到 *A* 点相应的水平约为 21%，两个反应便同时达到平衡。用固体碳作 SnO_2 的还原剂时，只要炉内维持 *A* 点的温度条件，SnO_2 就可以开始还原得到金属锡，这个温度（约 630 ℃）就是 SnO_2 开始还原的温度，即炉内的温度必须高于 630 ℃，才能使 SnO_2 被煤等固体还原剂还原。

当炉内温度从 630 ℃继续升高时，反应式（7-41）平衡气相中 CO 含量会进一步升高，远高于反应式（7-40）平衡气相中 CO 含量，即温度升高有利于反应式（7-40）从左向右进行，反应式（7-40）产生的 CO_2 会被炉料中的还原剂煤还原变为 CO，以保证反应式（7-40）继续向右进行。

在生产实践中，所用锡精矿和还原煤不是纯 SnO_2 和纯固定碳 C，其化学成分复杂，物理状态各异；另外，受加热和排气系统等条件的限制，实际的 SnO_2 被还原温度要比 630 ℃高许多，往往在 1000 ℃以上，并且要加入比理论量高 10%～20%的还原剂，以保证炉料中的 SnO_2 能更迅速更充分地被还原。

B　锡精矿中其他金属氧化物的行为

可以根据金属氧化物对氧亲和力的大小，判断或控制锡精矿在还原熔炼过程中的变化。图 7-6 为氧化物的吉布斯标准自由能变化与温度的关系图，可以看出低于 SnO_2 线的金属氧化物是第一类对氧的亲和力比锡大的杂质，有 SiO_2、Al_2O_3、CaO、MgO 以及很少量的 WO_3、TiO_2、Nb_2O_5、Ta_2O_5、MnO 等，它们的 $\Delta G^{\ominus}$ 比 SnO_2 线的 $\Delta G^{\ominus}$ 负得多，即稳定得多；它们被 CO 还原时，要求平衡气相组成中的 CO 含量高于 SnO_2 被还原时 CO 的含量，只要控制比锡还原条件还低的温度和一定的 CO 含量，它们是不会被还原的，仍以 MgO 形态进入渣中。

图 7-6 中高于 SnO_2 线的金属氧化物，包括铜、铅、镍、钴等金属对氧的亲和力比锡小的杂质金属的氧化物，其 $\Delta G^{\ominus}$ 较 SnO_2 负得少些，比 SnO_2 更不稳定些，是第二类杂质；它们在锡氧化物被还原的条件下，会比 SnO_2 优先被还原进入粗锡中，给粗锡的精炼带来许多麻烦，应在炼前准备阶段中尽量将其分离。第三类杂质是铁的氧化物，在图 7-6 中 SnO_2 与线邻近，其 $\Delta G^{\ominus}$ 值相近。生产实践表明，炉料中的铁氧化物部分被还原为金属铁

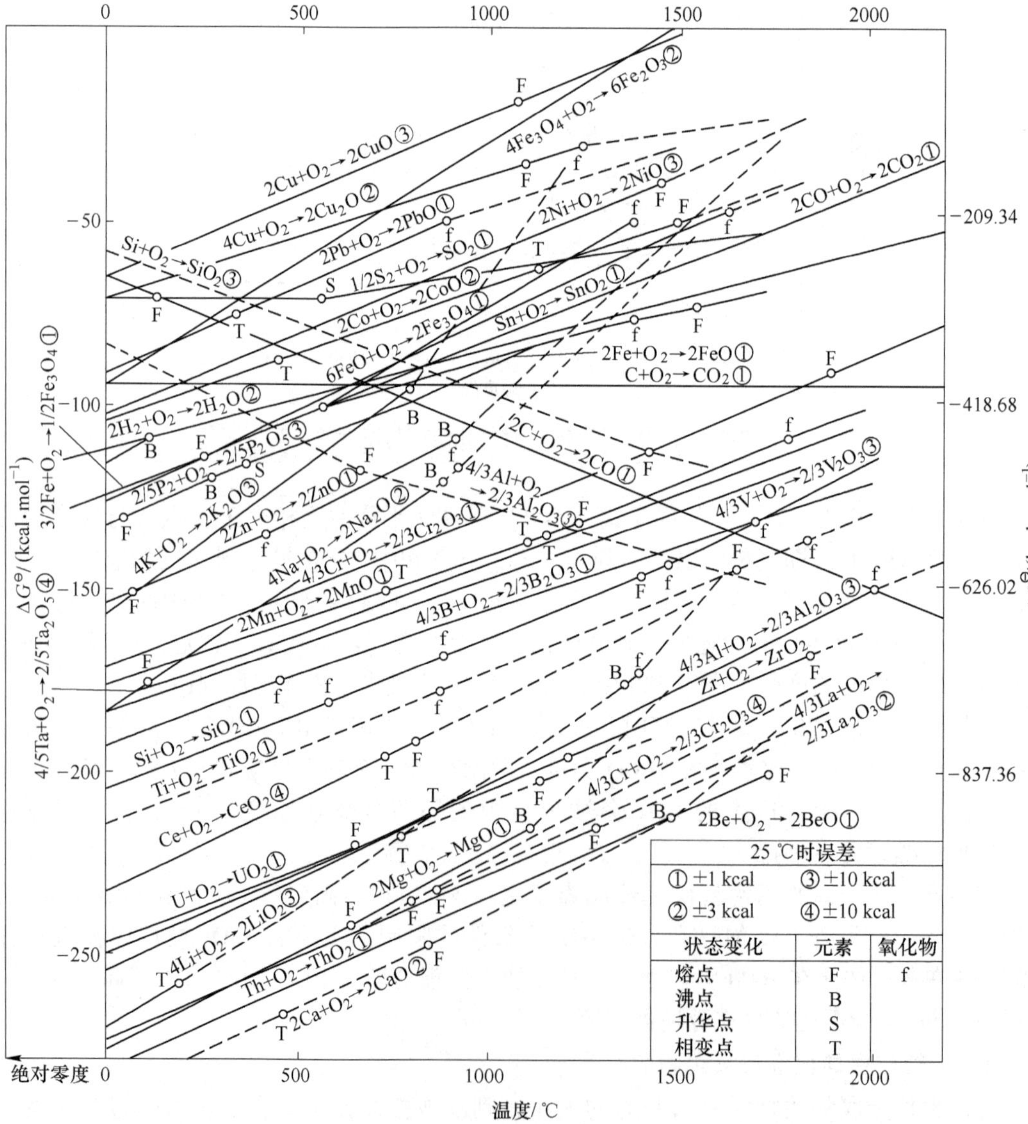

图 7-6　氧化物的吉布斯标准自由能变化与温度的关系图

溶入粗锡中，Fe_2O_3 被还原为 FeO 再与其他脉石 SiO_2 等造渣而入炉渣中。铁的氧化物还原的这种特性，给锡精矿的还原熔炼过程造成较大的困难。要使炉渣中（SnO）很充分地还原和到含锡低的炉渣，势必要求更高的温度与更强的还原气氛，这就给渣中的（FeO）还原创造了条件，使其被更多地还原而进入粗锡中，使粗锡中的铁含量（质量分数）高达1%以上；当锡中的铁含量达到饱和程度，还会结晶析出 Sn-Fe 化合物，形成熔炼过程中的一种产品，即硬头。硬头的处理过程麻烦，并造成锡的损失，所以锡原料在还原熔炼过程中控制粗锡中的 Fe 含量是控制还原终点的关键。在还原熔炼过程中，氧化锌的行为与氧化铁的行为类似，由于金属锌在高温下易挥发，因此在实际生产中锌主要分配在炉渣和烟尘中。

C　还原熔炼过程中锡与铁的分离

SnO_2 的还原反应如下：

$$SnO_2 + 2CO = Sn + 2CO_2 \tag{7-42}$$

$$SnO_2 + CO = SnO + CO_2 \tag{7-43}$$

$$SnO + CO = Sn + CO_2 \tag{7-44}$$

反应式（7-43）很容易进行，即酸性较大的 SnO_2 很容易被还原为碱性较大的 SnO。锡还原熔炼一般造硅酸盐炉渣，碱性较大的 SnO 便会与 SiO_2 等酸性渣成分结合而入渣中，渣中的（SnO）比游离 SnO 的活度小，活度越小越难被还原。

原料中铁的氧化物主要以 Fe_2O_3 形态存在，在高温还原气氛下按下列顺序被还原：

$$Fe_2O_3 \longrightarrow Fe_3O_4 \longrightarrow FeO \longrightarrow Fe$$

高价铁氧化物 Fe_2O_3 的酸性较大，只有还原为碱性较大的 FeO 之后，才能与 SiO_2 很好地化合造渣融入渣中。所以总是希望 Fe_2O_3 完全还原为 FeO 进入渣中，而渣中的 FeO 不被还原为 Fe 进入粗锡中。

平衡气相中 CO 含量与温度的关系变化曲线如图 7-7 所示。

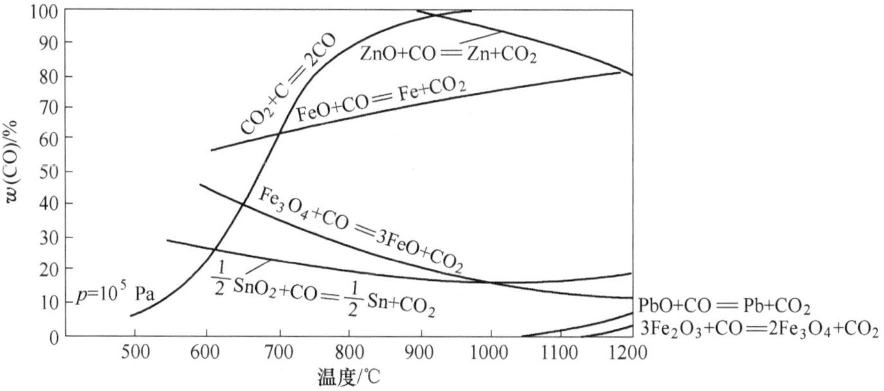

图 7-7　平衡气相中 CO 含量与温度的关系变化曲线

图 7-7 表明，在一定温度下，通过控制炉气中 CO 含量，可实现 SnO_2 还原为 Sn，Fe_2O_3 只还原为 FeO。在还原熔炼过程中，锡铁氧化物的还原反应会独自完成、互不相溶，并且不与精矿中的其他组分发生反应时（即其活度为 1）。

生产实践中，往往是 SnO 和 FeO 均溶入渣中，使其活度变小，造成炉气中的 CO 含量提高，导致图 7-7 中的还原平衡曲线向上移动。当（SnO）和（FeO）还原得到金属 Sn 和 Fe 时，二者又互溶形成合金（合金中［Sn］与［Fe］的活度小于 1），结果活度越小，渣中的（SnO）和（FeO）越容易被还原，于是图 7-7 中的还原平衡曲线将向下移动。

当合金相与渣相平衡时，锡和铁在两相间的分配可由下式决定：

$$(SnO)_{(渣)} + [Fe]_{合金} = [Sn]_{合金} + (FeO)_{(渣)} \qquad \Delta G^{\ominus} = 23260 - 36.46\ J/mol \tag{7-45}$$

锡精矿还原熔炼开始时，$a_{(SnO)}$ 的活度很大，返回熔炼的硬头，由于 $a_{[Fe]}$ 大，便成为精矿中 SnO_2 的还原剂。随着反应向右进行，$a_{(SnO)}$ 与 $a_{[Fe]}$ 越来越小，而 $a_{(FeO)}$ 及 $a_{[Sn]}$ 则越来越大，反应向右进行的趋势减小，向左进行的趋势增大，最终达到平衡。锡和铁在两相间的分配决定了锡精矿还原熔炼过程中，实现较好地分离铁与锡比较困难。

在生产实践中常用经验型的分配系数 K 来判断锡、铁的还原程度，用以控制粗锡的质量。分配系数 K 表示如下：

$$K = \frac{w[Sn] \cdot w(Fe)}{w[Fe] \cdot w(Sn)} \tag{7-46}$$

式中，$w[Sn]$、$w[Fe]$ 和 $w(Sn)$、$w(Fe)$ 分别表示金属相和渣相中 Sn、Fe 的质量分数。

实践证实，当 $K = 300$ 时，能得到含铁最低的高质量锡；当 $K=50$ 时便会得到含 Fe 约 20%的硬头。澳斯麦特公司在工业设计中推荐的 K 值，精矿熔炼阶段为 300，渣还原阶段为 125。采用澳斯麦特炉熔炼既可有效地控制铁的还原，也可以采用高铁质炉渣，但总铁含量（质量分数）不应大于 50%。

D　影响金属氧化物还原反应速率的因素

锡氧化物被气体还原剂 CO 还原的过程发生在气固两相界面上，属于“局部化学反应”类型的多相反应。在这种体系中形成的固体产物包围着尚未反应的固体反应物，形成固体产物层，如图 7-8 所示。随着反应的进行，未反应的核不断地缩小。

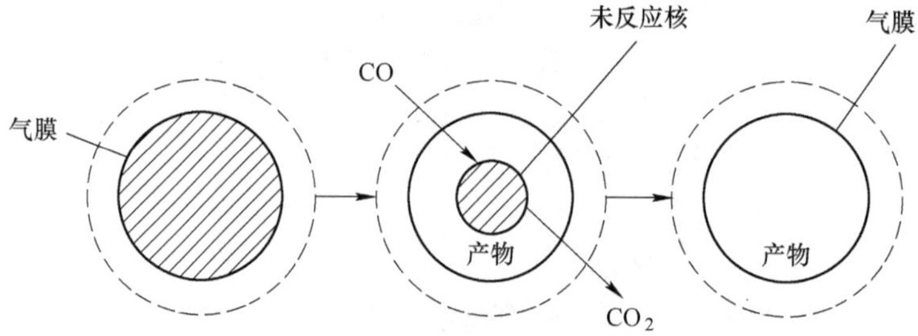

图 7-8　氧化物被 CO 还原的过程

从图 7-8 可以看出，CO 还原固体氧化锡的过程可以看成是由几个同时发生的或相继发生的步骤组成。

（1）沿气体流动方向输送气体反应产物 CO；

（2）气体反应物 CO 由流体本体向锡精矿的固体颗粒表面扩散（称外扩散），以及气体反应物 CO 通过固体孔隙和裂缝深入固体内部的扩散（内扩散）；

（3）气体反应物 CO 在固体产物与未反应核之间的反应界面上发生物理吸附和化学

吸附；

（4）被吸附的 CO 在界面上与 SnO_2（SnO）发生还原反应并生成吸附态的产物 CO_2；

（5）气体反应产物 CO_2 在反应界面上解吸；

（6）解吸后的气体反应物 CO_2 在反应界面上解吸；

（7）气体反应物 CO_2 沿气流流动方向离开反应空间。

上述各个步骤都具有一定的阻力，并且各步骤的阻力是不同的，所以每一步骤进行的速率是不同的。锡氧化物还原的总过程可以看成是由上述步骤组成的，而过程的总阻力等于串联步骤的阻力之和。在由多个步骤组成的串联反应过程中，当某一个步骤的阻力远大于其他步骤的阻力时，整个反应主要由这个最大阻力步骤控制。由于氧化锡的还原熔炼是在高温下进行的，所以反应速率通常是由扩散过程，特别是由内扩散过程控制。

根据热力学原理，若要氧化锡的还原反应进行，体系中 CO 的实际浓度必须大于平衡时的 CO 浓度。由于氧化锡的还原过程处于扩散区，过程的表观速率取决于传质速率，因此 CO 实际浓度与其平衡浓度之差成为过程的推动力。化学反应的速率正比于其推动力与阻力之比，因此影响氧化锡还原速率及彻底程度的因素有如下。

（1）气流的性质。SnO_2 的还原反应主要靠气体还原剂 CO，故气相中的 CO 浓度越高，反应速率越快。为了保证气流中有足够的 CO 浓度，从碳的气化反应可知，炉料中必须有足够的还原剂及较高的温度，这样便可保证 CO 还原 SnO_2 产生的 CO_2 被 C 再还原为 CO，使 SnO_2 不断地被 CO 还原。气流速度加大，固体粒子表面的气膜减薄，更有利于气相中的 CO 渗入料层中，并较快地扩散到固体颗粒内部，使固体炉料颗粒内部的 SnO_2 更完全更迅速地被还原。对于反射炉和电炉熔炼而言，这种作用是不明显的；对于澳斯麦特炉，气流速度在熔池中的搅拌就显得非常重要了。

（2）炉料的性质。炉料的物理状态包括颗粒大小与含水量，精矿颗粒的粒度越小，比表面积越大，越有利于与气体还原剂接触。锡精矿的粒度主要受选矿条件制约，冶炼厂不再磨矿处理。对于反射炉熔炼而言，由于炉料形成料堆，气相中的 CO 很难在其中扩散，同时料堆内部传热也是以传导为主，在反射炉内料堆中的还原反应速度很慢，故其生产率较低。在电炉内，料堆下部还受到熔体流动的冲刷，其还原反应速度比反射炉要好一些，但反应并不显著。对于反射炉与电炉熔炼而言，由于 MeO 的还原反应都是在料堆内部进行，要求还原剂与精矿应在入炉前进行充分混合，最好经制粒后加入炉内，以改善料堆内部的透气性和导热性。在澳斯麦特炉内，由于熔体被气流强烈搅动，加入熔池内的炉料，很快被熔体吞没，在熔体内部进行气-液-固三相反应，所以 MeO 还原反应非常迅速，故其生产率较高。炉料经制粒后加入炉内的主要目的是为了减少粉料入炉，降低烟尘率以及改善劳动条件。

（3）温度。如前所述，锡精矿的还原过程是由一系列步骤组成的，温度对这些步骤的影响各不相同，所以温度对于还原速率的影响呈现复杂的关系。但总体讲，升温有几个作用：

1）锡还原反应本身是一个吸热反应，温度高对加速反应有利；

2）温度高可增加解吸速度，加速 CO、CO_2 在精矿表面的扩散过程；

3）从图 7-6 可知，$CO_2+C=2CO$ 为吸热反应，其一氧化碳平衡浓度随温度升高而增加，故温度越高 CO(%) 浓度越大。反应 $SnO_2+2CO=Sn+2CO_2$ 随温度递增所需的 CO 浓度并不大，故 SnO_2 的还原反应容易进行；

4）随温度递增，可以降低炉渣的黏度，加速扩散过程，提高炉温也有不利的一面，即铁可能被更多地还原出来，炉子寿命缩短，锡挥发损失增加，所以炉温的提高是有限制的。客观地说，由于锡精矿还原熔炼过程的温度都在 1000 ℃以上，反应速率主要受扩散速率限制，因此提高反应温度有利于加速扩散，从而提高还原反应速率。

（4）还原剂种类及其加入量的影响。还原剂的种类对还原速率有很大影响，含挥发分少的炭粉要在 850 ℃时才开始对氧化锡有明显的还原作用，而含挥发分较多的还原剂可以在较低的温度下或较短的时间内充分还原氧化锡，但在较高的温度下各种碳质还原剂的作用相差不大。许多研究者发现，碳的种类对反应速率的影响很大。用活性炭作还原剂时，SnO_2 大约在 800 ℃开始还原；使用石墨作还原剂时，SnO_2 大约在 925 ℃才开始还原。还原剂配入的多少，直接影响着还原气氛的强弱、还原反应速度的快慢以及还原反应进行的程度。如果固体还原剂只按理论量加入，则在还原过程后期，固体还原剂将不足以维持布多尔反应平衡的需要；在料层内部将只是反应式（7-42）的平衡 CO/CO_2 气氛，不可能使 SnO_2 完全还原。此外，就还原熔炼后期已造渣的锡还原来说，主要靠 SnO 或 $SnSiO_3$ 在熔渣中的扩散与固体碳直接作用，所以要使 SnO_2 完全还原，并且将炉渣中的氧化锡还原，过量的还原剂是必要的。但是还原剂过量，并不是可以无限制地增加，而是受到铁还原的制约的。还原剂的加入量一般按下列两个反应式计算：

$$2SnO_2 + 3C = 2Sn + 2CO + CO_2 \tag{7-47}$$

$$Fe_2O_3 + C = 2FeO + CO \tag{7-48}$$

这样的计算结果忽略了原料中其他 MeO 的还原以及碳燃烧过程中的飞扬损失等，所以实际配入的还原剂量应比理论计量高 10%~20%。

（5）炼锡炉渣。锡冶炼的重要任务是分离锡与铁，尽量使铁造渣，一般选择 $FeO\text{-}SiO_2\text{-}CaO$ 渣系。考虑提高产率和锡的回收率，获得较好的技术经济指标，必须正确选择炉渣的组成。

在锡还原熔炼过程中，为了分离锡与铁，选择温度和 CO 浓度在同一条件下达到平衡，即：

$$\frac{K_{Sn}}{K_{Fe}} \cdot \frac{p_{CO}}{p_{CO_2}} = K_{Sn}\frac{a_{[Sn]}}{a_{(SnO)}} = K_{Fe}\frac{a_{[Fe]}}{a_{(FeO)}} \tag{7-49}$$

当还原气氛维持不变，即$\dfrac{p_{CO}}{p_{CO_2}}$一定，温度一定时，$\dfrac{K_{Sn}}{K_{Fe}}$也是一定，于是可以得到：

$$a_{(SnO)} = \frac{a_{[Sn]}}{a_{[Fe]}} \times a_{(FeO)} \tag{7-50}$$

$$a_{(SnO)} = f_{(SnO)} \times w(SnO) \tag{7-51}$$

式（7-50）表明，减少铁硅酸盐炉渣中 $a_{(FeO)}$，可实现渣中的锡还原完全。炉渣中的 $a_{(FeO)}$ 和 $a_{(SnO)}$ 主要与炉渣中 FeO、SiO_2、CaO 的含量有关，因为它们的总量占炉渣量的 82%~85%。

渣中的 SnO 被还原后产生液态金属锡滴往往悬浮在液态炉渣中，要创造条件使锡滴聚合并从渣中沉下，才能实现锡与铁很好地分离，否则渣含锡会很高。因此，小锡滴聚合与沉下的条件与炉渣的熔点、黏度、密度和表面张力等性质有关。

7.2.3 锡精矿还原熔炼工艺

还原熔炼的目的是尽量使原料中锡的氧化物（SnO_2）和铅的氧化物（PbO）还原成金属并回收。在此过程中，还原熔炼使精矿中铁的高价氧化物三氧化二铁（Fe_2O_3）还原成低价氧化亚铁（FeO），与精矿中的脉石成分（如 Al_2O_3、CaO、MgO、SiO_2 等）、固体燃料中的灰分和配入的熔剂生成以氧化亚铁、二氧化硅（SiO_2）为主体的炉渣。

还原熔炼是在高温下进行的，为了使锡与渣较好地分离，提高锡的直收率，还原熔炼时产出的炉渣应具有黏度小、密度小、流动性好和熔点适当等特点。因此，应根据精矿的脉石成分、使用燃烧和还原剂的质量优劣等，配入适量的熔剂，搞好配料工作，选好渣型。不然，若炉渣熔点过高，黏度和酸度过大，就会影响锡的还原和渣锡分离，并使过程难以进行。工业上通常使用的熔剂有石英或石灰石（或石灰）。

为了使氧化锡还原成金属锡，必须在精矿中配入一定量的还原剂，工业上通常使用的碳质还原剂有无烟煤、烟煤、褐煤和木炭，要求还原剂含固定碳较高。锡精矿冶炼工艺流程如图 7-9 所示。

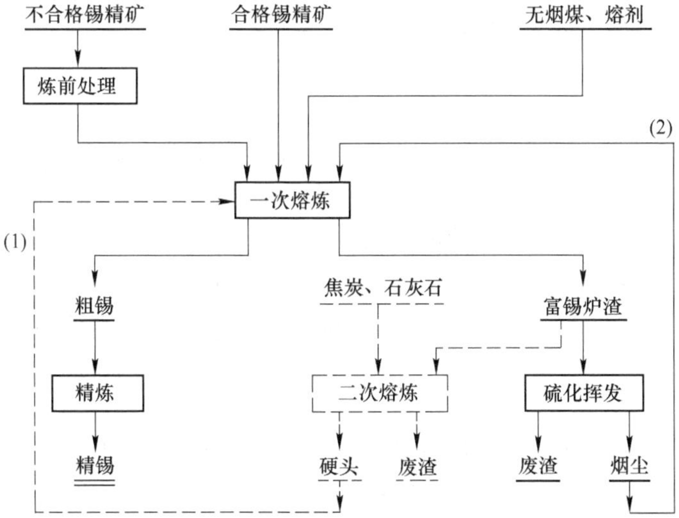

图 7-9 锡冶炼的两种原则工艺流程图

注：（1）虚线，两段熔炼流程；（2）实线，熔炼-硫化挥发流程

7.2.4 锡精矿还原熔炼设备

还原熔炼的设备有澳斯麦特炉、反射炉、电炉、鼓风炉和转炉。从世界范围来说，反射炉是主要的炼锡设备，其次是电炉，而鼓风炉和转炉只有个别工厂使用。若采用反射炉或电炉进行还原熔炼，固态的精矿或焙砂与固态还原煤经混合后加入炉内，受热进行还原反应时是在两固相的接触处发生，这种接触面有限，而固相之间的扩散几乎不能进行，所以金属氧化物与固相还原煤之间的化学反应不是主要的。

在澳斯麦特炉中，是固态还原煤与液态炉渣间进行化学反应，固液两相之间的反应当然比固-固两相间进行的反应强烈得多，这也说明了在澳斯麦特炉内 MeO 的还原要比反射炉与电炉中进行得更快些。在澳斯麦特炉中更为重要的反应是气-液-固三相反应，即搅拌的气相、翻腾的液相和还原煤固相之间的反应。在高温翻腾的熔池中，煤中的固定碳与气相中的氧充分接触，发生煤的燃烧反应，产生气体 CO_2 与 CO，CO 即液态炉渣中 MeO 的还原剂，这样气-液两相的还原反应速度要比固-液两相间的反应快得多。所以在澳斯麦特炉中 CO 气体还原剂仍然起主要作用；在电炉与反射炉内进行的还原熔炼，碳燃烧产生的 CO 更是 MeO 还原的主要还原剂。

7.2.4.1 反射炉

反射炉熔炼实际上是燃料燃烧产生的高温气体经炉子空间向炉内炉料供热，炉料在高温下进行还原而产出粗锡和炉渣的过程。

锡还原熔炼目前仍大量采用“两段熔炼法”，先在较弱还原气氛下控制较低的温度进行还原，得到较纯的粗锡和含锡较高的富渣，然后将高锡富渣在更高的温度和更强的还原气氛下再还原，产出硬头和含锡较低的贫渣，硬头返回一次熔炼。

锡精矿反射炉还原熔炼的主要优点可归纳为：

（1）对原料的适应性强，对粒度和水分无特殊要求，能够处理粉状物料，因此只要原料成分适宜，均可直接入炉，无须特殊处理；

（2）对燃料无特殊要求，固、液、气态的燃料均可使用；

（3）炉内气氛容易控制，设备操作方便；

（4）对生产规模适应性强，可根据需要的熔炼能力设计炉床面积。

反射炉熔炼作业包括进料、熔炼、放锡放渣、开炉停炉及正常维修等过程。这些过程的相互配合，保证了反射炉熔炼作业的顺利进行。

A 开炉和进料

新建或大修后的反射炉开炉过程均包括炉底烧结过程，进料作业包括称料、混料、运输、进料等过程。

B 熔炼

进料完毕后，炉料即进入了熔炼阶段。由于炉料含有水分以及炉料的吸热，因此进料后炉温将下降到 800~900 ℃。经过 1~2 h 后，炉料水分被蒸干，炉温开始上升。当炉温上升到 1150~1250 ℃时，炉料开始进行还原和造渣过程。当熔炼进行到 4~5 h 时，炉内已有液态炉料出现，此时可开始翻渣作业。翻渣作业的过程是用钢耙顺料堆脚进行搅动，以加快炉料的熔化过程。当熔炼进行到 7 h 左右时，炉料基本熔化完毕，此时炉温上升到 1300~1350 ℃，标志着造渣过程已完成，炉渣开始进行过热阶段。这时应对炉内进行一次搅动，将沉入炉底的炉料全部搅起，再过 30 min 后即可开口放锡放渣。

C 放锡放渣

反射炉内的粗锡可一次放出，也可多次放出。

开口放锡时先用钢钎将锡口下方打开一个小孔，将熔融粗锡通过溜槽放入锡锅。粗锡放出时呈暗红色，当锡口附近的锡流表面出现颜色发白的熔体时，说明炉内锡液已放完，开始淌渣了。此时应立即将锡口堵死，做好放渣准备，然后打开渣口，将液渣通过炉前溜槽放入前床经沉清分离后得到的粗锡仍放入锡锅，而渣则进渣罐。

粗锡在锡锅内降温到 800 ℃左右时，将锅内硬头捞去，继续降温到 350~400 ℃捞去锅面乙锡并送往熔析炉。锅中剩下的为甲锡，送精炼车间进行精炼。

D　反射炉停炉和维修

反射炉正常停炉应在放完最后一炉渣后，炉子空烧 1 h 左右，将炉内残存的炉料及炉结放完，然后逐渐停火降温。

7.2.4.2　电炉

电炉炼锡始于 1934 年，目前世界上电炉炼锡产量约占世界总产锡量的 10%。我国部分厂家仍采用电炉熔炼。

A　电炉熔炼的原材料

a　原料

电炉熔炼对原料的适应性强，除锡精矿外，还可以处理各种锡渣和烟尘等。炉料含水量一般不超过 3%，对于粉状物料，尤其是各类含锡烟尘，入炉前最好先制粒（团）干燥，球团粒度以 10~20 mm 为宜。如果粉料直接入炉，则烟尘率高。粉料透气性差，容易产生爆喷塌料现象。

目前高品位锡精矿逐年减少，有时入炉精矿品位只能达到 40%~50%，而铁含量（质量分数）则增至 10%~16%，严重影响电炉作业指标，造成渣率增大、硬头增多和直收率下降。

b　熔剂

根据原料和渣型选择熔剂，通常用石灰石、石英等做熔剂。一般要求石灰石含 CaO 大于 50%、石英石含 SiO_2 大于 90%，粒度不超过 6 mm，含水分应在 3%以下。

熔剂的加入量应以选择的渣型作依据。电炉易达到较高的熔炼温度和保持较强的还原气氛，从而可以处理难熔物料，产出高熔点的炉渣，故渣型选择的范围较宽。

c　还原剂

电炉熔炼所用还原剂有无烟煤、焦炭和木炭等。采用焦炭及木炭作还原剂时，具有活性高、反应能力强和挥发物量少等优点，但其价格相对高。工业上多用无烟煤作还原剂，无烟煤含有少量挥发物，容易黏附在收尘器内壁上，对收尘有影响。对无烟煤的一般要求（质量分数）是：固定碳含量大于 60%，H_2O 含量小于 3%，灰分含量小于 25%，粒度以 5~15 mm 为宜。

B　电炉熔炼的工艺流程

炼锡电炉采用矿热电炉（即电弧电阻炉），电流是通过直接插入熔渣（有时是固体炉料）的电极供入熔池，依靠电极与熔渣接触处产生电弧及电流通过炉料和熔渣发热进行还原熔炼。此工艺对原料适应性强，例如高铁物料、高熔点的含锡物料等，电炉熔炼的一般工艺流程如图 7-10 所示。

炼锡电炉具有如下特点。

（1）在有效电阻的作用下，熔池中电能直接转变为热能，因而容易获得高而集中的炉温。高温集于电极区，炉温可达 1450~1600 ℃，因而适合于熔炼高熔点的炉料。对于熔炼含钨、钽和铌等高熔点金属的锡精矿更具优越性，同时较高的炉温为渣型选择提供了更宽的范围。

（2）炼锡电炉密封性好，炉内可保持较高浓度的一氧化碳气氛，还原性气氛强，适合

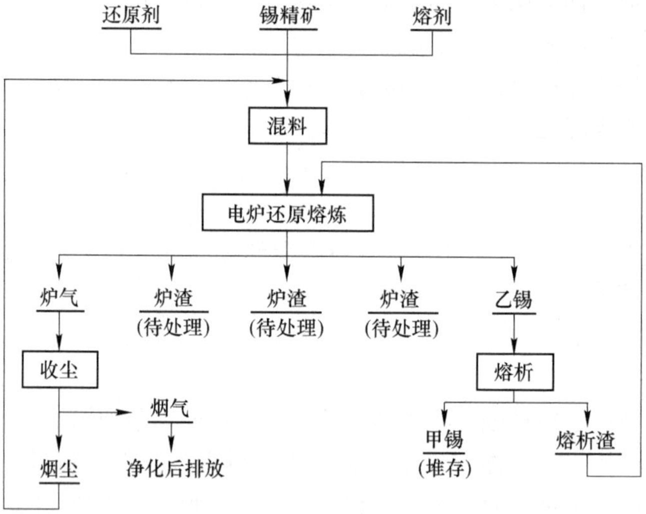

图 7-10　电炉熔炼的一般工艺流程图

于处理低铁锡精矿。较好的密封烟气量少，还原性气氛强，减少锡的挥发损失。一般电炉熔炼锡挥发损失约为 1.3%，而反射炉则达 5%。

(3) 锡精矿电炉熔炼具有炉床能力高 [$3\sim6\ t/(m^2 \cdot d)$]、锡直收率高（熔炼富锡焙砂时可达 90%）、热效率高和渣含锡低（3%左右）等特点。

C　电炉熔炼的产物

锡精矿电炉还原熔炼一般产出粗锡、炉渣和烟尘，粗锡送精炼过程产出精锡，炉渣经贫化回收锡后废弃，烟尘返回熔炼过程或单独处理。

a　电炉炼锡的粗锡

原料成分的不同，产出的粗锡成分差异也很大。由粗锡成分可知，锡中的主要杂质是铅、铋、铁、铜、砷和锑等，经铸锭送去精炼。由于电炉熔炼是周期性作业，每批炉料的熔炼时间为 20~24 h，多次分批加料、放锡与放渣。首先放出的粗锡含锡品位较高，称为甲锡；以后放出的锡尤其是炼渣阶段的粗锡，品位较低称为乙锡。

乙锡中的铁含量比甲锡高出许多，说明还原熔炼后期，进入渣中的 SnO 更难还原，导致渣中的 FeO 与 SnO 一起被还原。乙锡通过熔析精炼再产出甲锡，熔析渣可返回熔炼过程处理。

b　电炉炼锡的炉渣

电炉熔炼产出的高熔点炉渣一般成分见表 7-7。

表 7-7　电炉的高熔点炉渣一般成分　（质量分数,%）

SiO_2	CaO	FeO	Al_2O_3
25~40	15~36	3~7	7~20

从表 7-7 可知，电炉炉渣特点是 FeO 含量较低，高熔点组分 Al_2O_3 与 MgO 含量较高，电炉渣中锡含量在 5%以上，所以电炉渣应经过处理回收锡以后才能废弃。

c　电炉炼锡的烟尘

电炉熔炼产生的烟气量较少，随烟气带走的粉尘不多。烟尘中锌含量较高时需另外处理，一般烟尘均返回熔炼过程回收锡。

7.2.4.3　澳斯麦特炉

澳斯麦特技术也称为顶吹浸没熔炼技术。澳斯麦特炉熔炼技术的实质是：作业时将一根经特殊设计的喷枪，由炉顶部插入垂直放置的呈圆筒形炉膛内的熔体之中，空气（或富氧空气）和燃料（油、天然气或煤粉）从喷枪末端喷入熔体，在炉内造成一个剧烈翻腾的熔池表面，炉料由顶部加料口直接加入翻腾的熔池中，因此它也被称为"顶吹沉没喷枪"熔炼技术。该技术是在 20 世纪 70 年代由澳大利亚联邦科学与工业研究组织为处理低品位锡精矿和含锡杂物料而开发的，因此也被称为赛罗熔炼。澳大利亚芒特·艾萨矿业公司也将该技术应用于铜、铅的冶炼，又被称为艾萨熔炼，其实质是相同的。

A　澳斯麦特熔炼的原料

锡精矿经沸腾焙烧脱砷、脱硫和再磁选，使锡精矿中 Sn 品位提高至 50%以上，杂质含量 $w_{As}<0.8\%$、$w_S<0.8\%$，并放置于料仓内；其他入炉物料有还原煤、熔剂、经烟化产出的烟化尘及经焙烧后产出的析渣，均置于各自的料仓内。各种入炉物料经计量配料后，送入双轴混合机进行喷水混捏，混捏后的炉料经计量，用胶带输送机送入澳斯麦特炉内还原熔炼。

B　澳斯麦特熔炼的工艺过程

澳斯麦特还原熔炼是周期性进行的过程，主要分为熔炼、弱还原及强还原三个阶段：

（1）熔炼需要 6~7 h，熔炼结束后渣含质量分数 Sn 15%左右；

（2）弱还原阶段需 20 min，渣含质量分数 Sn 由 15%降至 5%；

（3）强还原用于处理熔炼渣和弱还原渣，渣含质量分数 Sn 由 5%降至 1%以下，强还原阶段需 90 min。

有些工厂强还原作业不在澳斯麦特炉内进行，而将上述（1）和（2）两个过程得到含 Sn 5%左右的贫渣直接送烟化炉处理，这样既可增加熔炼作业时间又可提高 Sn 的回收率。

澳斯麦特熔炼炉产出粗锡、贫锡渣和含尘烟气。熔炼炉产出的粗锡进入凝析锅凝析，将液体粗锡降温，铁因溶解度减少而呈固体析出，这样可降低粗锡中的铁含量。凝析后的粗锡通过锡泵泵入位于电动平板车上的锡包中，运至精炼车间进行精炼，凝析产出的析渣经熔析、焙烧后返回配料，这部分渣称为焙烧熔析渣。

熔炼炉产出的贫渣放入渣包，然后送烟化炉硫化挥发处理，得到抛渣和烟化尘。烟化尘经焙烧后返回配料，这部分烟尘称为贫渣焙烧烟化尘。熔炼炉产出的含尘烟气经余热锅炉回收余热，产出过热蒸汽，然后经冷却器冷却，再经布袋收尘。回收的烟尘称为焙烧烟尘，经焙烧返回配料入炉。烟气再经洗涤塔脱除 SO_2 后经烟囱排放。澳斯麦特炉的一般生产工艺流程如图 7-11 所示。

C　澳斯麦特熔炼技术的特点

与传统炼锡炉相比，澳斯麦特技术的特点是通过喷枪形成一个剧烈翻腾的熔池，极大地改善了整个反应过程的传热和传质过程，不仅提高了反应速度和有效地提高了反应炉的

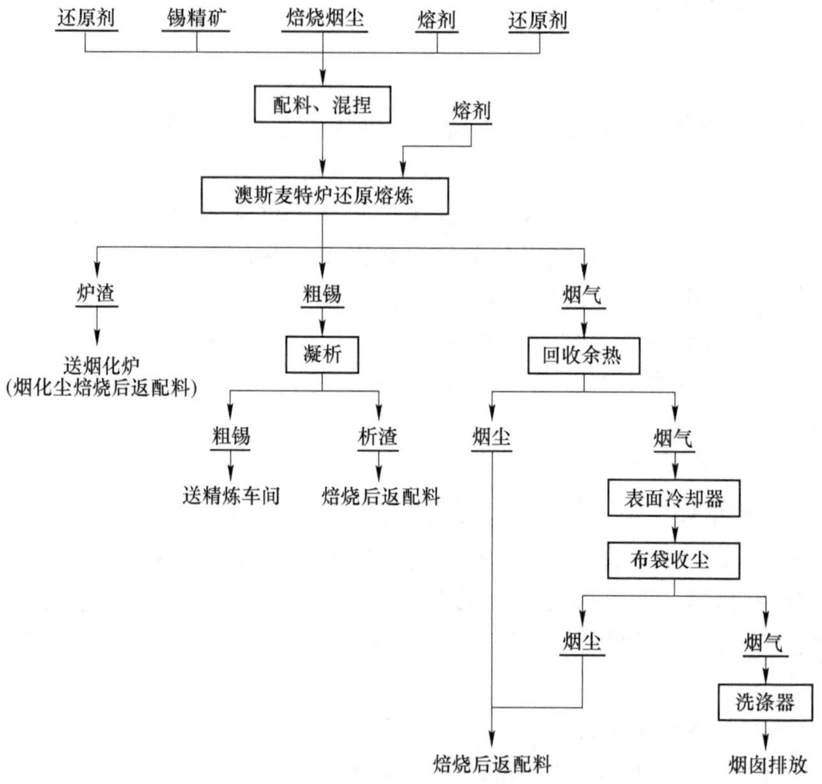

图 7-11　澳斯麦特炉炼锡的一般生产工艺流程图

炉床能力［炉床指数可达 18~24 $t/(m^2 \cdot d)$］，同时大幅度降低了燃料的消耗。

a　澳斯麦特炉与其他炉型的比较

在澳斯麦特炉熔炼过程中，燃料随空气通过喷枪直接喷入炉体内部，燃料直接在物料的表面燃烧，高温火焰可以直接接触传热。熔体不断直接搅动，强化了对流传热，从根本上改变了其他炉型熔炼主要靠辐射传热的状况，从而大幅度提高了热利用效率，降低了燃料消耗。

锡精矿还原反应过程主要是 SnO_2 同 CO 之间的气固反应，而控制该反应速度的主要因素是 CO 向精矿表面扩散和 CO_2 向空间的逸散速度和过程。在其他炉型熔炼过程中，物料形成静止料堆，不利于上述过程的进行。在澳斯麦特熔炼过程中，反应表面受到不断地冲刷以及由于燃料在物料表面直接燃烧形成的高温可产生更高浓度的 CO，有力地促进了上述 CO 的扩散和 CO_2 的逸散过程，加快了还原反应的进行。

澳斯麦特熔炼过程可以通过调节喷枪插入深度、喷入熔体的空气过剩量或加入的还原剂的量和加入速度，以及通过及时放出生成的金属等手段，达到控制反应平衡的目的，从而控制铁的还原，制取含铁较低的粗锡和含锡较低的炉渣。

由于反射炉等传统熔炼过程中渣相和金属相之间达到平衡，因此要想得到含铁较低的粗锡而大幅度降低渣中含锡是不可能的，渣中锡含量和金属相中的铁含量成为相互关系；即在平衡情况下，炉渣中的锡含量（质量分数）低于 2%时，粗锡中的铁含量将急剧上升。

b　澳斯麦特熔炼的动力学过程

在澳斯麦特熔炼过程中，由于喷枪仅引起渣的搅动，可以形成相对平静的底部金属相，因此可以在熔炼过程中连续或间断地放出金属锡，破坏渣锡之间的反应平衡，迫使 $SnO_{(渣)}+Fe_{(金属)}\rightarrow FeO_{(渣)}+Sn_{(金属)}$ 反应向右进行，从而可能降低渣中的锡含量。

在熔池中渣锡之间达到完全平衡和不形成平衡的情况下，锡的还原程度和渣中锡含量出现明显区别。生产数据表明，澳斯麦特技术可取得更低的渣中含锡指标。

在澳斯麦特熔炼过程中，可以通过单独的渣还原过程、提高温度和快速加入还原剂等方式，使渣表面形成较高的 CO 浓度，促使反应 $(SnO)+CO\rightarrow[Sn]+CO_2$ 向右进行。

c　澳斯麦特熔炼的先进性

澳斯麦特熔炼过程基本上实现了计算机程序控制，可以减轻操作强度和减少操作人员，提高劳动生产率。

澳斯麦特熔炼过程基本上处于密闭状态，极大地改善了作业环境。由于总体烟气量小，相应的收尘系统也可以简化。例如，冯苏冶炼厂烟气量（标态）在最高的熔炼阶段也达到 30000 m^3/h，相当于两座反射炉的烟气量，从而极大地节省了收尘系统的投资和操作维护费用。

作为澳斯特麦特技术关键的喷枪，由于可以通过外层套管中加入压缩空气冷却，在外壁挂上一层渣，使喷枪不易被烧损，万一被烧损，修补也很方便。澳斯麦特技术的先进性主要表现在以下几个方面。

（1）熔炼效率高。澳斯麦特技术的核心是利用一根经特殊设计的喷枪插入熔池，空气和燃料从喷枪的末端直接喷入熔体中，在炉内形成一个剧烈翻腾的熔池，极大地改善了反应的传热和传质过程，加快了反应速度和提高热利用率，有极高的熔炼强度。澳斯麦特炉单位熔炼面积的处理量（炉床指数）是反射炉的 10~24 倍。

（2）适应性强。由于澳斯麦特技术的核心是有一个翻腾的熔池，控制好适当的渣型，选好熔点和酸碱度，对处理的物料就有较强的适应性。

（3）热利用率高。采用澳斯麦特技术使喷入熔池的燃料直接同熔体接触并燃烧，从根本上改变了反射炉主要依靠辐射传热、热量损失大的弊病。云南锡业公司用一座澳斯麦特炉取代目前的 10 座反射炉及电炉等粗炼设备，炉内烟气经一个出口排出，烟气余热能量得到充分利用，比用反射炉生产每年可多发电 2500×10^4 kW·h，将使每吨锡的综合能耗大幅度下降。经初步计算，每年可减少燃料煤 11000 t 以上。

（4）有利于环保。因澳斯麦特炉开口少，整个作业过程处于微负压状态，基本无烟气泄漏。由于烟气集中，可以有效地进行 SO_2 脱除处理，解决其对环境的污染。

（5）减少返品。澳斯麦特熔炼通过控制铁的还原，制取含铁较低的粗锡，大大减少了返回品数量。

（6）减少投资。由于生产效率高，一座澳斯麦特炉就可以完成多座其他炉子的熔炼任务，而且主体设备简单、减少投资。

综上所述，澳斯麦特技术是目前世界上最先进的锡强化熔炼技术，是取代反射炉等传统炼锡设备较理想的技术设备。

D　澳斯麦特熔炼的主要设备

澳斯麦特炼锡系统一般分为熔炼系统、炼前处理系统、配料系统、供风系统、烟气处理系统、余热发电系统等（见图 7-12），其设备连接如图 7-13 所示。

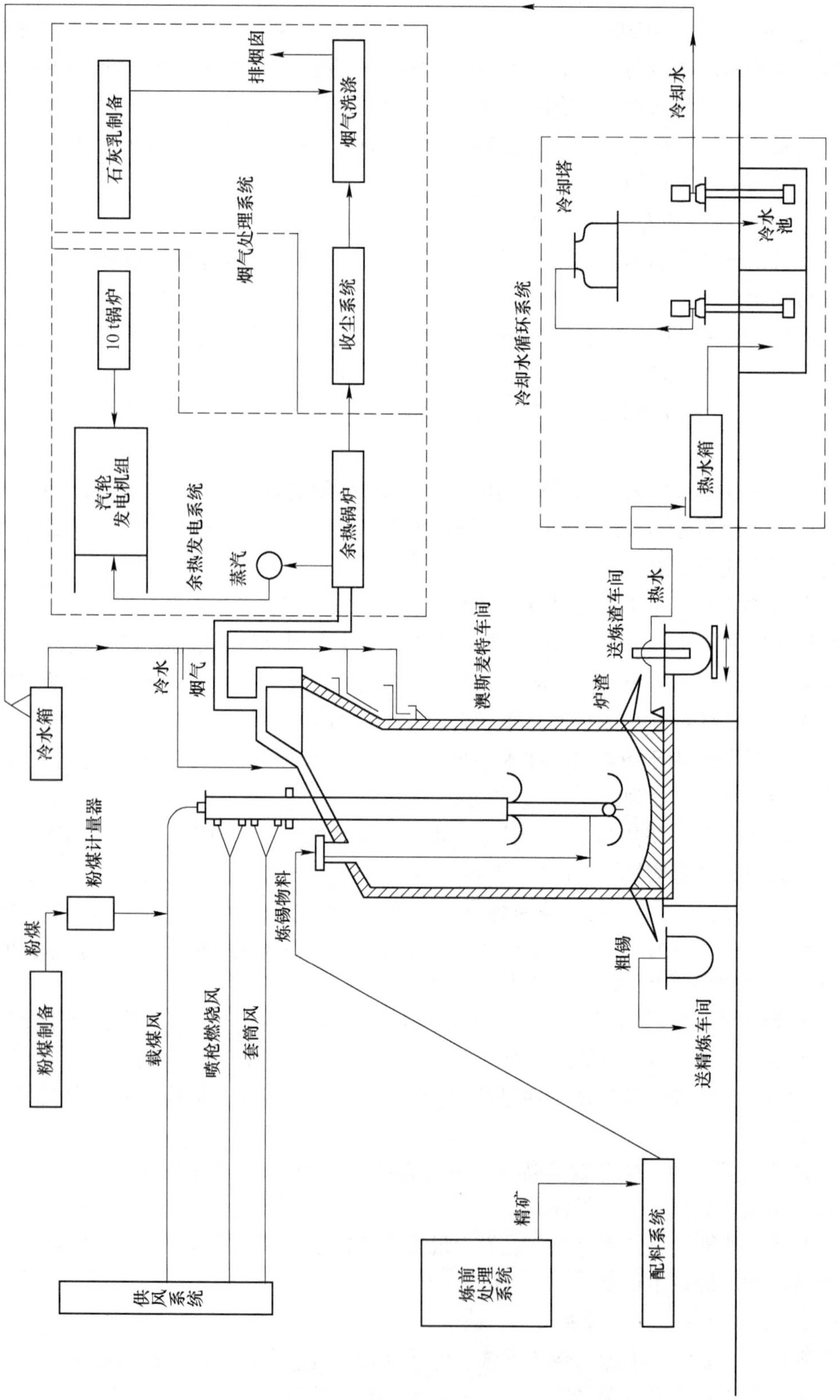

图 7-12　澳斯麦特炉系统分类图

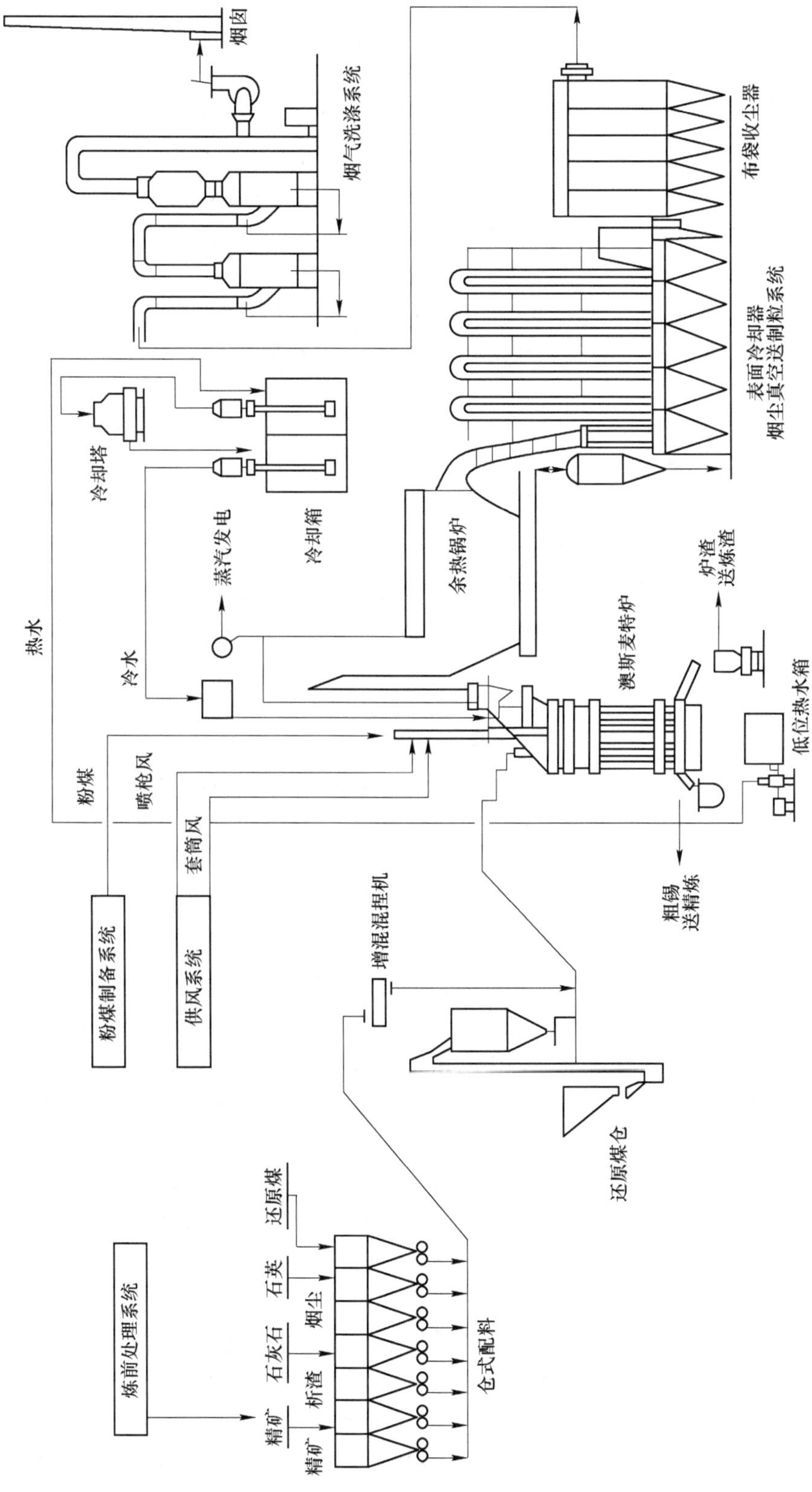

图 7-13　澳斯麦特炉炼锡设备连接图

E 澳斯麦特熔炼过程

澳斯麦特熔炼过程大致可分为准备、熔炼、弱还原和强还原 4 个阶段。

a 准备阶段

澳斯麦特熔炼是熔池熔炼过程，在熔炼过程开始前必须形成一个具有一定深度的熔池。在正常情况下，由上一周期留下的熔体形成熔池。对于初次开炉，需要预先加入一定量的干渣，然后插入喷枪，在物料表面加热使之熔化，形成一定深度的熔池。当炉内温度升到 1150 ℃左右时，开始进入熔炼阶段。

b 熔炼阶段

将喷枪插入熔池，控制一定的插入深度，调节压缩空气及燃料量，经喷枪末端喷出的燃料和空气造成剧烈翻腾的熔池。通过上部进料口加入配料和炉料团块，维持温度在 1150 ℃左右。

随着熔炼反应的进行，还原反应生成的金属锡在炉底部积聚，形成金属锡层。由于作业时喷枪被保持在上部渣层下一定深度（约 200 mm），故主要是引起渣层的搅动，从而可以形成相对平静的底部金属层。当金属锡层达到一定厚度时，适当提高喷枪的位置，开口放出金属锡，熔炼过程不间断进行。

当炉渣达到一定厚度时，停止进料，将底部的金属锡全部放完，进入渣还原阶段，熔炼阶段耗时 6~7 h。渣还原阶段根据还原程度的不同分为弱还原阶段和强还原阶段。

c 弱还原阶段

弱还原阶段作业的主要目的是对炉渣进行轻度还原，使炉渣含锡（质量分数）从 15%降低到 4%左右，弱还原阶段作业炉温度要提高到 1200 ℃左右。将喷枪定位在熔池的顶部（接近静止液渣表面），同时快速加入块煤，促进炉渣中 SnO 的还原，弱还原阶段作业时间为 20~40 min。作业结束后，迅速放出金属锡，即可进入强还原阶段。

d 强还原阶段

强还原阶段是对炉渣进一步还原，使渣中含锡（质量分数）降至 1%以下，达到可以抛弃的程度。这一阶段炉温要升高到 1300 ℃左右，并继续加快还原煤。

强还原阶段开始后炉渣的锡含量非常低，不可避免地有大量铁被还原出来，这一阶段产出的是 Fe-Sn 合金。强还原阶段持续 2~4 h，作业结束后让 Fe-Sn 合金留在炉内，放出的大部分炉渣经过水淬后丢弃或堆存。炉内留下部分渣和底部的 Fe-Sn 合金，保持一定深度的熔池，作为下一作业周期的初始熔池。强还原阶段用于 Fe 的能源消耗最终转化为用于 Sn 的还原。

在特殊情况下，为使渣含锡降到更低的程度，可以在强还原阶段结束前放出 Fe-Sn 合金后，再将炉温升高到 1400 ℃以上，把喷枪深深插入渣池中；同时加入黄铁矿，对炉渣进行烟化处理，挥发残存在渣中的锡。

F 总结

通过以上分析证明，澳斯麦特技术是一种简单、适应能力强和具有极高熔炼强度的先进喷吹熔池熔炼技术，是目前锡精矿反射炉还原熔炼比较理想的技术。澳斯麦特炉炼锡过程的处理量、各种物料的配比、喷枪风燃料比、鼓风量、燃烧空气过剩系数、喷枪进入炉内程序、喷枪高度、炉内温度和负压等参数的检测、控制、记录以及备用烧嘴的升降等操作，全部在控制室通过 DCS 系统控制，同时可对余热锅炉的状况、烟气处理系统各工序的进出口温度和压力等进行检测，基本实现了过程的自动控制。

安全注意事项及预防措施

(1) 高温：锡还原熔炼需在高温下进行，会造成高温辐射和烫伤。

预防措施：操作人员必须佩戴齐全个人防护装备，安全操作。

(2) 有毒气体：还原熔炼过程中的 CO、SO_2 气体均具有毒性。

预防措施：佩戴防尘口罩和防毒面具，规范操作。

任务小结

(1) 锡熔炼前原料准备；

(2) 锡精矿还原熔炼原理；

(3) 锡精矿还原熔炼工艺；

(4) 锡精矿还原熔炼设备。

知识拓展

中国锡都云南锡业集团（控股）有限责任公司

云南锡业集团（控股）有限责任公司是云南省人民政府国有资产监督管理委员会直接监管的省属重点国有企业，是世界锡生产企业中产业链最长、最完整的企业，国家 520 户重点企业之一、云南省重点培育的十大企业集团之一，在世界锡行业中排名第一。经过 120 多年的发展，该公司已发展成拥有 40 多个全资、控股子公司，有云南锡业股份有限公司、贵研铂业股份有限公司以及在澳大利亚上市的 YTC 资源有限公司三个上市公司，成为集地质勘探、采矿、选矿、冶炼、锡化工、砷化工、锡材深加工、有色金属新材料、贵金属材料、建筑建材、房地产开发、机械制造、仓储运输、国际物流、科研设计和产业化开发等为一体的国有特大型有色金属联合企业，成为世界最大的锡生产、加工基地和世界最大的锡化工中心、世界最大的锡材加工中心，以及世界级的稀贵金属研发中心。

2016 年 8 月，云南锡业集团（控股）有限责任公司在“2016 中国企业 500 强”中排名第 314 位。2019 年 9 月，该公司位列 2019 中国制造业企业 500 强榜单第 120 位。

任务 7.3 粗 锡 精 炼

任务目标

(1) 掌握粗锡精炼的主要方法；

(2) 掌握粗锡火法精炼的主要方法；

(3) 掌握粗锡电解精炼的原理、工艺及设备。

理论与实践

锡还原熔炼产出粗锡，粗锡需经过精炼得到精锡。精炼技术包括火法精炼和电解精炼。粗锡中的组成见表 7-8，经过精炼获得不同代号的精锡组成见表 7-9。

表 7-8 还原熔炼产出的粗锡组成 （质量分数,%）

编号	Sn	Fe	As	Sb	Cu	Pb	Bi
1	99.79	0.0089	0.010	0.012	0.0025	0.005	0.002
2	96.47	0.615	0.88	1.35	0.02	0.69	0.32

表 7-9 精锡的组成 （质量分数,%）

代号	Sn(≥)	Fe(≤)	As(≤)	Sb(≤)	Cu(≤)	Pb(≤)	Bi(≤)	S(≤)	杂质总和（≤）
Sn9999	99.99	0.0025	0.0007	0.002	0.001	0.0035	0.0025	0.0005	0.01
Sn9995	99.95	0.004	0.003	0.01	0.004	0.025	0.006	0.001	0.05
Sn999	99.90	0.007	0.01	0.02	0.008	0.045	0.015	0.001	0.10

火法精炼主要有 4 种方法：（1）利用锡的熔点低于或高于某些杂质及其化合物的熔点，在特定温度下，使锡和杂质分别富集于液相和固相，从而使锡与杂质分离；（2）在锡液中加入某种反应剂，使锡液中的杂质通过化合反应形成浮渣除去；（3）区域熔炼；（4）真空挥发法。

电解精炼是利用锡能溶解在某些溶剂中，在直流电的作用锡从粗锡阳极溶解，在阴极析出纯度很高的金属锡。粗锡中的杂质则留在阳极泥或电解液中，电解液分为酸性的和碱性的两大类。

7.3.1 粗锡的火法精炼

火法精炼仍然是当前国内外通用的精炼锡的方法，其流程如图 7-14 所示。

火法精炼生产率高、锡的周转快，设备简单及占地面积小，故为国内外炼锡厂广泛应用。火法精炼的每一个作业只能除去粗锡中的一两种杂质，因此具有作业流程长、金属直收率低和渣量大的特点。由于每种精炼渣只含有一两种杂质金属，因此有利于这些金属的回收。下面主要介绍熔析和凝析除铁砷、加硫除铜、结晶分离铅铋、氯化除铅、加铝除锑砷、加碱金属除铋和真空蒸馏等。

7.3.1.1 熔析法和凝析法除铁和砷

熔析法和凝析法有相同的原理。熔析法利用粗锡中的铁、砷及其化合物的熔点高于锡的熔点的特点，将固态粗锡加热至熔点以上时，锡熔化流出，铁、砷杂质则残留在固相中而与锡分离。凝析法则是将液态锡降温冷却，使高熔点的铁、砷及其化合物以固态结晶析出，从而与锡分离。

熔析法适用于处理熔点高、流动性差的乙锡；凝析法则用以处理熔点低，流动性好的甲锡。

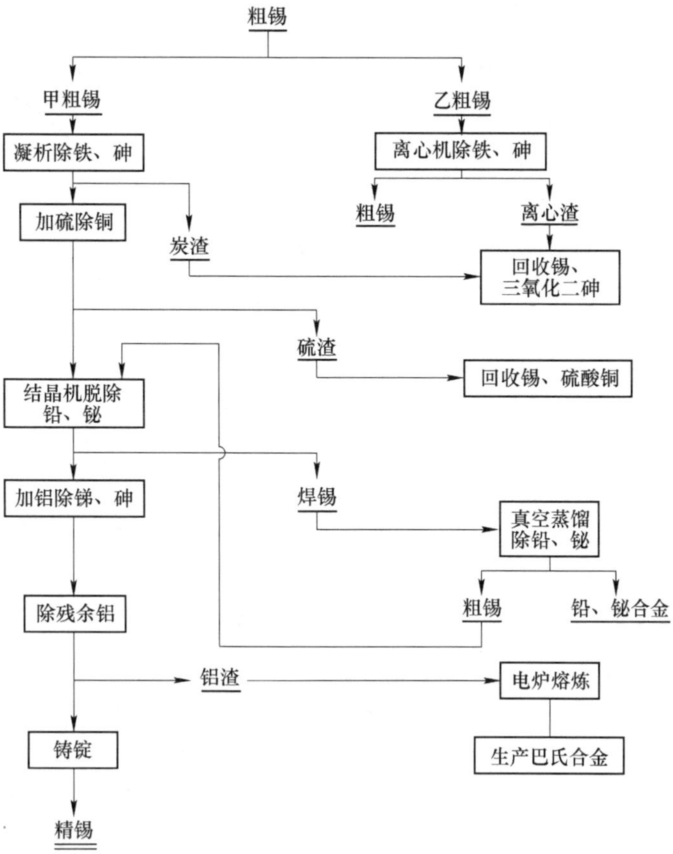

图 7-14　锡的火法精炼流程图

A　熔析法和凝析法的除铁原理

图 7-15 为 Fe-Sn 二元系相图。在锡的熔点处分离的锡，含铁（质量分数）仅为 0.001%，留在渣中的铁以 $FeSn_2$ 形式存在；500 ℃时分离出的液态锡含铁 0.082%，渣中的 $FeSn_2$ 转变为 FeSn；温度升高到 760 ℃，锡液含铁达到 1.3%，渣中 FeSn 转变为 Fe_3Sn_2；当温度高于 900 ℃时，则得到 α-Fe 的固体结构。实践中渣含锡比理论值高，这是晶体的毛细管作用之故。

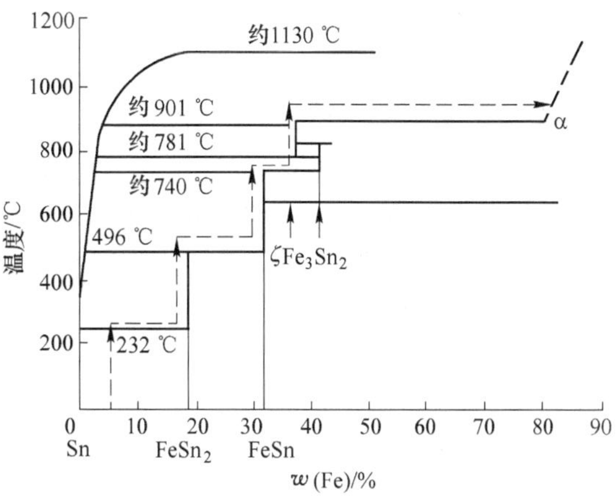

图 7-15　Fe-Sn 二元系相图

B　熔析法和凝析法的除砷原理

As-Sn 相图如图 7-16 所示。

由图 7-16 可知，靠近锡一侧存在

化合物 Sn_3As_2，熔点 596 ℃，故熔析或凝析脱砷需在 232～596 ℃下进行。熔析法或凝析法除铁时能同时除砷生成一系列化合物，包括 Fe_2As、FeAs、Fe_3As_2、Fe_5As_4 化合物和固熔体。这些化合物和固熔体的熔点都很高，提高熔析（或凝析）的作业温度，不会使它们熔化进入锡液，而只会加速过程和降低残渣含锡。所以铁的存在对除砷有利，而砷的存在又可以克服铁单独存在时锡液铁含量上升的缺点。

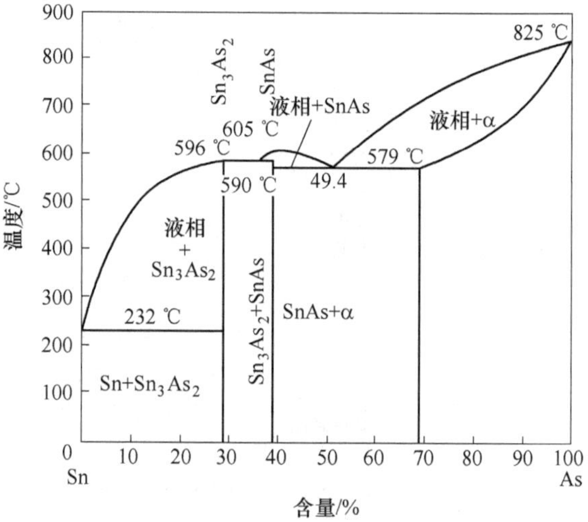

图 7-16　As-Sn 二元系相图

C　熔析法除铁、砷工艺

在粗锡熔析过程中，如果铁和砷同时存在，可以控制较高的熔析温度，以加快熔析速度。在熔析后期，炉温可升到 800～900 ℃，以便降低熔析渣含锡，这种粗锡的铁和砷含量主要按 Fe-As 合金的性质变化。提高炉温，铁和砷进入液渣中的量很少。

熔析法单独除砷，其温度不超过 550 ℃，温度过高则脱砷效果不好。熔析法除铁、砷一般用倾斜炉底反射炉，也可用电热熔析炉。装料后逐渐升温，开始流出的液锡含铁很低，后期熔出的锡含铁较高，须回炉再熔析。升温至熔析渣发红且其上无锡珠时，即可出渣。此渣经焙烧后送回熔炼，熔析法为周期性作业，作业时间为 6～9 h。

D　凝析法除铁、砷工艺

凝析法用于处理含铁小于 1%的甲锡，设备为圆柱形钢锅。随着熔锡降温，铁和砷在锡液中不断析出，因其粒度小很难从锡液中分离出来。在生产实践中，采用插木、吹风（空气或水蒸气）、加粉煤、木屑以及离心分离等方法，使固相与液锡分离。

常用的方法是在机械搅拌下加入木屑，经过 20～30 min 后捞渣。作业重复 3～4 次，直至温度降到锡的熔点附近，强烈搅拌至不析出晶体或固体渣为止，或经化验锡中 $w(As)<0.14\%$、$w(Fe)<0.02\%$为止。

凝析法精炼的锡含铁可达任何代号精锡要求。如果锡中的砷含量比铁高，则凝析法除砷不能达到精锡要求。凝析法除砷铁时，锡的直收率为 94%～96%，产出残渣率 3%～4%，残渣成分（质量分数）为 60%～70% Sn、1%～3% Fe、0.2%～0.4% Cu、5%～8% Pb、4%～10% As。残渣含砷低时，像熔析渣一样返回熔炼。含砷高时同样需要焙烧脱砷，然后返回熔炼。

7.3.1.2　加硫除铜

A　加硫除铜原理

根据硫与铜的亲和力大于硫与锡的亲和力原理，加入硫使其与铜生成 Cu_2S。Cu_2S 具有熔点高、密度小、不溶于锡且浮于锡液表面的特点，以铜渣的形态被除去。

但粗锡中锡的浓度大，初期加入的硫首先与锡生成 SnS，然后 SnS 又会将硫输送给铜。SnS 在粗锡中的溶解度很小，600 ℃时粗锡仅含 0.05% S。

B 铁对加硫除铜的影响

当温度小于 500 ℃时，硫对铁的亲和力比铜还大。粗锡含 Fe 小于 0.007%时，铁能完全溶于锡中对除铜没有影响。如果粗锡含 Fe 大于 0.007%时，过量的铁会结晶析出，黏稠的浮渣会将硫及 SnS 包裹起来，影响 Cu_2S 的生成。铁会增加铜渣的黏性，使渣含锡升高。因此，加硫除铜一般应在凝析除铁后进行。

C 加硫除铜的工艺过程

加硫除铜在凝析除砷铁的同一设备中进行。在除砷铁之后将锡液温度升到 250 ℃，在搅拌的旋涡中加入元素硫。加硫量按粗锡含铜 $2Cu+S \rightarrow Cu_2S$ 计算，再过量 10%~20%（因有硫的烧失和其他杂质的消耗）。当浮渣由黄灰色的黏稠物逐渐转变成黑色粉状渣时反应结束，停止搅拌捞出浮渣即铜渣，加硫除铜可达到任何代号精锡的要求。

铜的硫化是放热反应，使作业的温度很快地由 250 ℃升高到 280 ℃。加硫除铜作业采用前期温度低而后期温度高的升温制度有如下优点：

（1）低温加硫可以减少硫的消耗；

（2）后期温度升高，促使反应加快，缩短冶炼耗时；

（3）可以达到下一道作业的温度要求，节约燃料。

加硫除铜过程锡的直收率为 97%~99%，除铜效率大于 96%。铜渣率 2%~5%，铜渣成分（质量分数）为 Sn 55%~65%、Cu 10%~22%、Fe 0.5%~2%、As 1%~2%、S 3%~6%。过程耗时 1~2 h，每吨粗锡耗硫 0.2~0.4 kg（视含铜高低不同）。

处理铜渣可先经磨矿筛分出其中的金属锡之后，进行浮选得到铜精矿和细粒锡产品；也可以直接焙烧后酸浸，再电积得到电积铜，浸出渣返回熔炼。

7.3.1.3 结晶法分离铅、铋

含铅铋的液态粗锡在冷却结晶过程中，铅铋留在残余液体内，使粗锡得以净化。

A 结晶法除铅的原理

Sn-Pb 系二元相图如图 7-17 所示。

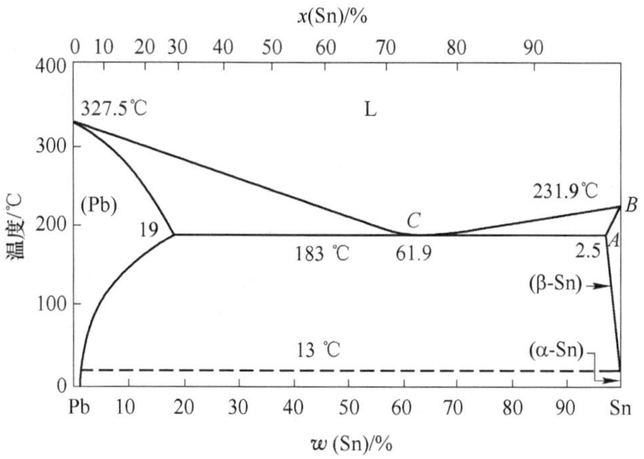

图 7-17 Sn-Pb 系二元相图

在含质量分数为 0~38.1%Pb 的锡基部分相图中，183.3~231.9 ℃温度范围内，当温度降到液相线以下时，就会析出晶体和残液。晶体含铅比原来降低，而残液含铅比原来升高。

将晶体与残液分开后，使残液继续冷却又得到部分结晶，而二次残液比原来含铅更高。如此反复进行，残液铅含量沿着液相线的 *BC* 方向变化，直至获得共晶成分（质量分数为 38.1% Pb、质量分数为 61.99% Sn）的焊锡为止。

晶体在加热中又发生局部熔化，含铅高的低熔物进入液相，剩下的残晶含铅又进一步下降。如此反复，晶体含铅不断降低，并沿固相线 *AB* 方向变化，最终获得含铅极低（质量分数为 0.03%~0.05% Pb）的精锡。

B　结晶法除铋的原理

Sn-Bi 二元系相图如图 7-18 所示。在结晶过程中，铋也像铅一样富集于残液中，使铋在精锡中的残存量降到 0.001%~0.002%。但是，应该指出，当粗锡含铅很低而含铋较高时，用结晶法分离铋很困难。此时，需按铋含量的 6~10 倍加入精铅，再用结晶法处理才能得到良好效果，加入的铅在脱铋时被一同除去。

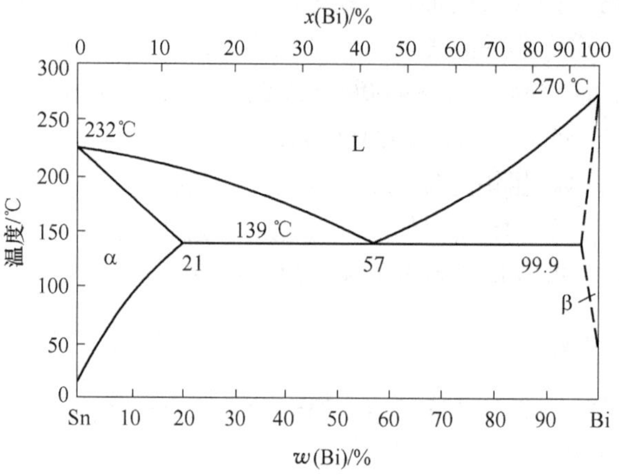

图 7-18　Sn-Bi 二元系相图

结晶分离除铅铋的同时，铟和银也被除去进入焊锡中。Sn-In 和 Sn-Ag 二元系都有一个易熔共晶体，熔点分别为 117 ℃和 221 ℃。在 230 ℃以上结晶时，铟和银都能除去。

C　结晶法除铅铋的工艺

当结晶分离机槽尾温度控制在低于 182 ℃、槽头温度控制在 231 ℃以上时，可以产出含铅低于 0.05%的晶体精锡和含铅大于 30%的焊锡。结晶分离机是除铅效率高的设备，每台结晶分离机生产能力为 27 t/d，电耗 38.1 kW · h/t，锡和铅的直收率分别为 96.9%和 97%，处理含 5%~20% Pb 和 0.03%~0.1% Bi 的粗锡，可得含 0.02%~0.04% Pb 和 0.001%~0.002% Bi 的精锡。

产出的焊锡可用电解法处理，分离其中的锡和铅的同时回收铟、铋、银等有价金属。

7.3.1.4 氯化法除铅

在国外的火法精炼粗锡工艺中，氯化法是唯一的除铅方法。我国焊锡电解产出的阴极锡，含铅略超过部颁标准时，需要用氯化法除铅。

A 氯化法除铅原理

氯化法除铅是利用铅和锡对氯的亲和力不同的原理，在粗锡中加入氯化亚锡时，发生反应：

$$Pb + SnCl_2 \longrightarrow PbCl_2 + Sn \tag{7-52}$$

反应为可逆反应。温度低于500 ℃时，反应自左向右进行；温度高于500 ℃时，反应则自右向左进行。从反应标准自由能变化可见，低温有利于反应向右进行。

B 氯化法除铅工艺

氯化法除铅有几个步骤需要注意：

（1）采用液体状态的氯化亚锡；

（2）$SnCl_2$ 需要过量；

（3）氯化亚锡最好分几个阶段加入。

最初阶段获得的氯化物浮渣含铅较高，后期的浮渣含铅下降。这样，后期 $SnCl_2$ 产出的浮渣便可作为粗锡开始精炼时的脱铅剂，以降低氯化亚锡的消耗。由于 $SnCl_2$ 试剂较贵，而且反应较缓慢，所以此法只适用于低铅的粗锡精炼。

氯化法除铅在精炼锅中进行，一般采用 $SnCl_2 \cdot 2H_2O$ 作试剂。$SnCl_2 \cdot 2H_2O$ 脱水作业温度是240~245 ℃，它低于氯化亚锡的熔点（246.8 ℃）。

精炼时搅拌机的搅拌强度不宜过大，达到锡液翻动暴露新面即可。如果转速太快，形成很大很深的旋涡，将会吸入空气使 $SnCl_2$ 氧化，使除铅效率降低。

氯气除铅也属氯化除铅范畴，它省去了氯化亚锡的制备。工厂试验表明，粗锡中的铅由0.6%降至0.036%时，每1 kg锡约消耗20 g氯气。

7.3.1.5 加铝除锑砷

凝析法除砷有一定的局限性，主要有：

（1）温度控制要求严格；

（2）粗锡要同时含有铁，对于含砷较高而含铁少或不含铁的粗锡，在生产较高代号锡时，需要加铝除锑砷。

A 加铝除锑砷原理

加铝除锑砷是利用铝与锑砷能分别生成高熔点化合物的原理。从Al-Sb二元系（见图7-19）和Al-As二元系（见图7-20）相图可见，铝和锑砷各生成一种化合物Al-Sb和Al-As，其熔点分别为1050 ℃和高于1600 ℃，它们的密度比锡小，可自锡中结晶析出来并上浮被除去。

锡与铝不生成化合物，铝在锡中又有足够的溶解度，例如在400 ℃时溶解度为2.5%、500 ℃时为7%，这有利于铝在锡液中迅速与锑砷反应。由于铝与铁和铜也能生成高熔点化合物 Al_3Fe（1160 ℃）、Al_2Fe（1170 ℃）和 Cu_3Al（1016 ℃），为了减少铝的消耗，在加铝除锑砷之前，应先除去铜和铁。

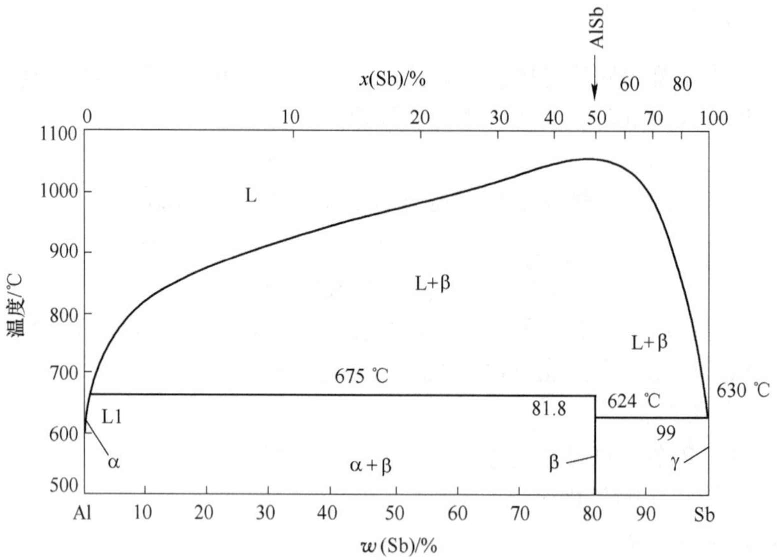

图 7-19　Al-Sb 二元系相图

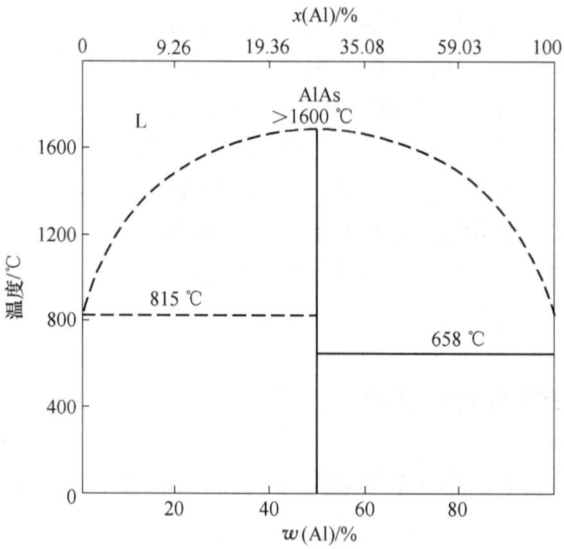

图 7-20　Al-As 二元系相图

B　加铝除锑砷工艺

加铝作业在精炼锅中进行，主要步骤为：

（1）将液锡升温至 380~400 ℃，开动搅拌机，按计算量投入铝片或铝粒。

（2）铝溶入锡液中即与锑砷反应，继续搅拌 20~30 min，然后降温。降温用在锡液中插入蛇形冷却水管的方法，也可将锡液的三分之一铸锭，然后再投回重熔的方法。

（3）温度降到 232~235 ℃，然后再开动搅拌机，并加入氯化铋造渣，直到渣全部搅成粉状细粒为止。

（4）停止搅拌，捞渣，温度仍应保持232~240 ℃。

加铝除锑砷的浮渣容积大，并夹有液体锡珠。在加入氯化铋时由于分解产生气体使浮渣疏松成粉状，并破坏锡珠表面的氧化膜，使锡珠汇合长大下沉回到液锡本体中。

加铝除锑后要进行除残铝作业。除残铝可用空气氧化法，在温度300 ℃以上强烈搅拌锡液，使铝氧化造渣；同时，加入木屑，并将木屑点燃促使铝的氧化。捞完渣后，如果锡液表面不是白色波纹而是油光锡青的精锡色泽，则表明铝含量已降至0.002%以下。

含锑砷低的铝渣可直接返回一次熔炼处理。含锑高（约10%）的铝渣可与经焙烧的铜渣一起熔炼，产出含铜锑高的粗锡，经火法精炼除砷、铁和铅后配制成轴承合金。

7.3.1.6　加轻金属除铋

国外粗锡精炼除铋主要采用加轻金属除铋的方法。

A　加轻金属除铋原理

将轻金属（包括碱金属或碱土金属）加入含铋粗锡熔体中，它们与铋生成金属化合物从锡液中析出，以浮渣的形式被除去。常用试剂有钙镁和钠镁两种，同时加入钙镁比单独加钙或镁一种除铋效果更好。因同时加入钙镁时，生成三元化合物（如 $CaMg_2Bi_2$）在锡中的溶解度更小，稳定性更好，故除铋的效果更高。加钙镁除铋时，铋与钙镁生成高熔点低密度的化合物，化合物浮到锡液面上与锡分离。

B　加轻金属除铋工艺

加钙镁除铋时，先将精炼锅中的锡液加热至380 ℃，加入金属镁粉搅拌，然后降温至270~280 ℃，再加入锡钙合金（质量分数为5%Ca）搅拌。在260 ℃取出含铋浮，铋浮渣的组成（质量分数）为Sn 92%~97%、Bi 1.5%~2%、Ca 约2%。为了获得富铋渣和降低试剂消耗，含铋低的后期浮渣可以返回到下批的前期作试剂使用。

加钙镁可将粗锡中的铋含量（质量分数）降至0.05%以下。锡中残留的钙镁可在280~300 ℃温度下加氯化铋除去。

加镁钠除铋也是将锡液加热至380 ℃加镁搅拌，然后降温至250 ℃加入钠与铋组成的合金，试剂用量为理论量的4倍。除去锡中残留的镁钠，也是在300 ℃下加入氯化铋。

7.3.1.7　真空蒸馏

粗锡中的锡和所含杂质具有不同的沸点，通过控制温度在低于锡的沸点和高于欲除杂质的沸点，使杂质挥发除去。在粗锡常见的杂质中，除铜和铁外，其他杂质的沸点都比锡低。粗锡所含元素的沸点按其高低顺序排列见表7-10。

表7-10　粗锡所含元素的沸点顺序排列

元素	Fe	Cu	Sn	Pb	Sb	Bi	As
沸点/℃	3235	2557	2427	1752	1635	1560	616

在真空状态下，即使温度较低，铅、铋、锑和砷的蒸气压也足以达到使它们挥发除去。降低体系的压力，可以扩大液相和气相组成的差别，也降低合金的沸点，所以采用真空蒸馏是合理的方法。

真空蒸馏除铅铋效率很高，但除砷锑的效果较差，因为砷和锑在锡中形成化合物。

7.3.2 粗锡的电解精炼

电解精炼一次作业即可除去精锡或粗焊锡中大部分杂质，生产出纯度很高的精锡或精焊锡。电解精炼尤其适于处理含铋和贵金属的粗锡。与火法精炼相比，电解精炼锡具有直接回收率高、有价杂质元素的富集比高和易于回收处理等优势。电解精炼锡的缺点也很明显：投资费用大，同时在电解过程中有大量金属被积压，故其发展受到限制，国内外炼锡厂采用电解精炼法的不多。

锡电解精炼采用的电解液种类繁多，概括起来可分为酸性电解液与碱性电解液。由于酸性电解液性质比较稳定，生产费用比碱性电解液低许多，电解过程的电耗也低，容易控制阴极产品的纯度，所以使用较普遍。

在酸性电解液中，广泛采用硫酸-硫酸亚锡电解液和硅氟酸电解液。锡的电解精炼可分为粗锡电解精炼与粗焊锡电解精炼，前者产出粗锡，后者产出精焊锡。两者的差别主要是使用的电解液不同，但均可使粗原料中的铅进入阳极泥而不污染精锡。

粗锡电解精炼可以采用酸性电解液和碱性电解液。酸性电解液使用较多，其电解液又有硫酸溶液和硫酸-硅氟酸溶液两种。碱性电解液使用较少，仅用于处理高铁粗锡（主要来自再生锡），其电解液也有氢氧化钠溶液和碱性硫化钠溶液之分。

7.3.2.1 粗锡电解精炼的基本原理

以硫酸电解液进行粗锡电解精炼的电化体系为：

$$\text{粗锡阳极} \mid H_2SO_4,\ SnSO_4,\ H_2O \mid \text{粗锡阴极}$$

电解液组成：H_2SO_4 90~120 g/L，Sn^{2+} 10~28 g/L。在电场作用下，发生电离反应：

$$H_2SO_4 \longrightarrow 2H^+ + SO_4^{2-} \tag{7-53}$$

$$SnSO_4 \longrightarrow Sn^{2+} + SO_4^{2-} \tag{7-54}$$

$$H_2O \longrightarrow H^+ + OH^- \tag{7-55}$$

当通过直流电之后，阳极发生电化溶解反应，而阴极发生电化析出反应。粗锡中除金属锡外，还含有少量杂质元素铟、铅、铋、铁、砷和锑等，它们在电极上发生什么变化可根据各元素的标准电极电位来判断。相关元素的标准电极电位见表 7-11。

表 7-11　粗锡电解精炼过程中相关元素的标准电极电位

元素	Zn^{2+}/Zn	Fe^{2+}/Fe	In^{3+}/In	Sn^{2+}/Sn	Pb^{2+}/Pb	$2H^+/H_2$
$\varphi^\ominus$/V	-0.763	-0.44	-0.335	-0.136	-0.126	0
元素	Sb^{3+}/Sb	Bi^{3+}/Bi	As^{3+}/As	Cu^{2+}/Cu	Ag^+/Ag	
$\varphi^\ominus$/V	+0.1	+0.2	+0.247	+0.337	+0.799	

A　阴极反应

锡电解精炼过程中，在硫酸与硫酸亚锡为主的电解质水溶液中，阴极可能发生的主要反应有：

$$Sn^{2+} + 2e \longrightarrow Sn \qquad \varphi^\ominus = -0.163\ V \tag{7-56}$$

$$2H^+ + 2e \longrightarrow H_2 \qquad \varphi^\ominus = 0 \tag{7-57}$$

H^+还原析出H_2的标准电极电位比锡正，H^+应优先在阴极还原析出；但生产实践表明，阴极上主要发生的是Sn^{2+}的还原析出反应，这是由于H^+在阴极锡上析出时有很大的超电压。

B 阳极反应

粗锡电解精炼过程中，在电解质硫酸水溶液中，锡电解过程可能发生的主要阳极反应有：

$$Sn - 2e \longrightarrow Sn^{2+} \qquad \varphi^{\ominus} = -0.136\ V \tag{7-58}$$

$$2H_2O - 4e \longrightarrow O_2 + 4H^+ \qquad \varphi^{\ominus} = +1.229\ V \tag{7-59}$$

$$4OH^- - 4e \longrightarrow O_2 + 2H_2O \qquad \varphi^{\ominus} = +0.401\ V \tag{7-60}$$

氧在阳极析出的电位比锡正，加上O_2在金属上析出的超电压，故在阳极上不会发生O_2的析出，而主要发生粗锡的氧化溶解。

C 粗锡中的主要杂质在电解过程的行为

在锡的硫酸溶液电解时，杂质行为按标准电位序可分成三类。

（1）标准电位比锡正的杂质，如Sb、Bi、As、Cu、Ag等不会溶解进入电解液，皆以阳极泥形态附在阳极表面。与铅电解类似，阳极泥在阳极上的黏着力与锑在阳极中的含量有关。阳极中一定含量锑对防止阳极泥脱落有利，但含量太高又妨碍阳极溶解，并使槽压升高，严重时阳极钝化。因此，适宜的锑含量小于0.1%。

（2）标准电位与锡标准电位相近的杂质，如铅以Pb^{2+}形态与锡一道溶解进入电解液，与SO_4^{2-}作用生成$PbSO_4$，附着在阳极表面，形成阳极泥薄层，能使阳极钝化，槽压升高。解决的办法是定期刷去阳极泥和加入NaCl及$K_2Cr_2O_7$。Cl^-存在有去极化作用，并能发生$H^+ + Cl^- = HCl$反应，产生的HCl能溶解$PbSO_4$，使致密的阳极泥层变得疏松多孔，消除钝化，促使阳极继续溶解。NaCl用量为3.6~5 g/L，适宜用量最好用体系电解液小试确定。因为NaCl加入量太多，一方面增加Cl^-会使阴极锡长针状结晶，造成极间短路；另一方面Na^+增加使电解液黏度增加，也会给电解生产造成弊端。

$K_2Cr_2O_7$能使阳极泥变得疏松，有渗透性。也有一种说法认为，$K_2Cr_2O_7$与$PbSO_4$作用转化成$PbCr_2O_7$，破坏了$PbSO_4$在阳极上的致密阳极泥层，并在NaCl存在条件下，有如下反应：

$$PbSO_4 + 4NaCl = Na_2SO_4 + Na_2PbCl_4 \tag{7-61}$$

$$Na_2PbCl_4 + K_2Cr_2O_7 = PbCr_2O_7 + 2NaCl + 2KCl \tag{7-62}$$

因此，$K_2Cr_2O_7$用量以2~3 g/L为宜。

（3）标准电极电位比锡负的杂质，如In、Fe、Zn等，在阳极均比锡先氧化进入溶液，在阴极比锡后还原保留在溶液中。其中，铁在阳极氧化成Fe^{3+}在阴极还原成Fe^{2+}、白白耗费电能，使电流效率下降。所以锡进入电解工序前必须先用火法除去铁，使之最好降到阳极含铁（质量分数）0.01%~0.2%，电解液中应控制铁浓度小于0.4 g/L。

电解液中含有重铬酸钾时可控制电解液中铁浓度不超过1 g/L，对电流效率影响不大。主要原因：一是重铬酸钾是强氧化剂，使铁钝化而难以电溶；二是少量铁与锡生成合金使溶解电位有所变化，不易电溶。从生产实践得知，90%的铁进入阳极泥，电解液中铁的积累并不严重。

7.3.2.2　粗锡电解精炼的工艺

A　粗锡电解精炼

粗锡电解精炼过程中的主要杂质分布见表 7-12，粗锡电解精炼的生产工艺流程如图 7-21 所示。

表 7-12　粗锡电解精炼过程中的主要杂质分布　　　（质量分数，%）

电解产物	Pb	Bi	Cu	Fe	As	Sb
阴极锡	0.6	0.7	0.8	5.0	4.7	9.0
阳极泥	97.0	97.0	95.0	81.0	93.0	83.0
电解液	1.0	0.05	0.5	10.0	0.3	6.0
其他	1.4	2.25	3.7	4.0	2.0	2.0
合计	100.00	100.00	100.00	100.00	100.00	100.00

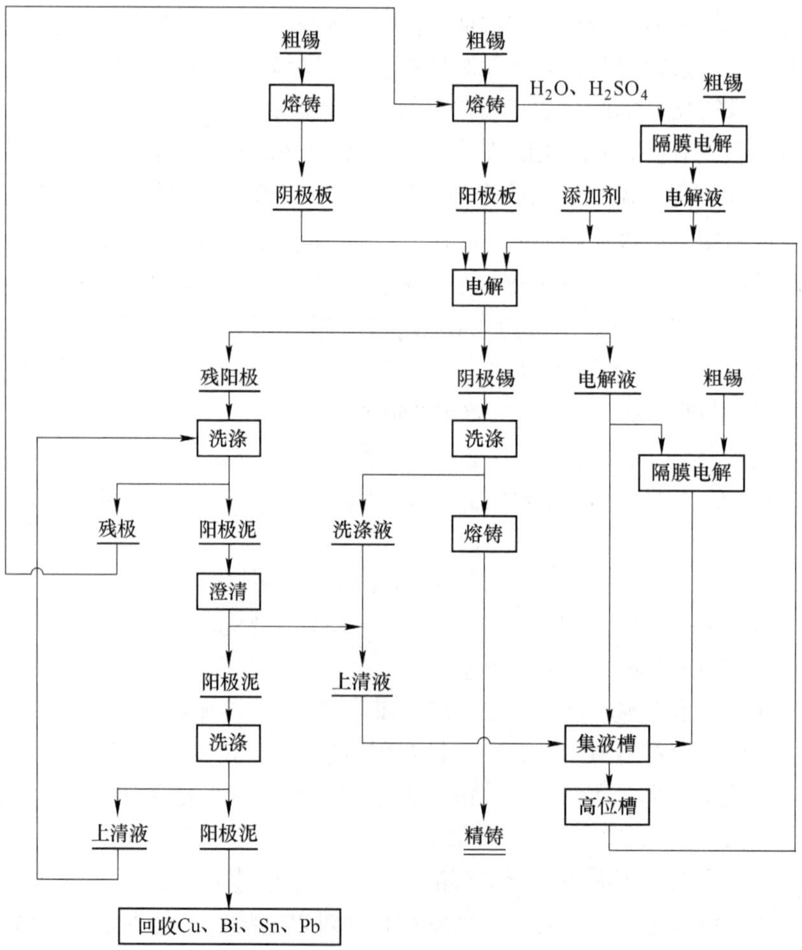

图 7-21　粗锡电解精炼工艺流程图

（1）电解槽。工业生产上用的电解槽为矩形，槽体为钢筋混凝土结构，内衬塑料防腐层。某工厂使用电解槽的具体尺寸见表 7-13。

表 7-13　电解槽的尺寸

电解槽编号	1	2	3
电解槽内部尺寸/m×m×m	2.85×1.22×1.37	4.2×0.96×1.27	1.75×0.75×0.97

（2）阳极。粗锡电解精炼采用粗锡作阳极，粗锡阳极中的杂质对电解过程影响很大，对阳极的化学成分要求见表 7-14。

表 7-14　粗锌阳极的化学成分　（质量分数，%）

元素	Sn	Pb	Bi	Cu	Fe	As+Sb
成分	>98	<1	<0.5	<0.1	<0.1	<1

浇铸成形的阳极表面要求平直，厚薄均匀，无飞边毛刺，无孔洞，每片质量接近以减少残极率，这就要求严格控制浇铸温度为 247~287 ℃。

电解车间的电解槽分组列布，以长边相邻。电解车间的电路连接为复联法，即电解槽之间电路连接为串联，槽内电极为并联。

（3）阴极。阴极也称始极片，用同级精锡制作，外形要求同阳极。

B　电解液的组成

我国炼锡厂常用的硫酸亚锡-甲酚磺酸-硫酸电解液的成分见表 7-15。

表 7-15　电解液的成分　（g/L）

Sn^{2+}	20~30	甲酚磺酸	18~22
Sn^{4+}	<4	乳胶	0.5~1
H_2SO_4	60~70	β-萘酚	0.04~0.06
Cr^{6+}	2.5~3		

在粗锡电解精炼作业中，要求阳极钝化周期较长、阴极锡能顺利析出并且杂质含量符合标准；同时要求电解液中 Sn^{2+} 稳定，析出锡平整致密。为此，须在电解液中加入相应的添加剂，$SnSO_4$+H_2SO_4 电解液中各种添加剂的作用如下：

（1）苯酚磺酸和甲酚磺酸能够稳定 Sn^{2+} 浓度，同时对阴极起平整作用。

（2）乳胶和动物胶、甲酚、芦荟素、甲苯基酸均为表面活性剂，可使阴极平整致密。

（3）β-萘酚是表面活性剂，既能增强阴极沉积物的附着力，又能使结晶致密，表面平滑，还能使阳极泥结构疏松，延长钝化周期。

（4）NaCl 与 HCl 能增加电解液的电导率，有利于降低槽电压。Cl^- 是优良的去极化剂，有利于克服阳极钝化。

（5）$K_2Cr_2O_7$ 与附着于阳极上的致密 $PbSO_4$ 作用，逐渐转化为 $PbCr_2O_7$，因而使阳极泥变得疏松，在有 NaCl 存在时这种转化作用加速，还可减少铋对阴极的污染。

C　电解液的配制

a　硫酸亚锡溶液的配制

我国炼锡厂多采用隔膜电解法制备硫酸亚锡溶液。在硫酸水溶液中，通入直流电后，锡发生电化溶解而进入溶液中，借助于阴极隔膜套的阻挡，使锡离子停留在溶液中，H_2从阴极析出。反应如下：

$$Sn + H_2SO_4 \longrightarrow SnSO_4 + H_2(g) \quad (7\text{-}63)$$

先配成 90～100 g/L 的 H_2SO_4水溶液，再将其倾入电解槽中，用较纯的粗锡作阳极，用素烧陶瓷作隔膜套，将阴极片置于套中，套口露出液面，保持隔离良好。电解槽容积和生产用槽一样。隔膜电解法制备硫酸亚锡溶液的控制条件见表 7-16。

表 7-16　隔膜电解法制备硫酸亚锡溶液的控制条件

项目	槽电压/V	阳极电流密度 /(A · m^{-2})	电解液循环量 /(L · min^{-1})	$SnSO_4$溶液中 Sn^{2+}浓度 /(g · L^{-1})
技术条件	8～10	300～400	40	>25

此法的优点是生产率高，$SnSO_4$溶液纯度高，过程简单，制作原始电解液和补充电解液都很方便；缺点是槽电压高，电耗大，过程放出大量氢气。

曾有用锡粉与硫酸在耐酸瓶中加热制取硫酸亚锡溶液，但溶解速度慢，溶解效率低；也有采用锡粉置换硫酸铜溶液的方法，置换渣含锡高，分离困难，现在已不应用。

b　甲酚磺酸的制备

甲苯酚作用于纯浓硫酸（密度 1.84 g/cm^3）制成甲酚磺酸，反应式如下：

$$C_6H_4CH_3OH + H_2SO_4 \longrightarrow C_6H_3CH_3OHSO_3 \cdot H + H_2O \quad (7\text{-}64)$$

硫酸按理论量计算，过量 40%，在衬有铅皮的桶（40 L）中进行磺化，用电炉外加热。先将硫酸 22 L 倒入铅皮桶中加热至 57～67 ℃，在不断搅拌下缓慢加入甲苯酚 18 L，维持磺化反应温度 87～97 ℃，继续搅拌 2 h，取出趁热倒入耐酸缸中，冷却后便成棕黑色的甲酚磺酸。

c　乳胶的制备

将牛胶放入乳化桶内，通入蒸汽加热至 47～57 ℃，待牛胶完全溶解后，在不断搅拌下缓慢均匀地加入甲苯酚，便生成乳白色的乳胶。配制量不宜超过 5 天的用量，以免变质，配料比（质量比）为：牛胶：甲苯酚：水=1：(0.7～0.75)：18。

d　电解液的配制和补充

把制好的硫酸亚锡、硫酸溶液注入集液池，再加入添加剂，甲酚磺酸要在不断搅拌下缓慢地加入。$K_2Cr_2O_7$先用 50 ℃热水溶解，在不断搅拌下呈细股注入，NaCl 用水溶解后加入搅匀。如果电解液含 Sn^{2+}、SO_7^{2-}浓度过高，可加水稀释至所需成分的溶液。β-萘酚和乳胶可在电解液加温时加入。配好的电解液静置 1～2 d，用蒸汽间接加热至 35～37 ℃，注入电解槽应用。

D　电解技术条件

在硫酸水溶液中进行粗锡电解精炼主要控制的技术条件见表 7-17。

表 7-17　粗锡电解精炼主要控制的技术条件

项目	电流密度	槽电压	电解液温度	电解周期
技术条件	100～110 A/m^2	0.2～0.4 V，常用 0.35 V	35～37 ℃	阴极 4 d，阳极 8 d，视阳极厚度可适当延长

电解作业过程中，要注意如下事项。

a 阳极钝化

在硫酸盐溶液中电解粗锡，阳极钝化是最常见的故障。阳极板上会附着 $PbSO_4$ 和一些其他不溶物，它们紧密地黏附在阳极表面，形成一层薄膜；随着电解的进行，这层薄膜逐渐加厚，隔离了电解液与阳极新鲜表面的接触，造成阳极溶解困难。随着钝化的加剧，槽电压升到 0.4 V 以上，产生如下反应：

$$2OH^- - 2e \longrightarrow H_2O + \frac{1}{2}O_2(g) \tag{7-65}$$

$$2SO_4^{2-} + 2H_2O - 4e \longrightarrow 2H_2SO_4 + O_2(g) \tag{7-66}$$

在阳极放出氧气，使阳极溶解趋于停止，在阴极放出氢气：

$$2H^+ + 2e \longrightarrow H_2(g) \tag{7-67}$$

同时，一些电位接近锡的元素，如 Pb、Sb 和 Bi 等会在阴极沉积，影响阴极锡质量。

处理阳极钝化的方法有：(1) 缩短阳极使用周期；(2) 定期取出阳极，清除表面阳极泥，如果槽电压超过 0.5 V 即取出清除；(3) 加溶剂破坏阳极泥结构，在电解液中加入 NaCl，$K_2Cr_2O_7$ 破坏阳极泥形成的薄膜层，有利于阳极电化溶解。

b 提高电流效率

电能消耗与输电线路布线、接触电阻和分解电压等有关，要降低电能消耗和提高电流效率必须加强槽面管理，主要包括：

(1) 认真除去导电棒上的污垢和铜绿，降低接触电阻，加强电解液的循环，减少浓差极化和分层现象。

(2) 至少每 2 h 检查一次槽电压，发现某处槽电压急剧下降，找出其短路的阴极片，将长针状的结晶打掉或压平，如阳极板变形取出平整后再用。

(3) 阴极结晶不致密，当出现针状结晶时，可发生阴、阳极直接接触短路，这是电流效率提不高的主要原因。

c 含高铅铋粗锡的电解条件

对于含高铅、高铋的粗锡（含 $w(Pb)$ 为 2%~4%、$w(Bi)$ 为 0.5%~1.0%），不能按上述技术条件处理。在标准电位次序上，铅、铋同锡接近，因此硫酸电解含高铅、高铋的粗锡存在困难，必须控制较低的槽电压，使铅、铋不易从阳极溶解下来，保留在阳极泥中。

要维持 0.16~0.25 V 的槽电压，首先要解决阳极钝化对槽电压的影响，具体做法是：(1) 降低电流密度至 90~100 A/m^2。(2) 控制槽电压在 0.3 V 以下，达到 0.35 V 应马上取出阳极板刮去阳极泥；否则，在 1 h 内槽电压可升到 0.5 V 以上，大量的杂质从阳极溶解下来，并在阴极沉积使之变黑。

E 粗锡电解精炼的主要技术经济指标

粗锡电解精炼的主要技术经济指标见表 7-18。

表 7-18 粗锡电解精炼的主要技术经济指标

项目	电流效率/%	阳极泥率/%	残极泥率/%	冶炼回收率/%	直流电耗/(kW·h)
主要技术指标	70~80	2.5~3.5	35~40	99.5	140~180

安全注意事项及预防措施

（1）阴极烧板：表现为阴极表面局部过热，出现烧焦现象，主要原因可能是电流密度过大、电解液中锡离子浓度过低或阴极表面存在杂质等。

预防措施：适当降低电流密度，补充锡离子，对阴极表面进行清洗和处理，确保表面干净光滑。

（2）阳极钝化：阳极表面生成一层不溶性的钝化膜，导致阳极溶解困难，槽电压升高，这可能是由于电解液中杂质含量过高、阳极电流密度过大或电解液温度过低等原因引起的。

预防措施：电解液进行净化处理，降低杂质含量，调整阳极电流密度，提高电解液温度等。

（3）电解液浑浊：由于杂质沉淀、添加剂分解或悬浮颗粒过多等原因造成的。

预防措施：对电解液进行过滤，去除悬浮颗粒和沉淀，检查添加剂的使用情况，必要时更换或补充添加剂。

任务小结

（1）粗锡精炼技术；

（2）粗锡的火法精炼；

（3）粗锡电解精炼的基本原理。

知识拓展

阴极锡：电解得到的阴极锡经过洗涤、干燥后，可直接作为高纯度的锡产品用于制造各种锡制品。

阳极泥：阳极泥中含有多种有价金属（如金、银、铜、铋等），对阳极泥进行进一步的处理和回收，可以提取其中的有价金属，实现资源的最大化利用。

课程思政

戴永年，1929 年 2 月 9 日出生于昆明，是中国工程院院士，我国有色金属真空冶金领域的先驱。他主持编写了我国第一部《锡冶金》专著，该书汇集了他 20 多年来在锡冶金领域的研究成果。他长期专注于炼锡技术的研究，解决了炼锡过程中炉渣处理、锡铁合金、铅锡分离等重大问题，在有色金属真空冶金领域的研究成果处于世界领先水平。

复习思考题

7-1 简述粗锡精炼的方法和目的。

7-2 简述锡精矿精选采用的选矿方法。

7-3 现代炼锡法普遍采用火法流程，它包括哪几个过程，分别是什么？

7-4 锡精矿可采用什么方法浸出，为什么？

7-5 简述锡精矿的还原熔炼原理。

7-6 铁氧化物对还原熔炼有什么影响？

7-7 熔炼锡精矿时，加入石灰石的作用是什么？

7-8 粗锡中含有铁、铜、砷、锑、铅等杂质，分别采用什么方法精炼得到产品锡？

7-9 在锡冶金过程中，如何防止锡的挥发损失？

7-10 简述粗锡电解精炼的基本原理。

参 考 文 献

[1] 赵天从．重金属冶金学（上、下册）[M]. 北京：冶金工业出版社，1981.
[2] 陈国发．重金属冶金学 [M]. 北京：冶金工业出版社，1992.
[3] 朱祖泽，贺家齐．现代铜冶金学 [M]. 北京：科学出版社，2003.
[4] 彭容秋．重金属冶金学 [M]. 长沙：中南大学出版社，2004.
[5] 李洪桂，等．湿法冶金学 [M]. 长沙：中南大学出版社，2005.
[6] 赵天从，汪键．有色金属提取冶金手册 [M]. 北京：冶金工业出版社，1999.
[7] 邱竹贤．有色金属冶金学 [M]. 北京：冶金工业出版社，1998.
[8] 何蔼平，冯桂林．有色金属矿产资源的开发及加工技术 [M]. 昆明：云南科技出版社，2000.
[9] 赵天从．有色金属冶金提取手册 [M]. 北京：冶金工业出版社，1992.
[10] 董英．常用有色金属资源开发与加工 [M]. 北京：冶金工业出版社，2005.
[11] 钮因健．有色金属工业科技创新 [M]. 北京：冶金工业出版社，2008.
[12] 翟秀静．重金属冶金学 [M]. 北京：冶金工业出版社，2022.